中文版

3ds Max+VRay 建筑效果图全揭秘

精通 软件操作

高手 活学活用

全能 职场选手

优图视觉 组编
李 化 等编著

3ds

专门为零基础渴望自学成才在职场出人头地的你设计的书

机械工业出版社
CHINA MACHINE PRESS

本书共有 6 章，第 1 章“建筑效果图相关的理论知识”是全书的铺垫。第 2 章为四大“建模”的应用，全面地讲解了几何体建模、二维图形建模、修改器建模、多边形建模技术的应用。第 3 ~ 6 章为渲染器参数详解、灯光技术、材质和贴图技术、摄影机技术，全面地讲解了 3ds Max 制作建筑效果图的每一个模块的流程。

图书在版编目（CIP）数据

职场求生：3ds Max+VRay 建筑效果图全揭秘 / 优图视觉组编；李化等编著 . -- 北京：机械工业出版社，2015.9
ISBN 978-7-111-51376-6

Ⅰ . ①职… Ⅱ . ①优… ②李… Ⅲ . ①建筑设计 – 计算机辅助设计 – 三维动画软件 Ⅳ . TU201.4

中国版本图书馆 CIP 数据核字（2015）第 206427 号

机械工业出版社（北京市百万庄大街 22 号 邮政编码 100037）
策划编辑：刘志刚　　责任编辑：刘志刚
封面设计：张　静　　责任校对：王翠荣　　责任印制：李　飞
北京铭成印刷有限公司印刷
2017 年 5 月第 1 版 · 第 1 次印刷
184mm × 260mm · 19.5 印张 · 474 千字
标准书号：ISBN 978-7-111-51376-6
定价：99.00 元

凡购本书，如有缺页、倒页、脱页，由本社发行部调换

电话服务	网络服务
服务咨询热线：（010）88361066	机工官网：www.cmpbook.com
读者购书热线：（010）68326294	机工官博：weibo.com/cmp1952
（010）88379203	教育服务网：www.cmpedu.com
封面无防伪标均为盗版	金书网：www.golden-book.com

前 言

基于建筑效果图应用的广泛度，我们编写了这本《3ds Max+VRay 建筑效果图全揭秘》，希望能对读者学习 3ds Max 带来帮助。

本书的写作方式新颖、章节安排合理、知识难点全面、层次从入门到精通。具体章节内容介绍如下。

第 1 章：建筑效果图相关的理论知识。主要讲解了效果图制作中色彩三大元素、色彩视觉感受、构图技巧、光线、精彩效果图赏析。

第 2 章：四大建模应用。讲解四种常用的建模方法。

第 3 章：渲染器参数详解。主要讲解了 VRay 渲染器的详细参数，以及测试渲染和最终渲染的推荐方案。

第 4 章：灯光技术。主要讲解了室内外灯光的表现技法。主要包括光度学灯光、标准灯光、VRay 灯光的使用方法。

第 5 章：材质和贴图技术。主要讲解了室内外常用材质和贴图的知识、常用材质和贴图的设置方法。

第 6 章：摄影机技术。主要讲解了几种常用的摄影机的创建和使用方法。

本书技术实用、讲解清晰，不仅可以作为 3ds Max 建筑设计师、室内外设计和 3ds Max 爱好者学习使用，也可以作为大中专院校相关专业及 3ds Max 三维设计培训班的教材，也非常适合读者自学、查阅。

本书由优图视觉策划，主要由李化、辽东学院尹青山负责编写，参与本书编写和整理的还有曹茂鹏、瞿颖健、艾飞、曹爱德、曹明、曹诗雅、曹玮、曹元钢、曹子龙、崔英迪、丁仁雯、董辅川、高歌、韩雷、鞠闯、李化、李进、李路、马啸、马扬、瞿吉业、瞿学严、瞿玉珍、孙丹、孙芳、孙雅娜、王萍、王铁成、杨建超、杨力、杨宗香、于燕香、张建霞、张玉华等同志。

由于时间仓促，加之水平有限，书中难免存在错误和不妥之处，敬请广大读者批评和指正。

目 录

以下内容可以从 www.jigongjianzhu.com 处下载

第 1 章
建筑效果图相关的理论知识

本章学习要点：

- ★ 色彩三大元素
- ★ 色彩视觉感受
- ★ 构图技巧
- ★ 光线和质感

在学习使用 3ds Max 制作建筑效果图之前，首先需要了解基本的理论知识，深入地、全面地理解这些理论知识，非常有助于效果图的设计和制作，因此制作效果图并不是只学好 3ds Max 就可以，而是需要很多理论知识支撑。图 1-1 所示为优秀的效果图作品。

图 1-1

1.1 色彩三大元素

在深入地学习色彩之前，首先一定要了解色彩的三大元素：明度、色相、纯度。熟练地应用好色彩的三大元素，就可以快速地搭配好适合的颜色，更有利于我们制作效果图。

1.1.1 明度

明度是眼睛对光源和物体表面的明暗程度的感觉，主要是由光线强弱决定的一种视觉经验。明度也可以简单的理解为颜色的亮度。明度越高，色彩越白越亮，反之则越暗，如图 1-2 和图 1-3 所示。

图 1-2

图 1-3

色彩的明暗程度有两种情况：同一颜色的明度变化，不同颜色的明度变化。同一色相的明度深浅变化效果如图 1-4 所示。不同的色彩也都存在明暗变化，其中黄色明度最高，紫色明度最低，红、绿、蓝、橙色的明度相近，为中间明度，如图 1-5 所示。

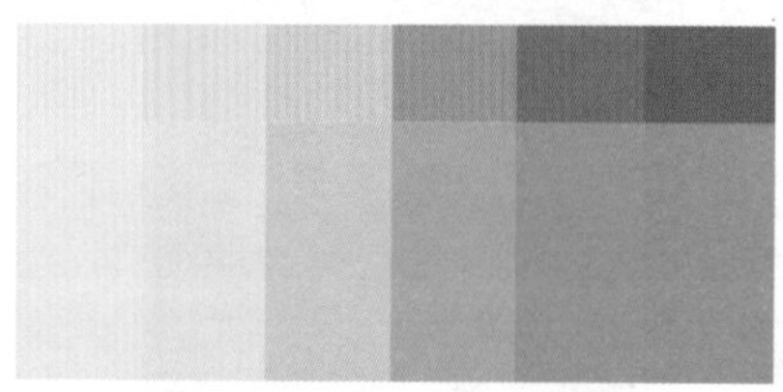

图 1-4

图 1-5

1.1.2 色相

色相就是色彩的“相貌”，色相与色彩的明暗无关，只区别色彩的名称或种类。色相是根据该颜色光波长短划分的，只要色彩的波长相同，色相就相同，波长不同才产生色相的差别。

“红、橙、黄、绿、蓝、紫”是日常中最常听到的基本色，在各色中间加插一两个中间色，其头尾色相，即可组成十二基本色相，如图 1-6 所示。

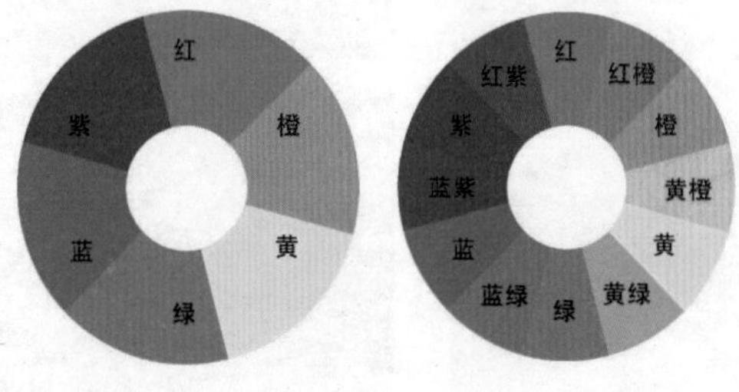

图 1-6

1.1.3 纯度

纯度是指色彩的鲜浊程度，也就是色彩的饱和度。物体的色彩饱和度取决于该物体表面选择性的反射能力。在同一色相中添加白色、黑色或灰色都会降低它的纯度。图 1-7 所示为有彩色与无彩色的加法。

图 1-7

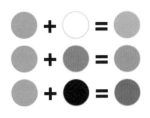

色彩的纯度也像明度一样有着丰富的层次，使得纯度的对比呈现出变化多样的效果。混入的黑、白、灰成分越多，则色彩的纯度越低。以红色为例，在加入白色、灰色和黑色后其纯度都会随着降低，如图 1-8 所示。

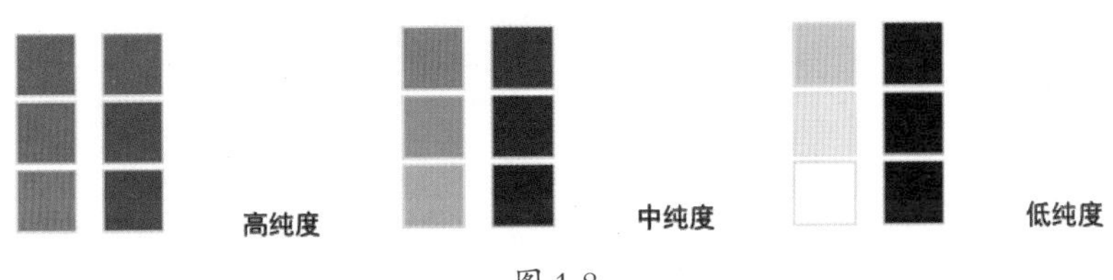

图 1-8

1.2 色彩视觉感受

色彩是神奇的，它不仅具有独特的三大属性，还可以通过不同属性的组合给人们带来冷、暖、轻、重、缓、急等不同的心理感受。色彩的心理暗示往往可以在悄无声息的情况下对人们产生影响，在进行作品设计时将色彩的原理融合于整个作品中，可以让设计美观而舒适。

1.2.1 色彩的冷与暖

色彩的冷暖感是一种心理感受，为什么能产生这种感受呢？其实很简单，人在看到某种颜色时会自动联想这种颜色的物体。比如红、橙、黄色常让人联想到太阳和火焰，有温暖的感觉；蓝青色常常使人联想到大海、天空、寒冰，有寒冷的感觉。色彩的冷暖与明度、纯度也有关。高明度的色彩一般有冷感，低明度的色彩一般有暖感。无彩色系中白色有冷感，黑色有暖感。色彩设计中合理利用色彩的冷暖对比与统一，是提高室内环境气氛的一种有效方法。

色彩有冷暖之分。色相环中绿色一边的色相称冷色，色环中红色一边的色相称暖色。冷色使人联想到海洋、天空、夜晚等，传递出一种宁静、深远、理智的感觉。所以在炎热的夏天，在冷色环境中会感觉到舒适。暖色则使人联想到太阳和火焰等，给人们一种温暖、热情、活泼的感觉，如图 1-9 和图 1-10 所示。

图 1-9

图 1-10

1.2.2 色彩轻重与软硬

色彩的重量感与明度有直接关系，就像是感觉颜色越深越重，颜色越浅越轻是一个道理。对比同等明度的颜色来说，轻与重的差别则难于区分。因此，明度越亮，感觉越轻、软；明度越暗，感觉越重、硬。明度较高的含灰色系具有软感，明度较低的含灰色系具有硬感；纯度越高越具有硬感，纯度越低越具有软感；强对比色调具有硬感，弱对比色调具有软感。沙发的色彩对比柔弱，色彩纯度低，给人感觉就很柔软、舒服。

其实颜色本身是没有重量的，但是有些颜色使人感觉到重量感。例如，同等重量的白色与蓝色物体相比，会感觉蓝色物体更重些，如图 1-11 所示。当然与同等重量的黑色物体相比，黑色物体又会看上去更重。

图 1-11

1.2.3 室内色彩的前进与后退

色彩具有前进色和后退色的效果，有的颜色看起来向上突出，而有的颜色看起来向下凹陷，其中显得突出的颜色被称为前进色，而显得凹陷的颜色被称为后退色。前进色包括红色、橙色等暖色；而后退色则主要包括蓝色和紫色等冷色。如图 1-12 所示，红色会给人更靠近的感觉。

图 1-12

1.2.4 室内色彩的明快感与忧郁感

色彩明快感和忧郁感与纯度有直接关系。越明亮、鲜艳的颜色越有明快感，越昏暗、混浊的颜色具有忧郁感。因此低纯度的基调色易产生忧郁感，高纯度的基调色易产生明快感；

强对比色调有明快感，弱对比色调具有忧郁感，如图 1-13 所示。

图 1-13

1.3 构图技巧

构图是一幅作品中非常重要的知识，当然设计不应该有太多的条条框框，不一定完全遵守一些规则，但是大部分优秀作品有很多共同点可以参考。我们首先要了解并熟练地掌握这些技巧，然后再根据自己的想法、心得进行灵活变通，这样才会有最快的进步。

构图的技巧很多，常用的技巧有【对称构图】、【倾斜构图】、【曲线构图】、【中心构图】、【满版构图】等。

【对称构图】：对称构图一般会出现较为严谨、规矩的视觉效果。图 1-14 所示为对称构图。

图 1-14

【倾斜构图】：倾斜构图是将版面中的主体进行倾斜布局。这样的布局会给人一种不稳定的感觉，但是引人注意，画面有较强的视觉冲击力。图 1-15 所示为倾斜构图。

【曲线构图】：曲线构图具有灵活性和流动性，在室内和建筑设计中添加曲线可以增加画面的时尚感、飘逸感、趣味性，使整个设计充满柔软的感觉，会引导人的视线随着画面中的元素自由走向产生变化。图 1-16 所示为曲线构图。

图 1-15

图 1-16

【中心构图】：中心构图是将人的视线集中到某一处，产生视觉焦点，使主体突出。图 1-17 所示为中心构图。

图 1-17

【满版构图】：版面以图像充满整版，并根据版面需要将文字编排在版面的合适位置上。满版型版式设计层次清晰，传达信息准确明了，给人简洁大方的感觉。图 1-18 所示为满版构图。

图 1-18

1.4 光线

光线是建筑设计中非常重要的部分，光线是指自然光、灯具灯光等产生的光照和阴影效果。

1. 清晨

清晨由于太阳还没有完全升起，所以清晨的光线一般比较柔和，物体产生的阴影也比较柔和，如图 1-19 所示。

图 1-19

2. 正午

正午阳光是最刺眼的，光线垂直照向地面，会产生强烈的日光效果，当然阴影的颜色也会比较深，轮廓比较清晰，如图 1-20 所示。

图 1-20

3. 黄昏

黄昏是指太阳开始落山的时刻，一般光线的颜色趋向于橙色，非常温暖，如图 1-21 所示。

图 1-21

4. 夜晚

夜晚是指太阳已经完全落山了，只剩下天空的蓝色。在制作夜晚效果图时，就需要特别注意室外的蓝色冷色调和室内的黄色暖色调的对比，如图 1-22 所示。

图 1-22

5. 强阴影

强烈的灯光会产生强阴影效果，会使得画面对比较为明显，如图 1-23 所示。

图 1-23

6. 弱阴影

弱的阳光会产生弱阴影效果，当然过渡柔和的室内灯光也能产生弱阴影效果，如图 1-24 所示。

图 1-24

1.5 精彩效果图赏析

第 2 章
四大建模应用

本章学习要点：

- ★ 几何体建模技术
- ★ 二维图形建模技术
- ★ 修改器建模技术
- ★ 多边形建模技术

2.1 几何体建模

建模简单来说就是建立模型的过程，在 3ds Max 中可以利用多种技巧对模型进行建立，根据不同的模型可以选择不同的建模方式，如几何体建模、复合对象建模、样条线建模、修改器建模、网格建模、NURBS 建模、多边形建模等。图 2-1 所示为优秀的建筑模型。

图 2-1

2.1.1 熟悉创建面板

创建模型、灯光、摄影机等对象都需要在【创建面板】下进行操作。【创建面板】包括 7 个类型，分别为几何体、图形、灯光、摄影机、辅助对象、空间扭曲对象、系统，如图 2–2 所示。

图 2-2

【创建面板】的类型详解如下：

- 几何体：几何体最基本的模型类型，其中包括多种类型，如长方体、球体等。

- 图形：图形是二维的线。包括样条线和 NURBS 曲线，其中包括多种类型。
- 灯光：灯光可以照亮场景，并且可以增加其逼真感。灯光种类很多，可模拟现实世界中不同类型的灯光。
- 摄影机：摄影机对象提供场景的视图，可以对摄影机位置设置动画。
- 辅助对象：辅助对象有助于构建场景。
- 空间扭曲对象：空间扭曲在围绕其他对象的空间中产生各种不同的扭曲效果。
- 系统：系统将对象、控制器和层次组合在一起，提供与某种行为关联的几何体。

在建模中常用的两个类型是【几何体】和【图形】，如图 2-3 所示。

图 2-3

求生秘籍——技巧提示：创建模型的次序

3ds Max 新手往往对于界面较为陌生，创建模型时无从下手，不知道单击哪些按钮。首先要明确要做什么，比如要创建一个【长方体】，那么就需要按照图中 1、2、3、4 的次序进行单击，然后再进行创建，如图 2-4 所示。

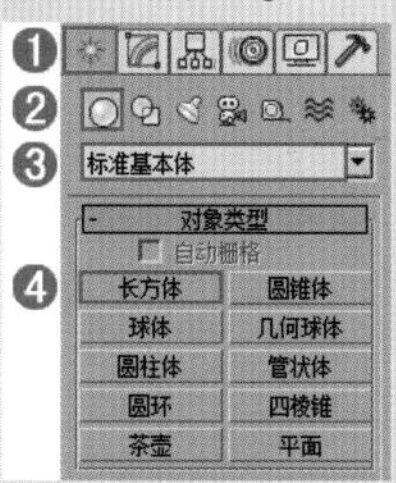

图 2-4

试一下：创建一个长方体

（1）单击（创建）|（几何体）| 标准基本体 | 长方体 按钮，如图 2-5 所示。

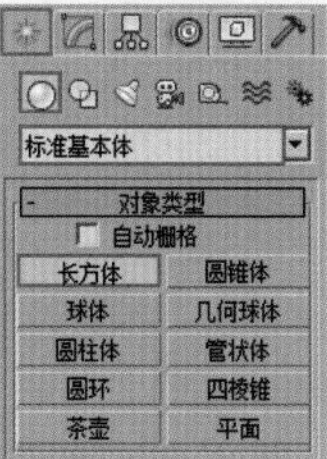

图 2-5

（2）此时单击鼠标左键进行拖动，定义长方体底部的大小，如图 2-6 所示。

（3）松开鼠标左键并进行拖动，定义长方体的高度，最后单击鼠标左键，如图 2-7 所示。

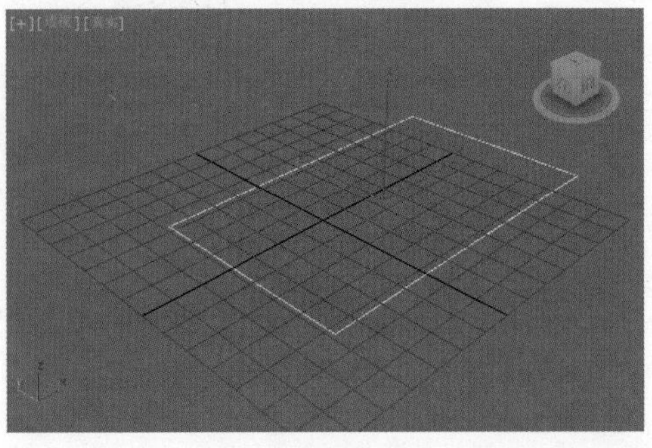

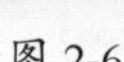

图 2-6

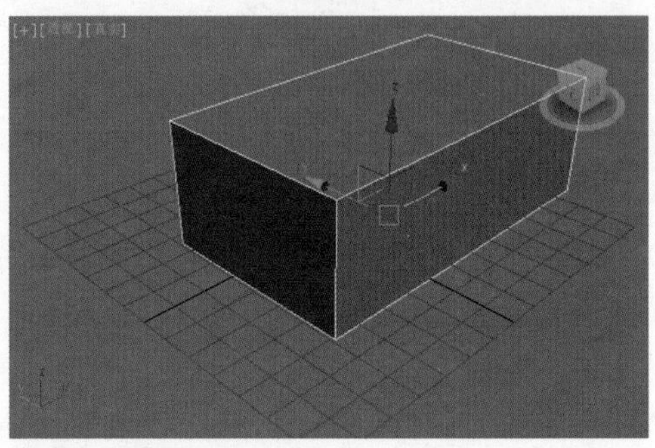

图 2-7

FAQ 常见问题解答：为什么我创建不出长方体？

创建长方体一共需要单击两次鼠标左键。第一次单击鼠标左键并拖动可以确定出长方体的长度和宽度，松开鼠标左键并拖动可以确定长方体的高度，第二次单击鼠标左键是完成创建。

2.1.2 标准基本体

标准基本体是 3ds Max 中最常用的基本模型，如长方体、球体、圆柱体等。在 3ds Max 中，可以使用单个基本体对很多这样的对象建模。还可以将基本体结合到更复杂的对象中，并使用修改器进一步进行优化。10 种标准基本体，如图 2-8 所示。

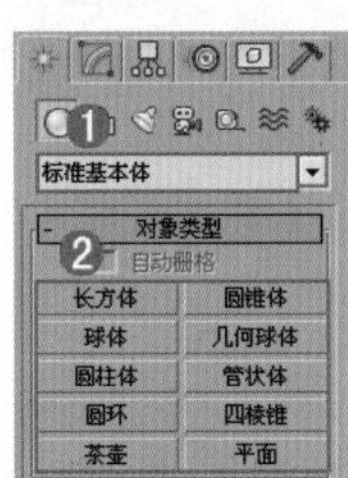

图 2-8

图 2-9 所示为标准基本体制作的作品。

图 2-9

（1）【长方体】：是最常用的标准基本体。使用【长方体】可以制作长度、宽度、高度不同的长方体。长方体的参数比较简单，包括【长度】、【高度】、【宽度】以及相对应的【分段】，如图 2-10 所示。

（2）【圆锥体】：可以产生直立或倒立的完整或部分圆锥体，如图 2-11 所示。

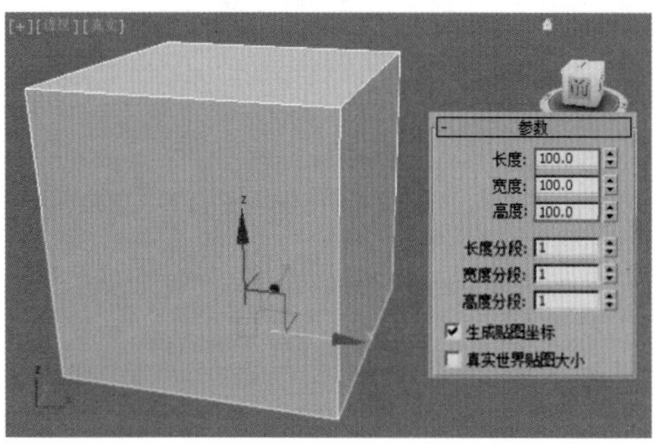

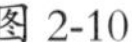
图 2-10

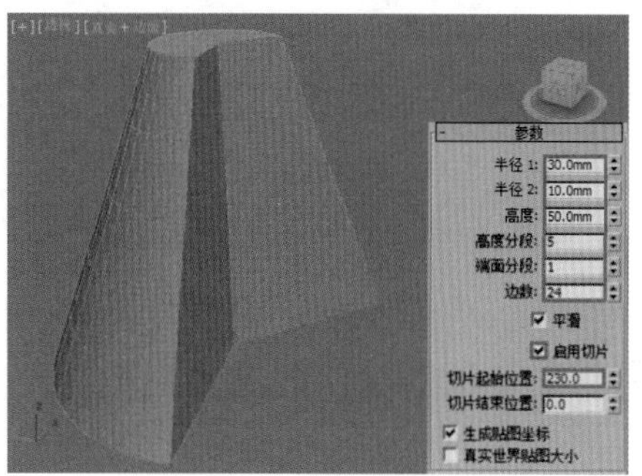

图 2-11

（3）【球体】：可以制作球体、半球体或部分球体。可以使用【切片】进行修改，如图 2-12 所示。

（4）【几何球体】：可以创建四面体、八面体、二十面体，如图 2-13 所示。

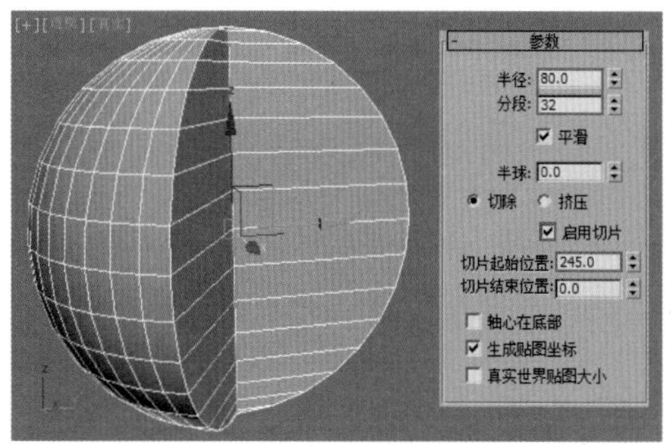

图 2-12

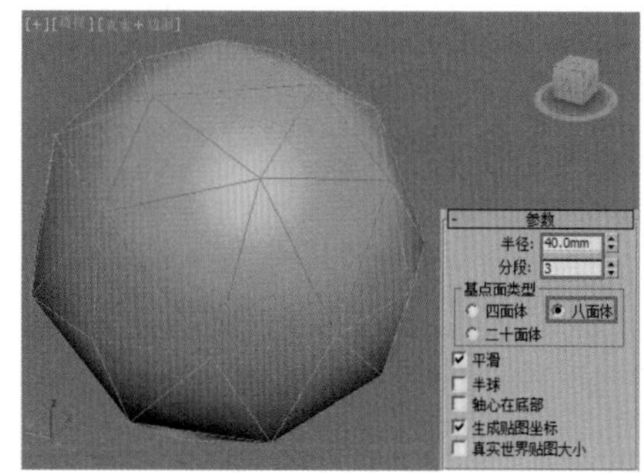

图 2-13

（5）【圆柱体】：可以创建完整或部分圆柱体。勾选【启用切片】后可以设置部分圆柱体，如图 2-14 所示。

（6）【管状体】：可以创建圆形和棱柱管道。管状体类似于中空的圆柱体，如图 2-15 所示。

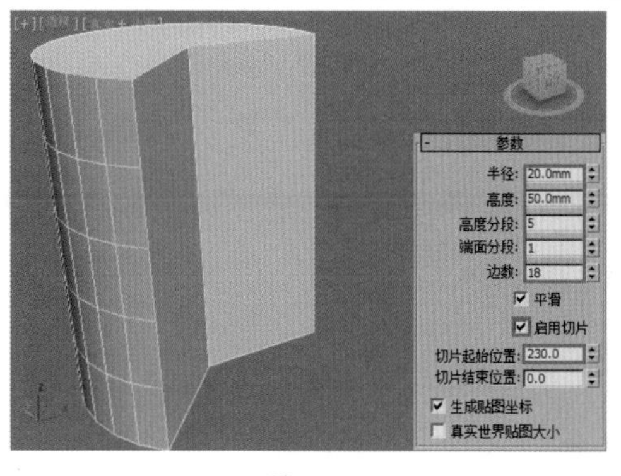

图 2-14

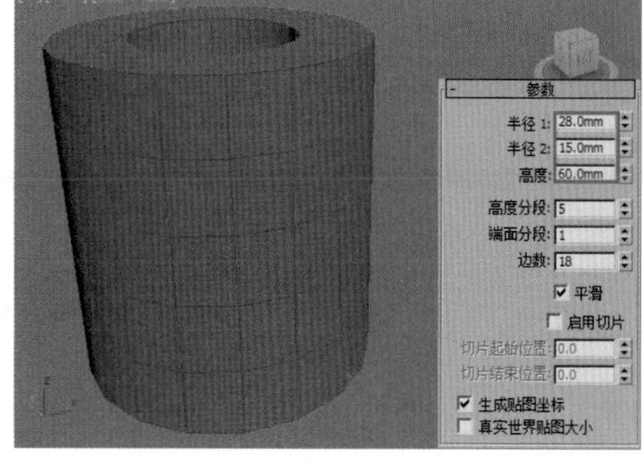

图 2-15

（7）【圆环】：可以创建一个圆环或具有圆形横截面的环。可以将平滑选项与旋转和扭曲设置组合使用，以创建复杂的变体，如图 2-16 所示。

（8）【四棱锥】：可以创建方形或矩形底部和三角形侧面，如图 2-17 所示。

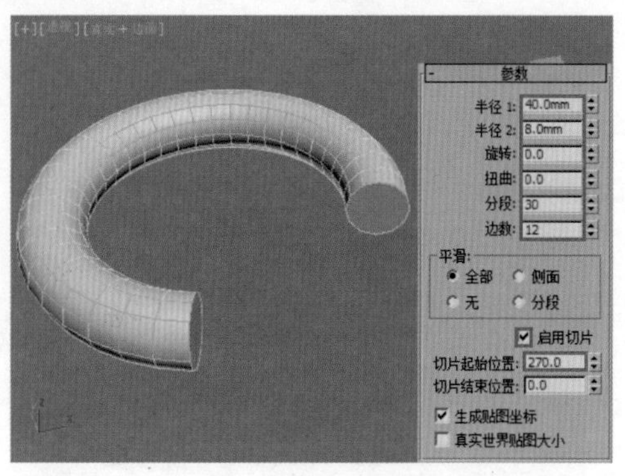

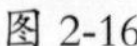
图 2-16

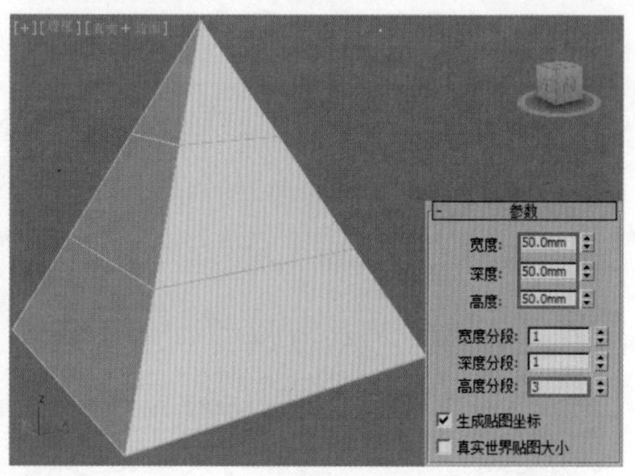

图 2-17

（9）【茶壶】：是经常使用到的模型，可以快捷地创建出一个精度较低的茶壶，其参数可以在【修改】面板中进行修改，如图 2-18 所示。

（10）【平面】：与【长方体】不同，【平面】没有高度，该工具常用来放置到模型下方作为平面，如图 2-19 所示。

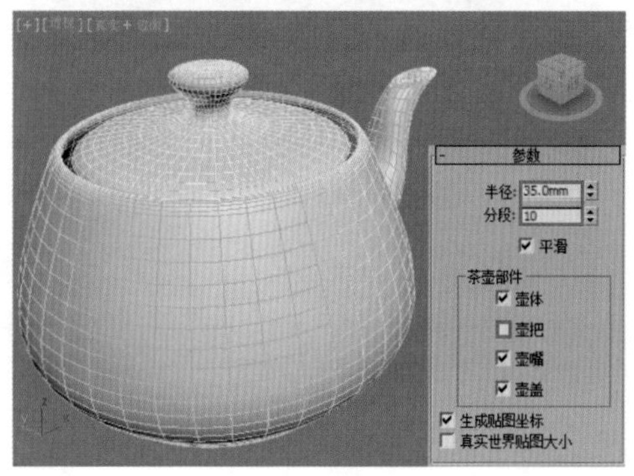

图 2-18

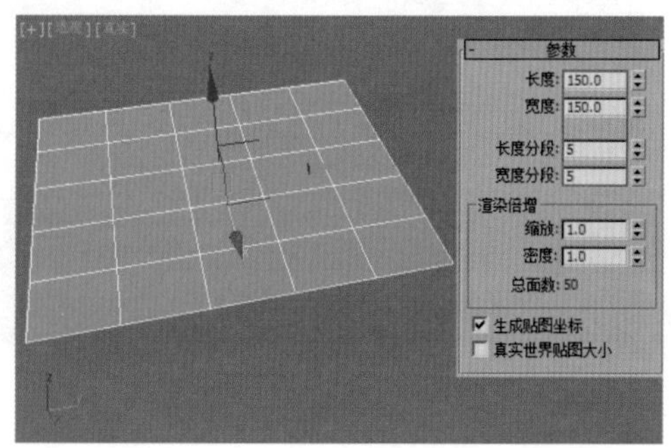

图 2-19

2.1.3 扩展基本体

扩展基本体是 3ds Max Design 复杂基本体的集合。其中包括 13 种对象类型，分别是异面体、环形结、切角长方体、切角圆柱体、油罐、胶囊、纺锤、L-Ext、球棱柱、C-Ext、环形波、棱柱、软管。13 种扩展基本体，如图 2-20 所示。

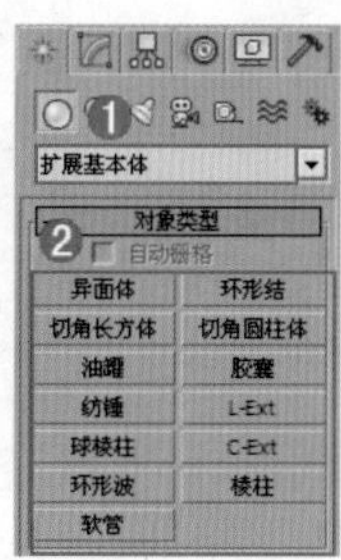

图 2-20

图 2-21 所示为扩展基本体制作的作品。

（1）【异面体】：可以创建出多面体的对象，如图 2-22 所示。

（2）【切角长方体】：可以创建具有倒角或圆形边的长方体，如图 2-23 所示。

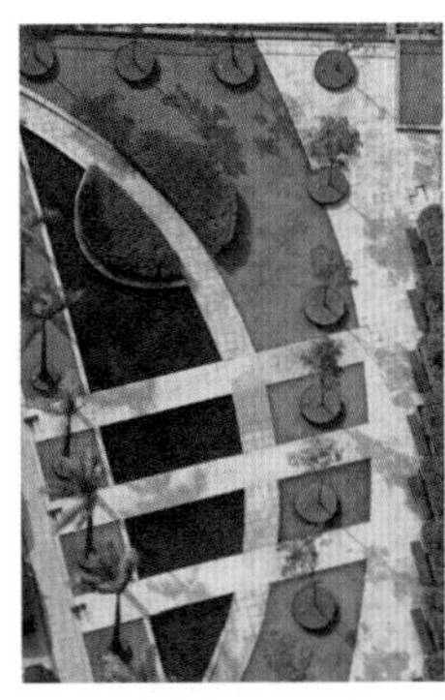

图 2-21

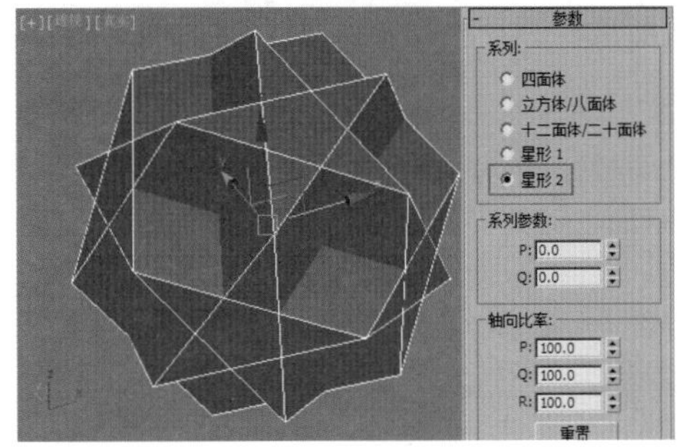

图 2-22

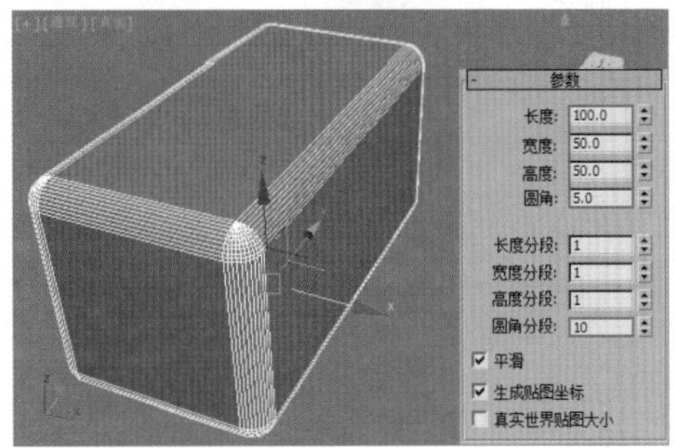

图 2-23

（3）【切角圆柱体】：可以创建具有倒角或圆形封口边的圆柱体，如图 2-24 所示。

（4）【油罐】：可以创建带有凸面封口的圆柱体，如图 2-25 所示。

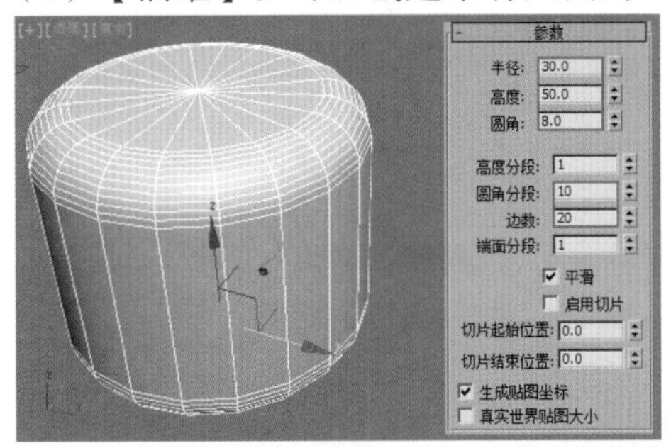

图 2-24

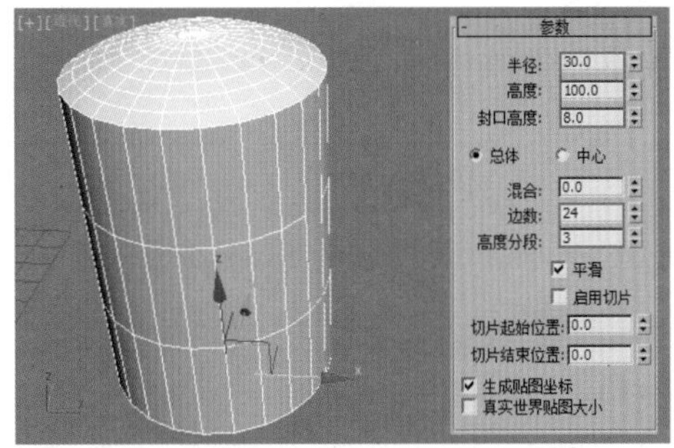

图 2-25

（5）【胶囊】：可以创建带有半球状封口的圆柱体，如图 2-26 所示。

（6）【纺锤】：可以创建带有圆锥形封口的圆柱体，如图 2-27 所示。

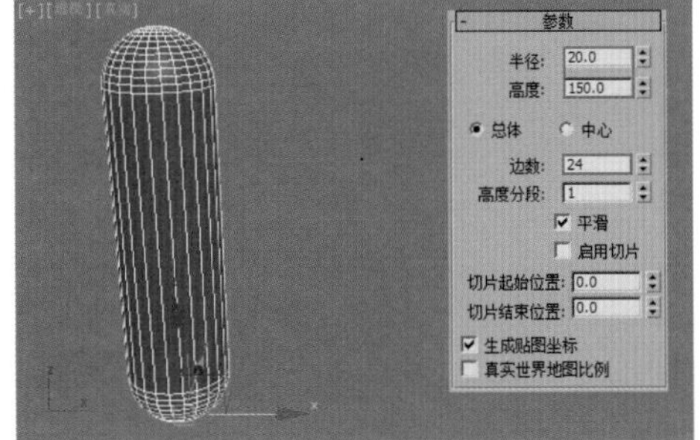

图 2-26

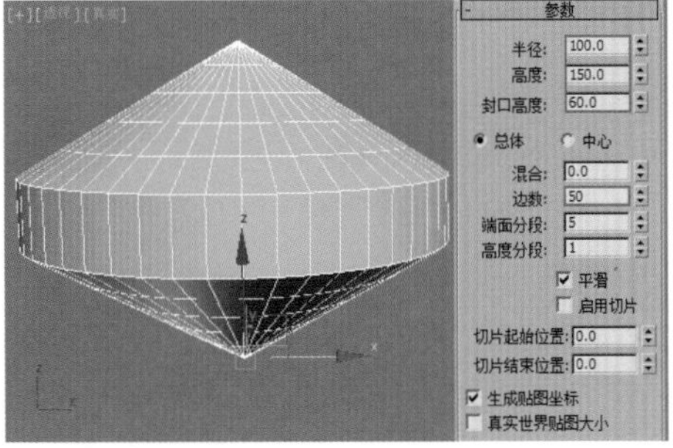

图 2-27

（7）【L-Ext】：可以创建基础的 L 形对象，如图 2-28 所示。

（8）【球棱柱】：可以创建可选的圆角面边，基础的规则面多边形，如图 2-29 所示。

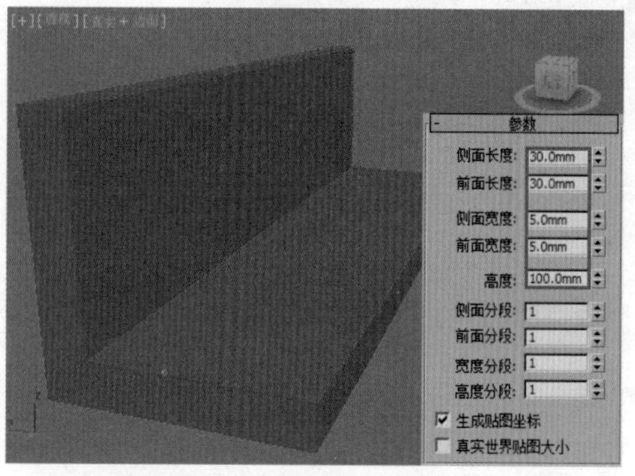

图 2-28

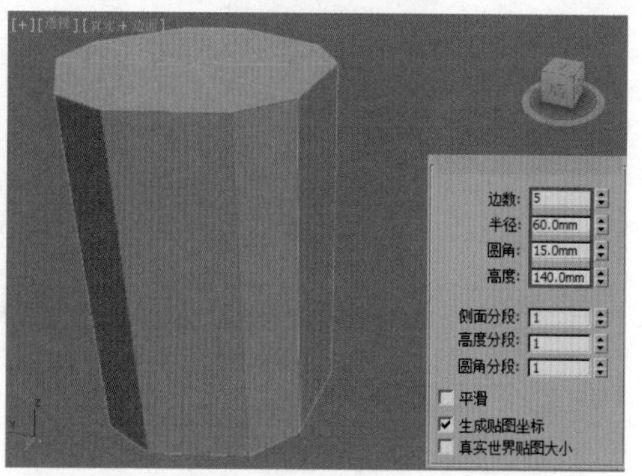

图 2-29

（9）【C-Ext】：可以创建基础的 C 形对象，如图 2-30 所示。

（10）【环形波】：可以创建出环形波状的模型，不太常用，如图 2-31 所示。

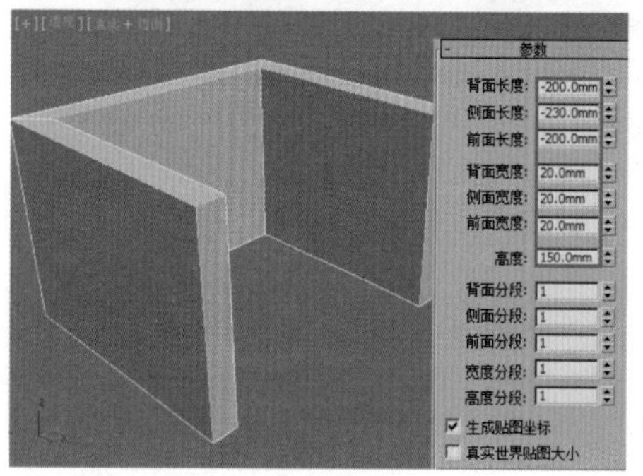

图 2-30

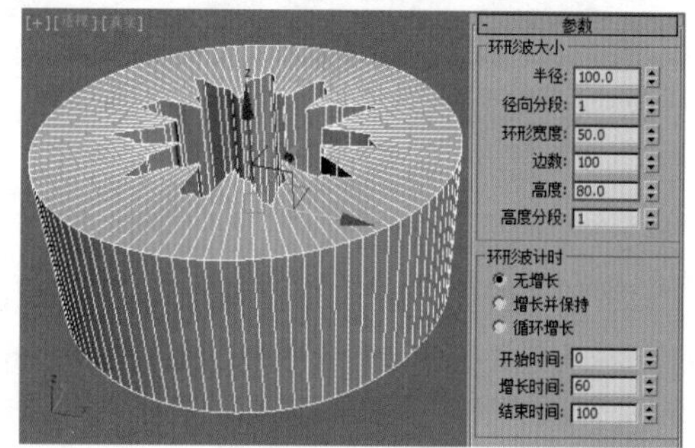

图 2-31

（11）【棱柱】：可以创建带有独立分段面的三面棱柱，如图 2-32 所示。

（12）【软管】：可以制作软管模型，如饮料吸管，如图 2-33 所示。

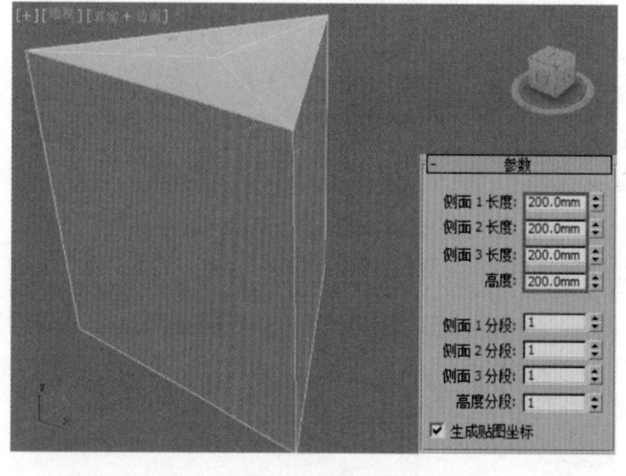

图 2-32

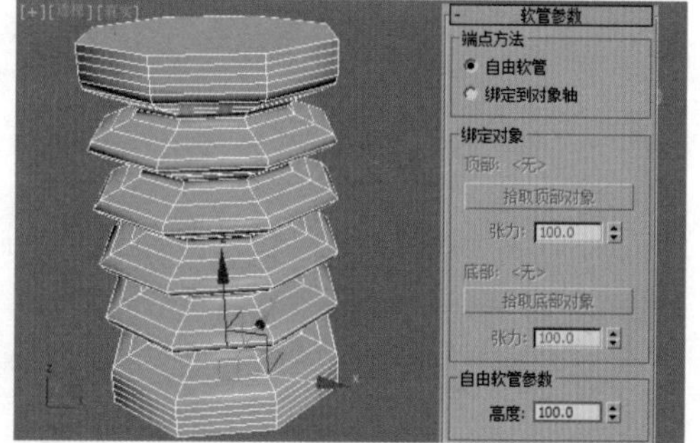

图 2-33

2.1.4　图形合并

【图形合并】工具可以将图形快速地添加到三维模型表面。其参数面板，如图 2-34 所示。

- 拾取图形：单击该按钮，然后单击要嵌入网格对象中的图形。
- 参考 / 复制 / 移动 / 实例：指定如何将图形传输到复合对象中。

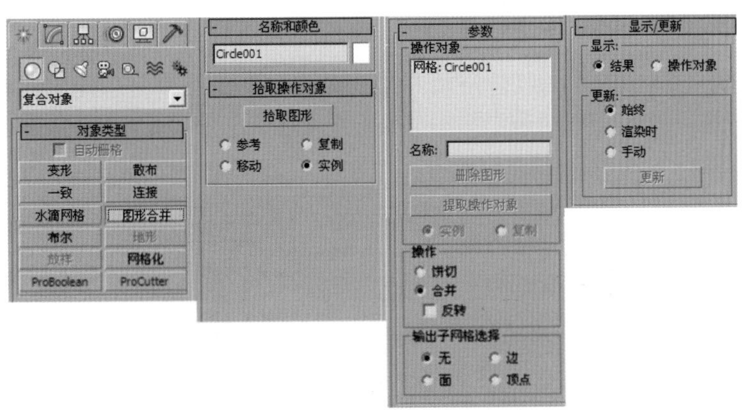

图 2-34

- 【操作对象】列表：在复合对象中列出所有操作对象。
- 删除图形：从复合对象中删除选中图形。
- 提取操作对象：提取选中操作对象的副本或实例。在列表窗中选择操作对象时此按钮可用。
- 实例 / 复制：指定如何提取操作对象。可以作为实例或副本进行提取。
- 饼切：切去网格对象曲面外部的图形。
- 合并：将图形与网格对象曲面合并。
- 反转：反转【饼切】或【合并】效果。
- 更新：当选中除【始终】之外的任一选项时更新显示。

试一下：图形合并的简单用法

（1）创建图形和球体，并选择图形，如图 2-35 所示。

（2）单击【创建 / 几何体 / 复合对象 / 图形合并 / 拾取图形】，并单击球体，如图 2-36 所示。

（3）最终得到模型，模型表面带有刚才的图形结构线，如图 2-37 所示。

图 2-35

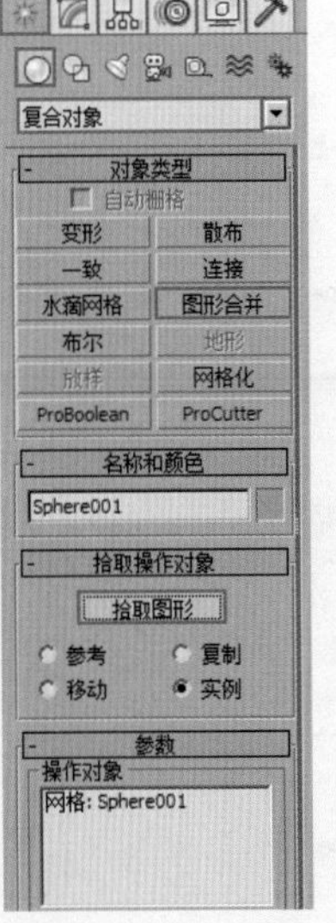

图 2-36

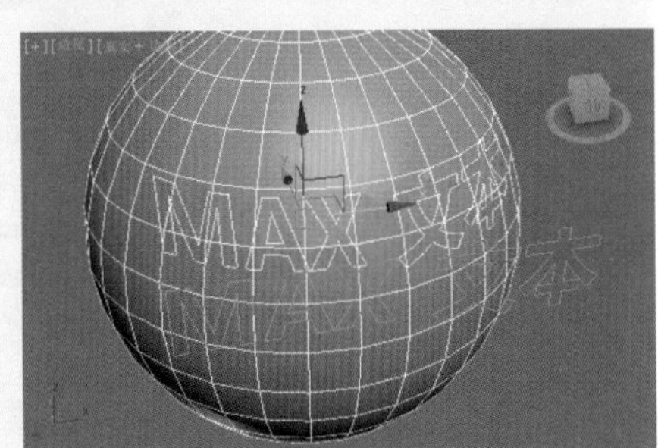

图 2-37

2.1.5 布尔

【布尔】通过对两个以上的物体进行并集、差集、交集运算，从而得到新的模型效果。布尔提供了 5 种运算方式，分别是【并集】、【交集】、【差集（A-B）】、【差集（B-A）】和【切割】。参数设置面板如图 2-38 所示。

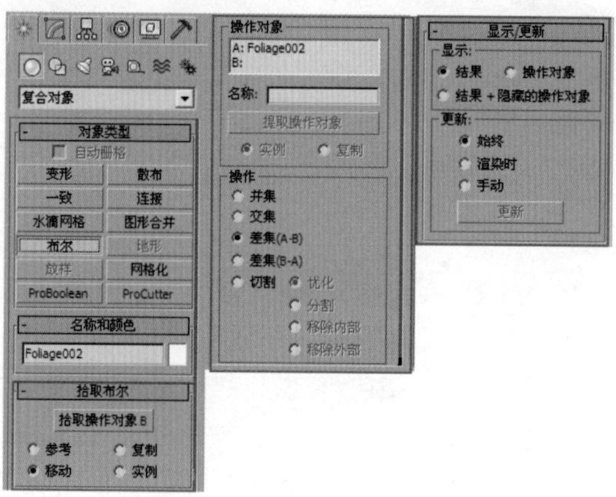

图 2-38

试一下：布尔工具制作的不同模型效果

（1）比如创建一个球体，一个长方体，如图 2-39 所示。

（2）首先要考虑先选择哪个模型，比如先选择球体。然后执行【创建 / 几何体 / 复合对象 / 布尔 / 拾取操作对象 B】，并选择【差集（A-B）】，最后单击长方体，如图 2-40 所示。此时出现的模型效果如图 2-41 所示。

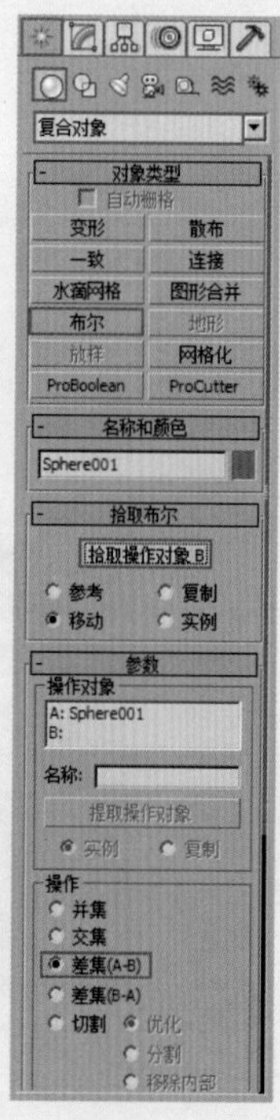

图 2-40

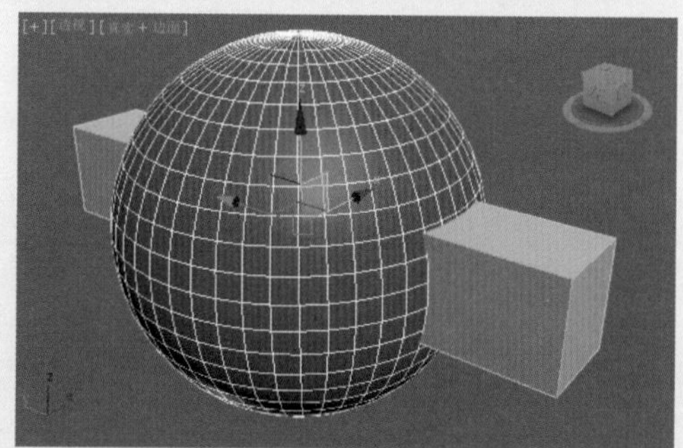

图 2-39

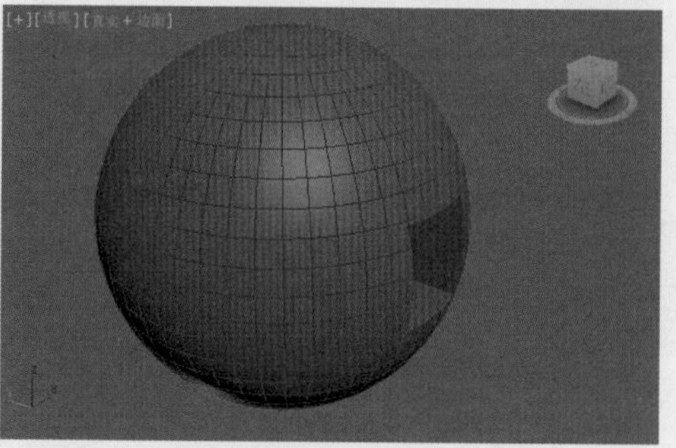

图 2-41

（3）如果选择【并集】，如图 2-42 所示。那么最终的模型效果如图 2-43 所示。

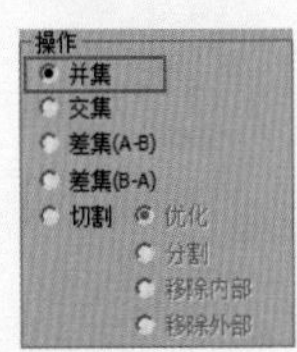

图 2-42

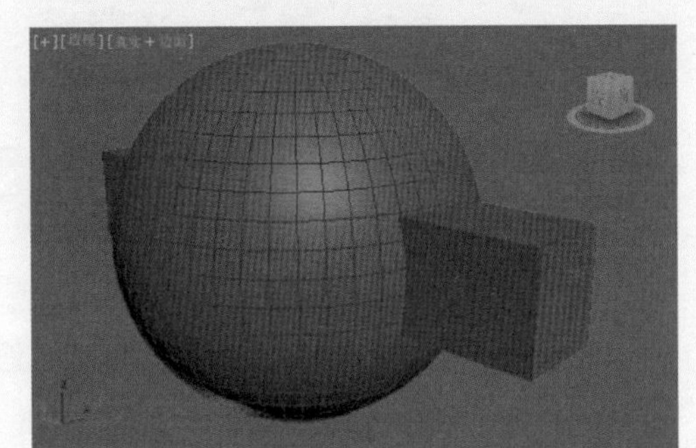

图 2-43

（4）如果选择【交集】，如图 2-44 所示。那么最终的模型效果如图 2-45 所示。

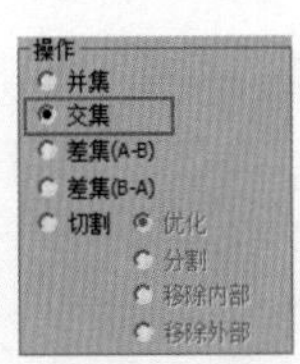

图 2-44

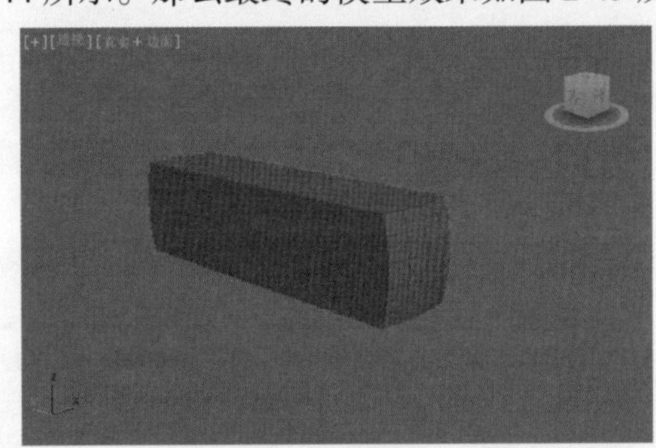

图 2-45

（5）如果选择【差集（B-A）】，如图 2-46 所示。那么最终的模型效果如图 2-47 所示。

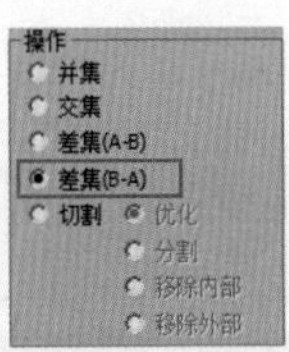

图 2-46

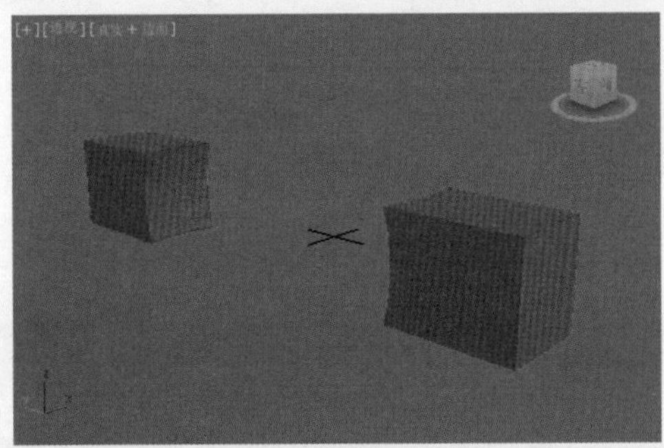

图 2-47

2.1.6 ProBoolean

【ProBoolean】工具与【布尔】工具是一类工具，都可以完成模型与模型之间的并集、交集、差集、切割处理，但是相对来说【ProBoolean】工具更为高级一些，使用【ProBoolean】工具制作出的模型，表面的布线分布更清晰，而使用【布尔】工具制作的模型，表面的布线比较乱。ProBoolean 的参数面板如图 2-48 所示。

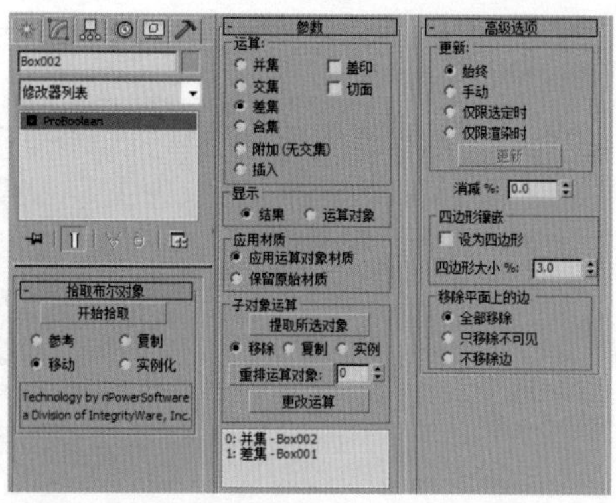

图 2-48

2.1.7　放样

【放样】工具非常强大，可以使用两条样条线，快速制作出三维的模型效果。原理很简单，可以理解为使用顶视图、剖面图制作出三维模型。【放样】是一种特殊的建模方法，能快速地创建出多种模型，如画框、石膏线、吊顶、踢脚线等，如图 2-49 所示。其参数设置面板如图 2-50 所示。

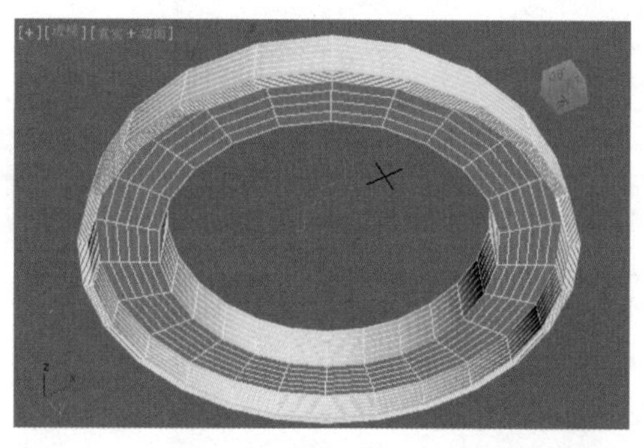

图 2-49

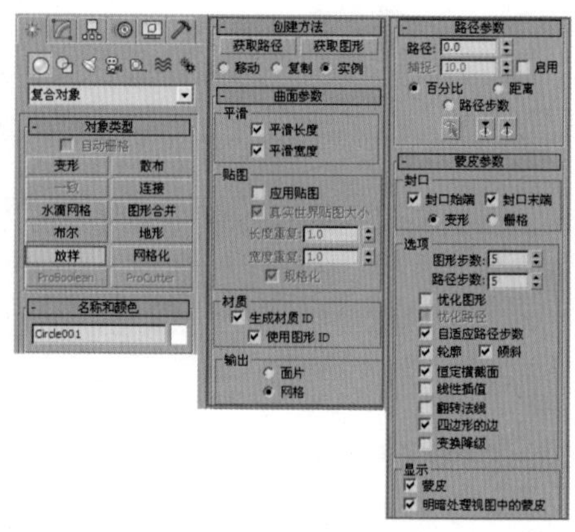

图 2-50

FAQ 常见问题解答：为什么我创建的放样物体感觉不太对?

使用两条线可以快速制作出放样的物体，但是制作出来以后可能会发现模型不太正确，此时可以选择放样后的模型，并单击修改，选择【图形】级别，并选择模型的【图形】，如图 2-51 所示。

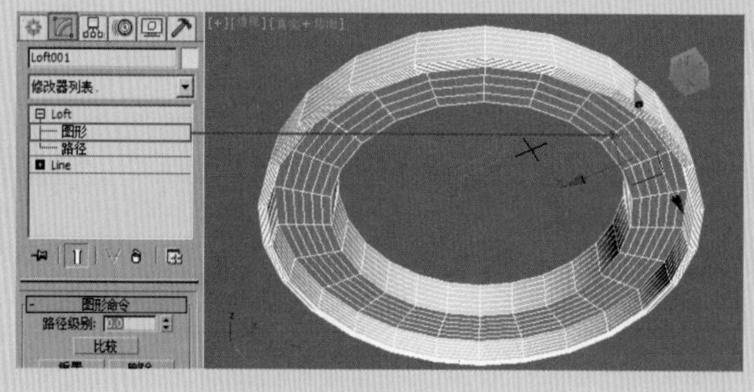

图 2-51

然后使用【选择并旋转】工具，打开【角度捕捉切换】工具，并进行合理的旋转，即可得到自己满意的模型效果，如图 2-52 所示。

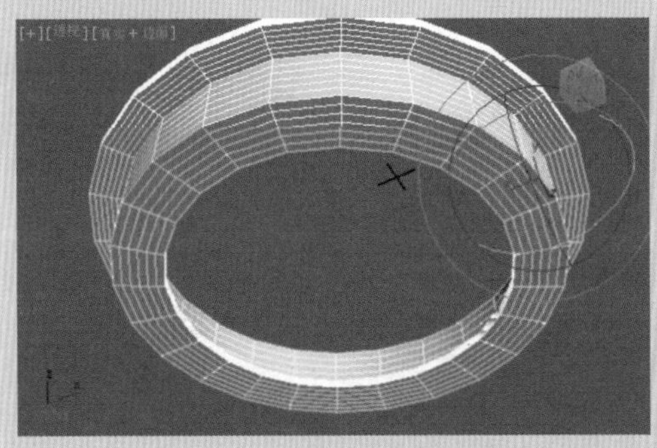

图 2-52

试一下：使用两条线进行放样。

（1）创建 1 条曲线和 1 条闭合线，如图 2-53 所示。

（2）选择曲线，并执行【创建 / 几何体 / 复合对象 / 放样 / 获取图形】，然后单击闭合线，如图 2-54 所示。

（3）最终得到三维模型，如图 2-55 所示。

图 2-53

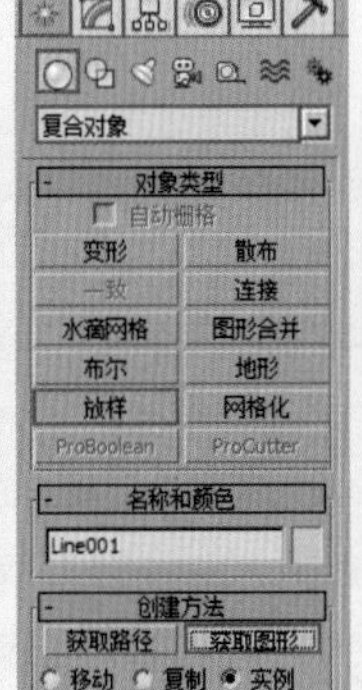

图 2-54

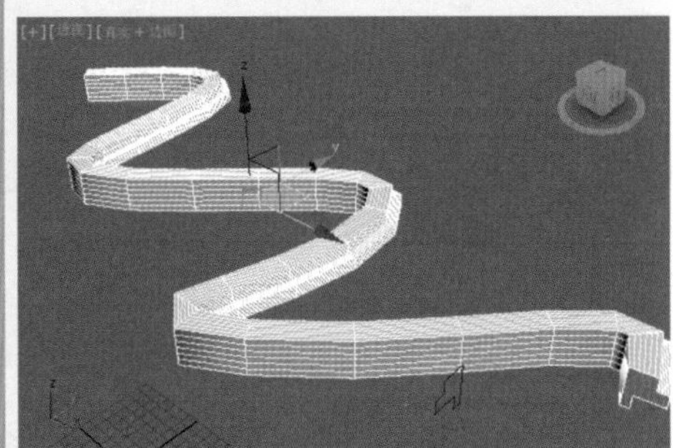

图 2-55

2.1.8　AEC 扩展

【AEC 扩展】专门用在建筑、工程和构造等领域，使用【AEC 扩展】对象可以提高创建场景的效率。【AEC 扩展】对象包括【植物】、【栏杆】和【墙】3 种类型，如图 2-56 所示。

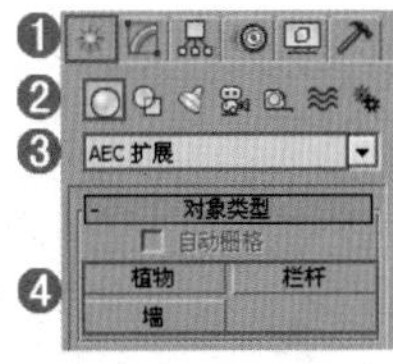

图 2-56

1. 植物

使用【植物】工具可以快速地创建出系统内置的植物模型。植物的创建方法很简单，首先将【几何体】类型切换为【AEC 扩展】类型，然后单击 植物 按钮，接着在【收藏的植物】卷展栏中选择树种，最后在视图中拖动鼠标指针就可以创建出相应的植物，如图 2-57 所示。植物参数如图 2-58 所示。

图 2-57

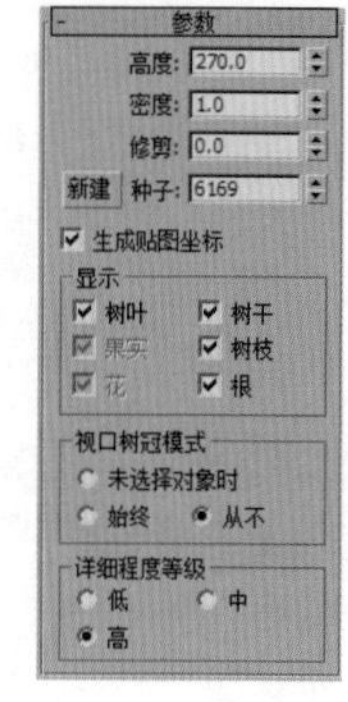

图 2-58

- 高度：控制植物的近似高度，这个高度不一定是实际高度，它只是一个近似值。
- 密度：控制植物叶子和花朵的数量。
- 修剪：只适用于具有树枝的植物，可以用来删除与构造平面平行的不可见平面下的树枝。
- 新建：显示当前植物的随机变体，其旁边是【种子】的显示数值。
- 生成贴图坐标：对植物应用默认的贴图坐标。
- 显示：该选项组中的参数主要用来控制植物的树叶、果实、花、树干、树枝和根的显示情况，勾选相应选项后，与其对应的对象就会在视图中显示出来。
- 视口树冠模式：该选项组用于设置树冠在视口中的显示模式。
- 未选择对象时：当没有选择任何对象时以树冠模式显示植物。
- 始终：始终以树冠模式显示植物。
- 从不：从不以树冠模式显示植物，但是会显示植物的所有特性。

求生秘籍——技巧提示：流畅显示和完全显示植物

为了节省计算机的资源，使得在对植物操作时比较流畅，我们可以选择【未选择对象时】或【始终】，计算机配置较高的情况下可以选择【从不】，如图 2-59 所示。

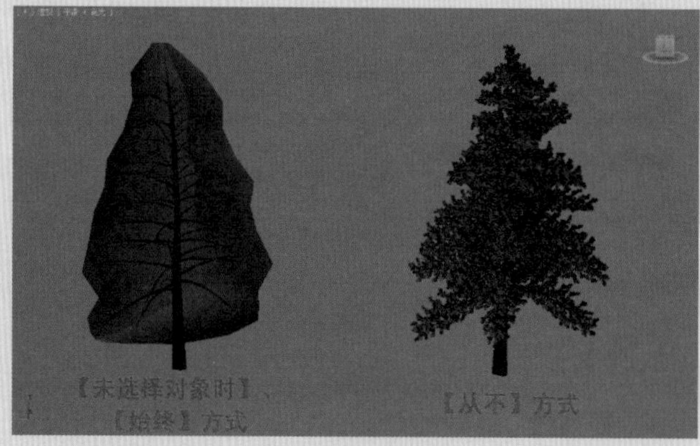

图 2-59

- 详细程度等级：该选项组中的参数用于设置植物的渲染细腻程度。
- 低：这种级别用来渲染植物的树冠。
- 中：这种级别用来渲染减少了面的植物。
- 高：这种级别用来渲染植物的所有面。

2. 栏杆

【栏杆】工具的组件包括栏杆、立柱和栅栏。可用于制作栏杆效果。图 2-60 所示为栏杆制作的模型。

图 2-60

栏杆的创建方法比较简单，首先将【几何体】类型切换为【AEC 扩展】类型，然后单击 栏杆 按钮，接着在视图中拖动鼠标指针即可创建出栏杆，如图 2-61 所示。栏杆的参数分为【栏杆】、【立柱】和【栅栏】3 个卷展栏，如图 2-62 所示。

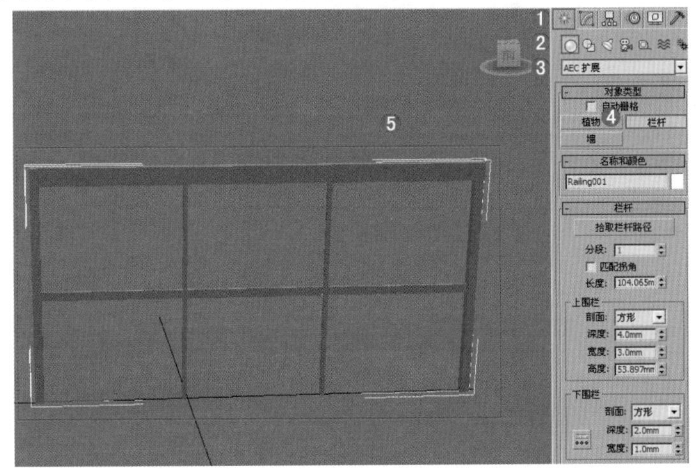

图 2-61

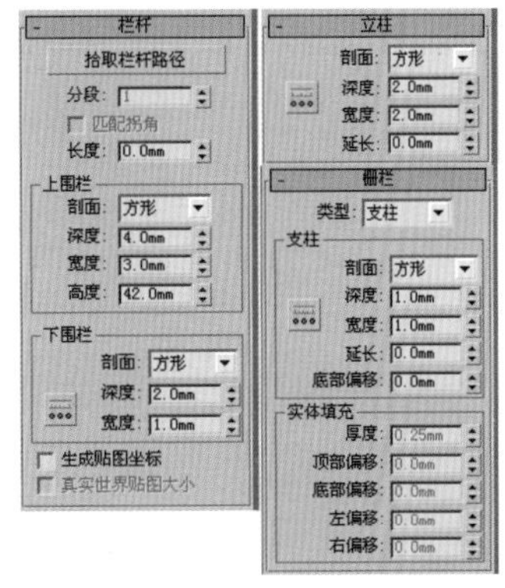

图 2-62

3. 墙

使用【墙】工具可以在视图中单击鼠标左键，快速地创建出墙的模型，如图 2-63 所示。

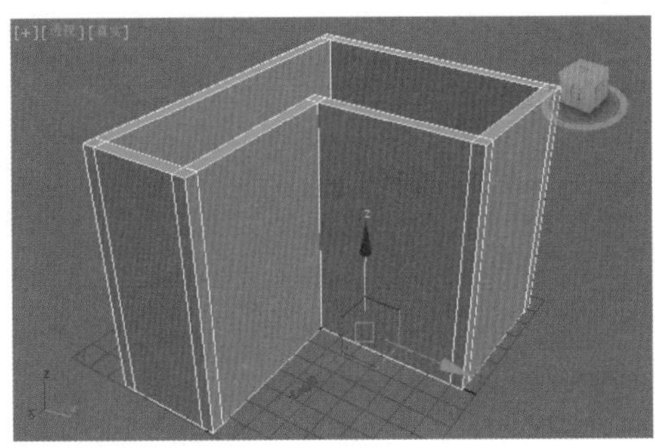

图 2-63

2.1.9 楼梯

【楼梯】在 3ds Max 2015 中提供了 4 种内置的参数化楼梯模型，分别是【直线楼梯】、【L 型楼梯】、【U 型楼梯】和【螺旋楼梯】。4 种楼梯的类型，如图 2-64 所示。以上 4 种楼梯都包括【参数】卷展栏、【支撑梁】卷展栏、【栏杆】卷展栏和【侧弦】卷展栏，而【螺旋楼梯】还包括【中柱】卷展栏，如图 2-65 所示。

图 2-64

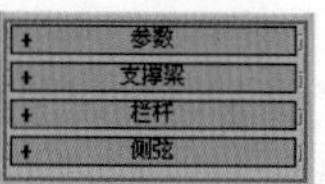

图 2-65

【直线楼梯】、【L 形楼梯】、【U 形楼梯】和【螺旋楼梯】的参数，如图 2-66 所示。

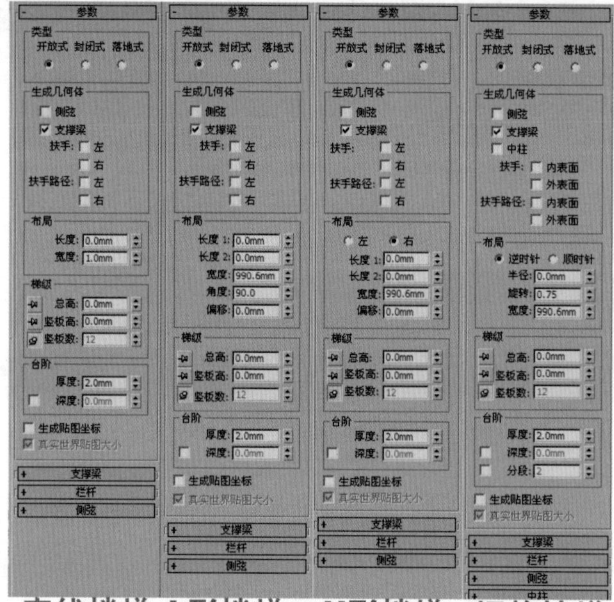

图 2-66

2.1.10 门

3ds Max 2015 中提供了 3 种内置的门模型，分别是【枢轴门】、【推拉门】和【折叠门】。【枢轴门】是在一侧装有铰链的门;【推拉门】有一半是固定的，另一半可以推拉；【折叠门】的铰链装在中间以及侧端，就像壁橱门一样。

3 种门的类型，如图 2-67 所示。这 3 种门在参数上大部分都是相同的，下面先对这 3 种门的相同参数进行讲解，如图 2-68 所示。

图 2-67

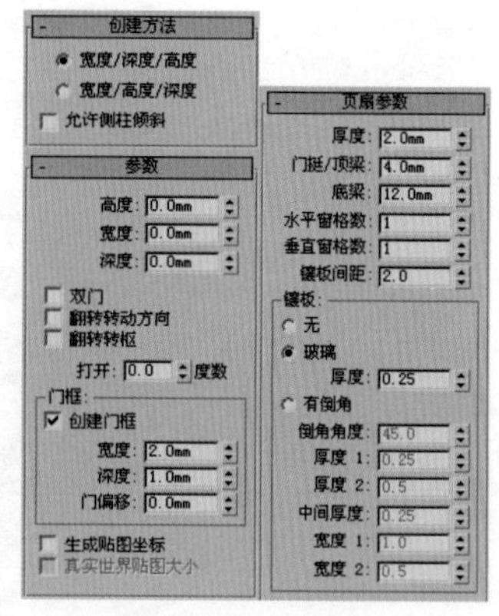

图 2-68

【枢轴门】：可以制作出普通的门，如图 2-69 所示。

【推拉门】：可以制作出左右推拉的门，如图 2-70 所示。

【折叠门】：可以制作出折叠效果的门，如图 2-71 所示。

图 2-69

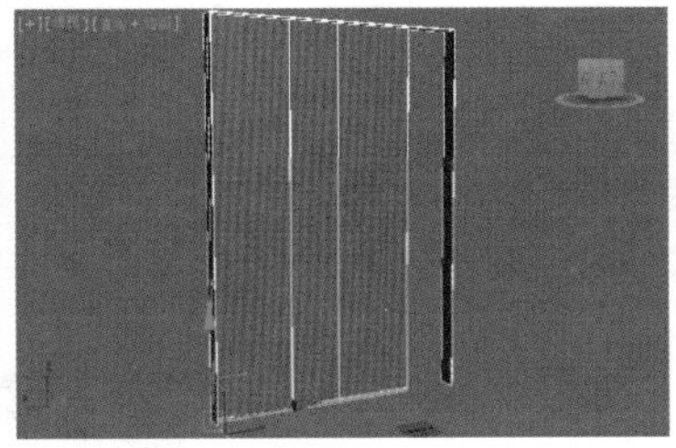

图 2-70

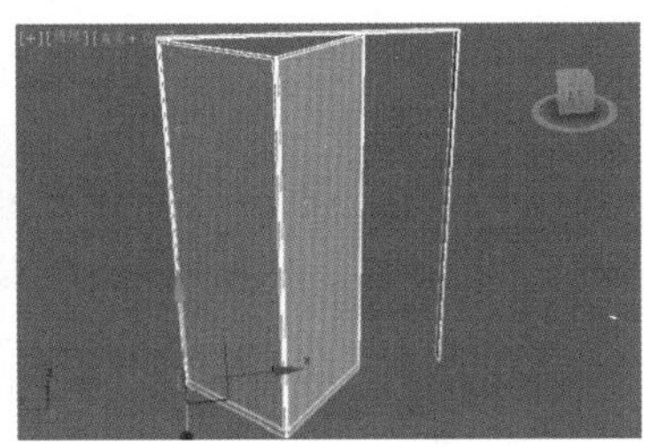

图 2-71

2.1.11　窗

3ds Max 2015 中提供了 6 种内置的窗户模型，分别为【遮篷式窗】、【平开窗】、【固定窗】、【旋开窗】、【伸出式窗】、【推拉窗】，使用这些内置的窗户模型可以快速地创建出所需要的窗户。6 种窗的类型，如图 2-72 所示。

图 2-72

【遮篷式窗】：有一扇通过铰链与其顶部相连的窗框。

【平开窗】：有一到两扇象门一样的窗框，它们可以向内或向外转动。

【固定窗】：是固定的，不能打开。

如图 2-73 所示。

图 2-73

【旋开窗】：轴垂直或水平位于其窗框的中心。

【伸出式窗】：有三扇窗框，其中两扇窗框打开时为反向的遮篷。

【推拉窗】：有两扇窗框，其中一扇窗框可以沿着垂直或水平方向滑动。

如图 2-74 所示。

图 2-74

2.1.12 VR 代理

【VR 代理】物体在渲染时可以从硬盘中将文件（外部）导入到场景中的【VR 代理】网格内，场景中代理物体的网格是一个低多边形格个数的物体，可以节省大量的内存以及显示内存，其使用方法是在物体上单击鼠标右键，然后在弹出的菜单中选择【VRay 网格导出】命令，接着在弹出的【VRay 网格导出】对话框中进行相应设置即可（该对话框主要用来保存 VRay 网格代理物体的路径），如图 2-75 所示。制作效果如图 2-76 所示。

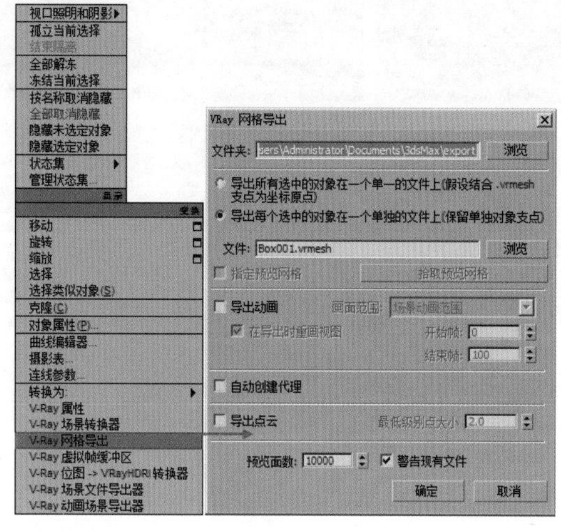

图 2-75

图 2-76

- 文件夹：代理物体所保存的路径。
- 导出所有选中的对象在一个单一的文件上：可以将多个物体合并成一个代理物体进行导出。
- 导出每个选中的对象在一个单一的文件上：可以为每个物体创建一个文件来进行导出。
- 自动创建代理：是否自动完成代理物体的创建和导入，源物体将被删除。

2.2 二维图形建模

样条线由于其灵活性、快速性，深受用户喜欢。使用样条线可以创建出很多线性的模型，如图 2-77 所示。

图 2-77

在【创建】面板中单击【图形】按钮，然后设置图形类型为【样条线】，这里有 12 种样条线，分别是【线】、【矩形】、【圆】、【椭圆】、【弧】、【圆环】、【多边形】、【星形】、【文本】、【螺旋线】、【卵形】和【截面】，如图 2-78 所示。

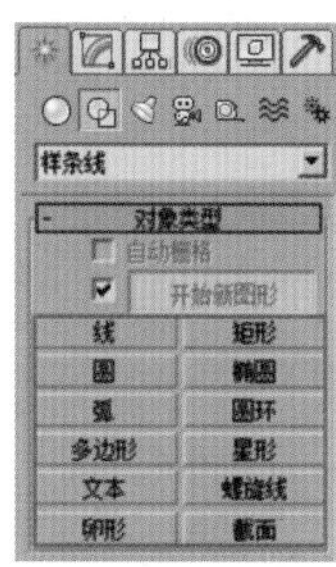

图 2-78

2.2.1　线

线的参数包括 5 个卷展栏，分别是【渲染】卷展栏、【插值】卷展栏、【选择】卷展栏、【软选择】卷展栏和【几何体】卷展栏，如图 2-79 所示。线的效果如图 2-80 所示。

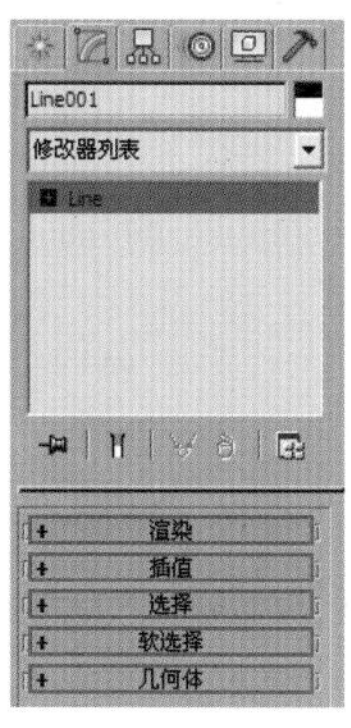

图 2-79

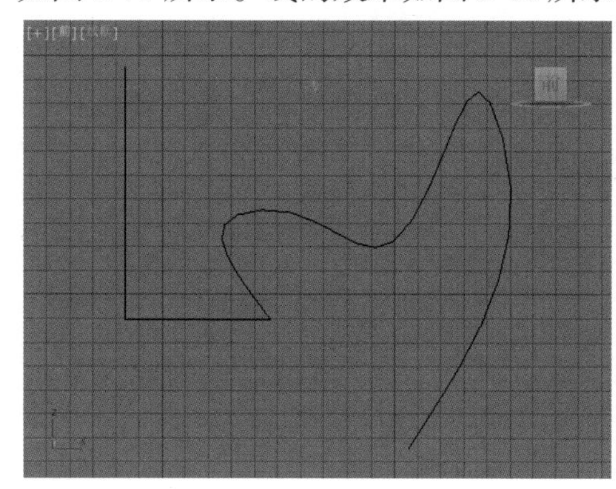

图 2-80

FAQ 常见问题解答：怎么创建垂直水平的线，怎么创建曲线？

在创建线时，按住 <Shift> 键的同时，单击鼠标左键，可创建垂直水平的线，如图 2-81 所示。

在创建线时，单击鼠标左键并进行拖动，即可创建曲线，如图 2-82 所示。

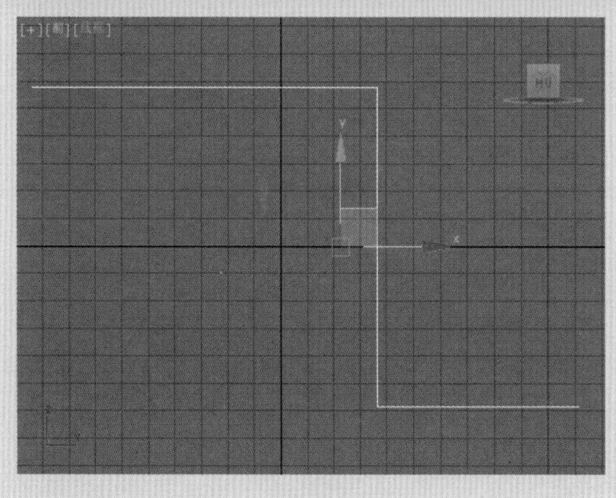

图 2-81

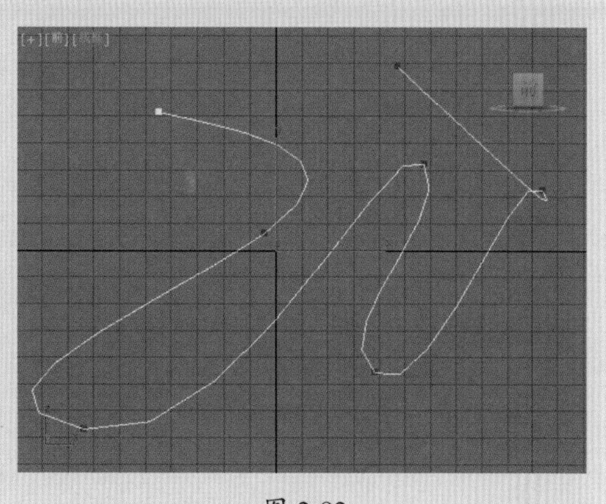

图 2-82

1. 渲染

【渲染】卷展栏可以控制线是否渲染为三维效果，如图 2-83 所示。

图 2-83

- 在渲染中启用：勾选该选项才能渲染出样条线。
- 在视口中启用：勾选该选项后，样条线会以三维效果显示在视图中。图 2-84 所示为勾选该选项前后的对比效果。

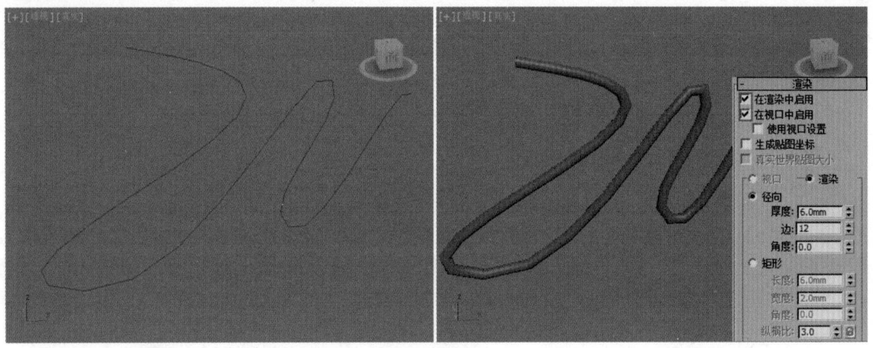

图 2-84

- 使用视口设置：该选项只有在开启【在视口中启用】选项时才可用。
- 生成贴图坐标：控制是否应用贴图坐标。
- 真实世界贴图大小：控制应用于对象的纹理贴图材质所使用的缩放方法。
- 视口 / 渲染：当勾选【在视口中启用】选项时，样条线将显示在视图中；当同时勾选【在视口中启用】和【渲染】选项时，样条线在视图中和渲染中都可以显示出来。
- 径向：将三维效果显示为圆柱形。
- 矩形：将三维效果显示为矩形。
- 自动平滑：启用该选项可以激活下面的【阈值】选项，调整【阈值】数值可以自动平滑样条线。

2. 插值

展开【插值】卷展栏，如图 2-85 所示。

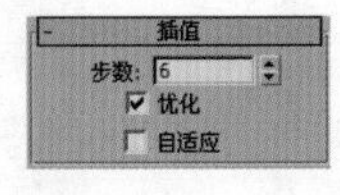

图 2-85

- 步数：可以手动设置每条样条线的步数。
- 优化：启用该选项后，可以从样条线的直线线段中删除不需要的步数。
- 自适应：启用该选项后，系统会自适应设置样条线的步数，平滑曲线。

3. 选择

展开【选择】卷展栏，如图 2-86 所示。

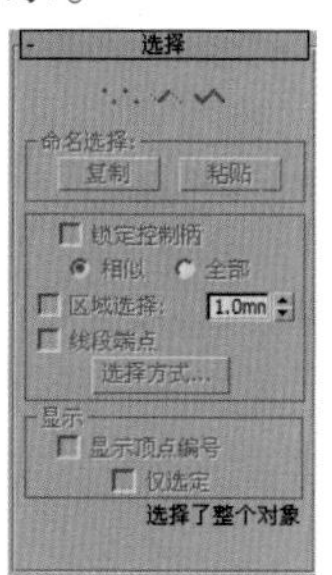

图 2-86

- 顶点：定义点和曲线切线。
- 分段：连接顶点。
- 样条线：一个或多个相连线段的组合。
- 复制：将命名选择放置到复制缓冲区。
- 粘贴：从复制缓冲区中粘贴命名选择。
- 锁定控制柄：即使选择了多个顶点，每次只能变换一个顶点的切线控制柄。
- 相似：拖动传入矢量的控制柄时，所选顶点的所有传入向量将同时移动。
- 全部：移动的任何控制柄将影响选择中的所有控制柄，无论它们是否已断裂。
- 区域选择：允许您自动选择所单击顶点的特定半径中的所有顶点。
- 线段端点：通过单击线段选择顶点。
- 选择方式：选择所选样条线或线段上的顶点。
- 显示顶点编号：勾选后，将在所选样条线的顶点旁边显示出顶点编号。
- 仅选定：启用后，仅在所选顶点旁边显示顶点编号。

4. 软选择

展开【软选择】卷展栏，如图 2-87 所示。

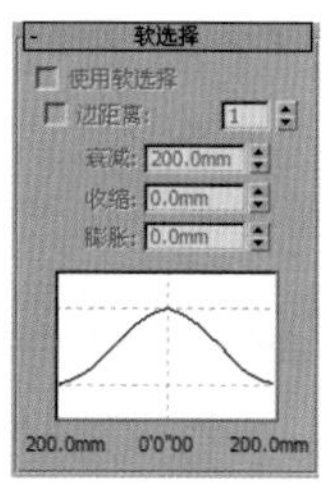

图 2-87

- 使用软选择：在可编辑对象或【编辑】修改器的子对象层级上影响【移动】、【旋转】和【缩放】功能的操作。
- 边距离：启用该选项后，将软选择限制到指定的面数，该选择在进行选择的区域和软选择的最大范围之间。
- 影响背面：启用该选项后，那些法线方向与选定子对象平均法线方向相反的、取消选择的面就会受到软选择的影响。
- 衰减：用于定义影响区域的距离，它是用当前单位表示从中心到球体的边的距离。

- 收缩：沿着垂直轴提高并降低曲线的顶点。
- 膨胀：沿着垂直轴展开和收缩曲线。
- 着色面切换：显示颜色渐变，它与软选择范围内面上的软选择权重相对应。
- 锁定软选择：锁定软选择，以防止对按程序的选择进行更改。

5. 几何体

展开【几何体】卷展栏，如图 2-88 所示。

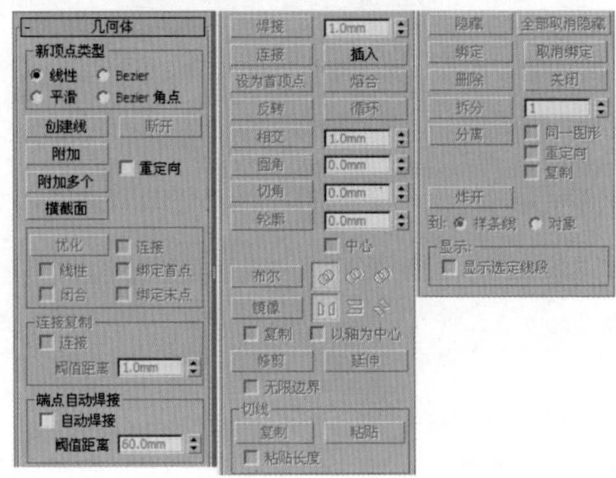

图 2-88

- 创建线：向所选对象添加更多样条线。
- 断开：在选定的一个或多个顶点拆分样条线，如图 2-89 所示。

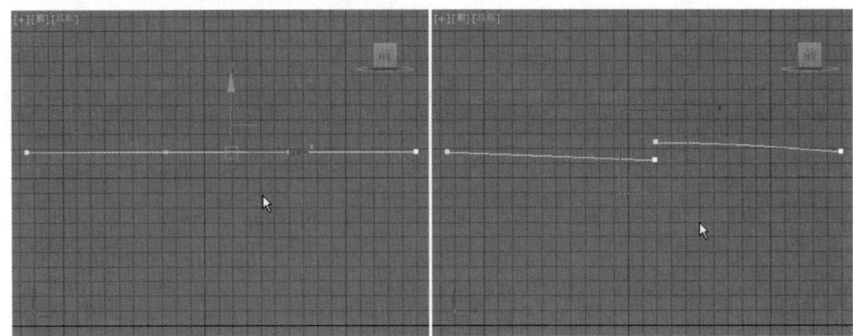

图 2-89

- 附加：可以单击该选项后，在视图中单击多条样条线，使其附加变为一条。
- 附加多个：单击此按钮可以显示【附加多个】列表，在列表中可以选择需要附加的某些线。
- 横截面：在横截面形状外面创建样条线框架。
- 优化：选择该工具后，可以在线上单击鼠标左键添加点，如图 2-90 所示。

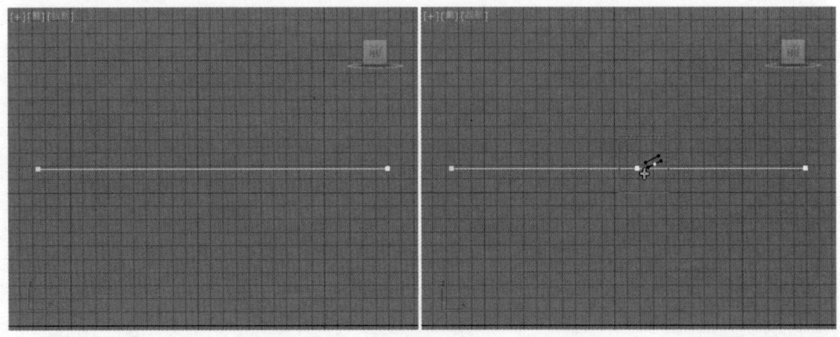

图 2-90

- 连接：启用时，通过连接新顶点创建一个新的样条线子对象。
- 自动焊接：启用【自动焊接】后，会自动焊接在一定阈值距离范围内的顶点。
- 阈值：阈值距离微调器是一个近似设置，用于控制在自动焊接顶点之前，两个顶点接近的程度。
- 焊接：将两个端点顶点或同一样条线中的两个相邻顶点转化为一个顶点，如图 2-91 所示。

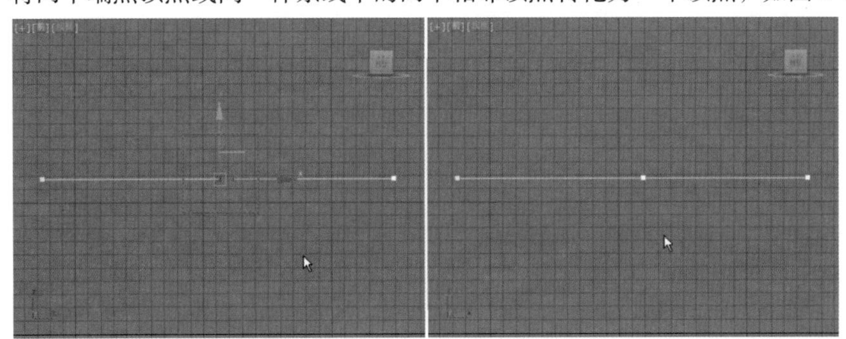

图 2-91

- 连接：无论端点顶点的切线值是多少，连接两个端点顶点以生成一个线性线段。
- 设为首顶点：指定所选形状中哪个顶点是第一个顶点。
- 熔合：将所有选定顶点移至它们的平均中心位置。
- 反转：单击该选项可以将选择的样条线进行反转。
- 循环：单击该选项可以选择循环的顶点。
- 圆：选择连续的重叠顶点。
- 相交：在属于同一个样条线对象的两个样条线的相交处添加顶点。
- 圆角：允许在线段会合的地方设置圆角，添加新的控制点，如图 2-92 所示。

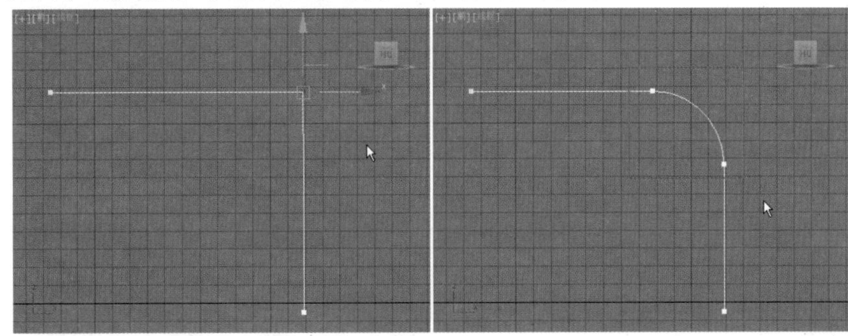

图 2-92

- 切角：允许使用【切角】功能设置形状角部的倒角，如图 2-93 所示。

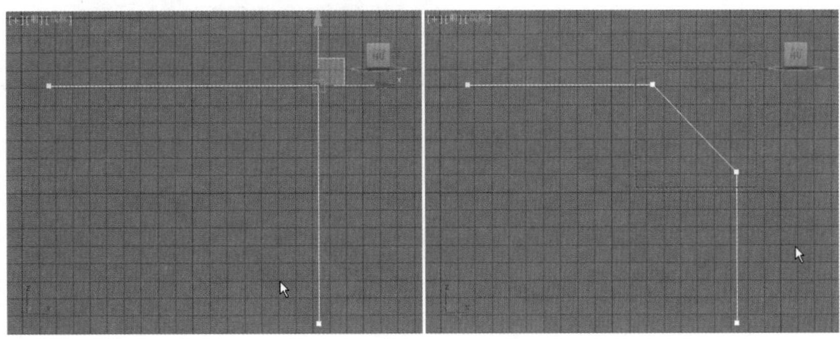

图 2-93

- 复制：启用此按钮，然后选择一个控制柄。此操作将把所选控制柄切线复制到缓冲区。
- 粘贴：启用此按钮，然后单击一个控制柄。此操作将把控制柄切线粘贴到所选顶点。
- 粘贴长度：启用此按钮后，还会复制控制柄长度。
- 隐藏：隐藏所选顶点和任何相连的线段。
- 全部取消隐藏：显示任何隐藏的子对象。
- 绑定：允许创建绑定顶点。
- 取消绑定：允许断开绑定顶点与所附加线段的连接。
- 删除：选择顶点，并单击该工具可以将顶点进行删除，并且图形自动调整形状。
- 显示选定线段：启用后，顶点子对象层级的任何所选线段将高亮显示为红色。

2.2.2 矩形

使用【矩形】可以创建正方形或矩形的样条线。【矩形】的参数包括【渲染】、【插值】和【参数】3 个卷展栏，如图 2-94 所示。创建的矩形样条线效果，如图 2-95 所示。

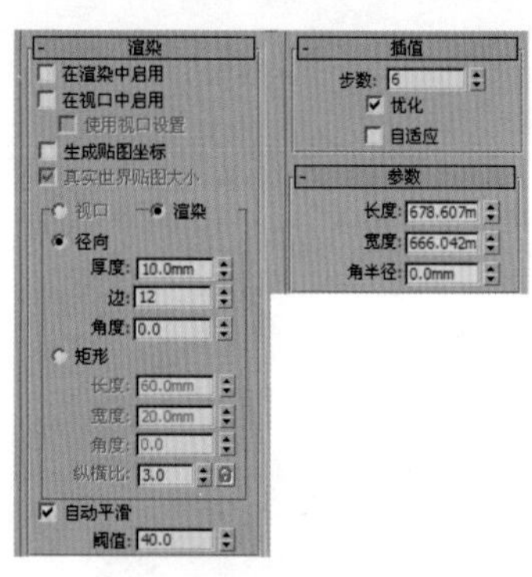

图 2-94

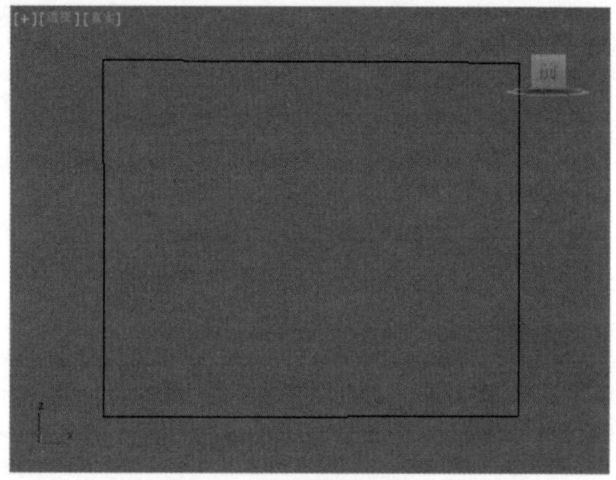

图 2-95

2.2.3 圆

使用圆形来创建由四个顶点组成的闭合圆形样条线。【圆形】的参数包括【渲染】、【插值】和【参数】3 个卷展栏，如图 2-96 所示。圆的效果如图 2-97 所示。

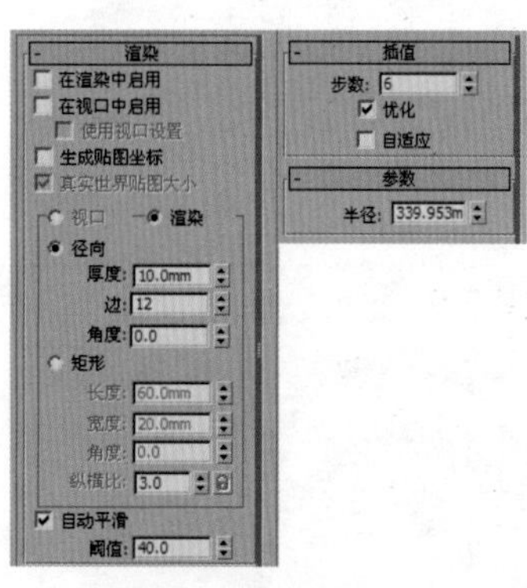

图 2-96

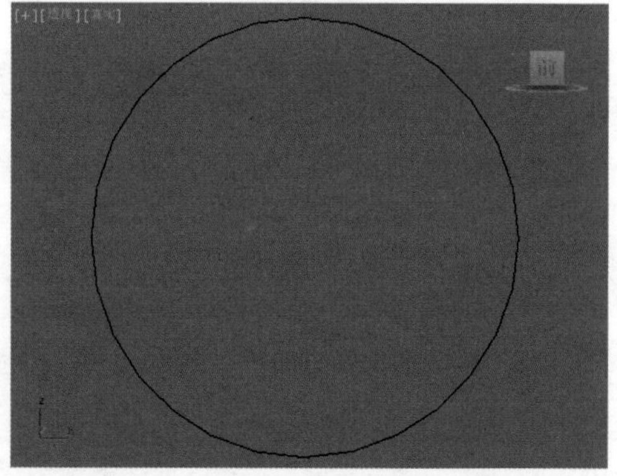

图 2-97

2.2.4 椭圆

使用“椭圆”可以创建椭圆形和圆形样条线。其参数面板如图 2-98 所示。椭圆的效果，如图 2-99 所示。

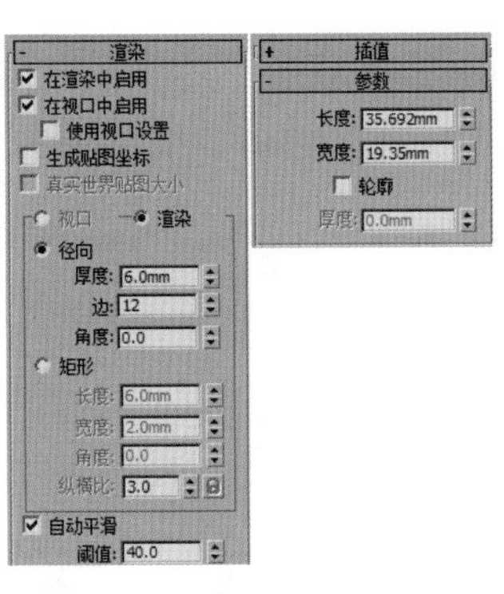

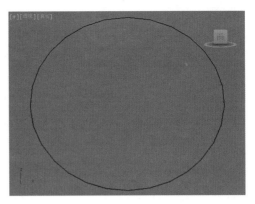

图 2-98

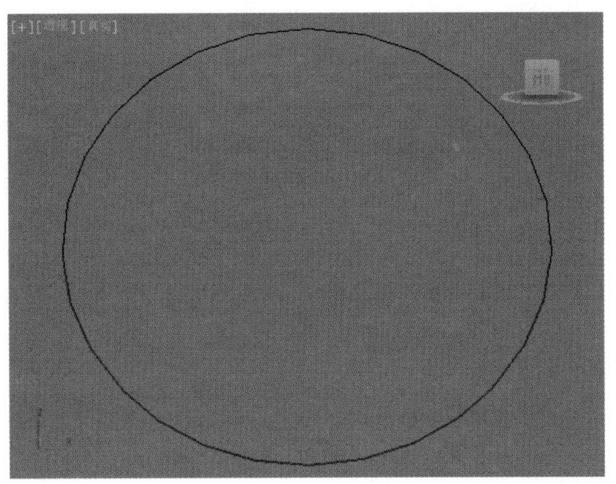

图 2-99

2.2.5 弧

使用【弧】来创建由四个顶点组成的圆形或弧形。【弧】的参数包括【渲染】、【插值】和【参数】3 个卷展栏，如图 2-100 所示。弧的效果如图 2-101 所示。

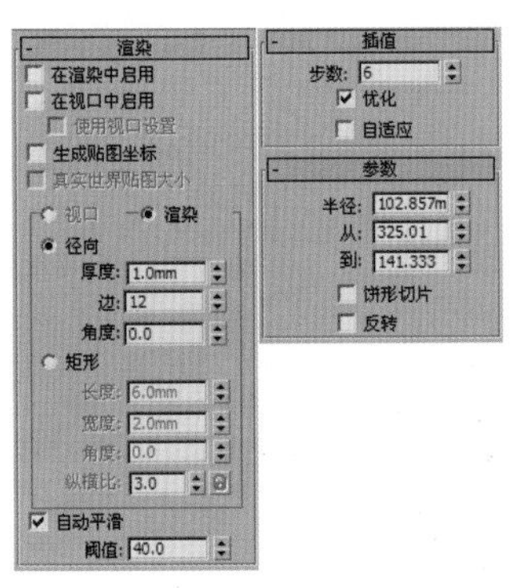

图 2-100

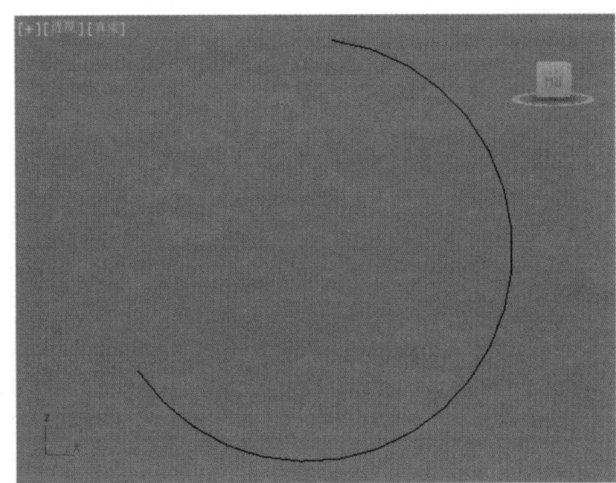

图 2-101

2.2.6 圆环

使用【圆环】可以通过两个同心圆创建封闭的形状。每个圆都由四个顶点组成。其参数面板，如图 2-102 所示。圆环的效果，如图 2-103 所示。

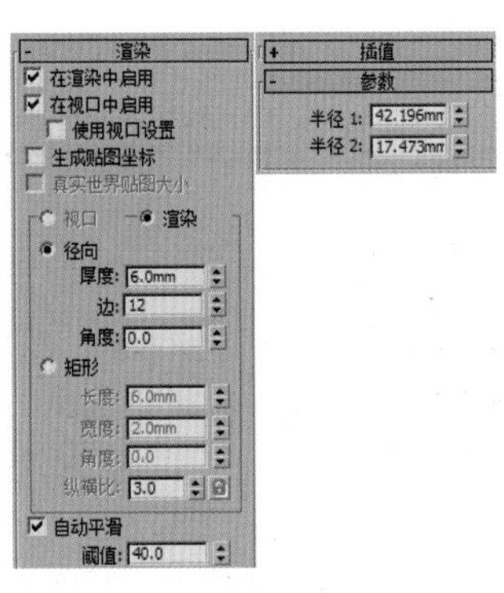

图 2-102

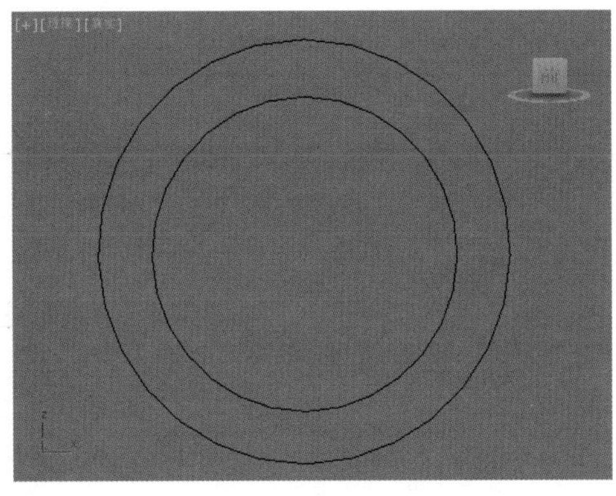

图 2-103

2.2.7 多边形

使用【多边形】可以创建具有任意面数或顶点数的闭合平面或圆形样条线。【多边形】的参数包括【渲染】、【插值】和【参数】3 个卷展栏，如图 2-104 所示。多边形的效果，如图 2-105 所示。

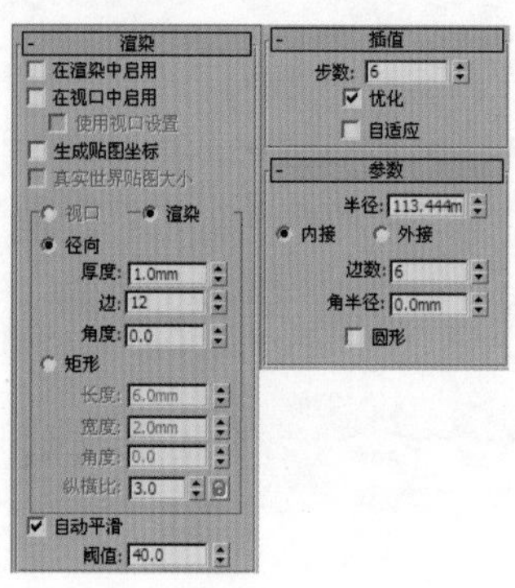

图 2-104

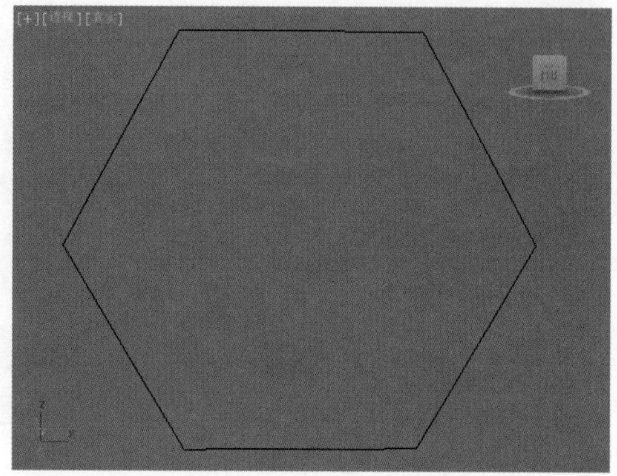

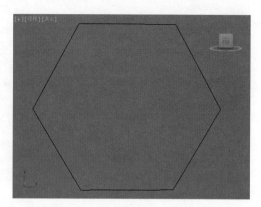

图 2-105

2.2.8 星形

使用【星形】可以创建具有很多点的闭合星形样条线。【星形】的参数包括【渲染】、【插值】和【参数】3 个卷展栏，如图 2-106 所示。星形的效果，如图 2-107 所示。

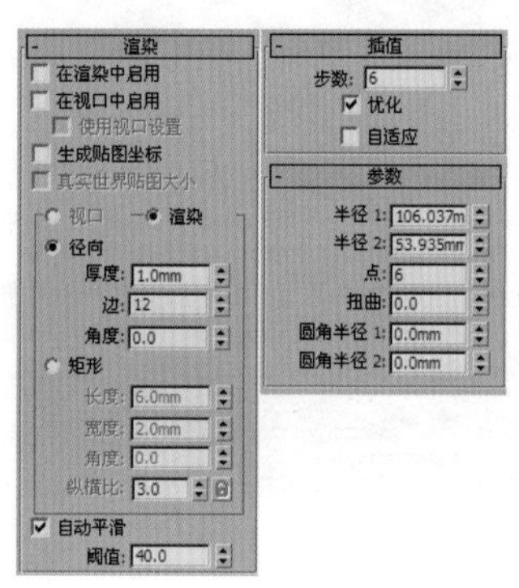

图 2-106

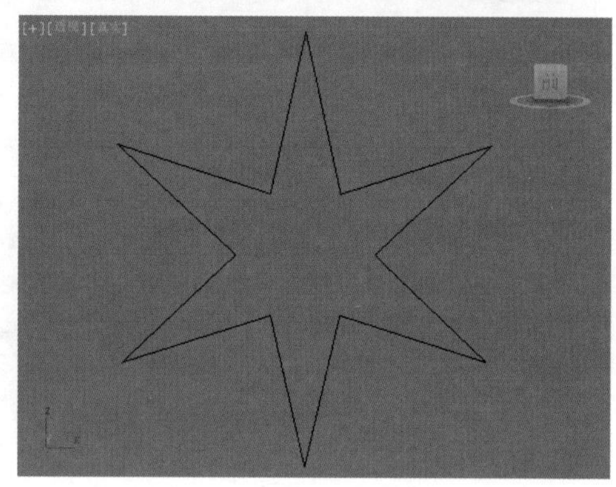

图 2-107

2.2.9 文本

使用文本样条线可以很方便地在视图中创建出文字模型，并且可以更改字体类型和字体大小，其参数设置面板如图 2-108 所示。文本的效果如图 2-109 所示。

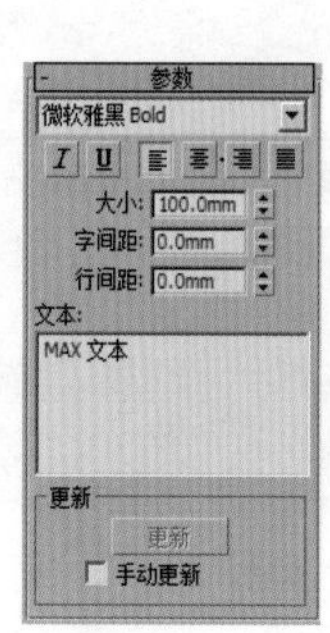

图 2-108

图 2-109

- 【斜体样式】按钮 I：单击该按钮可以将文件切换为斜体文本。
- 【下划线样式】按钮 U：单击该按钮可以将文本切换为下划线文本。
- 【左对齐】按钮：单击该按钮可以将文本对齐到边界框的左侧。
- 【居中】按钮：单击该按钮可以将文本对齐到边界框的中心。
- 【右对齐】按钮：单击该按钮可以将文本对齐到边界框的右侧。
- 【对正】按钮：分隔所有文本行以填充边界框的范围。
- 大小：设置文本高度。
- 字间距：设置文字间的间距。
- 行间距：调整字行间的间距。
- 文本：在此可以输入文字，若要输入多行文字，可以按 <Enter> 键切换到下一行。

2.2.10 螺旋线

使用【螺旋线】可以创建开口平面或 3D 螺旋线或螺旋。【螺旋线】的参数包括【渲染】和【参数】两个卷展栏，如图 2-110 所示。螺旋线的效果，如图 2-111 所示。

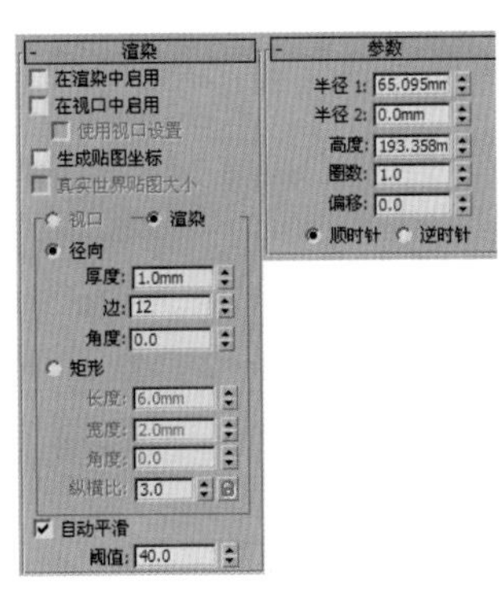

图 2-110

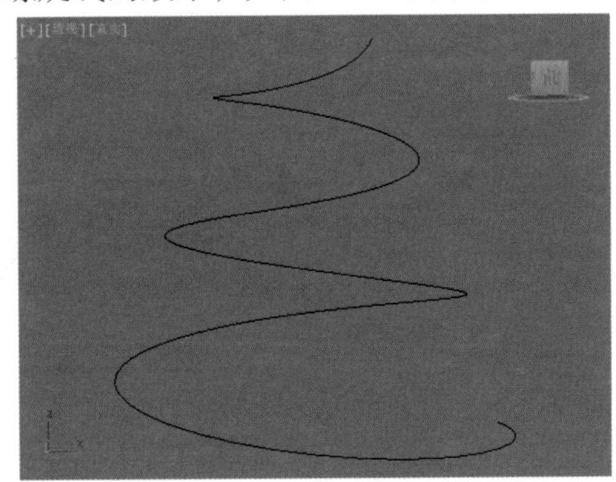

图 2-111

2.2.11　卵形

卵形图形是只有一条对称轴的椭圆形。其参数面板，如图 2-112 所示。卵形的效果，如图 2-113 所示。

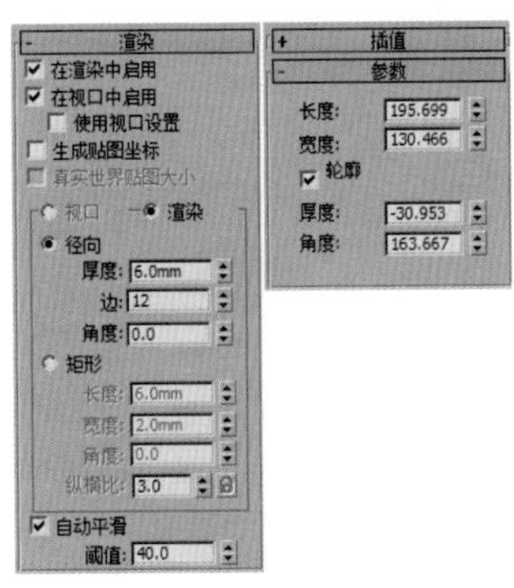

图 2-112

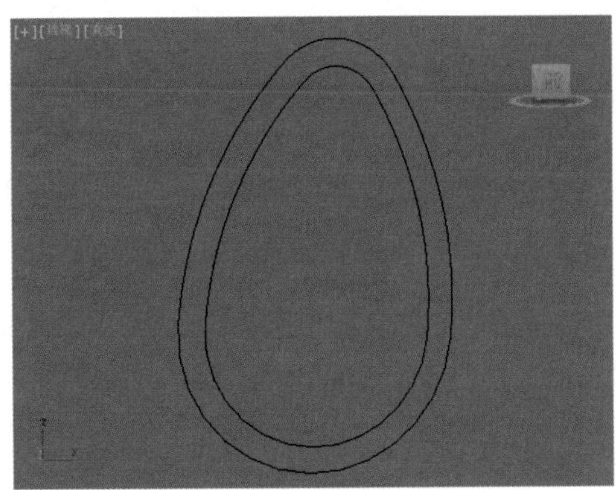

图 2-113

2.2.12 截面

截面是一种特殊类型的样条线，其可以通过几何体对象基于横截面切片生成图形。其参数面板，如图 2-114 所示。截面的效果，如图 2-115 所示。

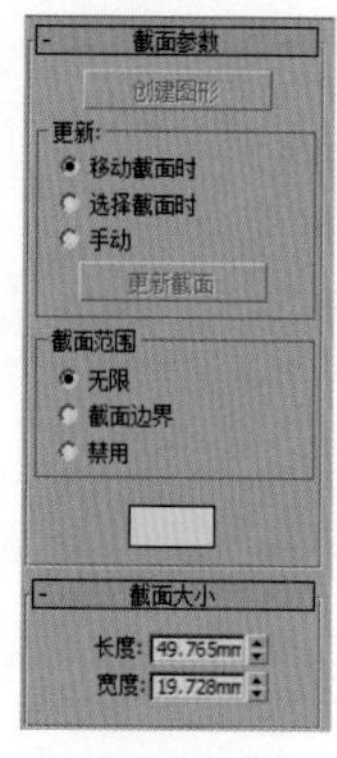

图 2-114

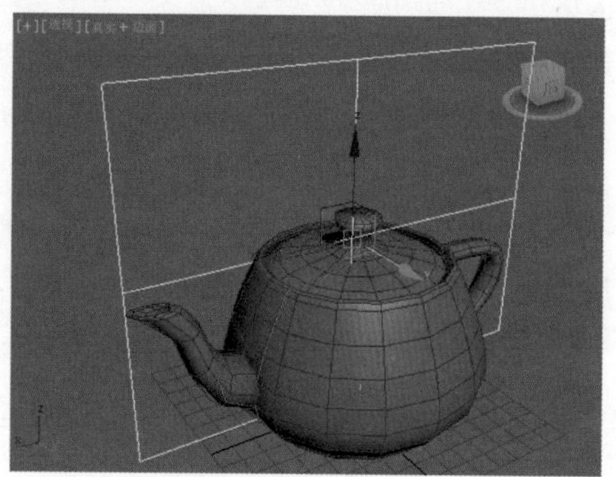

图 2-115

2.3 修改器建模

修改器（或简写为堆栈）是【修改】面板上的列表。它包含有累积历史记录，上面有选定的对象，以及应用于它的所有修改器。图 2-116 所示为使用修改器制作的模型。

图 2-116

2.3.1 修改器面板的参数

执行【修改】 / 修改器列表，并且在出现的下拉列表中选择需要的修改器，即可完成添加，当然可以多次添加相同或不同的修改器，如图 2-117 所示。

图 2-117

- 【锁定堆栈】按钮：激活该按钮可将堆栈和【修改】面板的所有控件锁定到选定对象的堆栈中。
- 【显示最终结果】按钮：激活该按钮后，会在选定的对象上显示整个堆栈的效果。
- 【使唯一】按钮：激活该按钮可将关联的对象修改成独立对象，这样可以对选择集中的对象单独进行编辑。
- 【从堆栈中移除修改器】按钮：单击该按钮可删除当前修改器。
- 【配置修改器集】按钮：单击该按钮可弹出一个菜单，该菜单中的命令主要用于配置在【修改】面板中如何显示和选择修改器。

2.3.2 【挤出】修改器

【挤出】修改器将深度添加到图形中，并使其成为一个参数对象。其参数设置面板如图 2-118 所示。图 2-119 所示为使用样条线并加载【挤出】修改器制作的三维模型效果。

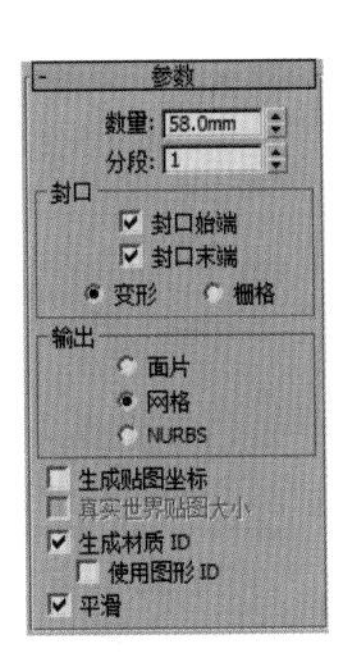

图 2-118

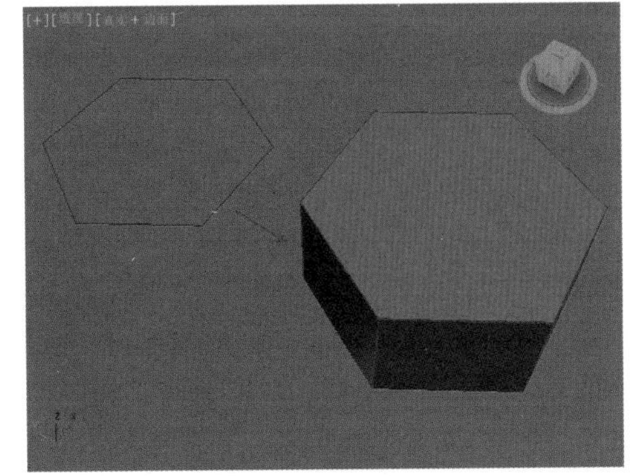

图 2-119

- 数量：设置挤出的深度。
- 分段：指定将要在挤出对象中创建线段的数目。
- 封口始端：在挤出对象始端生成一个平面。
- 封口末端：在挤出对象末端生成一个平面。
- 生成贴图坐标：将贴图坐标应用到挤出对象中。
- 真实世界贴图大小：控制应用于该对象的纹理贴图材质所使用的缩放方法。
- 生成材质 ID：将不同的材质 ID 指定给挤出对象侧面与封口。
- 使用图形 ID：将材质 ID 指定给挤出产生的样条线中的线段，或指定给在 NURBS 挤出产生的曲线子对象。
- 平滑：将平滑应用于挤出图形。

2.3.3 【倒角】修改器

【倒角】修改器将图形挤出为 3D 对象并在边缘应用平或圆的倒角。其参数设置面板如图 2-120 所示。与【挤出】修改器类似，【倒角】修改器也可以制作出三维效果，并且可以模拟出边缘的坡度效果，如图 2-121 所示。

- 始端：用对象的最低局部 Z 值（底部）对末端进行封口。禁用此项后，底部为打开状态。
- 末端：用对象的最高局部 Z 值（底部）对末端进行封口。禁用此项后，底部不再打开。

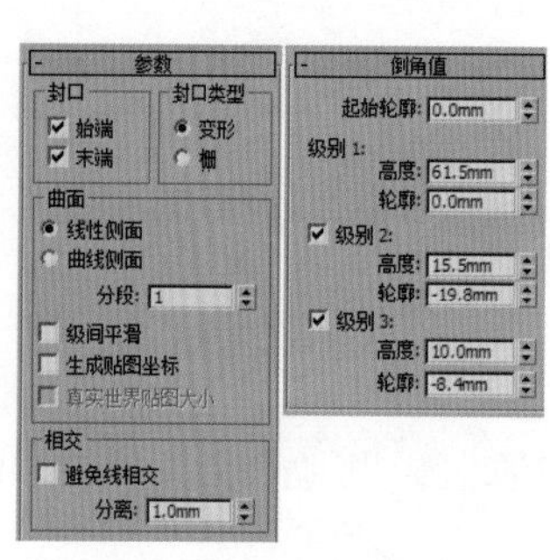

图 2-120

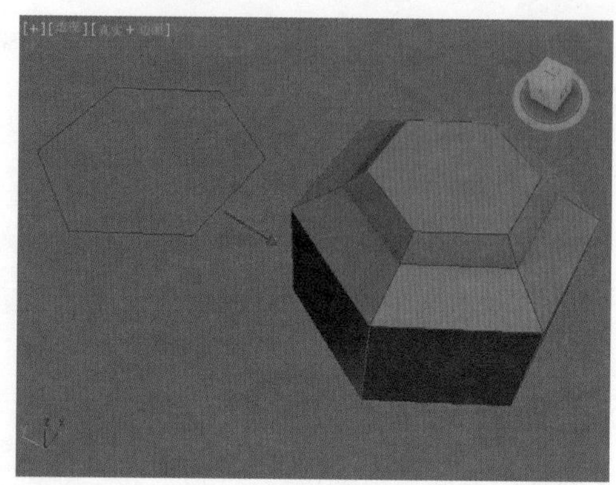

图 2-121

- 变形：为变形创建适合的封口面。
- 栅：在栅格图案中创建封口面。封装类型的变形和渲染要比渐进变形封装效果好。
- 线性侧面：激活此项后，级别之间的分段插值会沿着一条直线。
- 曲线侧面：激活此项后，级别之间的分段插值会沿着一条 Bezier 曲线。
- 分段：在每个级别之间设置中级分段的数量。
- 级间平滑：控制是否将平滑组应用于倒角对象侧面。封口会使用与侧面不同的平滑组。
- 避免线相交：防止轮廓彼此相交。
- 分离：设置边之间所保持的距离。
- 起始轮廓：设置轮廓从原始图形的偏移距离。非零设置会改变原始图形的大小。
- 级别 1：包含两个参数，它们表示起始级别的改变。
- 高度：设置级别 1 在起始级别之上的距离。
- 轮廓：设置级别 1 的轮廓到起始轮廓的偏移距离。

FAQ 常见问题解答：为什么二维图形加载【挤出】、【倒角】修改器后，效果不正确?

【挤出】、【倒角】修改器是针对二维图形而言最为常用的修改器，可以快速地使模型变为三维效果，但是需要特别注意的是，二维的图形一定要闭合，否则效果不一样。

下面可以看一下，没有闭合的图形 + 挤出修改器的效果，如图 2-122 和图 2-123 所示。

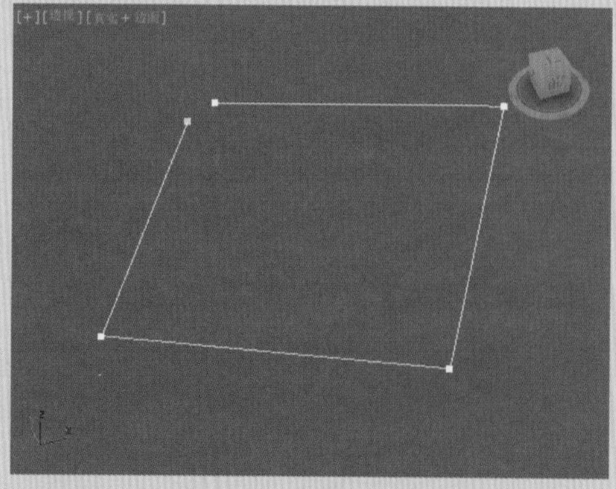

图 2-122

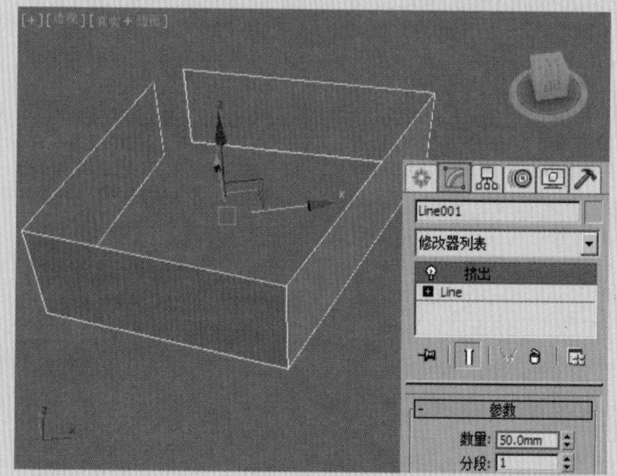

图 2-123

下面可以看一下，闭合的图形 + 挤出修改器的效果，如图 2-124 和图 2-125 所示。

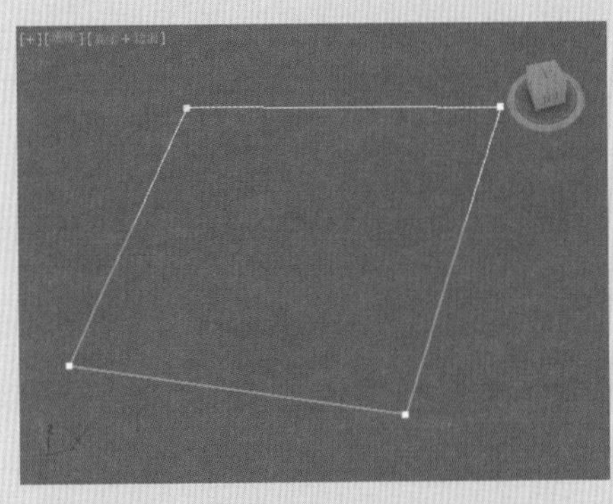

图 2-124

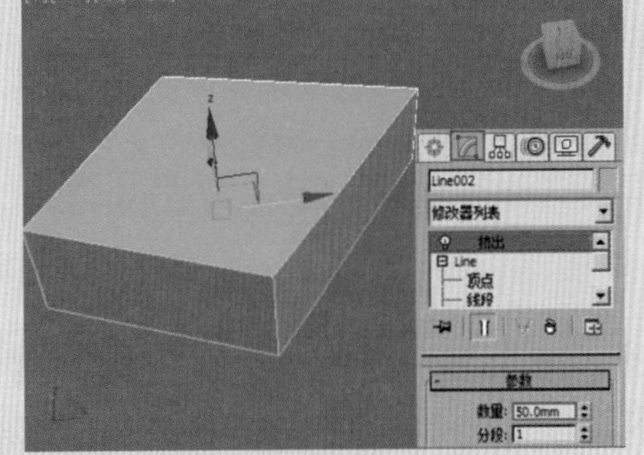

图 2-125

2.3.4　【倒角剖面】修改器

【倒角剖面】修改器使用另一个图形路径作为【倒角剖面】来挤出一个图形。它是【倒角】修改器的一种变量，如图 2-126 所示。图 2-127 所示为使用【倒角剖面】修改器制作三维模型的效果图。

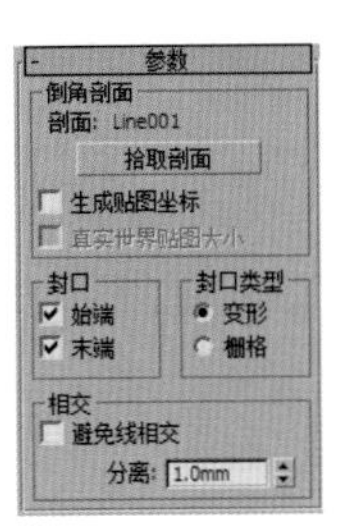

图 2-126

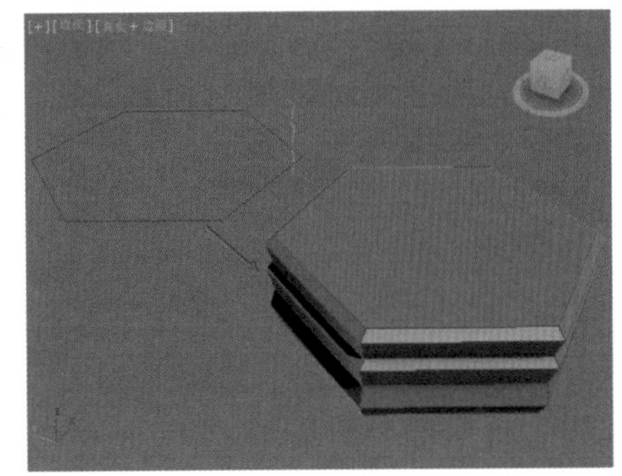

图 2-127

- 拾取剖面：选中一个图形或 NURBS 曲线用于剖面路径。

2.3.5　【车削】修改器

【车削】修改器可以通过绕轴旋转一个图形或 NURBS 曲线来创建 3D 对象。其参数设置面板如图 2-128 所示。图 2-129 所示为使用一条线，并加载【车削】修改器后，制作出的三维模型。

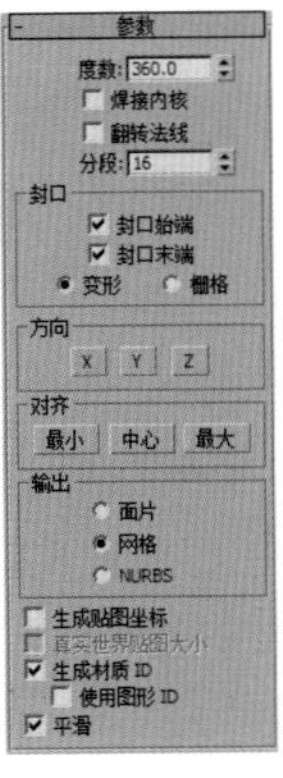

图 2-128

图 2-129

- 度数：确定对象绕轴旋转多少度。
- 焊接内核：通过将旋转轴中的顶点焊接来简化网格。如果要创建一个变形目标，禁用此选项。
- 翻转法线：依赖图形上顶点的方向和旋转方向，旋转对象可能会内部外翻。
- 分段：在起始点之间，确定在曲面上创建多少插补线段。
- X/Y/Z：相对对象轴点，设置轴的旋转方向。
- 最小 / 中心 / 最大：将旋转轴与图形的最小、中心或最大范围对齐。

2.3.6 【弯曲】修改器

【弯曲】修改器可以将物体在任意 3 个轴上进行弯曲处理，可以调节弯曲的角度和方向，以及限制对象在一定区域内的弯曲程度。其参数设置面板如图 2-130 所示。【弯曲】修改器可以模拟出三维模型的弯曲变化效果，如图 2-131 所示。

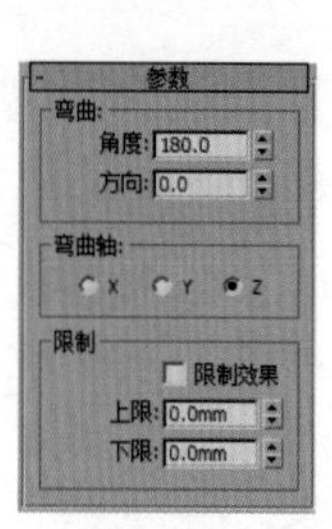

图 2-130

图 2-131

- 角度：从顶点平面设置要弯曲的角度。
- 方向：设置弯曲相对于水平面的方向。
- 限制效果：将限制约束应用于弯曲效果。
- 上限：以国际单位设置上部边界，此边界位于弯曲中心点上方，超出此边界弯曲不再影响几何体。
- 下限：以国际单位设置下部边界，此边界位于弯曲中心点下方，超出此边界弯曲不再影响几何体。

2.3.7 【扭曲】修改器

【扭曲】修改器可在对象的几何体中心进行旋转，使其产生扭曲的特殊效果。其参数设置面板与【弯曲】修改器参数设置面板基本相同，如图 2-132 所示。图 2-133 所示为模型加载【扭曲】修改器后，制作出的模型扭曲效果。

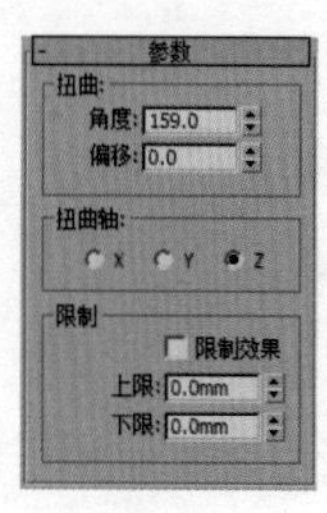

图 2-132

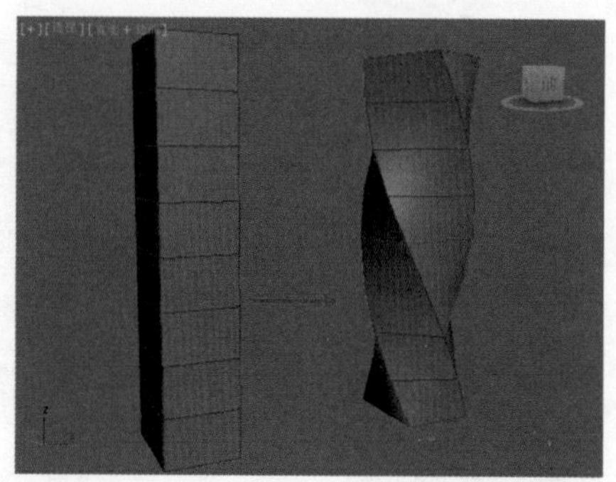

图 2-133

- 角度：确定围绕垂直轴扭曲的量。
- 偏移：使扭曲旋转在对象的任意末端聚团。

2.3.8 【FFD】修改器

【FFD】修改器即自由变形修改器。这种修改器使用晶格框包围住选中的几何体，然后通过调整晶格的控制点来改变封闭几何体的形状。其参数设置面板如图 2-134 所示。图 2-135 所示为模型加载【FFD】修改器后，制作出的模型变化效果。

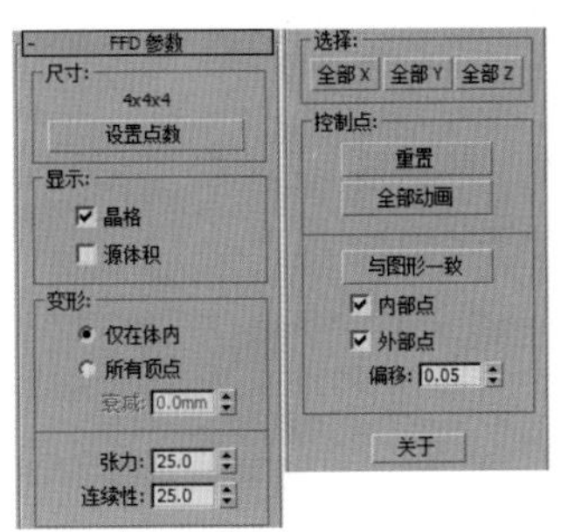

图 2-134

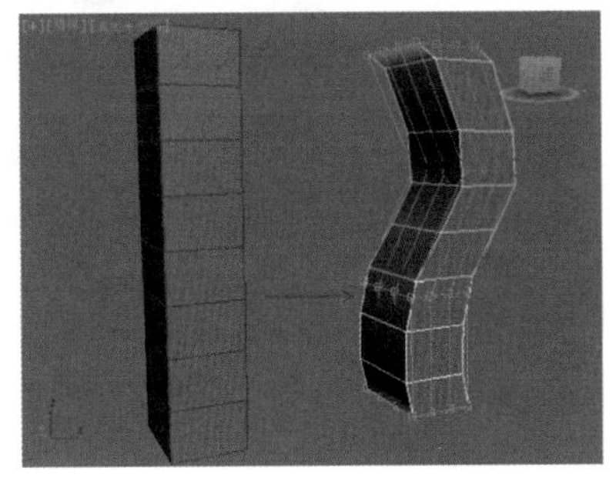

图 2-135

- 晶格：将绘制连接控制点的线条以形成栅格。
- 源体积：控制点和晶格会以未修改的状态显示。
- 衰减：它决定着 FFD 效果减为零时离晶格的距离。仅用于选择“所有顶点”时。
- 张力 / 连续性：调整变形样条线的张力和连续性。
- 重置：将所有控制点返回到它们的原始位置。
- 全部动画：将“点”控制器指定给所有控制点，这样它们在“轨迹视图”中立即可见。
- 与图形一致：在对象中心控制点位置之间沿直线延长线，将每一个 FFD 控制点移到修改对象的交叉点上，这将增加一个由“偏移”微调器指定的偏移距离。
- 内部点：仅控制受“与图形一致”影响的对象内部点。
- 外部点：仅控制受“与图形一致”影响的对象外部点。
- 偏移：受“与图形一致”影响的控制点偏移对象曲面的距离。
- 关于：显示版权和许可信息对话框。

FAQ 常见问题解答：为什么有时候加载了 FFD 修改器，并调整控制点，但是效果却不正确？

【FFD】修改器、【弯曲】修改器、【扭曲】修改器有一个共同的特点，那就是【分段】参数的设置比较重要。而默认创建模型时，【分段】的参数可能为 1，那么加载这些修改器后，当然可能发生问题，比如为长方体加载【弯曲】修改器，如图 2-136 所示。当设置【高度分段】为 1 时，【弯曲】后的效果可能不是我们需要的，如图 2-137 所示。

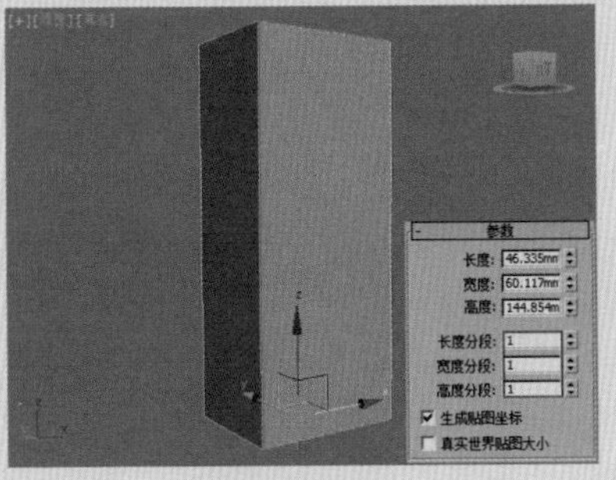

图 2-136

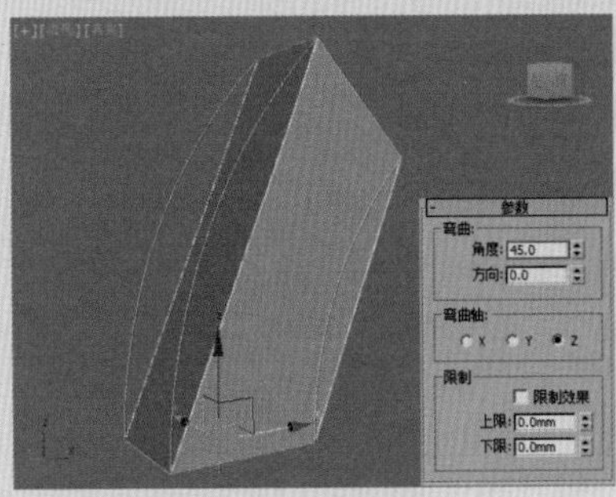

图 2-137

而当设置【高度分段】为 10 时，【弯曲】后的效果就正确了，如图 2-138 所示。

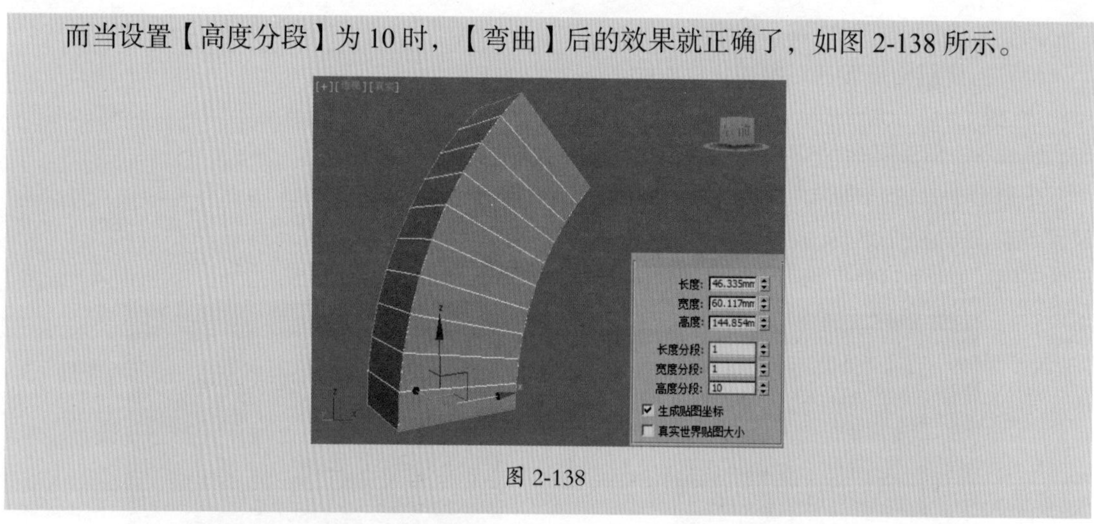

图 2-138

2.3.9 【平滑】、【网格平滑】、【涡轮平滑】修改器

平滑修改器主要包括【平滑】修改器、【网格平滑】修改器和【涡轮平滑】修改器。这 3 个修改器都可以用于平滑几何体，但是在平滑效果和可调性上有所差别。对于相同物体来说，【平滑】修改器的参数比较简单，但是平滑的程度不强；【网格平滑】修改器与【涡轮平滑】修改器使用方法比较相似，但是后者能够更快并更有效率地利用内存。其参数设置面板如图 2-139 所示。图 2-140 所示为模型加载平滑修改器前后效果对比。

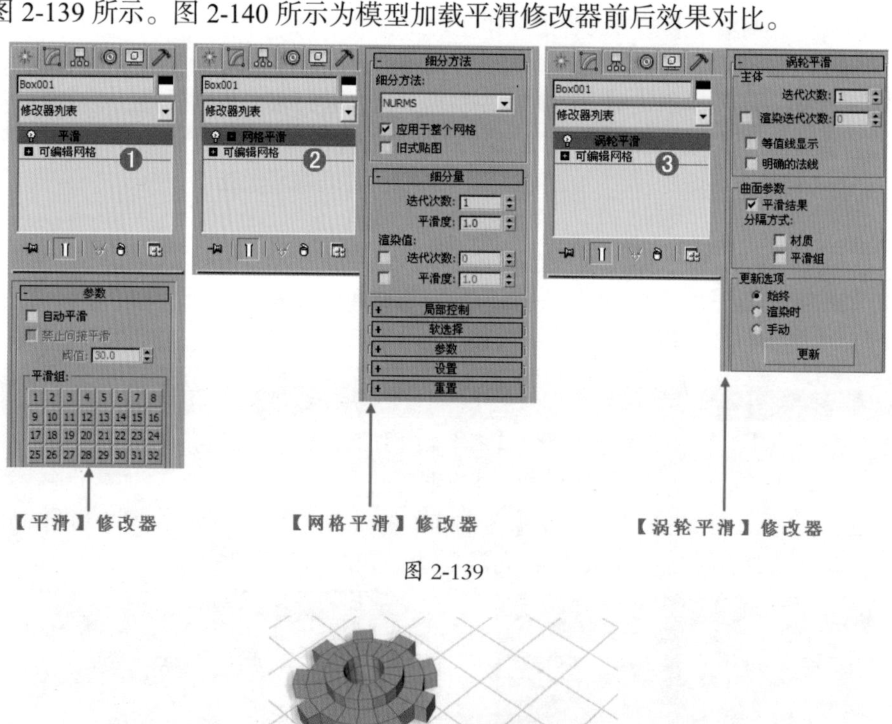

图 2-139

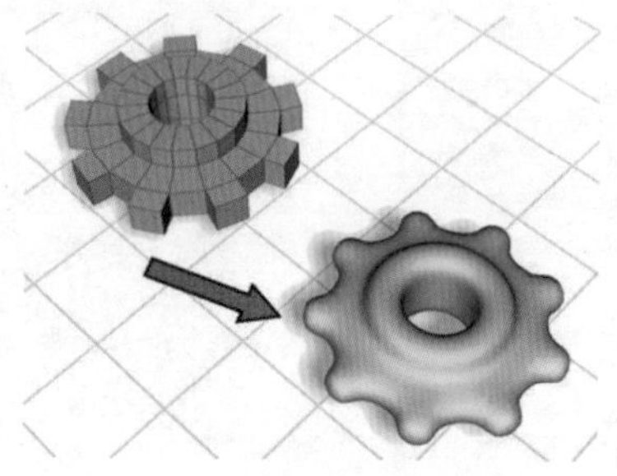

图 2-140

2.3.10　【晶格】修改器

【晶格】修改器可以将图形的线段或边转化为圆柱形结构，并在顶点上产生可选择的关节多面体，多用来制作水晶灯模型、医用分子结构模型等。其参数设置面板如图 2-141 所示。图 2-142 所示为模型加载【晶格】修改器后，制作出的模型晶格的效果。

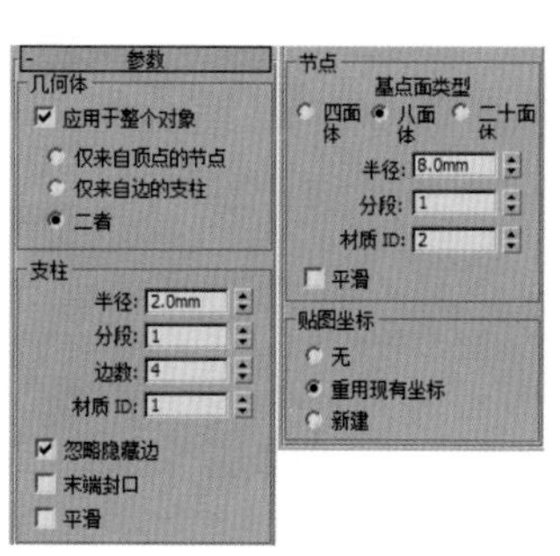

图 2-141

图 2-142

- 应用于整个对象：将“晶格”应用到对象的所有边或线段上。
- 半径：指定结构半径。
- 分段：指定沿结构的分段数目。当需要使用后续修改器将结构或变形或扭曲时，增加此值。
- 边数：指定结构周界的边数目。
- 基点面类型：指定用于关节的多面体类型。

2.3.11　【壳】修改器

【壳】修改器通过添加一组朝向现有面相反方向的额外面而产生厚度，无论曲面在原始对象中的任何地方消失，边将连接内部和外部曲面。可以为内部和外部曲面、边的特性、材质 ID 以及边的贴图类型指定偏移距离。其参数设置面板如图 2-143 所示。图 2-144 所示为加载【壳】修改器前后的效果对比。

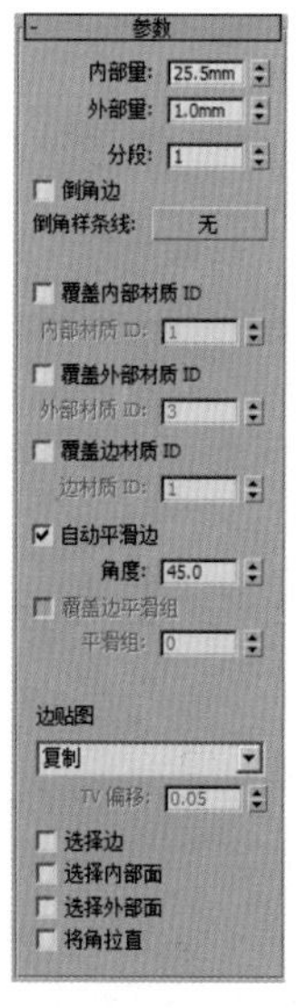

图 2-143

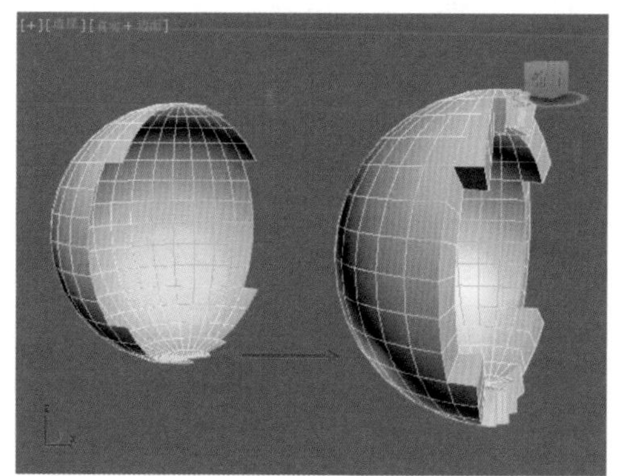

图 2-144

- 内部量 / 外部量：以 3ds Max 通用单位表示的距离，按此距离从原始位置将内部曲面向内移动以及将外部曲面向外移动。
- 倒角边：启用该选项后，并指定“倒角样条线”，3ds Max 会使用样条线定义边的剖面和分辨率。
- 倒角样条线：单击此按钮，然后选择打开样条线定义边的形状和分辨率。

2.3.12 【编辑多边形】和【编辑网格】修改器

【编辑多边形】修改器为选定的对象（顶点、边、边界、多边形和元素）提供显式编辑工具。【编辑多边形】修改器包括基础【可编辑多边形】对象的大多数功能，但【顶点颜色】信息、【细分曲面】卷展栏、【权重和折逢】设置和【细分置换】卷展栏除外。其参数设置面板如图 2-145 所示。

【编辑网格】修改器为选定的对象（顶点、边和面 / 多边形 / 元素）提供显式编辑工具。【编辑网格】修改器与基础可编辑网格对象的所有功能相匹配，只是不能在【编辑网格】设置子对象动画。其参数设置面板如图 2-146 所示。

图 2-145

图 2-146

2.3.13 【UVW 贴图】修改器

通过将贴图坐标应用于对象，【UVW 贴图】修改器控制在对象曲面上如何显示贴图材质和程序材质。贴图坐标指定如何将位图投影到对象上。UVW 坐标系与 XYZ 坐标系相似。位图的 U 轴和 V 轴对应于 X 轴和 Y 轴。对应于 Z 轴的 W 轴一般仅用于程序贴图。可在【材质编辑器】中将位图坐标系切换到 VW 或 WU，在这些情况下，位图被旋转和投影，以使其与该曲面垂直。其参数设置面板如图 2-147 所示。图 2-148 所示为通过变换 UVW 贴图【Gizmo】产生不同的贴图效果。

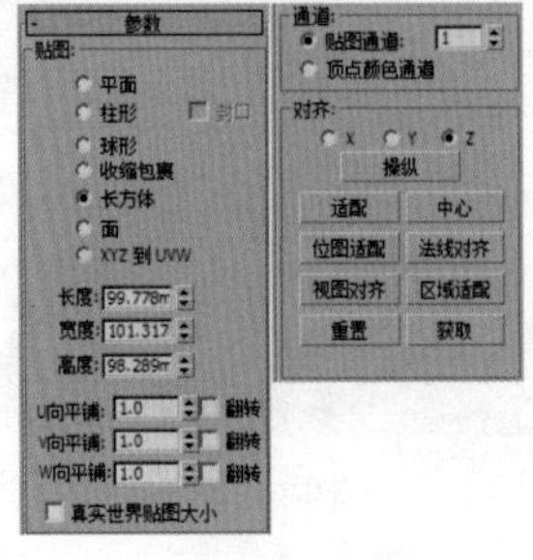

图 2-147

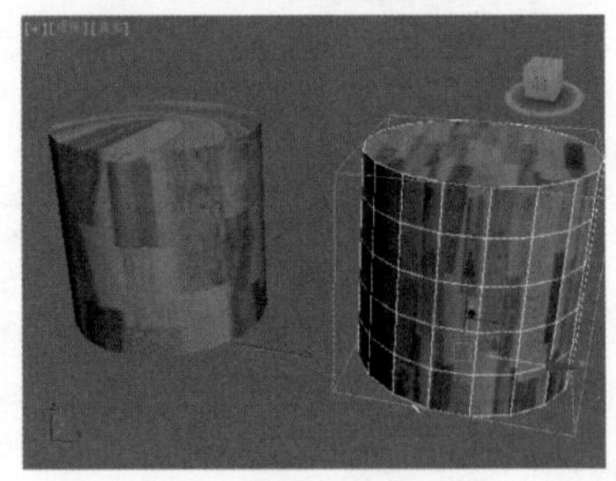

图 2-148

- 平面：从对象上的一个平面投影贴图，在某种程度上类似于投影幻灯片，如图 2-149 所示。
- 柱形：从圆柱体投影贴图，使用它包裹对象。除非使用无缝贴图，位图接合处的缝可见。圆柱形投影用于基本形状为圆柱形的对象，如图 2-150 所示。

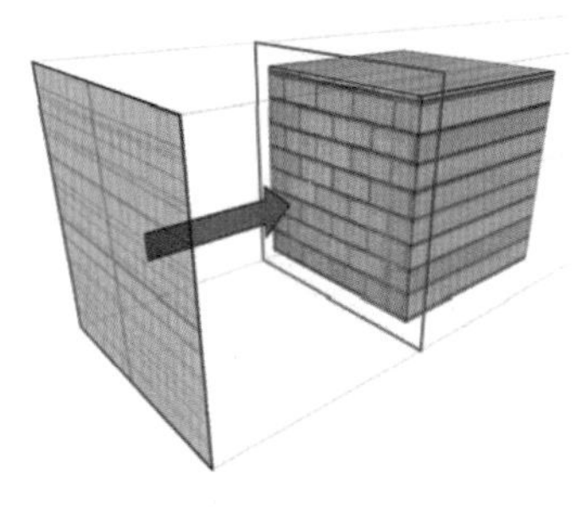

图 2-149

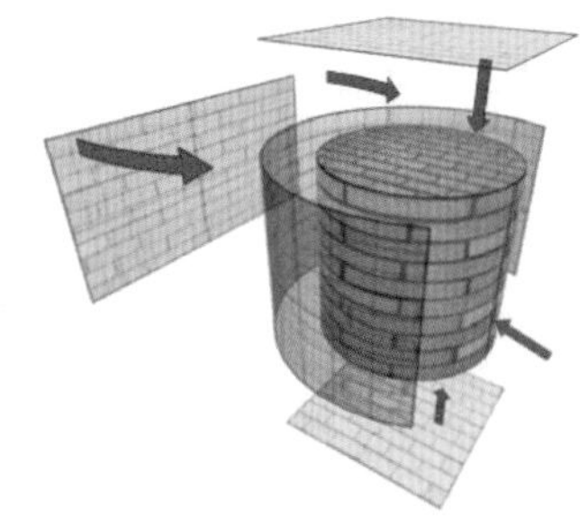

图 2-150

- 封口：对圆柱体封口应用平面贴图坐标。
- 球形：通过从球体投影贴图来包围对象，如图 2-151 所示。
- 收缩包裹：使用球形贴图，但是它会截去贴图的各个角，然后在一个单独极点将它们全部结合在一起，仅创建一个极点，如图 2-152 所示。

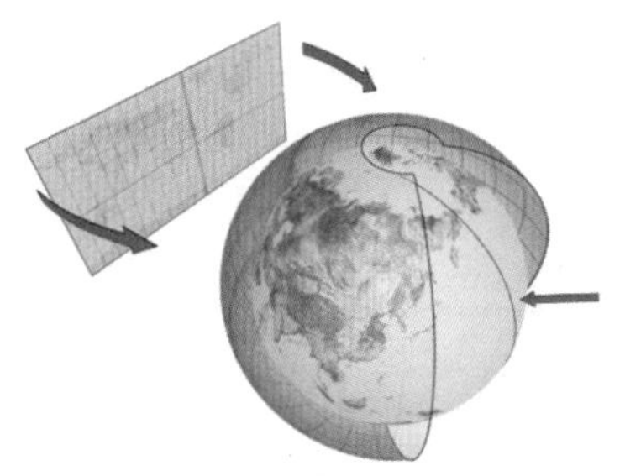

图 2-151

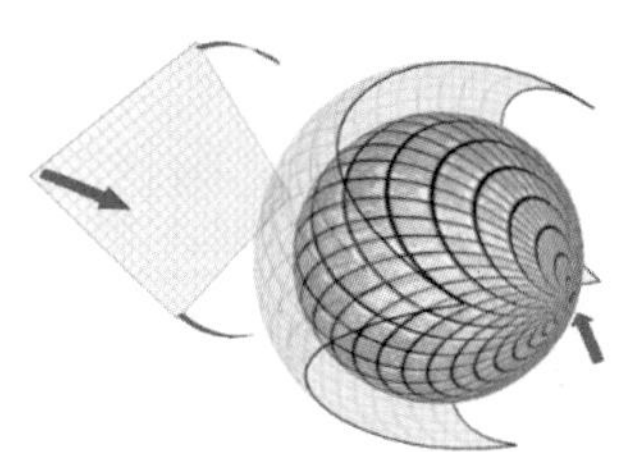

图 2-152

- 长方体：从长方体的六个侧面投影贴图。每个侧面投影为一个平面贴图，且表面上的效果取决于曲面法线，如图 2-153 所示。
- 面：对对象的每个面应用贴图副本。使用完整矩形贴图来共享隐藏边的成对面，如图 2-154 所示。

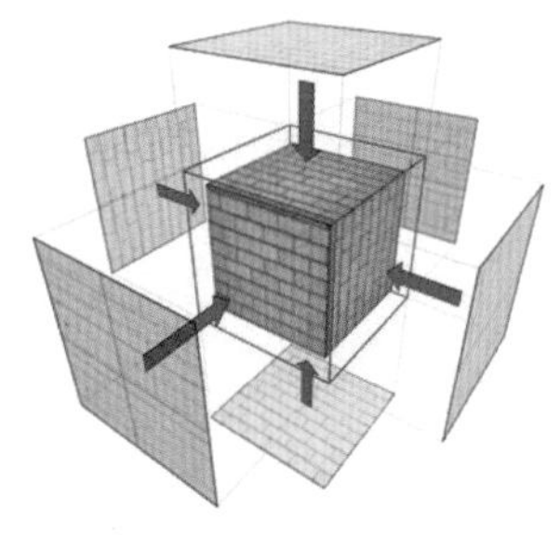

图 2-153

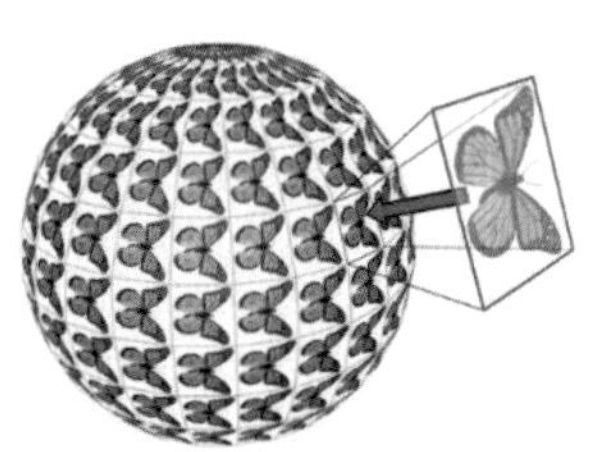

图 2-154

- XYZ 到 UVW：将 3D 程序坐标贴图到 UVW 坐标。
- 长度、宽度、高度：指定“UVW 贴图”gizmo 的尺寸。

- U 向平铺、V 向平铺、W 向平铺：用于指定 UVW 贴图的尺寸以便平铺图像。
- 翻转：绕给定轴反转图像。
- 贴图通道：设置贴图通道。
- 顶点颜色通道：通过选择此选项，可将通道定义为顶点颜色通道。
- X/Y/Z：选择其中之一，可翻转贴图 gizmo 的对齐。
- 操纵：启用时，gizmo 出现在改变视口参数的对象上。
- 适配：将 gizmo 适配到对象的范围并使其居中，以使其锁定到对象的范围。
- 中心：移动 gizmo，使其中心与对象的中心一致。
- 位图适配：显示标准的位图文件浏览器，可以拾取图像。
- 法线对齐：单击并在要应用修改器的对象曲面上拖动。
- 视图对齐：将贴图 gizmo 重定向为面向活动视口。图标大小不变。
- 区域适配：激活一个模式，从中可在视口中拖动以定义贴图 gizmo 的区域。
- 重置：删除 gizmo 的当前控制器，并插入使用“拟合”功能初始化的新控制器。
- 获取：在拾取对象从中获得 UVW 时，从其他对象有效复制 UVW 坐标，一个对话框会提示选择是以绝对方式还是相对方式完成获得。

2.3.14 【对称】修改器

【对称】修改器可以快速地创建出模型的另外一部分，因此在制作角色模型、人物模型、家具模型等对称模型时，可以制作模型的一半，并使用【对称】修改器制作另外一半。其参数设置面板如图 2-155 所示。图 2-156 所示为模型加载对称修改器前后效果对比。

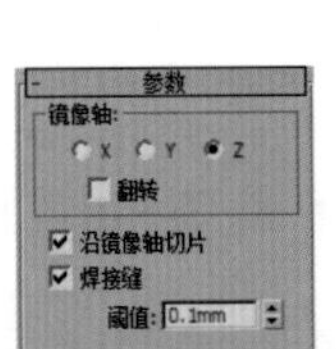

图 2-155

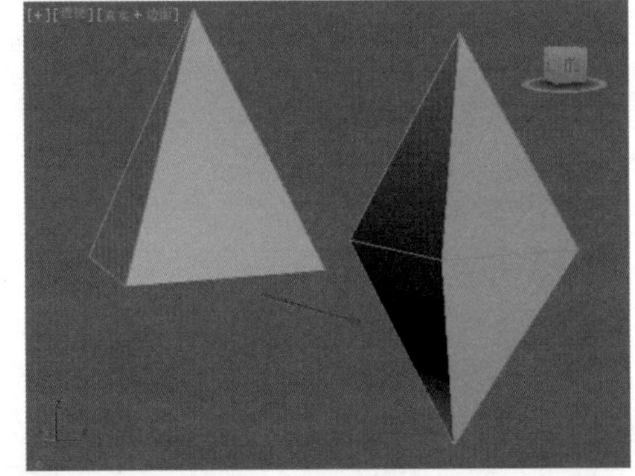

图 2-156

- X、Y、Z：指定执行对称所围绕的轴。可以在选中轴的同时在视口中观察效果。
- 翻转：如果想要翻转对称效果的方向则启用翻转。默认设置为禁用状态。
- 沿镜像轴切片：启用“沿镜像轴切片”使镜像 gizmo 在定位于网格边界内部时作为一个切片平面。
- 焊接缝：启用“焊接缝”确保沿镜像轴的顶点在阈值以内时会自动焊接。
- 阈值：阈值设置的值代表顶点在自动焊接完成之前的接近程度。

2.3.15 【细化】修改器

【细化】修改器会对当前选择的曲面进行细分。它在渲染曲面时特别有用，并为其他修改器创建附加的网格分辨率。如果子对象选择拒绝了堆栈，那么整个对象会被细化。其参数设置面板如图 2-157 所示。图 2-158 所示为模型加载细化修改器前后效果对比。

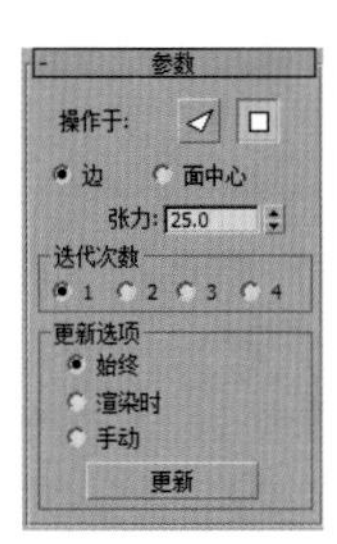

图 2-157

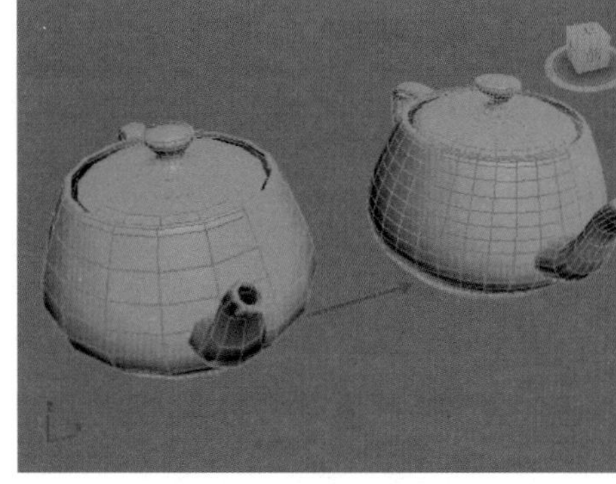

图 2-158

- 面：将选择作为三角形面集来处理。
- 多边形：拆分多边形面。
- 边：从面或多边形的中心到每条边的中点进行细分。
- 面中心：从面或多边形的中心到角顶点进行细分。
- 张力：决定新面在经过边细分后是平面、凹面还是凸面。
- 迭代次数：应用细分的次数。

2.3.16 【优化】修改器

【优化】修改器可以减少模型的面和顶点的数目，大大节省了计算机占用的资源，使得操作起来更流畅。其参数设置面板如图 2-159 所示。图 2-160 所示为模型加载优化修改器前后效果对比。

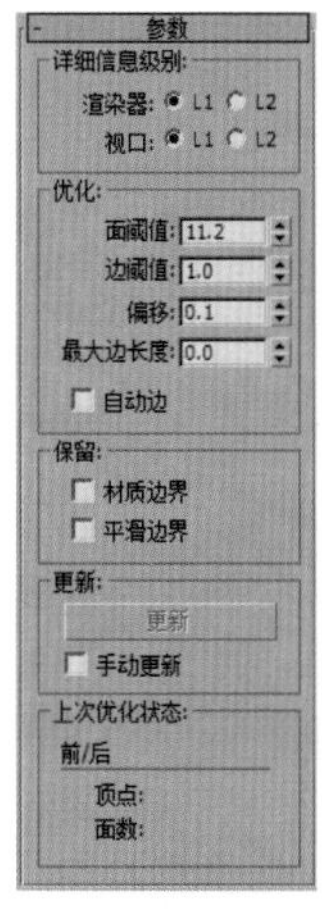

图 2-159

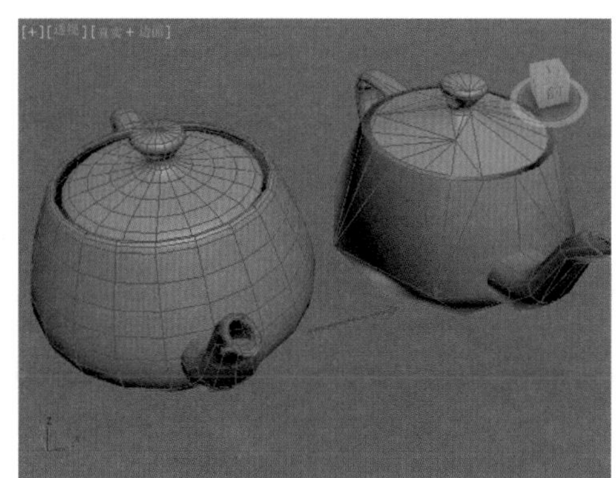

图 2-160

- 渲染器 L1、L2：设置默认扫描线渲染器的显示级别。使用“视口 L1、L2”来更改保存的优化级别。
- 视口 L1、L2：同时为视口和渲染器设置优化级别。该选项同时切换视口的显示级别。
- 面阈值：设置用于决定哪些面会塌陷的阈值角度。
- 边阈值：为开放边（只绑定了一个面的边）设置不同的阈值角度。较低的值保留开放边。
- 偏移：帮助减少优化过程中产生的细长三角形或退化三角形，它们会导致渲染缺陷。
- 最大边长度：指定最大长度，超出该值的边在优化时无法拉伸。

- 自动边：随着优化启用和禁用边。
- 材质边界：保留跨越材质边界的面塌陷。默认设置为禁用状态。
- 平滑边界：优化对象并保持其平滑。

2.4 多边形建模

多边形建模是一种高级的建模方式，几乎任何模型都可以使用多边形建模的方法进行制作。由于其功能强大，因此参数非常多、知识点比较琐碎，读者一定要由主到次、循序渐进地学习，多练习，多举一反三，使用多种不同的方法制作同一个模型，这样更容易掌握多边形建模。图 2-161 所示为优秀的多边形建模作品。

图 2-161

编辑多边形的参数详解

模型转换为可编辑多边形后，首先可以看到【顶点】、【边】、【边界】、【多边形】和【元素】5 种子对象，如图 2-162 所示。多边形参数设置面板包括 6 个卷展栏，分别是【选择】卷展栏、【软选择】卷展栏、【编辑几何体】卷展栏、【细分曲面】卷展栏、【细分置换】卷展栏和【绘制变形】卷展栏，如图 2-163 所示。

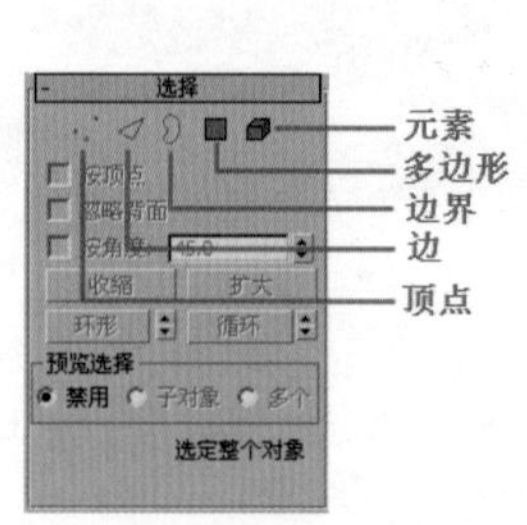

图 2-162

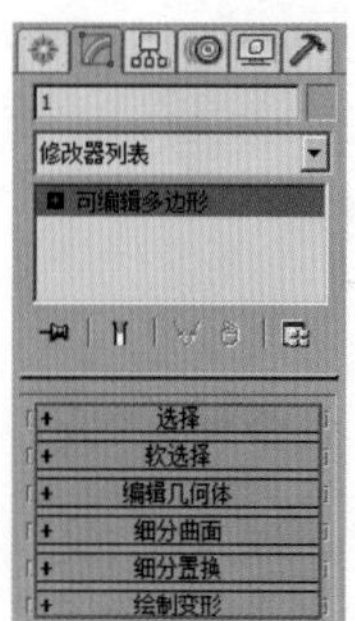

图 2-163

【选择】卷展栏、【软选择】卷展栏、【编辑几何体】卷展栏、【细分曲面】卷展栏、【细分置换】卷展栏和【绘制变形】卷展栏的参数设置，如图 2-164 ~ 图 2-169 所示。

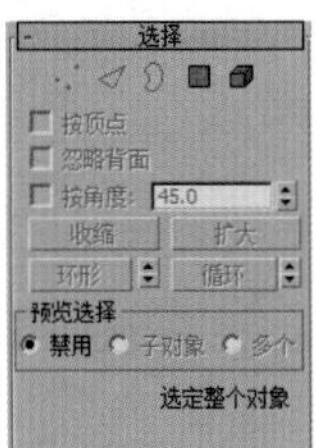

图 2-164

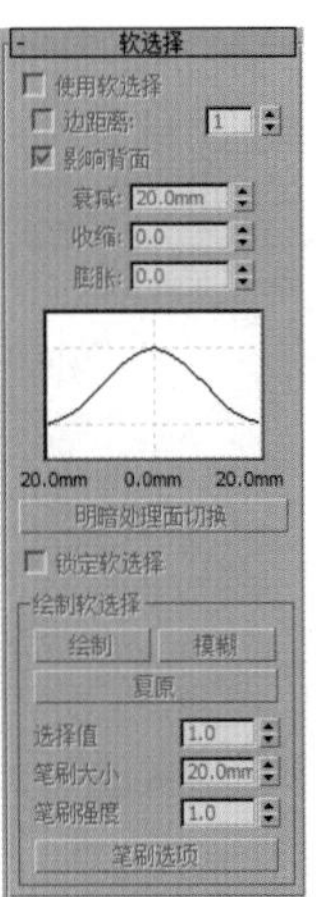

图 2-165

图 2-166

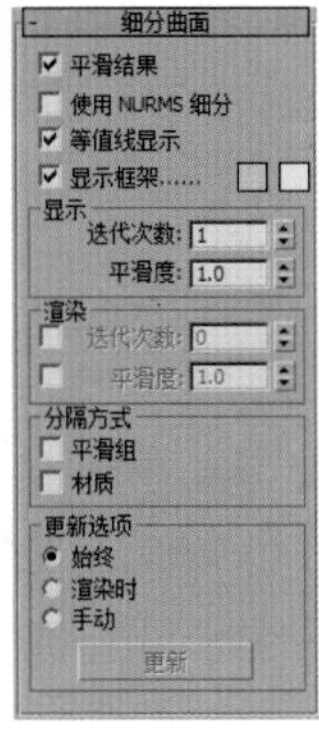

图 2-167

图 2-168

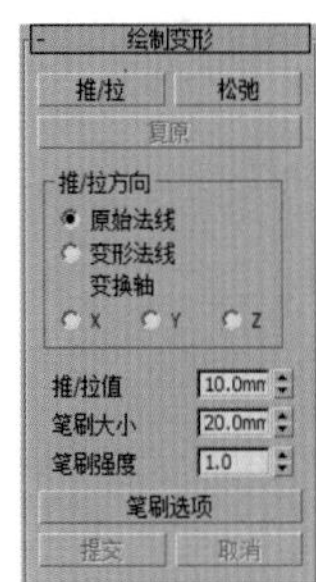

图 2-169

1.【选择】卷展栏

【选择】卷展栏中的参数主要用来选择对象和子对象，如图 2-170 所示。

- 物体级别：包括【顶点】、【边】、【边界】、【多边形】和【元素】5 种级别。
- 按顶点：除了【顶点】级别外，该选项可以在其他 4 种级别中使用。启用该选项后，只有选择所用的顶点才能选择子对象。
- 忽略背面：勾选该选项后，只能选中法线指向当前视图的子对象。图 2-171 所示左侧为未勾选【忽略背面】的选择效果，右侧为勾选【忽略背面】的选择效果。

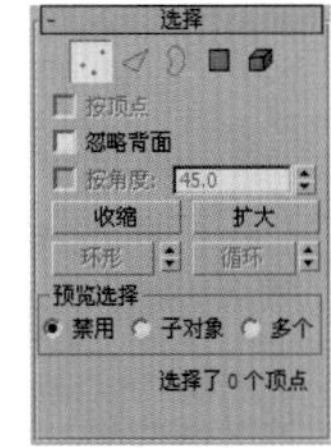

图 2-170

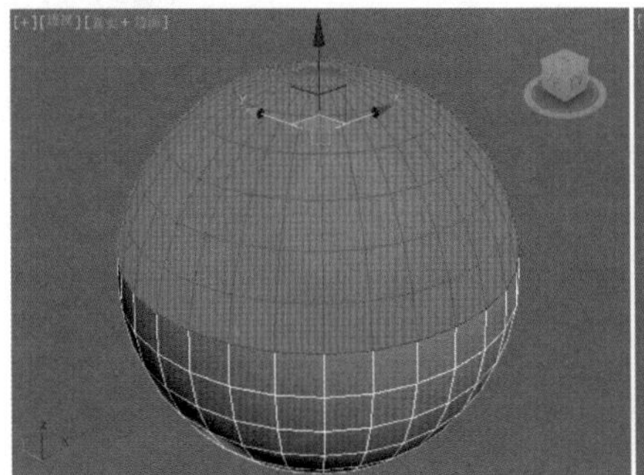
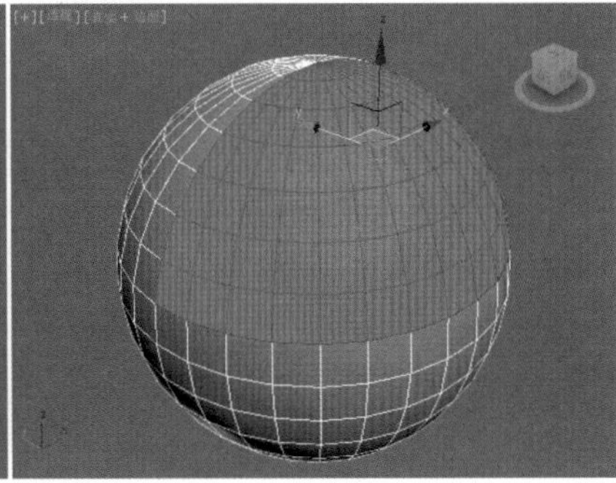

图 2-171

- 按角度：启用该选项后，可以根据面的转折度数来选择子对象。
- 收缩 按钮：单击该按钮可以在当前选择范围中向内减少一圈对象，如图 2-172 所示。

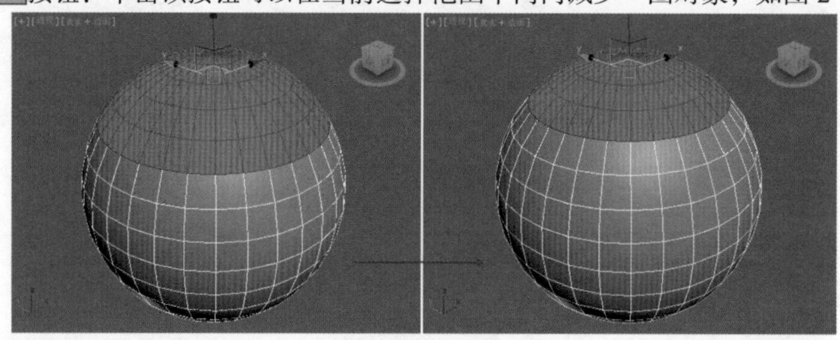

图 2-172

- 扩大 按钮：与收缩相反，单击该按钮可以在当前选择范围中向外增加一圈对象，如图 2-173 所示。

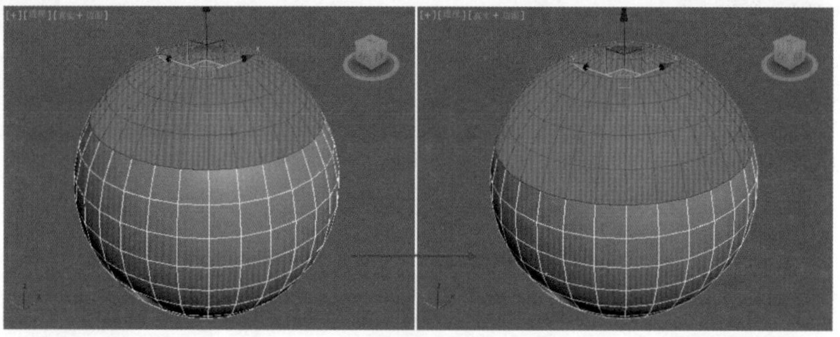

图 2-173

- 环形 按钮: 在选中一部分子对象后单击该按钮可以自动选择平行于当前对象的其他对象。
- 循环 按钮：在选中一部分子对象后单击该按钮可以自动选择与当前对象在同一曲线上的其他对象。
- 预览选择: 选择对象之前，通过这里的选项可以预览鼠标指针滑过位置的子对象，有【禁用】、【子对象】和【多个】3 个选项可供选择。

2.【软选择】卷展栏

【软选择】卷展栏是以选中的子对象为中心向四周扩散，可以通过控制【衰减】、【收缩】和【膨胀】的数值来控制所选子对象区域的大小及对子对象控制力的强弱，并且【软选择】卷展栏还包括了绘制软选择的工具，这一部分与【绘制变形】卷展栏的用法很接近，如图 2-174 所示。图 2-175 所示为勾选【使用软选择】并选择多边形的效果。

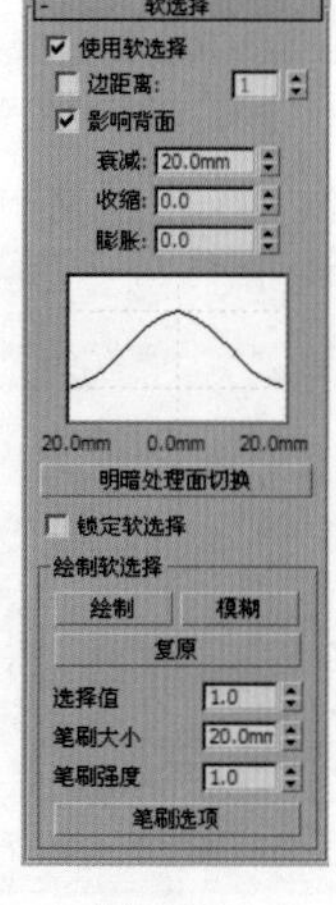

图 2-174

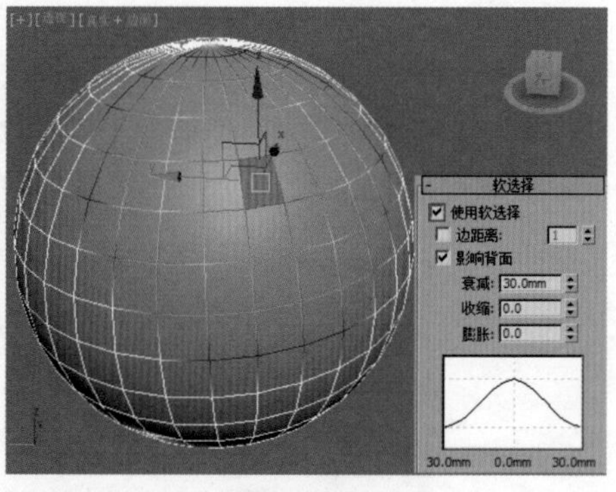

图 2-175

3.【编辑几何体】卷展栏

【编辑几何体】卷展栏中提供了多种用于编辑多边形的工具，这些工具在所有物体级别下都可用，如图 2-176 所示。

图 2-176

- 重复上一个按钮：单击该按钮可以重复使用上一次使用的命令。
- 约束：使用现有的几何体来约束子对象的变换效果，共有【无】、【边】、【面】和【法线】4 种方式可供选择。
- 保持 UV：启用该选项后，可以在编辑子对象的同时不影响该对象的 UV 贴图。
- 创建按钮：创建新的几何体。
- 塌陷按钮：这个工具类似于焊接工具，但是不需要设置【阈值】参数就可以直接塌陷在一起。
- 附加按钮：使用该工具可以将场景中的其他对象附加到选定的可编辑多边形中。
- 分离按钮：将选定的子对象作为单独的对象或元素分离出来。
- 切片平面按钮：使用该工具可以沿某一平面分开网格对象。
- 分割：启用该选项后，可以通过快速切片工具和切割工具在划分边的位置处创建出两个顶点集合。
- 切片按钮：可以在切片平面位置处执行切割操作。
- 重置平面按钮：将执行过【切片】的平面恢复到之前的状态。
- 快速切片按钮：可以将对象进行快速切片，切片线沿着对象表面，所以可以更加准确地进行切片，如图 2-177 所示。

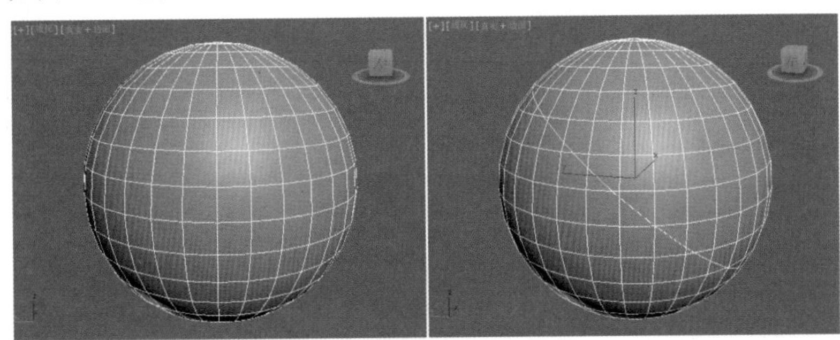

图 2-177

- 切割按钮：可以在一个或多个多边形上创建出新的边，如图 2-178 所示。

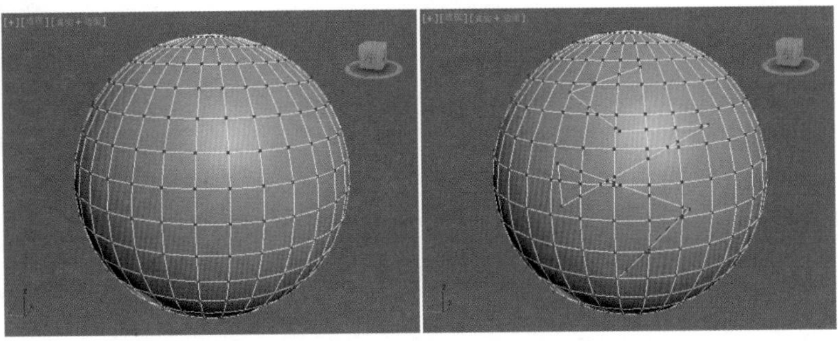

图 2-178

- 网格平滑按钮：使选定的对象产生平滑效果。
- 细化按钮：增加局部网格的密度，从而方便处理对象的细节。
- 平面化按钮：强制所有选定的子对象成为共面。
- 视图对齐按钮：使对象中的所有顶点与活动视图所在的平面对齐。
- 栅格对齐按钮：使选定对象中的所有顶点与活动视图所在的平面对齐。
- 松弛按钮：使当前选定的对象产生松弛现象。
- 隐藏选定对象按钮：隐藏所选定的子对象。
- 全部取消隐藏按钮：将所有的隐藏对象还原为可见对象。
- 隐藏未选定对象按钮：隐藏未选定的任何子对象。
- 命名选择：用于复制和粘贴子对象的命名选择集。
- 删除孤立顶点：启用该选项后，选择连续子对象时会删除孤立顶点。
- 完全交互：启用该选项后，如果更改数值，将直接在视图中显示最终的结果。

4.【细分曲面】卷展栏

【细分曲面】卷展栏中的参数可以将细分效果应用于多边形对象，以便可以对分辨率较低的【框架】网格进行操作，同时还可以查看更为平滑的细分结果，如图 2-179 所示。

- 平滑结果：对所有的多边形应用相同的平滑组。
- 使用 NURMS 细分：通过 NURMS 方法应用平滑效果。
- 等值线显示：启用该选项后，只显示等值线。
- 显示框架：在修改或细分之前，切换可编辑多边形对象的两种颜色线框的显示方式。
- 显示：包含【迭代次数】和【平滑度】两个选项。
- 迭代次数：用于控制平滑多边形对象时所用的迭代次数。
- 平滑度：用于控制多边形的平滑程度。
- 渲染：用于控制渲染时的迭代次数与平滑度。
- 分隔方式：包括【平滑组】与【材质】两个选项。
- 更新选项：设置手动或渲染时的更新选项。

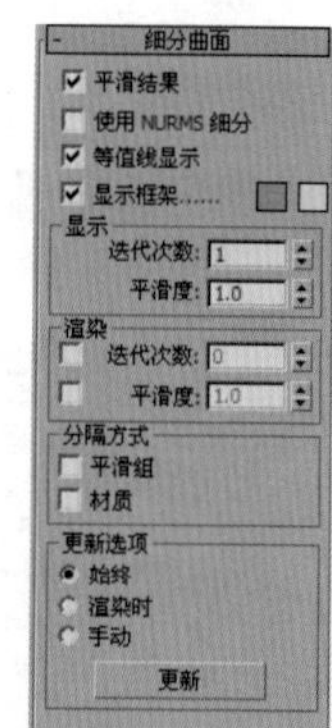

图 2-179

5.【细分置换】卷展栏

【细分置换】卷展栏中的参数主要用于细分可编辑的多边形，其中包括【细分预设】和【细分方法】等，如图 2-180 所示。

6.【绘制变形】卷展栏

【绘制变形】卷展栏可以对物体上的子对象进行推、拉操作，或者在对象曲面上拖动鼠标指针来影响顶点，如图 2-181 所示。在对象层级中，【绘制变形】可以影响选定对象中的所有顶点；在子对象层级中，【绘制变形】仅影响所选定的顶点。图 2-182 所示为在球体上绘制的效果。

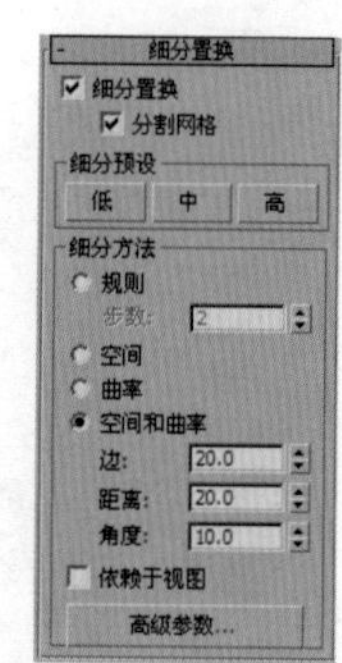

图 2-180

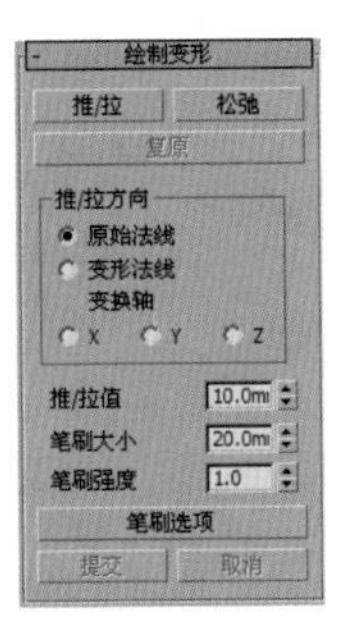

图 2-181

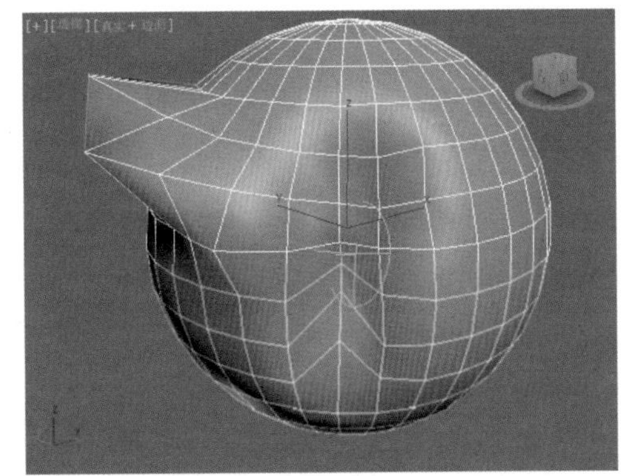

图 2-182

7.【编辑顶点】卷展栏

进入可编辑多边形的【顶点】级别，在“修改”面板中会增加【编辑顶点】卷展栏，该卷展栏可以用来处理关于点的所有操作，如图 2-183 所示。

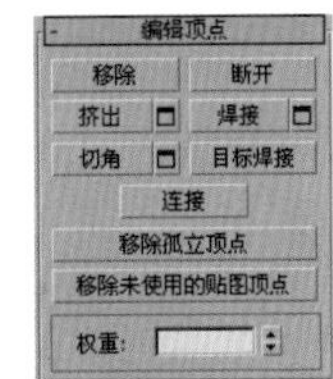

图 2-183

- 移除 按钮：可以将顶点进行移除处理。
- 断开 按钮：选择顶点，并单击该按钮后可以将顶点断开，变为多个顶点。
- 挤出 按钮：使用该工具可以将顶点，向后向内进行挤出，使其产生锥形的效果。
- 焊接 按钮：两个或多个顶点在一定的距离范围内，可以使用该工具进行焊接，焊接为一个顶点。图 2-184 所示为使用【焊接】制作的效果。

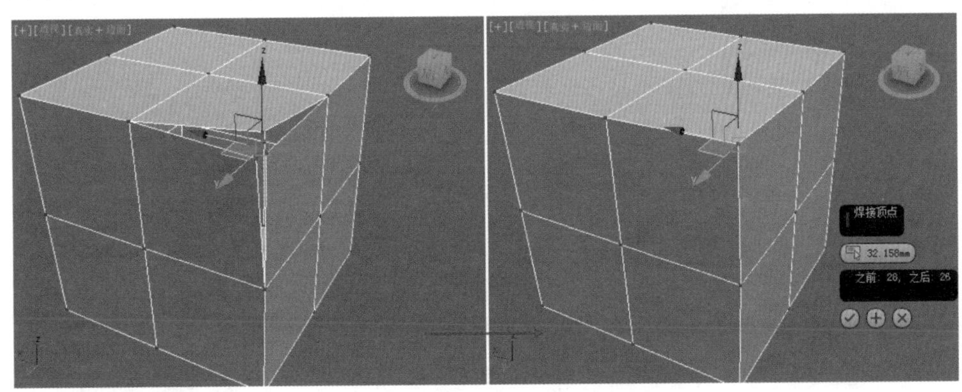

图 2-184

- 切角 按钮：可以将顶点切角为三角形的面效果。
- 目标焊接 按钮：选择一个顶点后，使用该工具可以将其焊接到相邻的目标顶点。
- 连接 按钮：在选中的对角顶点之间创建新的边。
- 移除孤立顶点 按钮：删除不属于任何多边形的所有顶点。
- 移除未使用的贴图顶点 按钮：可以将未使用的顶点进行自动删除。
- 权重：设置选定顶点的权重，供 NURMS 细分选项和“网格平滑”修改器使用。

8.【编辑边】卷展栏

进入可编辑多边形的【边】级别，在【修改】面板中会增加【编辑边】卷展栏，该卷展栏可以用来处理关于边的所有操作，如图 2-185 所示。

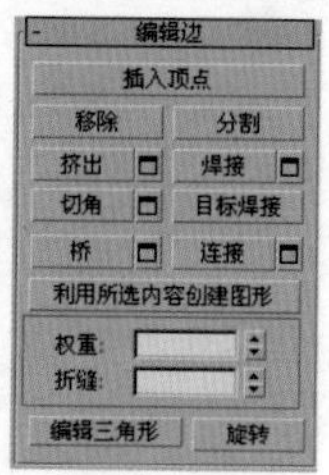

图 2-185

- 插入顶点按钮：可以手动在选择的边上任意添加顶点。
- 移除按钮：选择边以后，单击该按钮或按<Backspace>键可以移除边。如果按<Delete>键，将删除边以及与边连接的面。
- 分割按钮：沿着选定边分割网格。对网格中心的单条边应用时，不会起任何作用。
- 挤出按钮：直接使用这个工具可以在视图中挤出边。是最常使用的工具，需要熟练掌握。图 2-186 所示为使用【挤出】制作的效果。

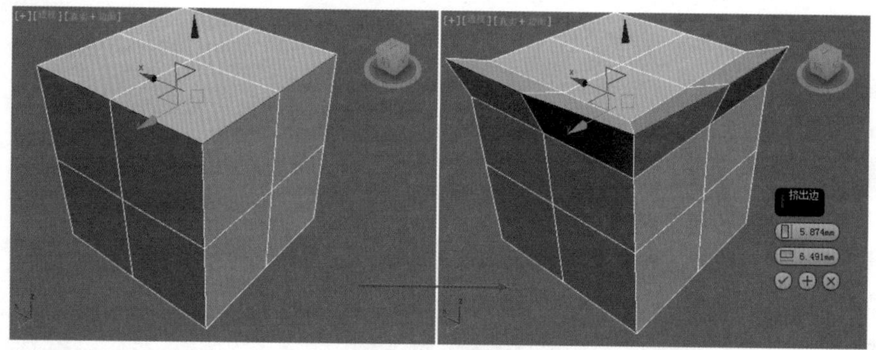

图 2-186

- 焊接按钮：组合“焊接边”对话框指定的“焊接阈值”范围内的选定边。只能焊接仅附着一个多边形的边，也就是边界上的边。
- 切角按钮：可以将选择的边进行切角处理产生平行的多条边。切角是最常使用的工具，需要熟练掌握。图 2-187 所示为使用【切角】制作的效果。

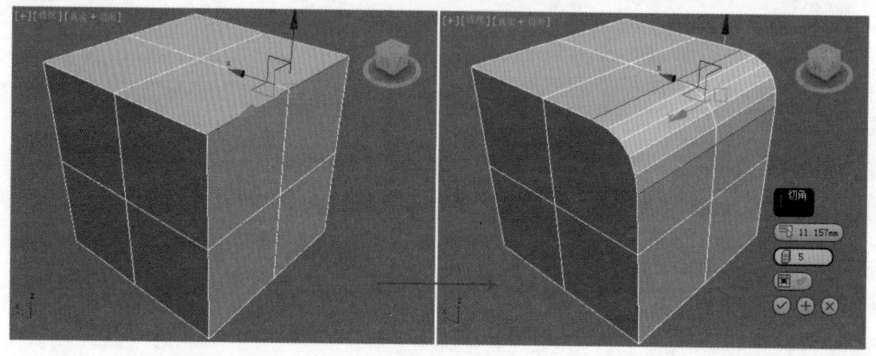

图 2-187

- 目标焊接按钮：用于选择边并将其焊接到目标边。只能焊接仅附着一个多边形的边，也就是边界上的边。图 2-188 所示为使用【目标焊接】制作的效果。

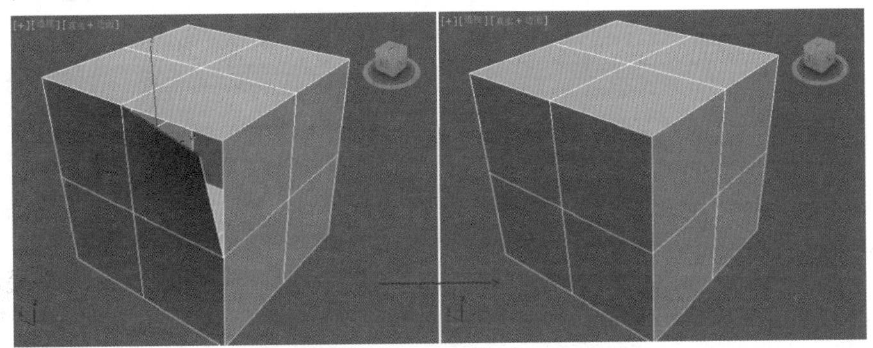

图 2-188

- 桥按钮：使用该工具可以连接对象的边，但只能连接边界边，也就是只在一侧有多边形的边。
- 连接按钮：可以选择平行的多条边，并使用该工具产生垂直的边。连接是最常使用的工具，需要熟练掌握。图 2-189 所示为使用【连接】制作的效果。

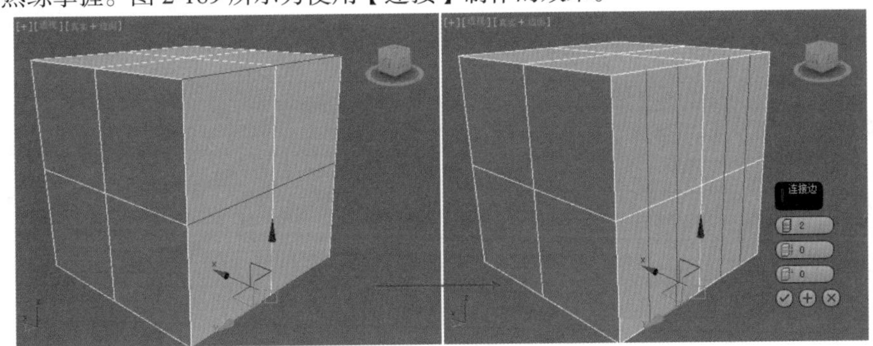

图 2-189

- 利用所选内容创建图形按钮：可以将选定的边创建为样条线图形。
- 权重：设置选定边的权重，供 NURMS 细分选项和“网格平滑”修改器使用。
- 折缝：指定对选定边或边执行的折缝操作量，供 NURMS 细分选项和“网格平滑”修改器使用。
- 编辑三角形按钮：用于修改绘制内边或对角线时多边形细分为三角形的方式。
- 旋转按钮：用于通过单击对角线修改多边形细分为三角形的方式。使用该工具时，对角线可以在线框和边面视图中显示为虚线。

9.【编辑多边形】卷展栏

进入可编辑多边形的【多边形】级别，在【修改】面板中会增加【编辑多边形】卷展栏，该卷展栏可以用来处理关于多边形的所有操作，如图 2-190 所示。

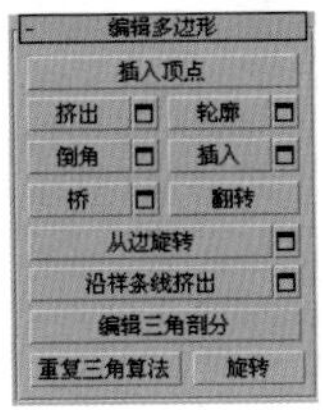

图 2-190

- 插入顶点 按钮：可以手动在选择的多边形上任意添加顶点。
- 挤出 按钮：挤出工具可以将选择的多边形进行挤出效果处理。组、局部法线、按多边形三种方式，效果各不相同。图 2-191 所示为使用【挤出】制作的效果。

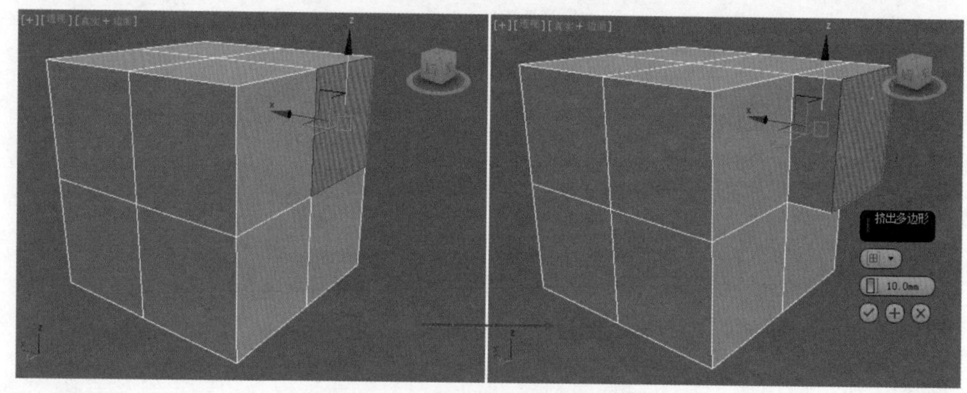

图 2-191

- 轮廓 按钮：用于增加或减小每组连续的选定多边形的外边。
- 倒角 按钮：与挤出比较类似，但是比挤出更为复杂，可以挤出多边形、也可以向内或外缩放多边形。图 2-192 所示为使用【倒角】制作的效果。

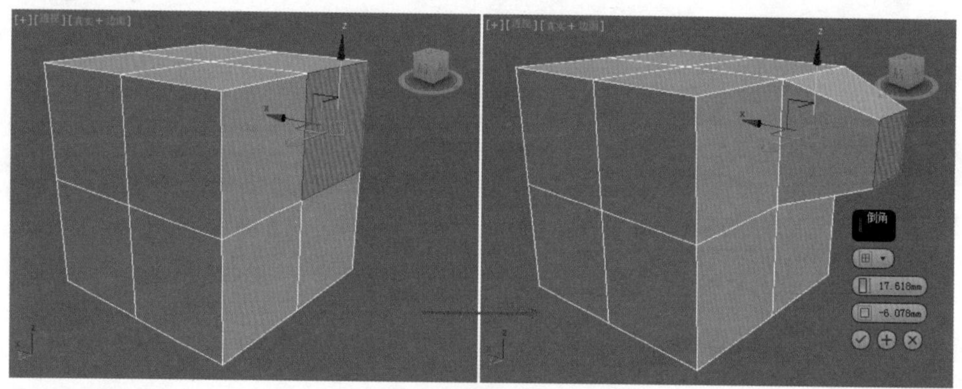

图 2-192

- 插入 按钮：可以制作出插入一个新多边形的效果，插入是最常使用的工具，需要熟练掌握。图 2-193 所示为使用【插入】制作的效果。

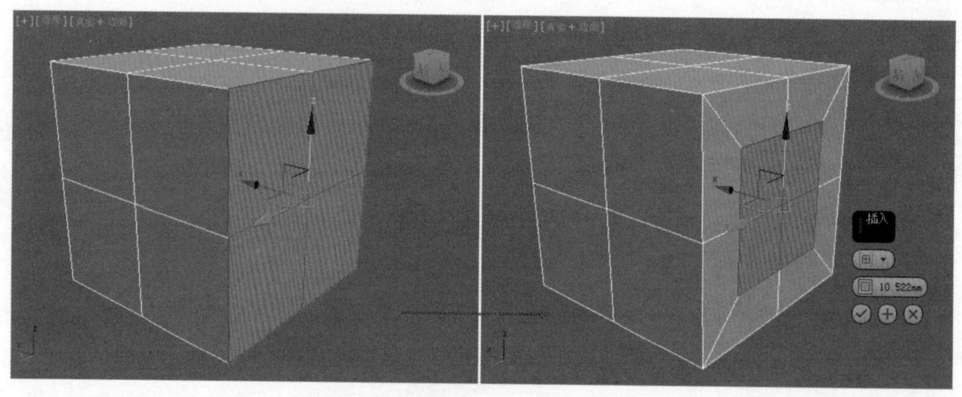

图 2-193

- 桥 按钮：选择模型正反两面相对的两个多边形，并使用该工具可以制作出镂空的效果。
- 翻转 按钮：反转选定多边形的法线方向，从而使其面向用户的正面。
- 从边旋转 按钮：选择多边形后，使用该工具可以沿着垂直方向拖动任何边，旋转选定多边形。
- 沿样条线挤出 按钮：沿样条线挤出当前选定的多边形。
- 编辑三角剖分 按钮：通过绘制内边修改多边形细分为三角形的方式。
- 重复三角算法 按钮：在当前选定的一个或多个多边形上执行最佳三角剖分。
- 旋转 按钮：使用该工具可以修改多边形细分为三角形的方式。

求生秘籍——技巧提示：模型的半透明显示

在制作模型时由于模型是三维的，所以很多时候观看起来不方便，因此可以把模型半透明显示。选择模型执行快捷键 <Alt+X>，图 2-194 所示模型变为半透明显示。

再次选择模型执行快捷键 <Alt+X>，图 2-195 所示模型重新变为实体显示。

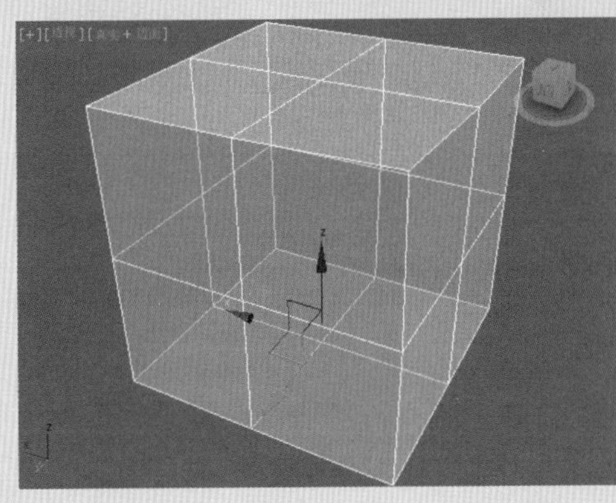

图 2-194

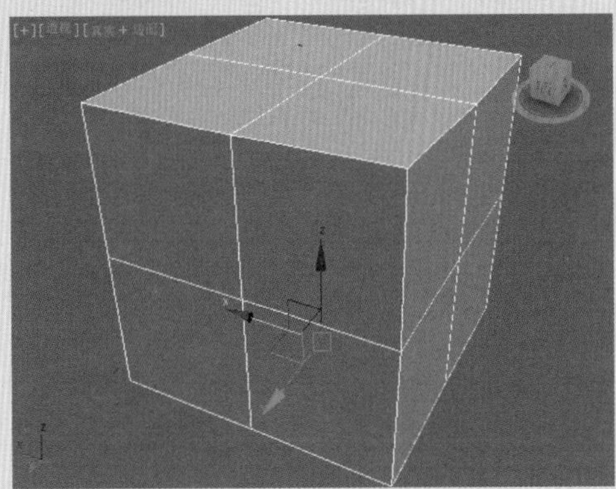

图 2-195

2.5 常见建筑模型实例应用

3ds Max 中包括了本章介绍的四大建模方式，通过本章的学习，可以制作很多建筑模型，熟练掌握单一建模方式的使用及多种建模方式的结合使用。本小节将以大量的建模案例进行讲解。

进阶案例——窗户

案例文件	进阶案例——窗户 .max
视频教学	多媒体教学 /Chapter 02/ 进阶案例——窗户 .flv
难易指数	★★☆☆☆
技术掌握	掌握【线】、【矩形】和【放样】工具的运用

本例就来学习【样条线】下的【线】、【矩形】工具和复合对象下的【放样】工具来完成模型的制作，最终渲染和线框效果如图 2-196 所示。

|建模思路|

1 使用样条线和放样工具制作模型

2 使用样条线和矩形工具制作模型

窗户建模流程图，如图 2-197 所示。

图 2-196

图 2-197

|制作步骤|

1. 使用样条线和放样工具制作模型

（1）启动 3ds Max 2015 中文版，单击菜单栏中的【自定义】|【单位设置】命令，此时将弹出【单位设置】对话框，将【显示单位比例】和【系统单位比例】设置为【毫米】，如图 2-198 所示。

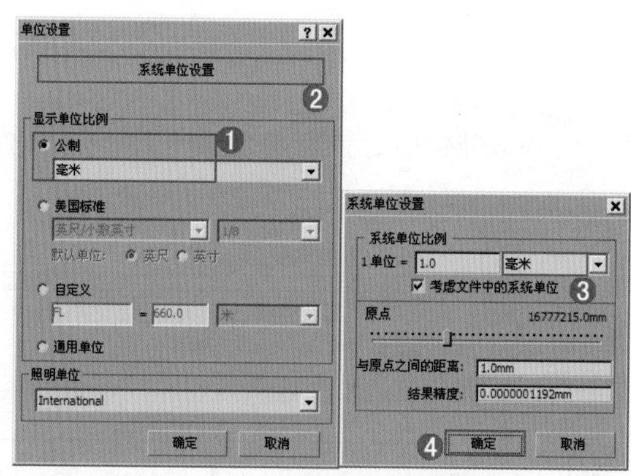

图 2-198

（2）单击（创建）|（图形）| 样条线 | 矩形 按钮，在前视图中创建一个矩形，修改参数，设置【长度】为 300mm，【宽度】为 260mm，如图 2-199 所示。

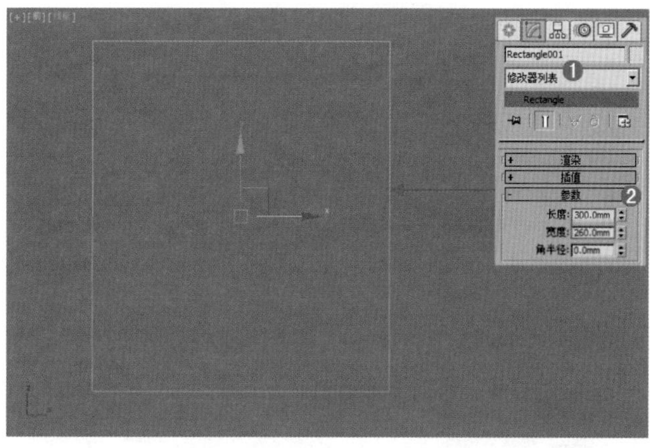

图 2-199

（3）单击（创建）|（图形）| 样条线 | 线 按钮，在前视图中绘制一条样条线，如图 2-200 所示。

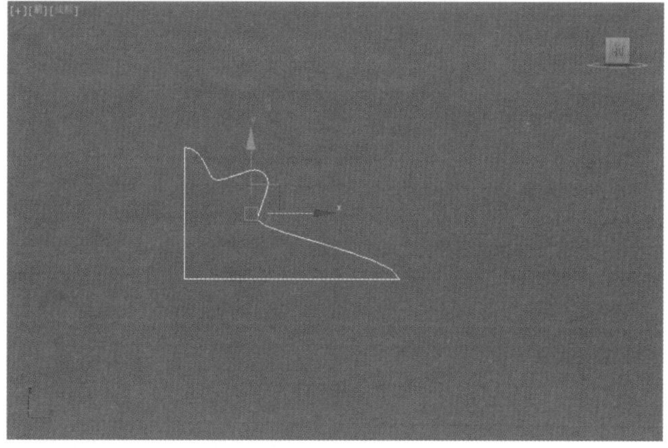

图 2-200

（4）选择上一步创建的图形，单击（创建）|（几何体）| 复合对象 | 放样 按钮，单击创建方法下的【获取路径】，拾取已创建的【矩形】，如图 2-201 所示。

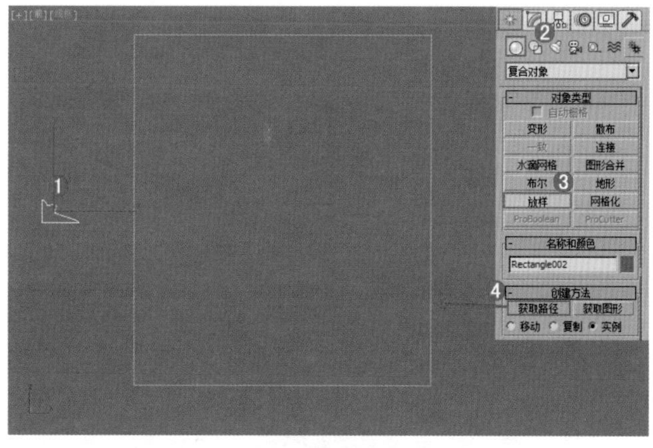

图 2-201

第 2 章

（5）放样后的模型效果如图 2-202 所示。

图 2-202

（6）单击（创建）|（图形）| 样条线 | 矩形 按钮，在前视图中创建一个矩形，修改参数，设置【长度】为 280mm，【宽度】为 230mm，如图 2-203 所示。

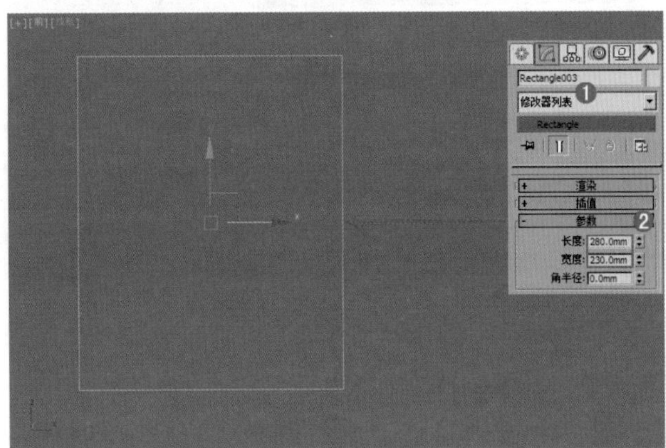

图 2-203

（7）单击（创建）|（图形）| 样条线 | 线 按钮，在前视图中绘制一条样条线，如图 2-204 所示。

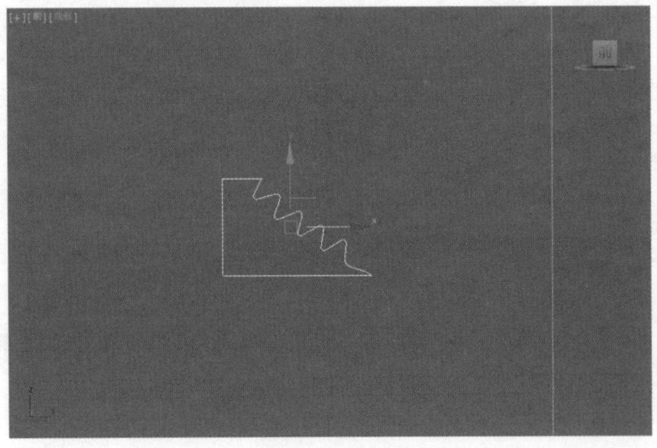

图 2-204

（8）选择上一步创建的图形，单击（创建）|（几何体）|复合对象 | 放样，单击创建方法下的【获取路径】，拾取已创建的【矩形】，如图 2-205 所示。

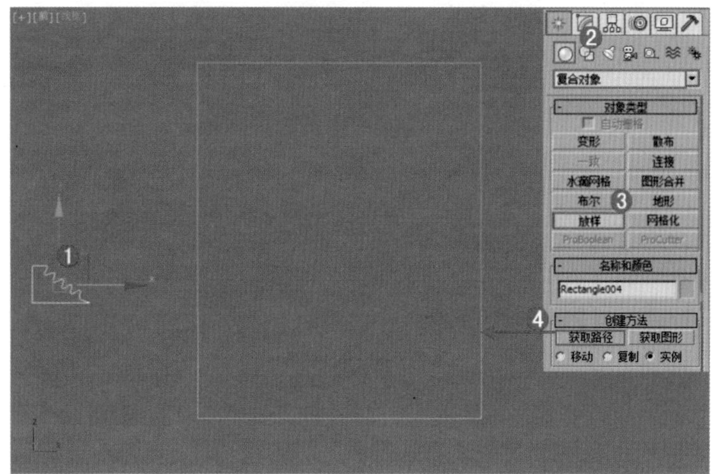

图 2-205

（9）放样后的模型效果如图 2-206 所示。

图 2-206

2. 使用样条线和矩形工具制作模型

（1）单击（创建）|（图形）|样条线 | 矩形按钮，在前视图中创建一个矩形，在【修改面板】下展开【渲染】卷展栏，勾选【在渲染中启用】和【在视口中启用】，并勾选【矩形】，最后设置【长度】为 1mm，宽度为 3mm；展开【参数】卷展栏，设置【长度】为 180mm，【宽度】为 142mm，效果如图 2-207 所示。

（2）单击（创建）|（图形）|样条线 | 线按钮，在前视图中绘制一条样条线，在【修改面板】下展开【渲染】卷展栏，勾选【在渲染中启用】和【在视口中启用】，并勾选【矩形】，最后设置【长度】为 1mm，宽度为 3mm，效果如图 2-208 所示。

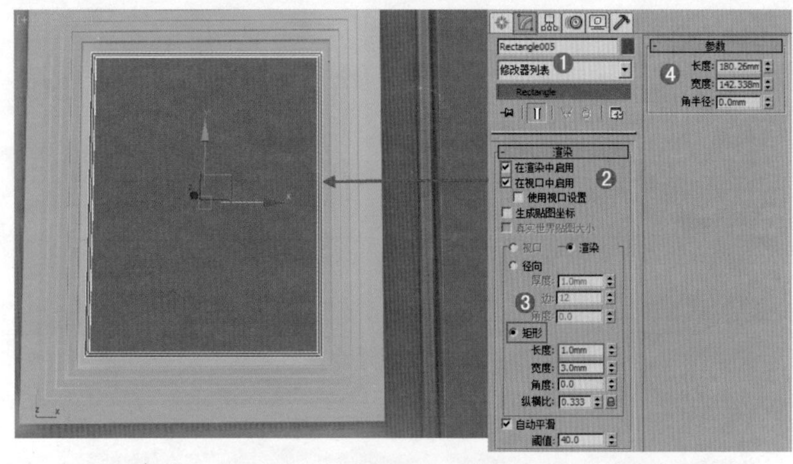

图 2-207

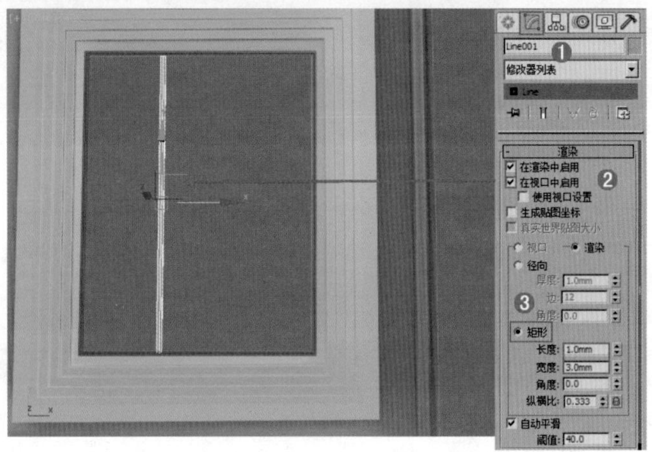

图 2-208

（3）选择上一步创建的样条线，并使用（选择并移动）工具按住 <Shift> 键进行复制，在弹出的【克隆选项】对话框中选择【复制】，设置【副本数】为 3，并使用（选择并移动）工具和（选择并旋转）工具。如图 2-209 所示。

（4）模型最终效果如图 2-210 所示。

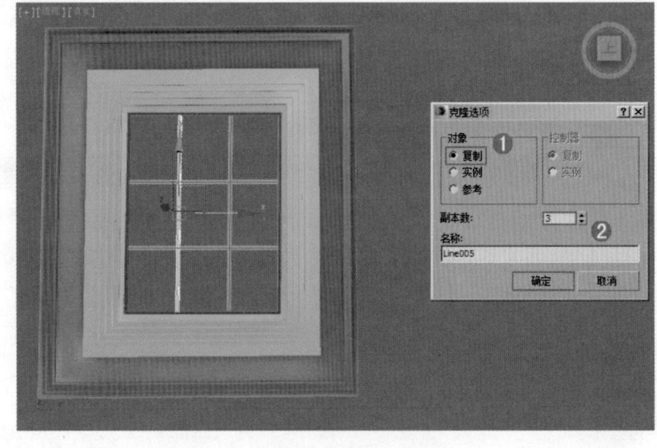

图 2-209

图 2-210

进阶案例——小区花园门

案例文件	进阶案例——小区花园门 .max
视频教学	多媒体教学 /Chapter 02/ 进阶案例——小区花园门 .flv
难易指数	★★☆☆☆
技术掌握	掌握【长方体】、【线】、【挤出】、【可编辑样条线】和【编辑多边形】命令的运用

本例就来学习标准基本体下的【长方体】、样条线下的【线】和【修改面板】下的【挤出】、【可编辑样条线】、【编辑多边形】命令来完成模型的制作，最终渲染和线框效果如图 2-211 所示。

图 2-211

|建模思路|

1 使用长方体、线、挤出和编辑多边形制作模型

2 使用长方体、线、可编辑样条线和编辑多边形制作模型

小区花园门建模流程图，如图 2-212 所示。

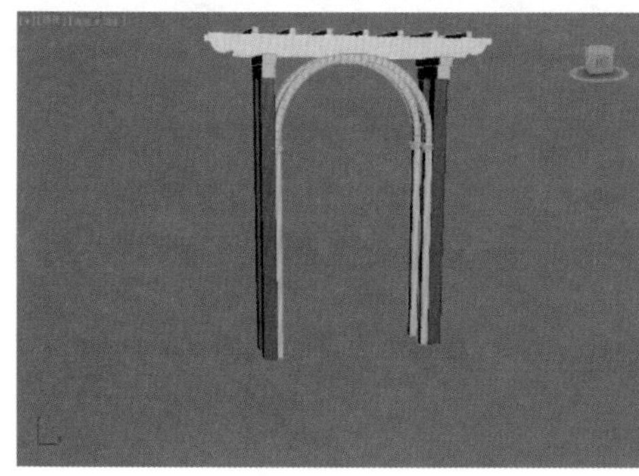

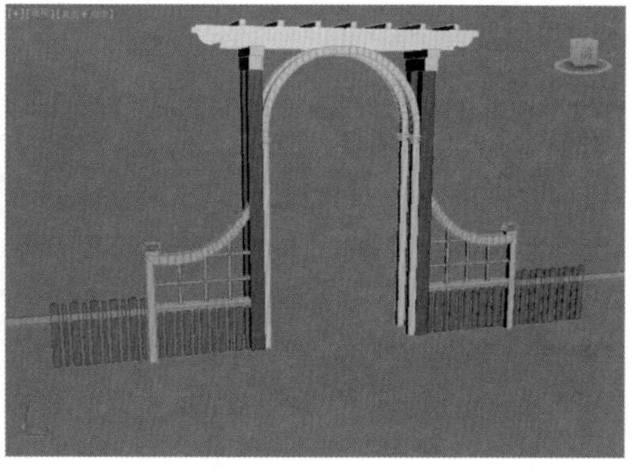

图 2-212

|制作步骤|

1. 使用长方体、线、挤出和编辑多边形制作模型

（1）单击 （创建）| （几何体）| 长方体 按钮，在顶视图中拖动创建一个长方体，接着在【修改面板】下设置【长度】为 240mm，【宽度】为 240mm，【高度】为 5000mm，如图 2-213 所示。

（2）选择上一步创建的长方体，使用 （选择并移动）工具按住 <Shift> 键进行复制，在弹出的【克隆选项】对话框中选择【复制】，效果如图 2-214 所示。

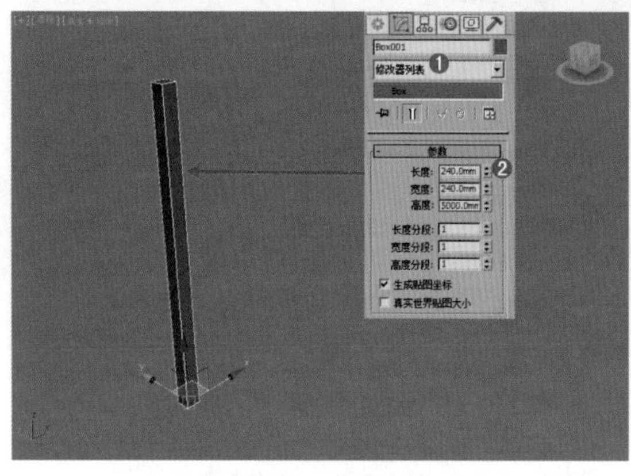

图 2-213

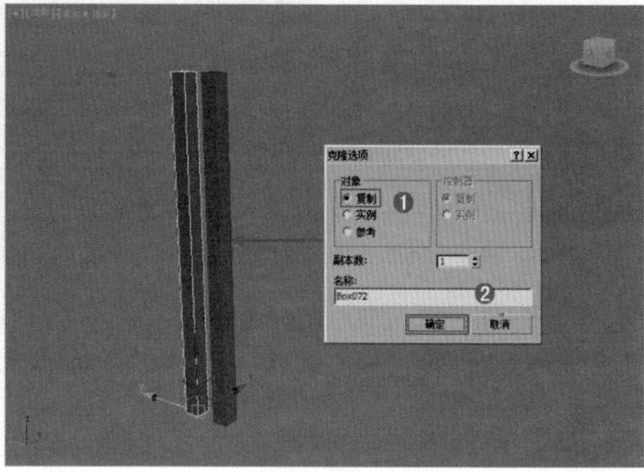

图 2-214

（3）继续在顶视图中拖动创建一个长方体，接着在【修改面板】下设置【长度】为 232.3mm，【宽度】为 237mm，【高度】为 1000mm，如图 2-215 所示。

（4）继续在顶视图中拖动创建一个长方体，接着在【修改面板】下设置【长度】为 150mm，【宽度】为 237mm，【高度】为 1200mm，如图 2-216 所示。

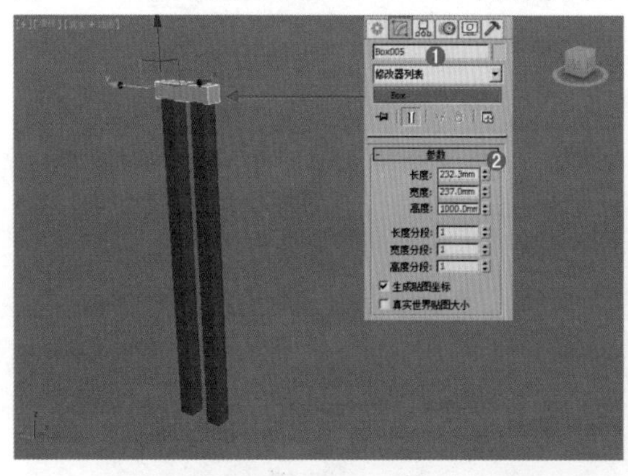

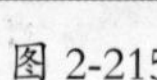

图 2-215

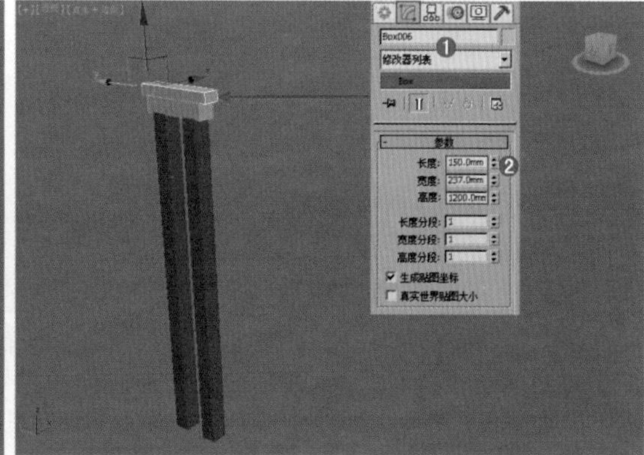

图 2-216

（5）选择已创建的模型，使用 （选择并移动）工具按住 <Shift> 键进行复制，在弹出的【克隆选项】对话框中选择【复制】，效果如图 2-217 所示。

（6）切换到前视图，单击 （创建）| （图形）| 样条线 | 线 按钮，在前视图中绘制图形，如图 2-218 所示。

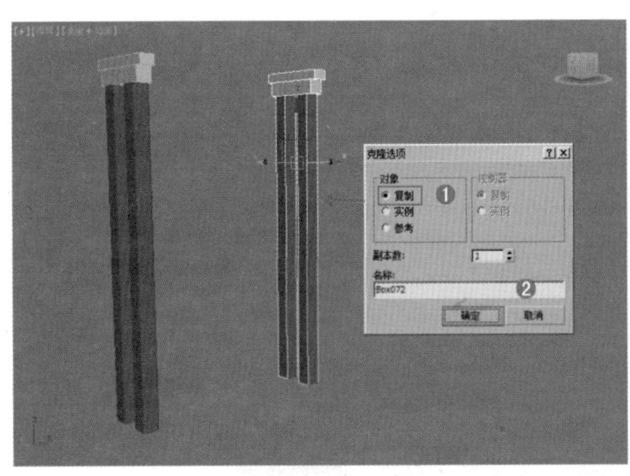

图 2-217

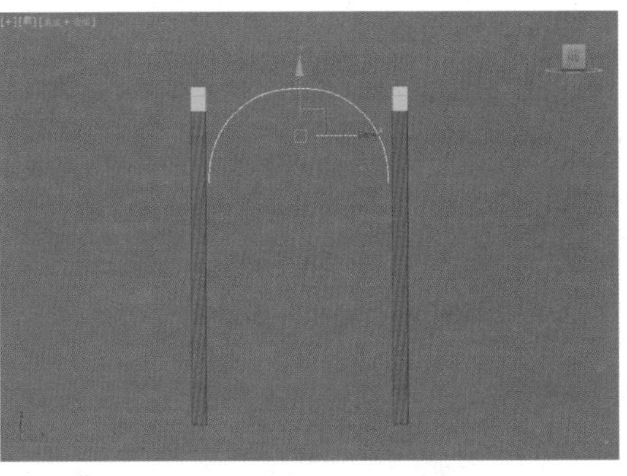

图 2-218

（7）选择上一步的样条线，单击右键，选择【转换为】/【转换为可编辑样条线】，如图 2-219 所示。

（8）接着在【修改面板】下展开【渲染】卷展栏，勾选【在渲染中启用】和【在视口中启用】，并勾选【矩形】，设置【长度】为 150mm，【宽度】为 130mm，在【插值】卷展栏下设置【步数】为 15，效果如图 2-220 所示。

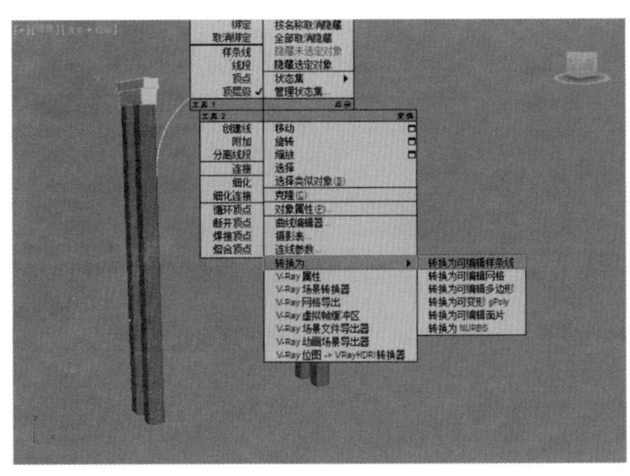

图 2-219

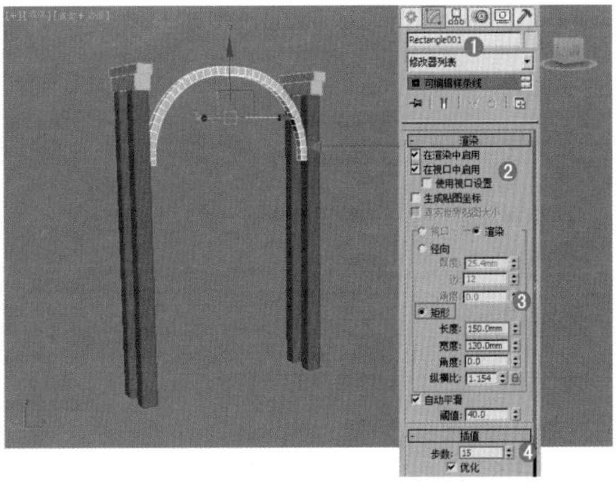

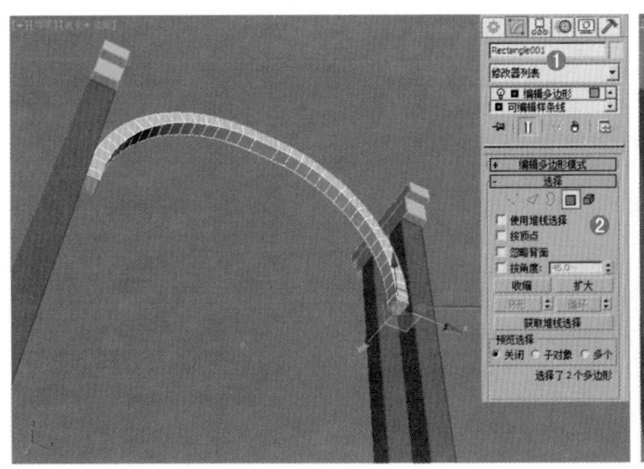

图 2-220

（9）选择上一步的模型，并在【修改器列表】中加载【编辑多边形】命令，进入■（多边形）级别，选择如图 2-221 所示的多边形。然后单击 倒角 按钮后面的■（设置）按钮，并设置【高度】为 35mm，【轮廓】为 35mm，如图 2-222 所示。

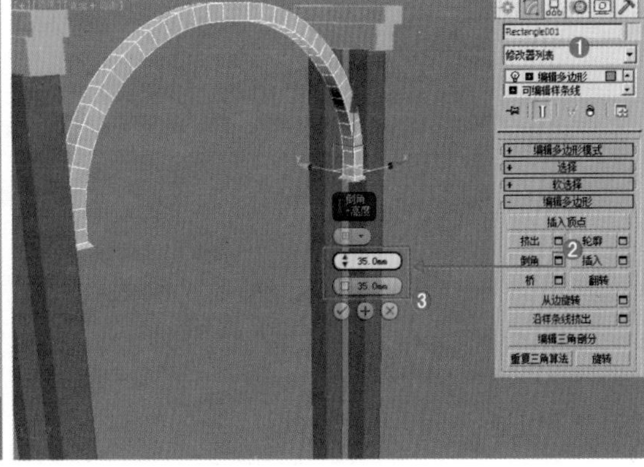

图 2-221

图 2-222

（10）进入（多边形）级别，选择如图 2-223 所示的多边形。然后单击 挤出 按钮后面的（设置）按钮，并设置【高度】为 10mm，如图 2-224 所示。

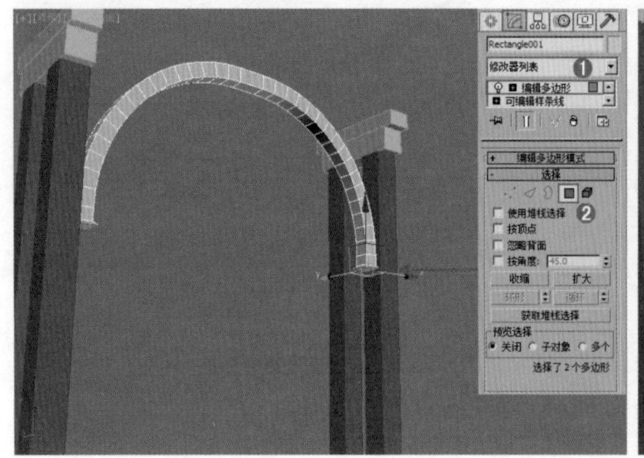

图 2-223

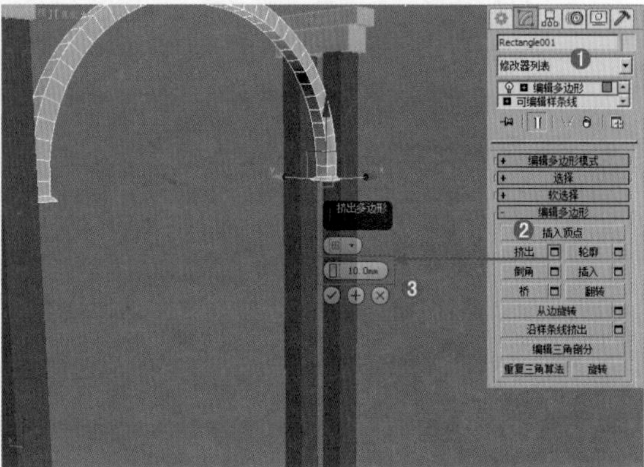

图 2-224

（11）进入（多边形）级别，选择如图 2-225 所示的多边形。接着单击 插入 按钮后面的（设置）按钮，并设置【插入类型】为【按多边形】，【数量】为 50mm，如图 2-226 所示。

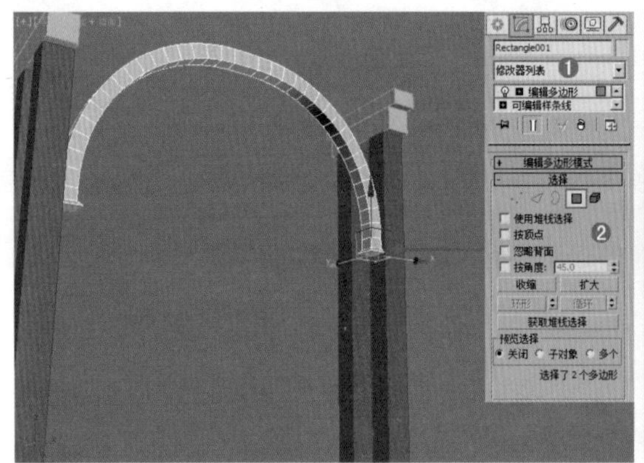

图 2-225

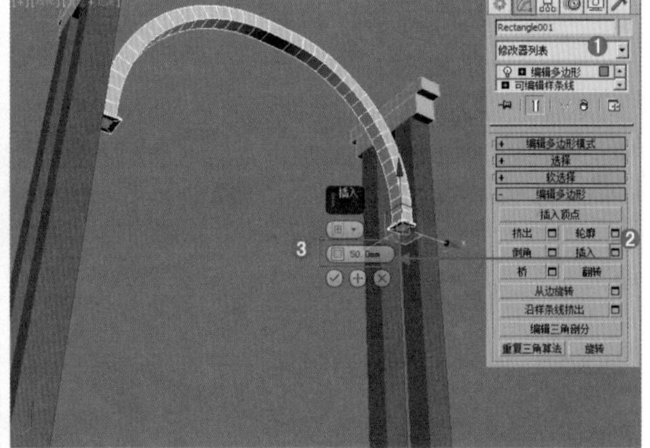

图 2-226

（12）进入（多边形）级别，选择如图 2-227 所示的多边形。然后单击 挤出 按钮后面的（设置）按钮，并设置【高度】为 10mm，如图 2-228 所示。

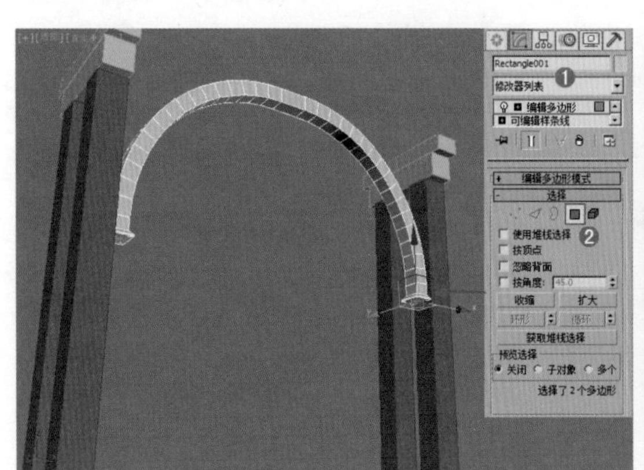

图 2-227

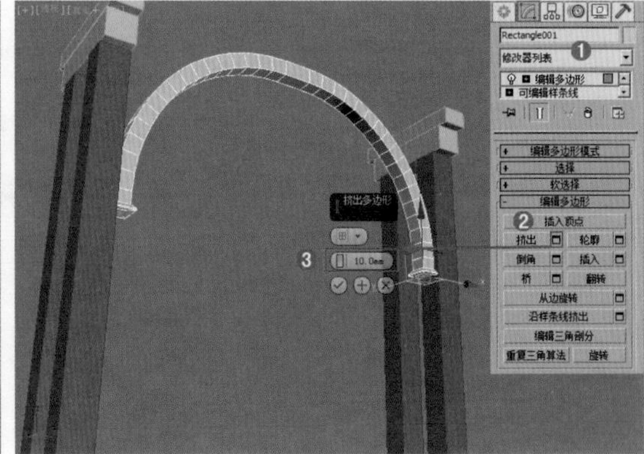

图 2-228

（13）进入■（多边形）级别，选择如图 2-229 所示的多边形。然后单击 倒角 按钮后面的■（设置）按钮，并设置【高度】为 35mm，【轮廓】为 35mm，如图 2-230 所示。

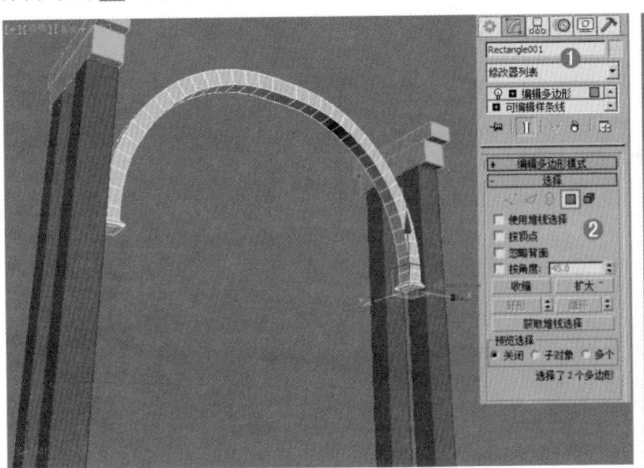

图 2-229

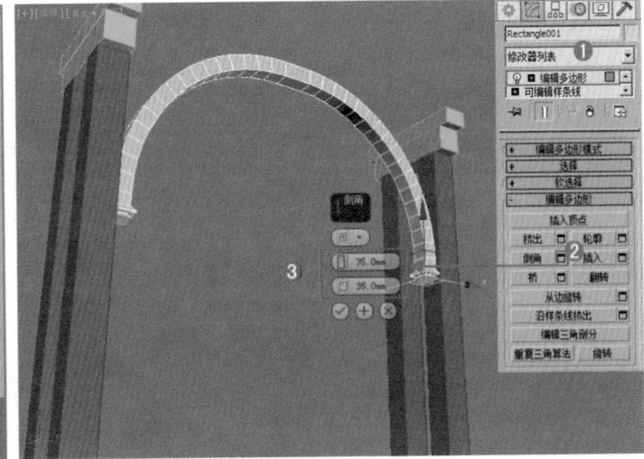

图 2-230

（14）进入■（多边形）级别，选择如图 2-231 所示的多边形。然后单击 挤出 按钮后面的■（设置）按钮，并设置【高度】为 10mm，如图 2-232 所示。

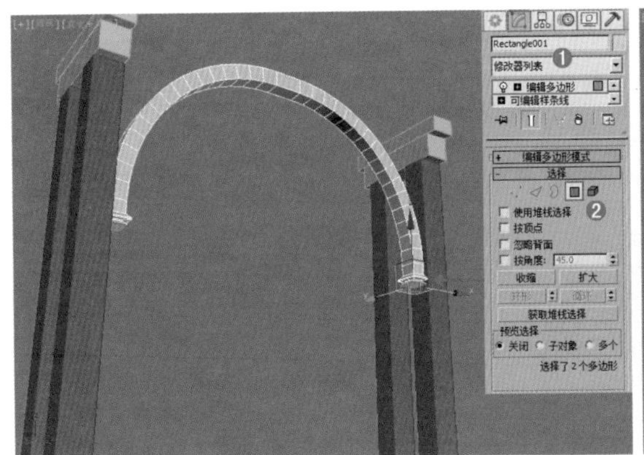

图 2-231

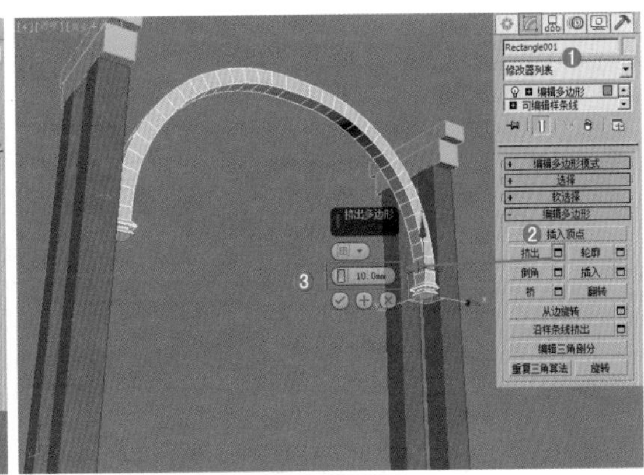

图 2-232

（15）进入■（多边形）级别，选择如图 2-233 所示的多边形。接着单击 插入 按钮后面的（设置）按钮■，并设置【插入类型】为【按多边形】，【数量】为 50mm，如图 2-234 所示。

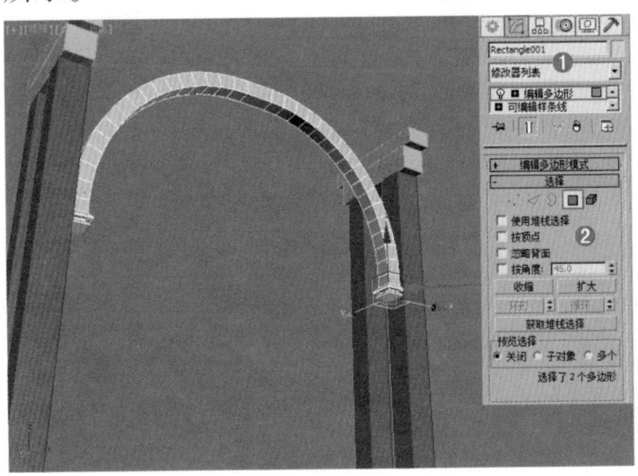

图 2-233

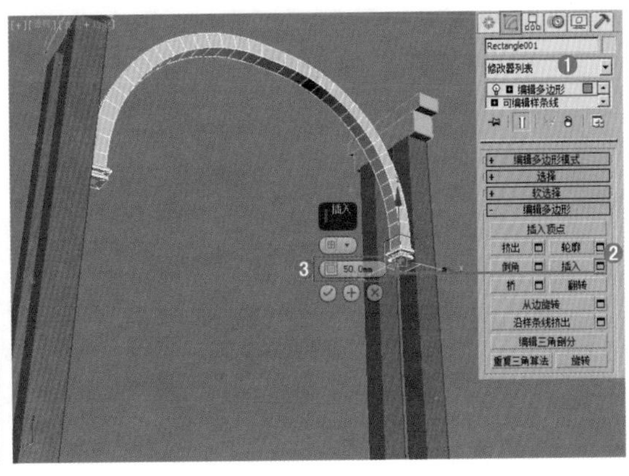

图 2-234

（16）进入（多边形）级别，选择如图 2-235 所示的多边形。然后单击 挤出 按钮后面的（设置）按钮，并设置【高度】为 10mm，如图 2-236 所示。

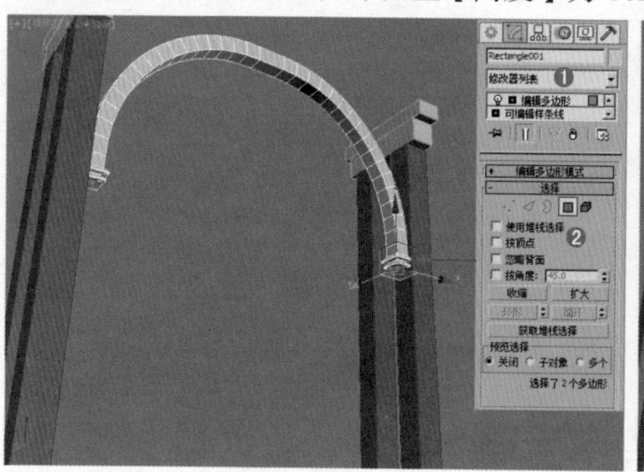

图 2-235

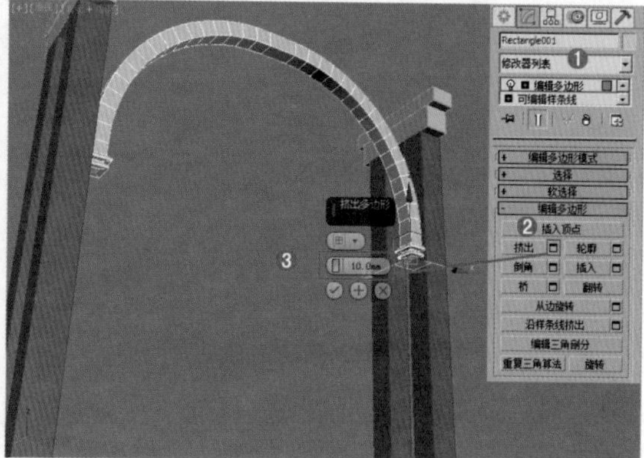

图 2-236

（17）进入（多边形）级别，选择如图 2-237 所示的多边形。然后单击 倒角 按钮后面的（设置）按钮，并设置【高度】为 35mm，【轮廓】为 35mm，如图 2-238 所示。

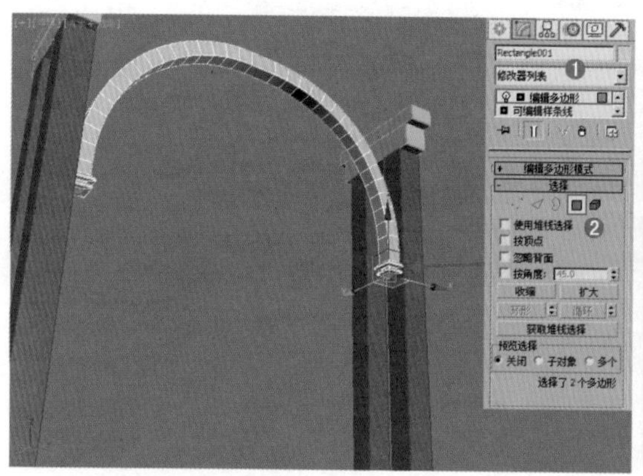

图 2-237

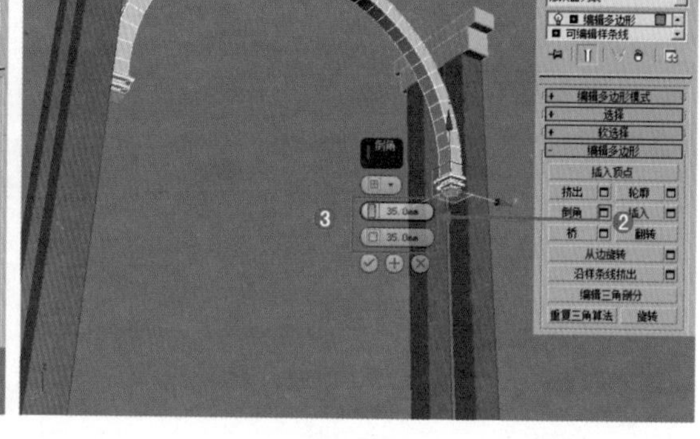

图 2-238

（18）进入（多边形）级别，选择如图 2-239 所示的多边形。然后单击 挤出 按钮后面的（设置）按钮，并设置【高度】为 3705mm，如图 2-240 所示。

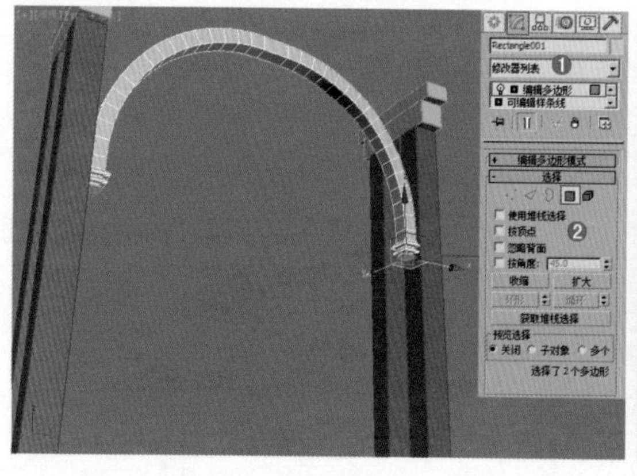

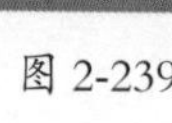

图 2-239

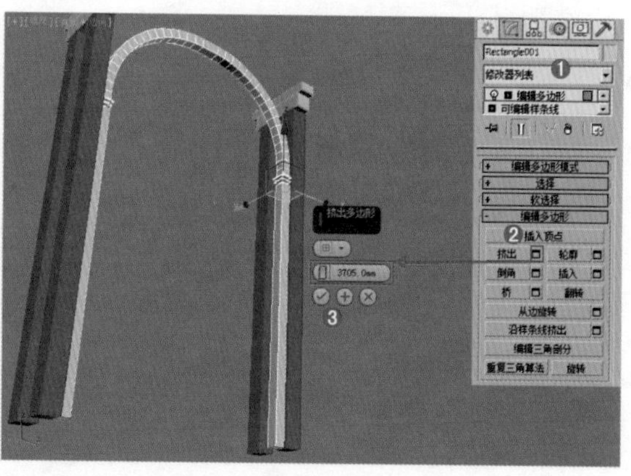

图 2-240

（19）选择上一步创建的模型，使用（选择并移动）工具按住 <Shift> 键进行复制，在弹出的【克隆选项】对话框中选择【复制】，效果如图 2-241 所示。

（20）切换到前视图，单击（创建）|（图形）| 样条线 | 线 按钮，在前视图中绘制图形，如图 2-242 所示。

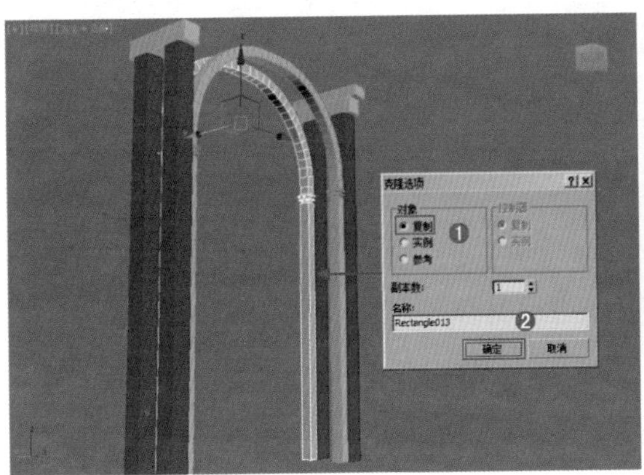

图 2-241

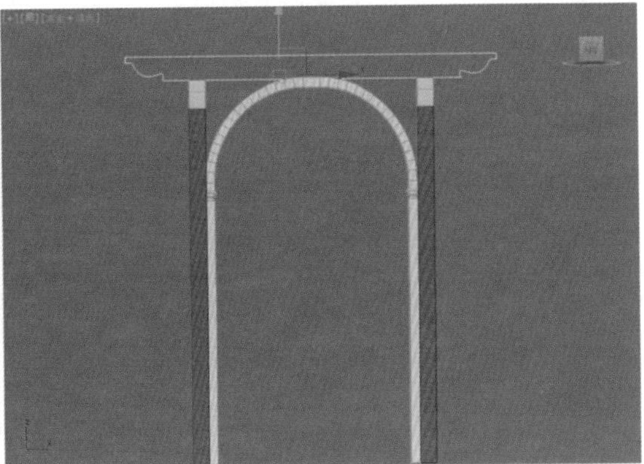

图 2-242

（21）选择上一步创建的图形，在【修改器列表】中加载【挤出】命令，在【参数】卷展栏下，设置【数量】为 50mm，如图 2-243 所示。

（22）选择上一步的模型，使用（选择并移动）工具按住 <Shift> 键进行复制，在弹出的【克隆选项】对话框中选择【复制】，效果如图 2-244 所示。

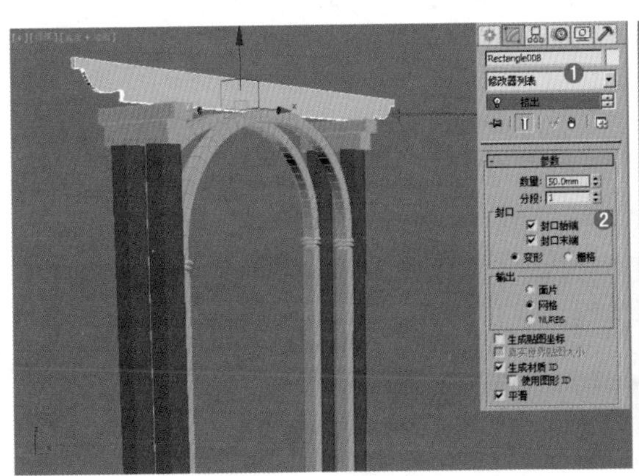

图 2-243

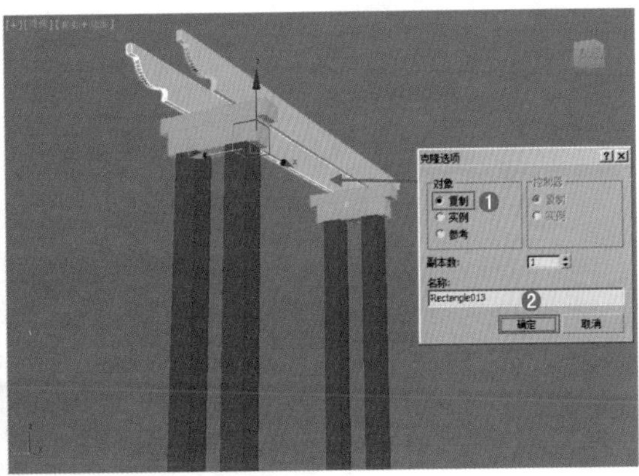

图 2-244

（23）单击（创建）|（几何体）| 长方体 按钮，在顶视图中拖动创建一个长方体，接着在【修改面板】下设置【长度】为 1200mm，【宽度】为 90mm，【高度】为 90mm，如图 2-245 所示。

（24）选择上一步的模型，使用（选择并移动）工具按住 <Shift> 键进行复制，在弹出的【克隆选项】对话框中选择【复制】，设置【副本数】为 6，效果如图 2-246 所示。

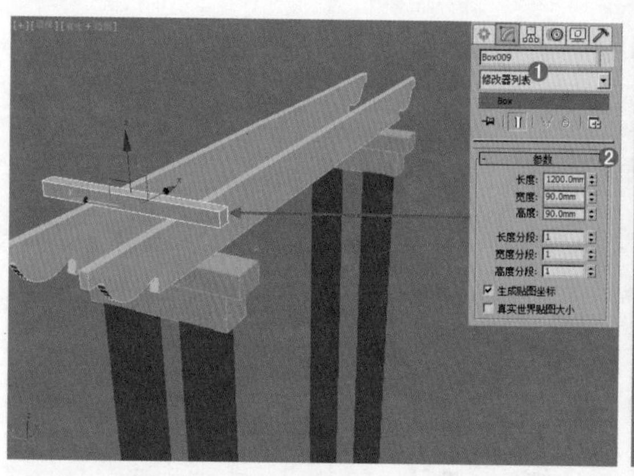

图 2-245

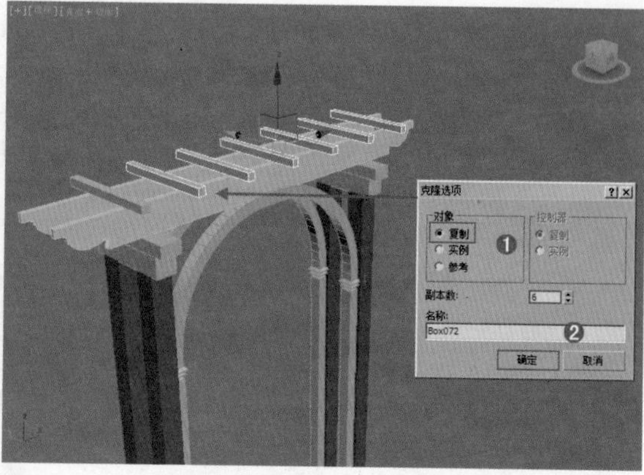

图 2-246

2. 使用长方体、线、可编辑样条线和编辑多边形制作模型

（1）切换到前视图，单击（创建）|（图形）| 样条线 | 线 按钮，在前视图中绘制图形，如图 2-247 所示。

（2）选择上一步的样条线，单击右键，选择【转换为】/【转换为可编辑样条线】，如图 2-248 所示。

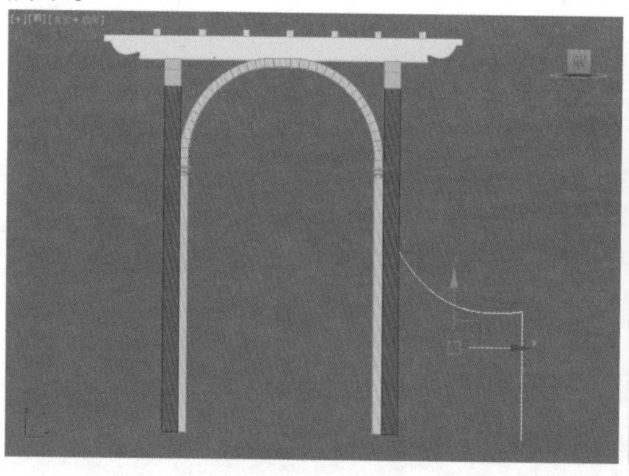

图 2-247

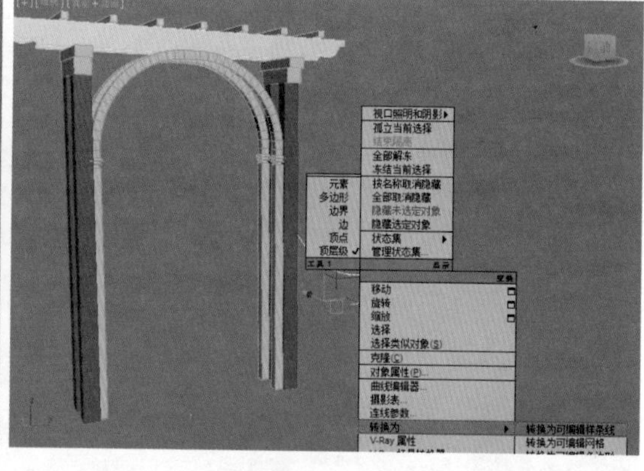

图 2-248

（3）接着在【修改面板】下展开【渲染】卷展栏，勾选【在渲染中启用】和【在视口中启用】，并勾选【矩形】，设置【长度】为 150mm，【宽度】为 130mm，在【插值】卷展栏下设置【步数】为 20，效果如图 2-249 所示。

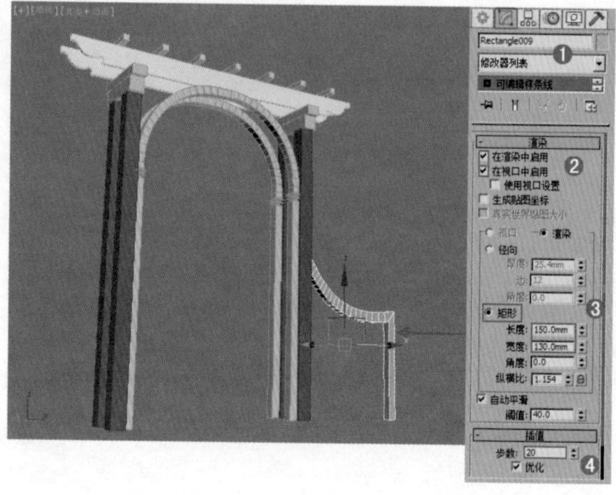

图 2-249

（4）选择上一步的模型，并在【修改器列表】中加载【编辑多边形】命令，进入■（多边形）级别，选择如图 2-250 所示的多边形。然后单击 挤出 按钮后面的■（设置）按钮，并设置【高度】为 70mm，如图 2-251 所示。

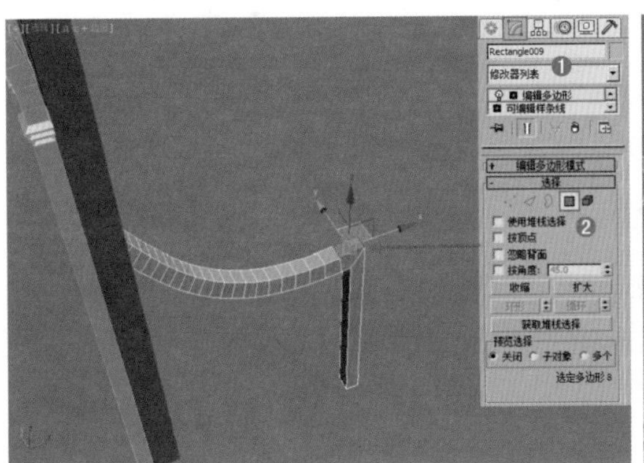

图 2-250

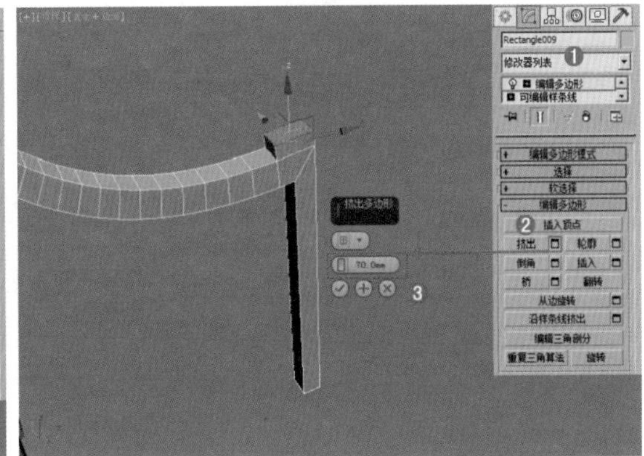

图 2-251

（5）进入■（多边形）级别，选择如图 2-252 所示的多边形。然后单击 倒角 按钮后面的■（设置）按钮，并设置【高度】为 35mm，【轮廓】为 35mm，如图 2-253 所示。

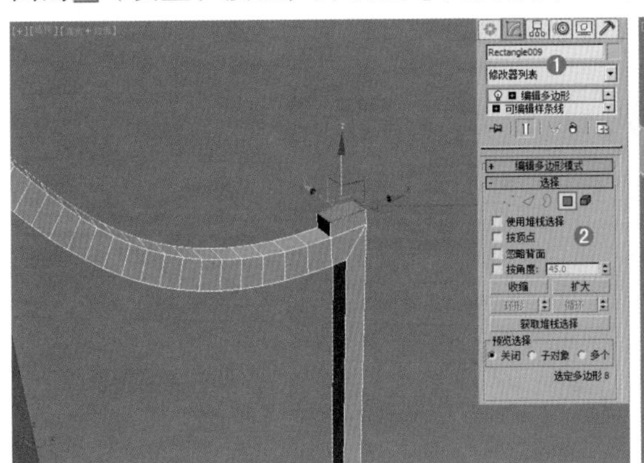

图 2-252

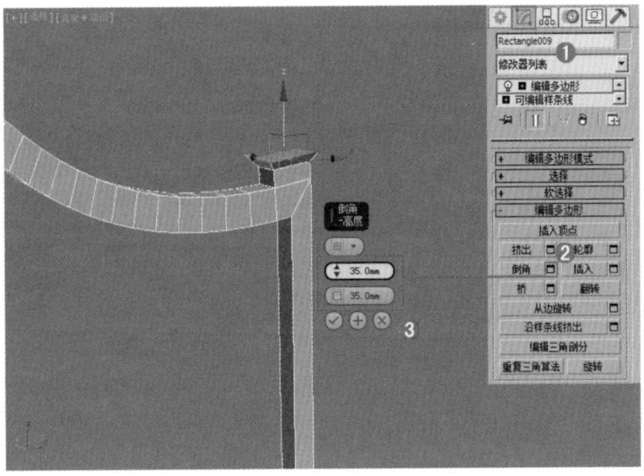

图 2-253

（6）进入■（多边形）级别，选择如图 2-254 所示的多边形。然后单击 挤出 按钮后面的■（设置）按钮，并设置【高度】为 10mm，如图 2-255 所示。

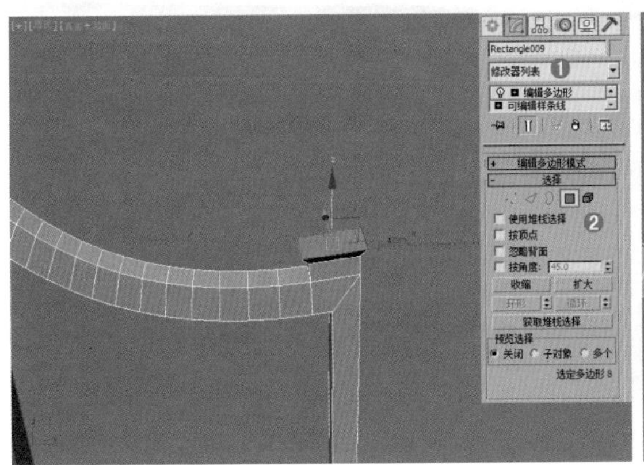

图 2-254

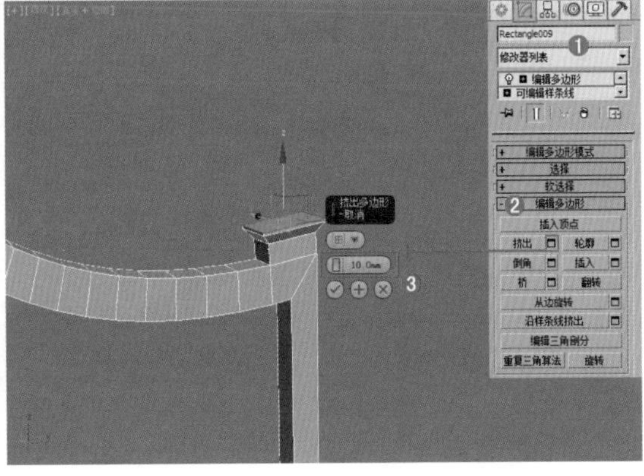

图 2-255

（7）进入■（多边形）级别，选择如图 2-256 所示的多边形。接着单击 插入 按钮后面的■（设置）按钮，并设置【插入类型】为【按多边形】，【数量】为 50mm，如图 2-257 所示。

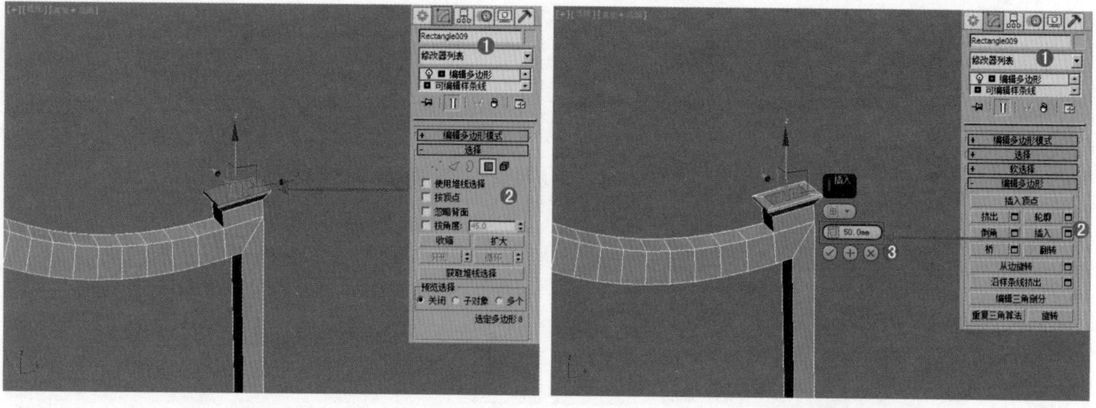

图 2-256　　　　图 2-257

（8）进入■（多边形）级别，选择如图 2-258 所示的多边形。然后单击 倒角 按钮后面的■（设置）按钮，并设置【高度】为 35mm，【轮廓】为 35mm，如图 2-259 所示。

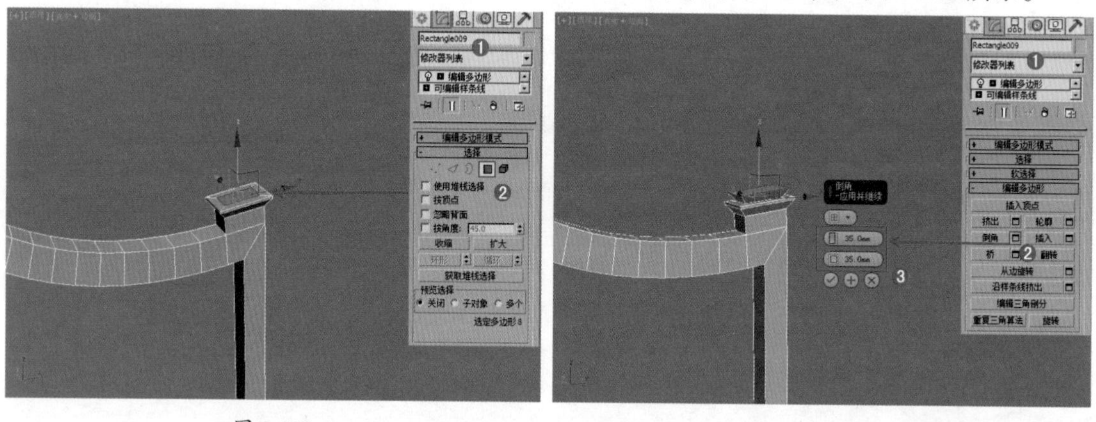

图 2-258　　　　图 2-259

（9）进入■（多边形）级别，选择如图 2-260 所示的多边形。然后单击 挤出 按钮后面的■（设置）按钮，并设置【高度】为 10mm，如图 2-261 所示。

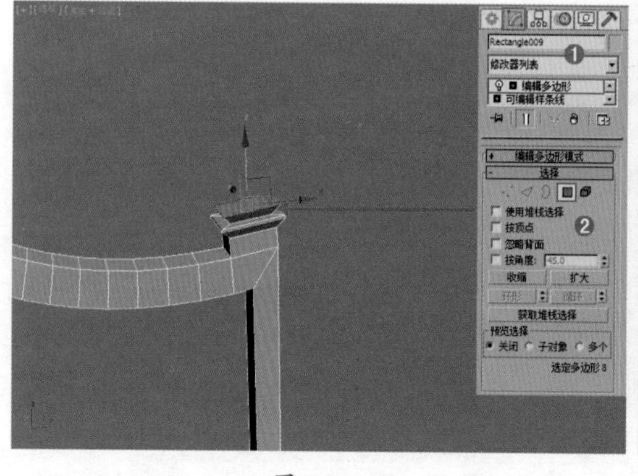

图 2-260

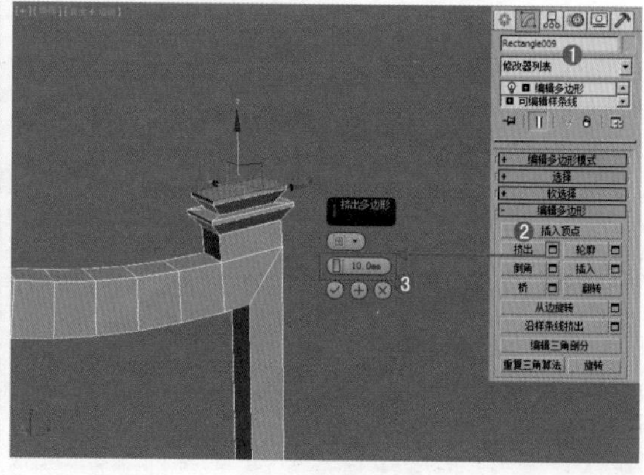

图 2-261

（10）单击（创建）|（几何体）| 长方体 按钮，在顶视图中拖动创建一个长方体，接着在【修改面板】下设置【长度】为 160mm，【宽度】为 1850mm，【高度】为 50mm，如图 2-262 所示。

（11）继续在顶视图中拖动创建一个长方体，接着在【修改面板】下设置【长度】为 60mm，【宽度】为 1810mm，【高度】为 60mm，如图 2-263 所示。

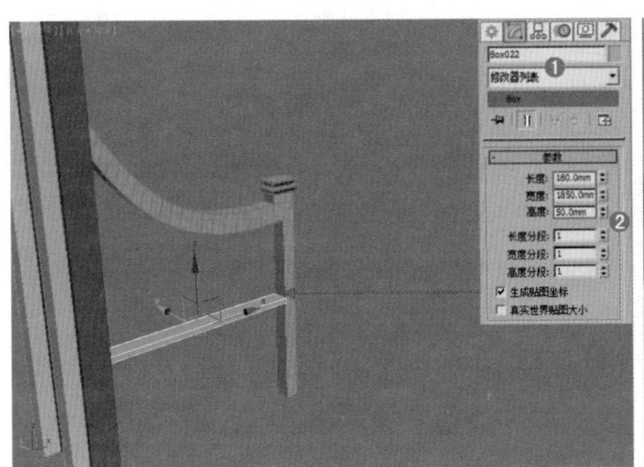

图 2-262

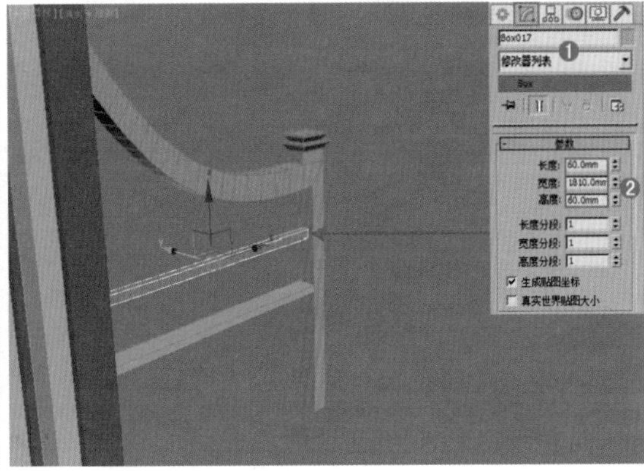

图 2-263

（12）选择上一步创建的模型，使用（选择并移动）工具按住 <Shift> 键进行复制，在弹出的【克隆选项】对话框中选择【复制】，效果如图 2-264 所示。

（13）继续在顶视图中拖动创建一个长方体，接着在【修改面板】下设置【长度】为 60mm，【宽度】为 1200mm，【高度】为 60mm，如图 2-265 所示。

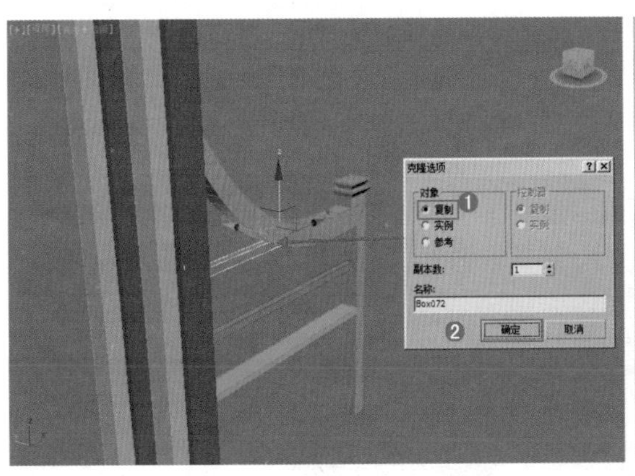

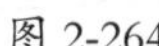
图 2-264

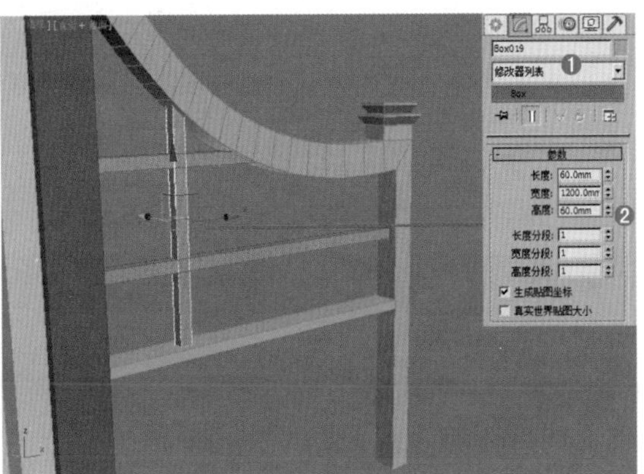

图 2-265

（14）选择上一步创建的模型，使用（选择并移动）工具按住 <Shift> 键进行复制，在弹出的【克隆选项】对话框中选择【复制】，设置【副本数】为 2，适当调整复制后的长方体的宽度，效果如图 2-266 所示。

（15）继续在顶视图中拖动创建一个长方体，接着在【修改面板】下设置【长度】为 50mm，【宽度】为 5000mm，【高度】为 130mm，如图 2-267 所示。

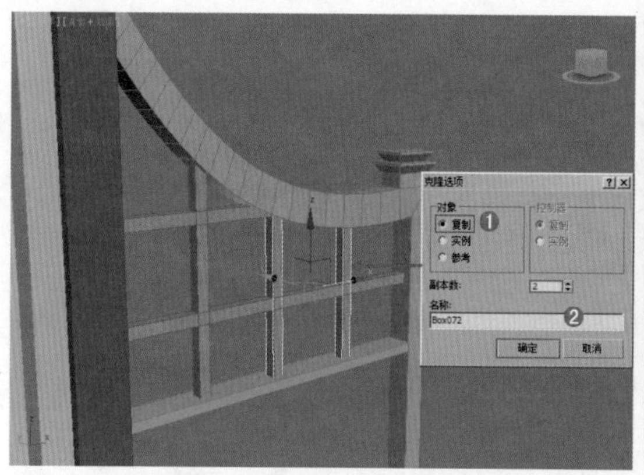

图 2-266

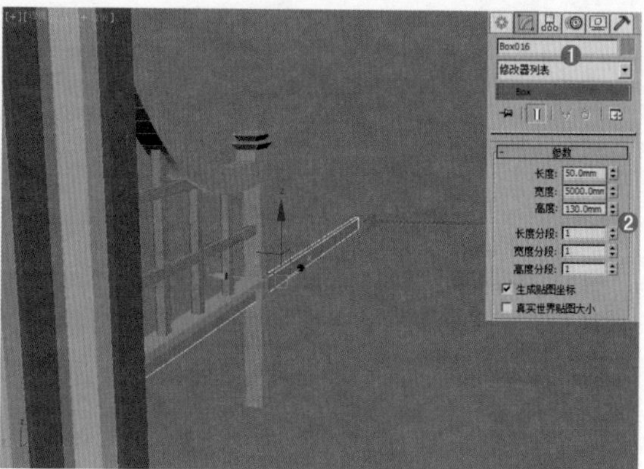

图 2-267

（16）继续在顶视图中拖动创建一个长方体，接着在【修改面板】下设置【长度】为 820mm，【宽度】为 60mm，【高度】为 41mm，如图 2-268 所示。

（17）继续在顶视图中拖动创建一个长方体，接着在【修改面板】下设置【长度】为 820mm，【宽度】为 130mm，【高度】为 41mm，如图 2-269 所示。

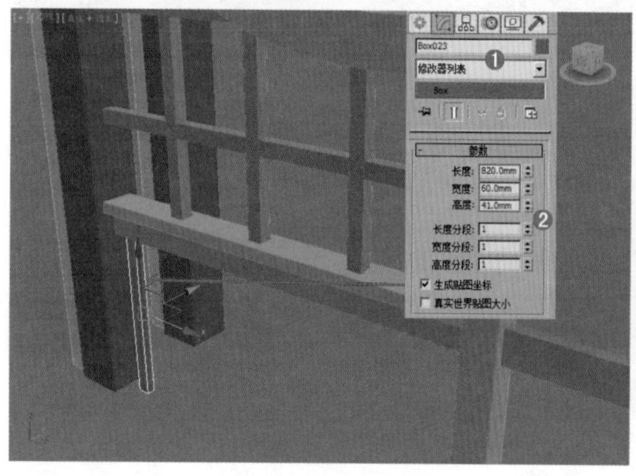

图 2-268

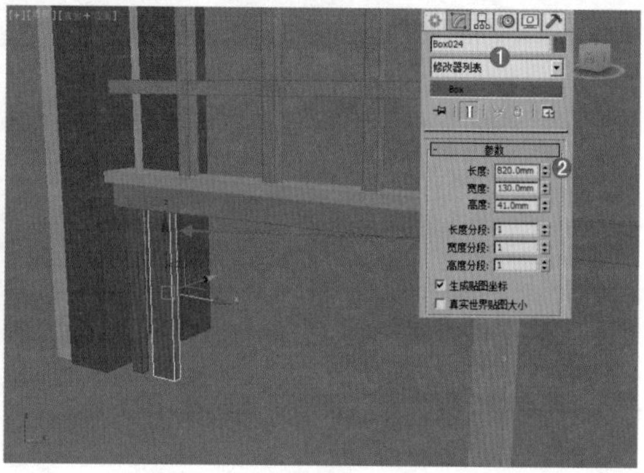

图 2-269

（18）选择已创建的两个长方体的模型，使用（选择并移动）工具按住 <Shift> 键进行复制，在弹出的【克隆选项】对话框中选择【复制】，设置【副本数】为 4，效果如图 2-270 所示。

（19）继续在顶视图中拖动创建一个长方体，接着在【修改面板】下设置【长度】为 1100mm，【宽度】为 60mm，【高度】为 41mm，如图 2-271 所示。

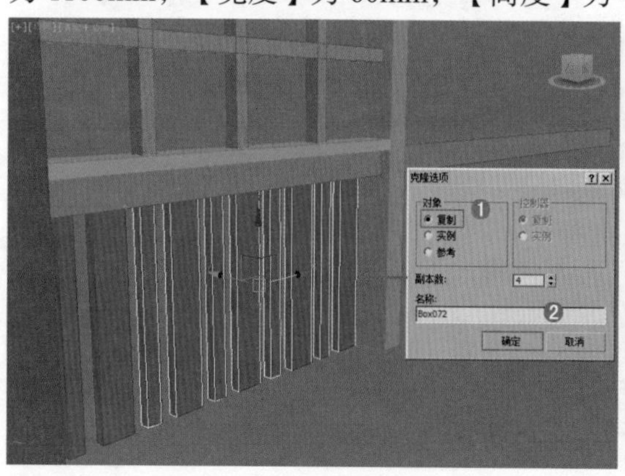

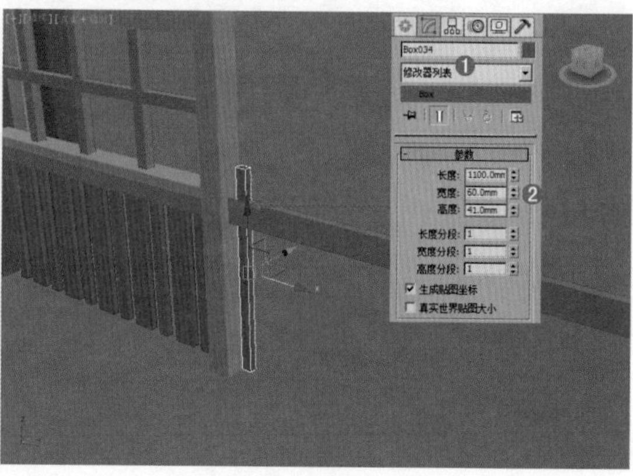

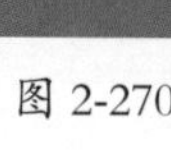

图 2-270

图 2-271

（20）继续在顶视图中拖动创建一个长方体，接着在【修改面板】下设置【长度】为 1100mm，【宽度】为 130mm，【高度】为 41mm，如图 2-272 所示。

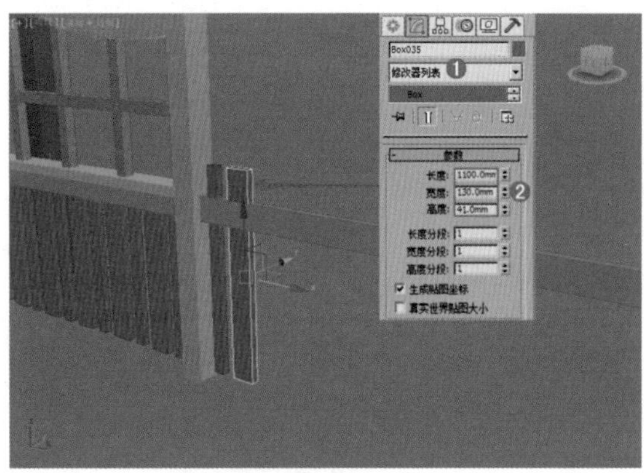

图 2-272

（21）选择上一步创建的模型，并在【修改器列表】中加载【编辑多边形】命令，进入 （边）级别，选择如图 2-273 所示的边。接着单击 连接 按钮后面的【设置】按钮，并设置【分段】为 1，【收缩】为 0，【滑块】为 0，如图 2-274 所示。

图 2-273

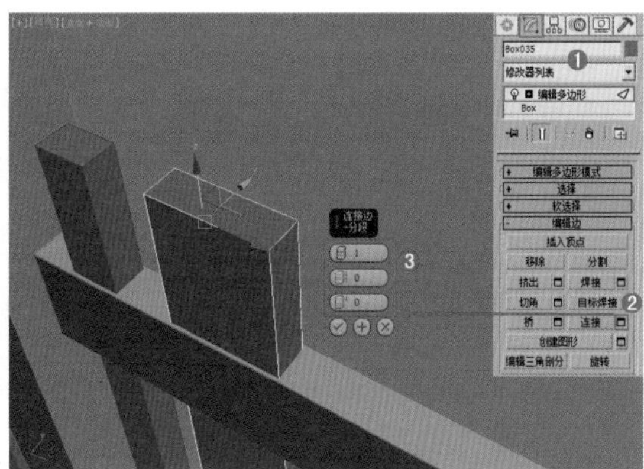

图 2-274

（22）进入 （顶点）级别，选择如图 2-275 所示的顶点。

（23）使用 （选择并移动）工具调整点的位置，如图 2-276 所示。

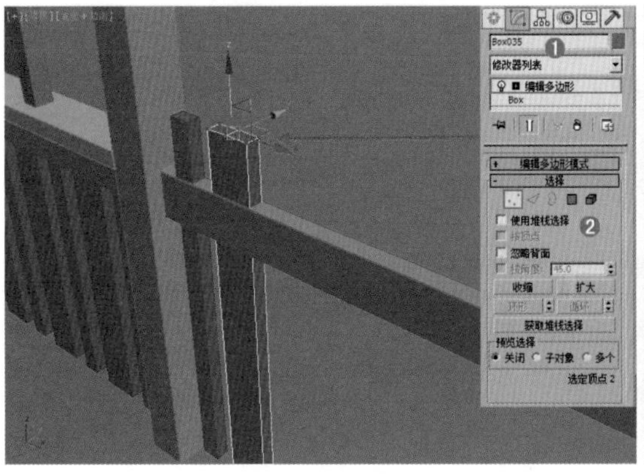

图 2-275

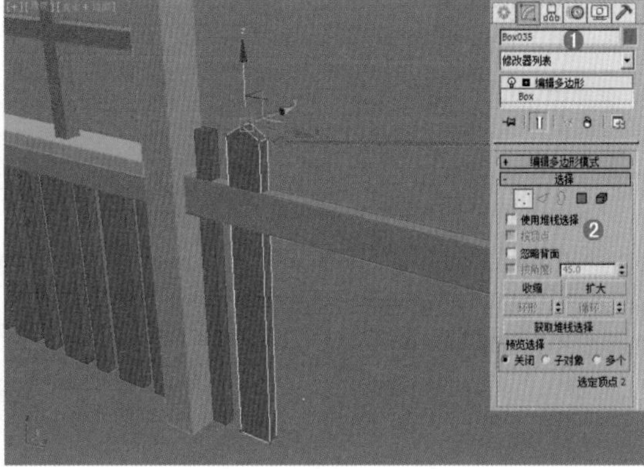

图 2-276

（24）选择已创建的两个模型，使用 （选择并移动）工具按住 <Shift> 键进行复制，在弹出的【克隆选项】对话框中选择【复制】，设置【副本数】为 4，效果如图 2-277 所示。

（25）切换到前视图，选择如图 2-278 所示的模型。

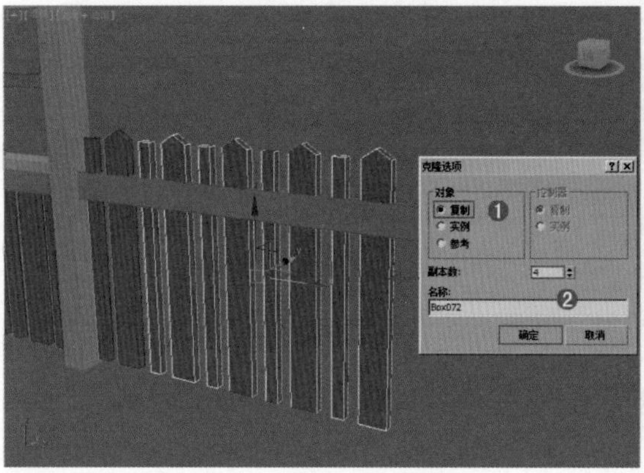

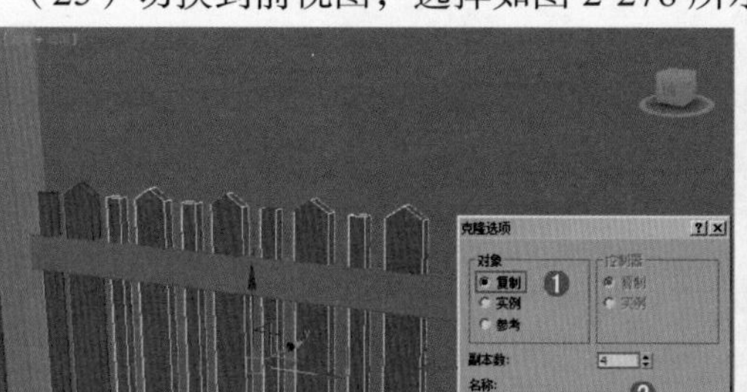

图 2-277

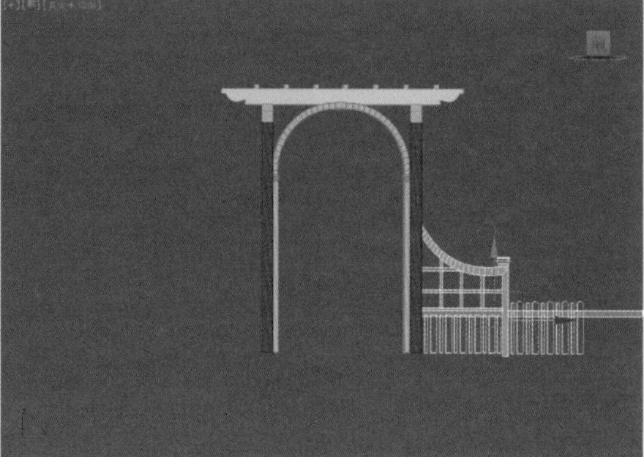

图 2-278

（26）单击工具栏中的 （镜像）按钮，在弹出的对话框中，设置【镜像轴】为 X，【偏移】为 -6784，在【克隆当前选择】下，勾选【复制】，单击【确定】按钮，如图 2-279 所示。

（27）模型最终效果如图 2-280 所示。

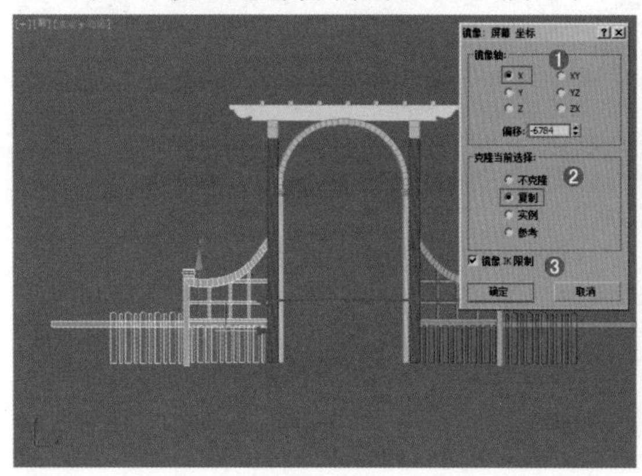

图 2-279

图 2-280

进阶案例——铁艺门

案例文件	进阶案例——铁艺门 .max
视频教学	多媒体教学 /Chapter 02/ 进阶案例——铁艺门 .flv
难易指数	★★☆☆☆
技术掌握	掌握【线】、【圆柱体】、【长方体】、【挤出】、【编辑多边形】和【对称】命令的运用

本例就来学习标准基本体下的【圆柱体】和【长方体】、样条线下的【线】和【修改面板】下的【挤出】、【编辑多边形】和【对称】命令来完成模型的制作，最终渲染和线框效果如图 2-281 所示。

|建模思路|

1 使用线、圆柱体、长方体、挤出和编辑多边形制作模型

2 使用对称制作模型

铁艺门建模流程图，如图 2-282 所示。

图 2-281

图 2-282

|制作步骤|

1. 使用线、圆柱体、长方体、挤出和编辑多边形制作模型

（1）切换到前视图，单击 （创建）| （图形）| 样条线 | 线 按钮，在前视图中绘制图形，如图 2-283 所示。

（2）选择上一步的样条线，单击右键，选择【转换为】/【转换为可编辑样条线】，如图 2-284 所示。

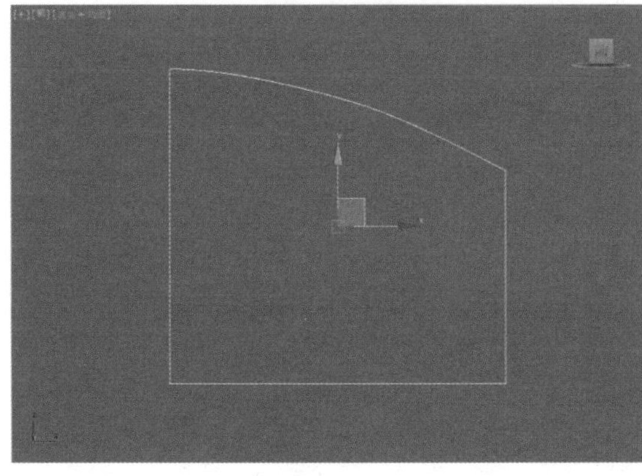

图 2-283

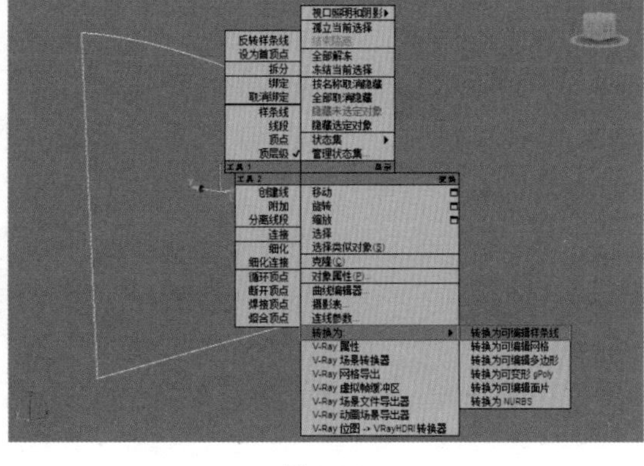

图 2-284

（3）接着在【修改面板】下展开【渲染】卷展栏，勾选【在渲染中启用】和【在视口中启用】，并勾选【矩形】，设置【长度】为 8mm，【宽度】为 8mm，在【插值】卷展栏下设置【步数】为 10，效果如图 2-285 所示。

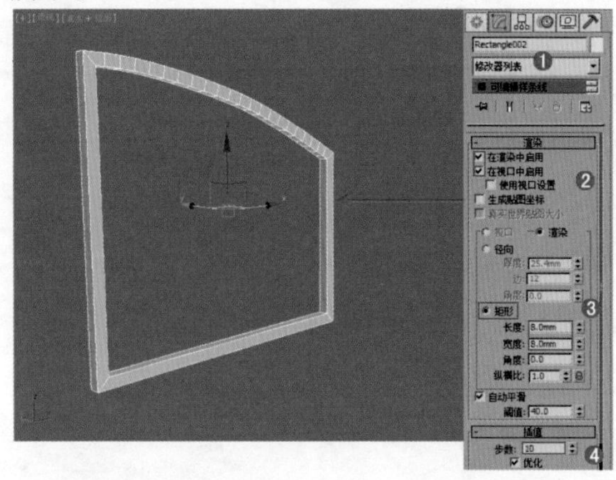

图 2-285

（4）选择上一步的模型，并在【修改器列表】中加载【编辑多边形】命令，进入（多边形）级别，选择如图 2-286 所示的多边形。然后单击挤出按钮后面的（设置）按钮，并设置【高度】为 14mm，如图 2-287 所示。

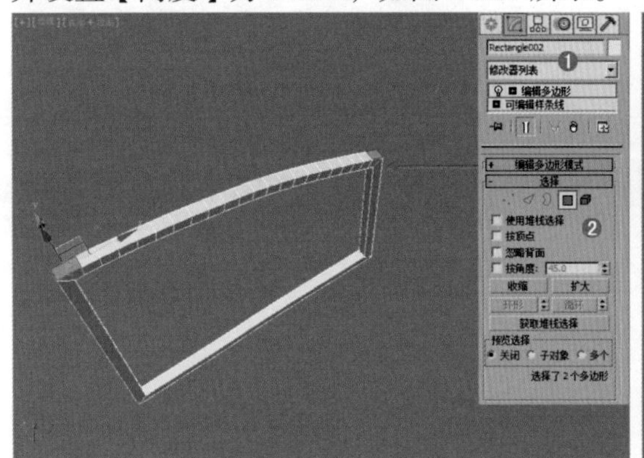

图 2-286

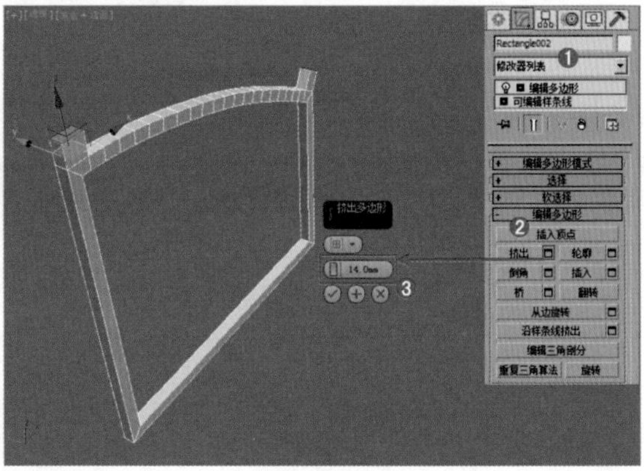

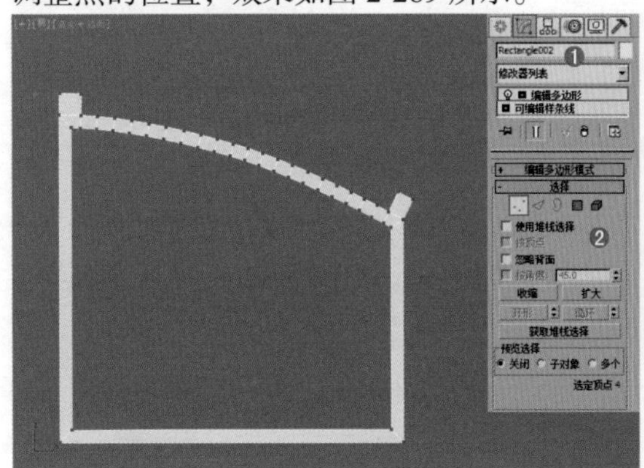

图 2-287

（5）进入（顶点）级别，如图 2-288 所示。选择顶点，使用（选择并移动）工具调整点的位置，效果如图 2-289 所示。

图 2-288

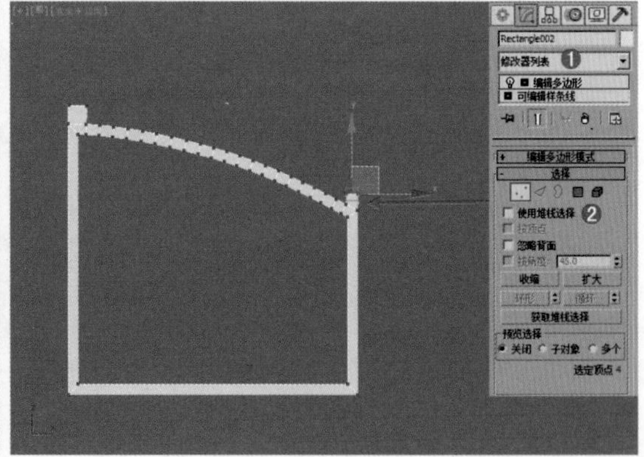

图 2-289

（6）单击（创建）|（几何体）| 长方体 按钮，在顶视图中拖动创建一个长方体，接着在【修改面板】下设置【长度】为 6mm，【宽度】为 6mm，【高度】为 220mm，如图 2-290 所示。

（7）单击（创建）|（几何体）| 圆柱体 按钮，在顶视图中拖动创建一个圆柱体，接着在【修改面板】下设置【半径】为 2.5mm，【高度】为 75mm，如图 2-291 所示。

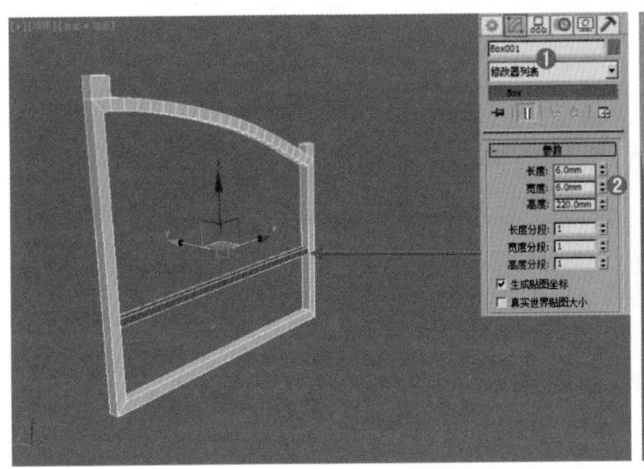

图 2-290

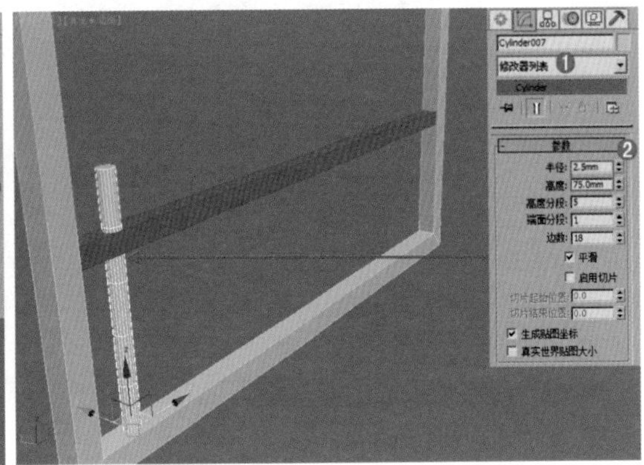

图 2-291

（8）在顶视图中拖动创建一个圆柱体，接着在【修改面板】下设置【半径】为 2.5mm，【高度】为 210mm，如图 2-292 所示。

（9）选择已创建的两个圆柱体模型，使用（选择并移动）工具按住 <Shift> 键进行复制，在弹出的【克隆选项】对话框中选择【复制】，设置【副本数】为 5，效果如图 2-293 所示。

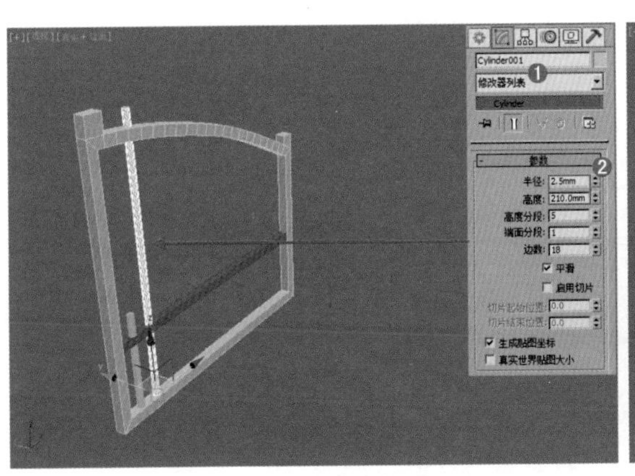

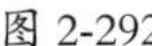

图 2-292

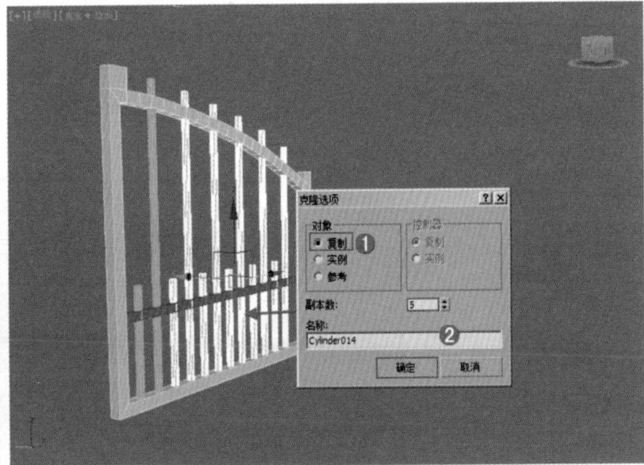

图 2-293

（10）在顶视图中拖动创建一个长方体，接着在【修改面板】下设置【长度】为 17.3mm，【宽度】为 5.3mm，【高度】为 9.9mm，如图 2-294 所示。

（11）选择上一步创建的模型，使用（选择并移动）工具按住 <Shift> 键进行复制，在弹出的【克隆选项】对话框中选择【复制】，效果如图 2-295 所示。

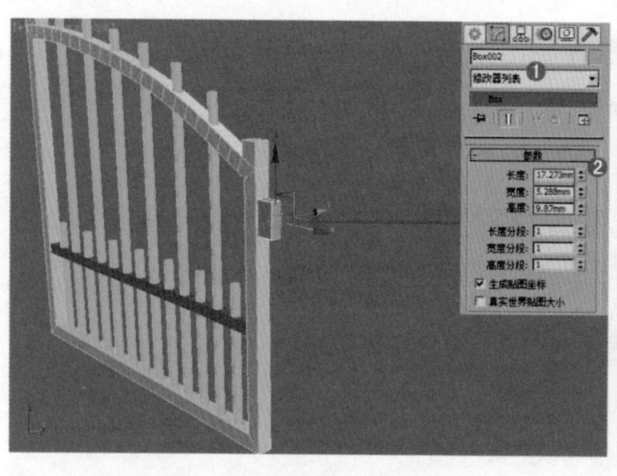

图 2-294

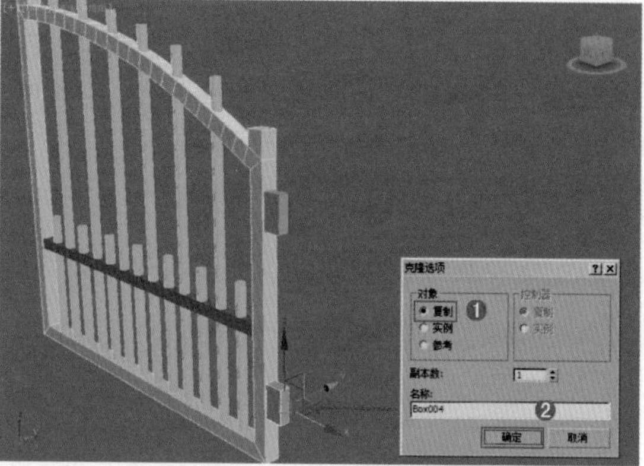

图 2-295

2. 使用对称制作模型

（1）选择所有模型，单击工具栏中的【组】下的【组】命令，将其模型成组，如图 2-296 所示。

（2）选择上一步的模型，并在【修改器列表】中加载【对称】命令，在【参数】卷展栏下设置【镜像轴】为 X，如图 2-297 所示。模型最终效果如图 2-298 所示。

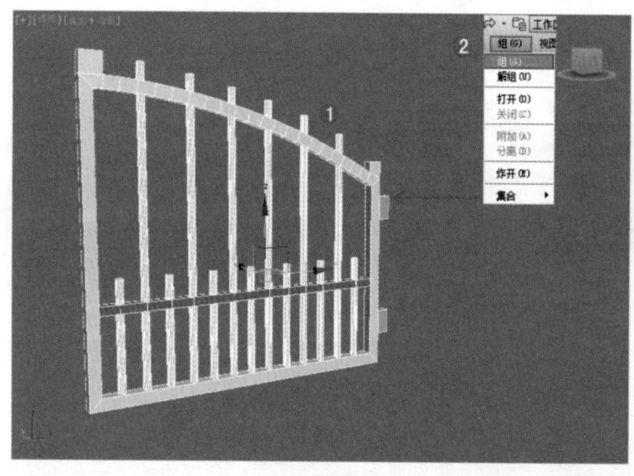

图 2-296

组001
修改器列表
对称
参数
镜像轴:
翻转
沿镜像轴切片
焊接缝
阈值:
2.54mm

图 2-297

图 2-298

进阶案例——户外吊灯

案例文件	进阶案例——户外吊灯 .max
视频教学	多媒体教学 /Chapter 02/ 进阶案例——户外吊灯 .flv
难易指数	★★☆☆☆
技术掌握	掌握【长方体】、【圆柱体】、【矩形】和【编辑多边形】命令的运用

本例就来学习标准基本体下的【圆柱体】和【长方体】、样条线下的【矩形】和【修改面板】下的【编辑多边形】命令来完成模型的制作，最终渲染和线框效果如图 2-299 所示。

图 2-299

|建模思路|

1 使用矩形、圆柱体制作模型

2 使用长方体、圆柱体和编辑多边形制作模型

户外吊灯建模流程图，如图 2-300 所示。

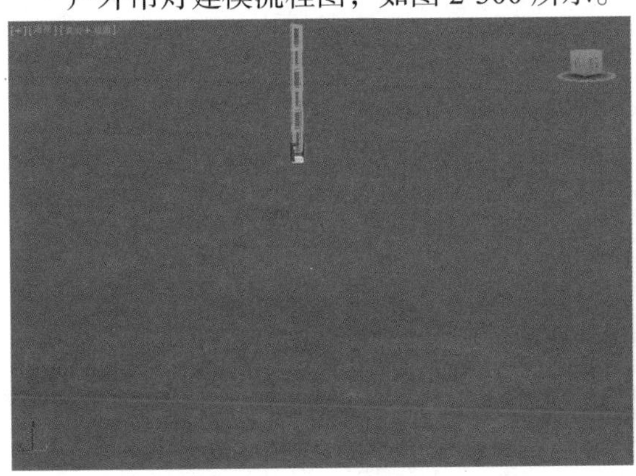

图 2-300

|制作步骤|

1. 使用矩形、圆柱体制作模型

（1）单击 （创建）| （图形）| 样条线 | 矩形 按钮，在前视图中创建一个矩形图形。接着展开【参数】卷展栏，设置【长度】为 600mm，【宽度】为 300mm，如图 2-301 所示。

（2）接着在【修改面板】下展开【渲染】卷展栏，勾选【在渲染中启用】和【在视口中启用】，并勾选【矩形】，设置【长度】为 60mm，【宽度】为 60mm，模型效果如图 2-302 所示。

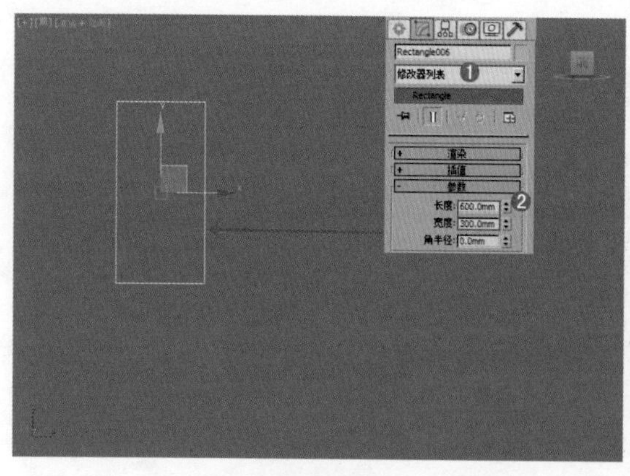

图 2-301

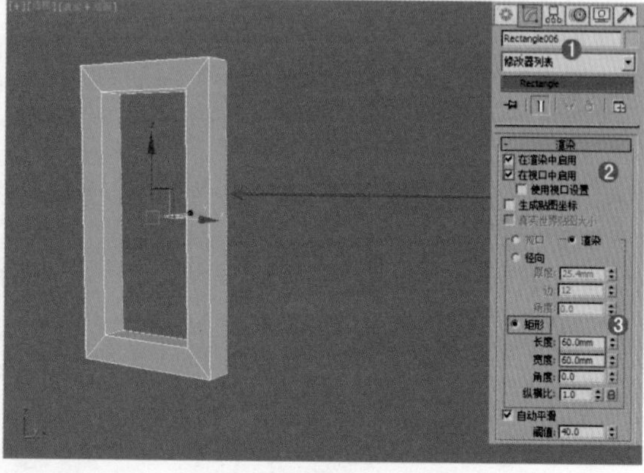

图 2-302

（3）选择上一步的模型，使用 （选择并移动）工具按住 <Shift> 键进行复制，在弹出的【克隆选项】对话框中选择【复制】，单击【确定】按钮，效果如图 2-303 所示。

（4）单击工具栏中 （角度捕捉切换）按钮，在弹出的【栅格和捕捉设置】对话框中设置【角度】为 90 度，然后使用 （选择并旋转）工具进行旋转，如图 2-304 所示。

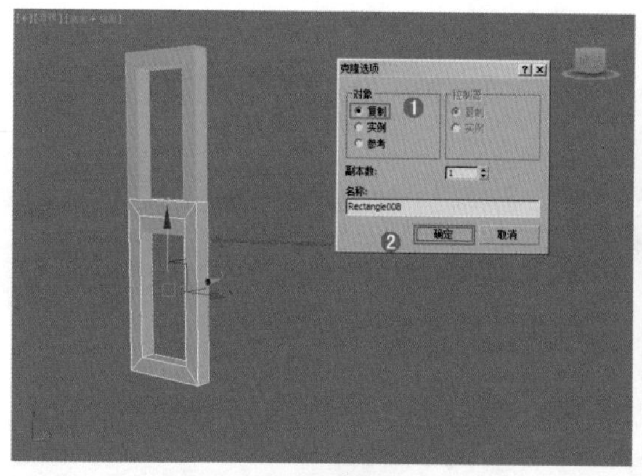

图 2-303

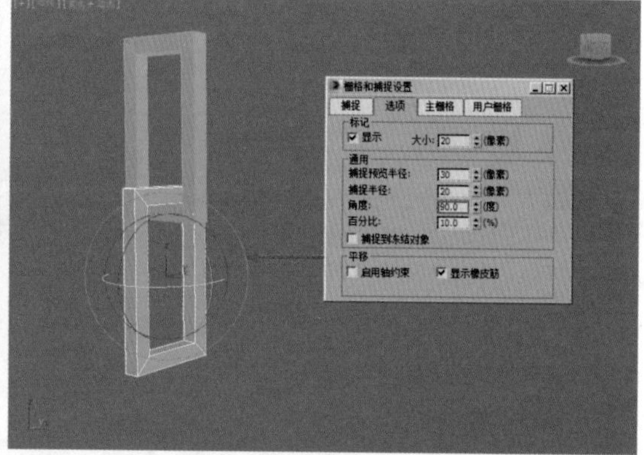

图 2-304

（5）使用同样的方法制作出其他模型，效果如图 2-305 所示。

（6）继续单击 矩形 按钮，在前视图中创建一个矩形图形。接着展开【参数】卷展栏，设置【长度】为 400mm，【宽度】为 400mm，如图 2-306 所示。

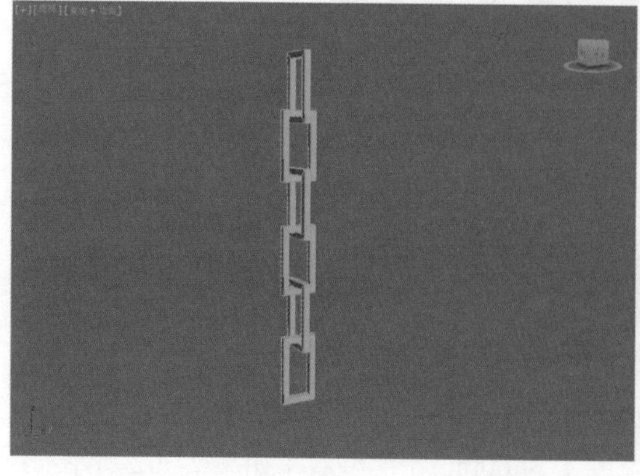

图 2-305

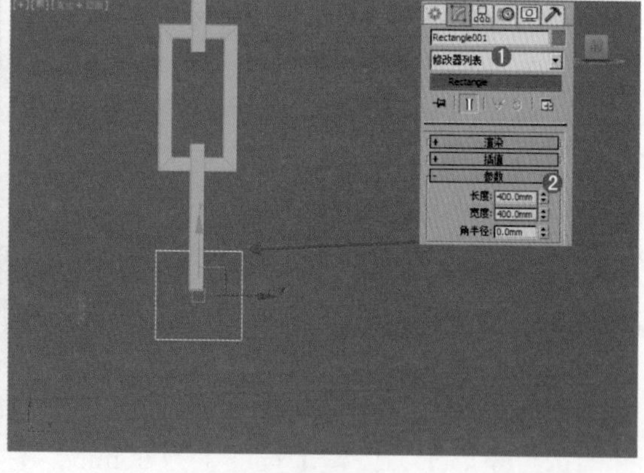

图 2-306

（7）接着在【修改面板】下展开【渲染】卷展栏，勾选【在渲染中启用】和【在视口中启用】，并勾选【矩形】，设置【长度】为 60mm，【宽度】为 60mm，模型效果如图 2-307 所示。

（8）单击（创建）|（几何体）| 圆柱体 按钮，在透视图中拖动创建一个圆柱体，接着在【修改面板】下设置【半径】为 80mm，【高度】为 300mm，如图 2-308 所示。

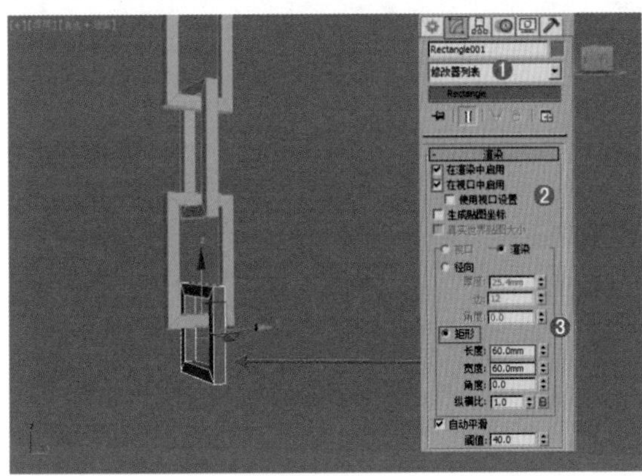

图 2-307

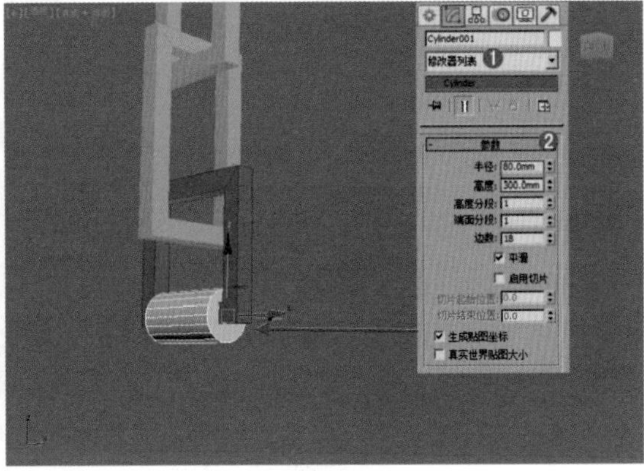

图 2-308

2. 使用长方体、圆柱体、编辑多边形制作模型

（1）单击（创建）|（几何体）| 长方体 按钮，在透视图中拖动创建一个长方体，接着在【修改面板】下设置【长度】为 1800mm，【宽度】为 1800mm，【高度】为 50mm，如图 2-309 所示。

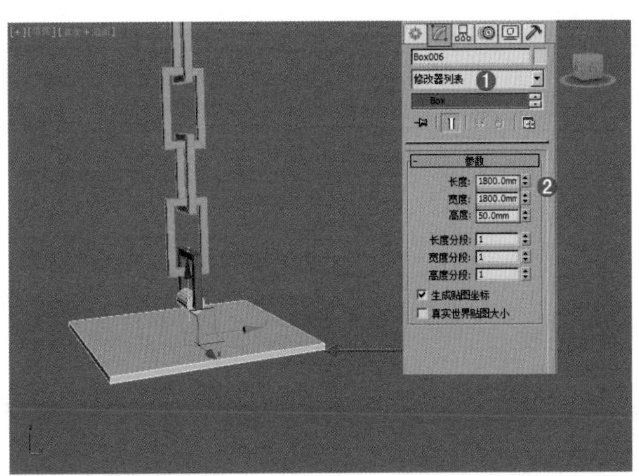

图 2-309

（2）选择上一步创建的模型，并在【修改器列表】中加载【编辑多边形】命令，进入（多边形）级别，在透视图中选择如图 2-310 所示的多边形，然后单击 倒角 按钮后面的（设置）按钮，并设置【高度】为 200mm，【轮廓】为 –600mm，如图 2-311 所示。

（3）继续在透视图中拖动创建一个长方体，接着在【修改面板】下设置【长度】为 1000mm，【宽度】为 1000mm，【高度】为 700mm，【长度分段】为 2，【宽度分段】为 2，【高度分段】为 1，如图 2-312 所示。

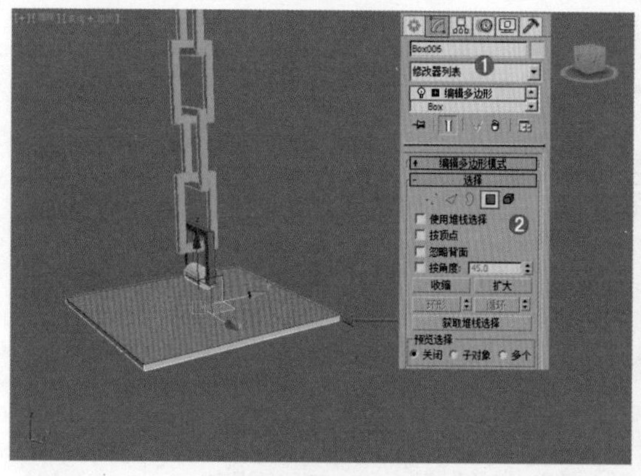

图 2-310

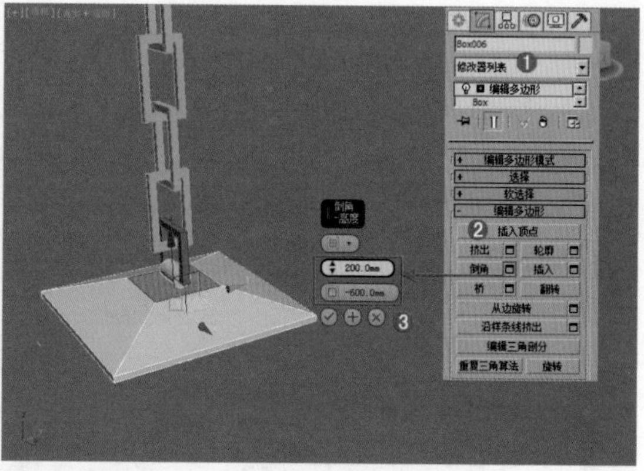

图 2-311

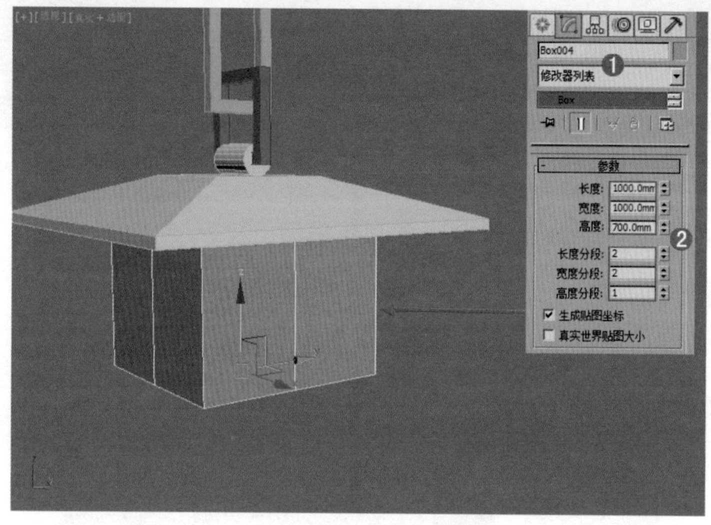

图 2-312

（4）选择上一步创建的模型，并在【修改器列表】中加载【编辑多边形】命令，进入（多边形）级别，在透视图中选择如图 2-313 所示的多边形，然后单击 倒角 按钮后面的（设置）按钮，并设置【高度】为 240mm，【轮廓】为 1100mm，如图 2-314 所示。

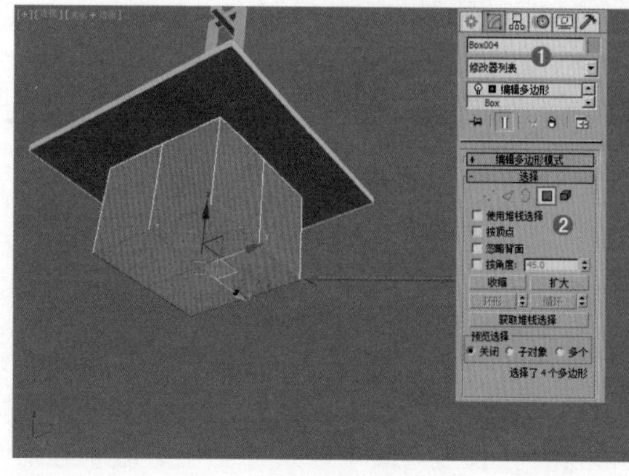

图 2-313

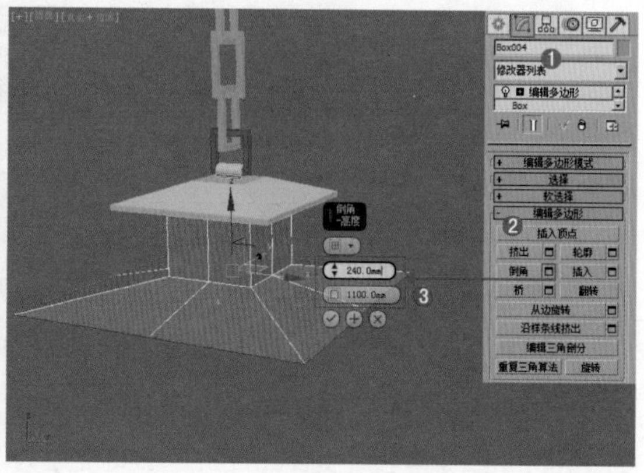

图 2-314

（5）进入■（多边形）级别，在透视图中选择如图 2-315 所示的多边形，然后单击 挤出 按钮后面的■（设置）按钮，并设置【高度】为 50mm，如图 2-316 所示。

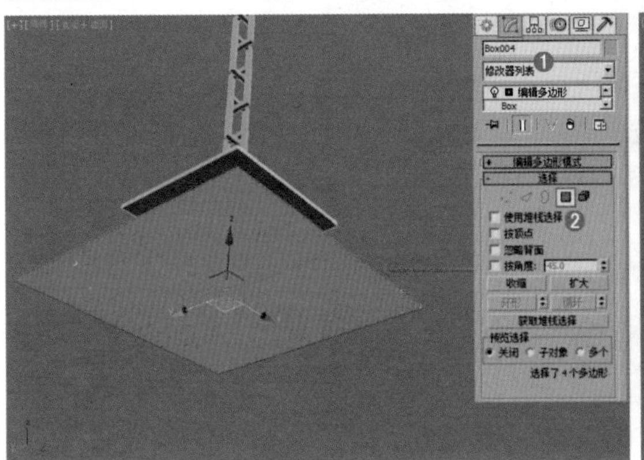

图 2-315

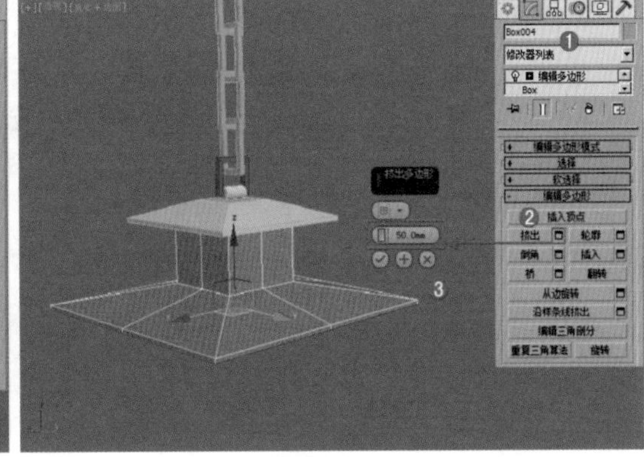

图 2-316

（6）进入◁（边）级别，选择如图 2-317 所示的边。接着单击 创建图形 按钮后面的■（设置）按钮，在弹出的对话框中选择【线性】，然后单击【确定】按钮，如图 2-318 所示。

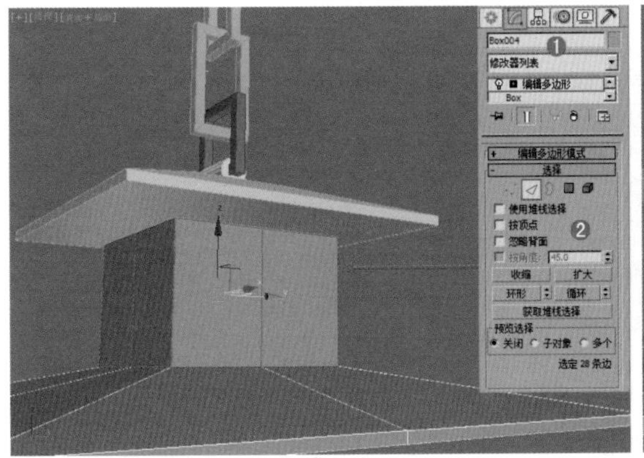

图 2-317

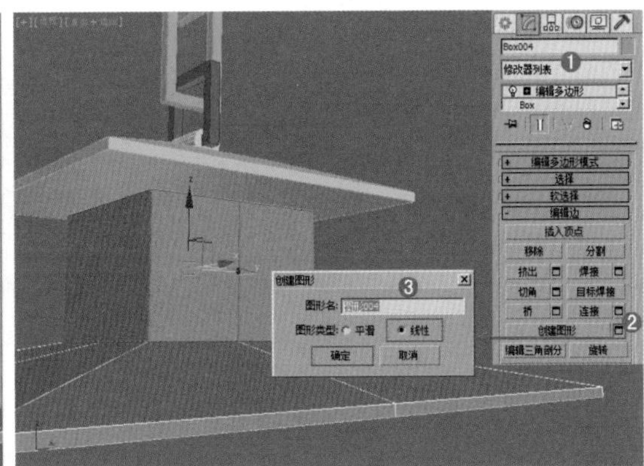

图 2-318

（7）选择创建图形后的样条线，接着在【修改面板】下展开【渲染】卷展栏，勾选【在渲染中启用】和【在视口中启用】，并勾选【矩形】，设置【长度】为 60mm，【宽度】为 60mm，效果如图 2-319 所示。

图 2-319

（8）继续在透视图中拖动创建一个长方体，接着在【修改面板】下设置【长度】为2000mm，【宽度】为2000mm，【高度】为5800mm，如图 2-320 所示。

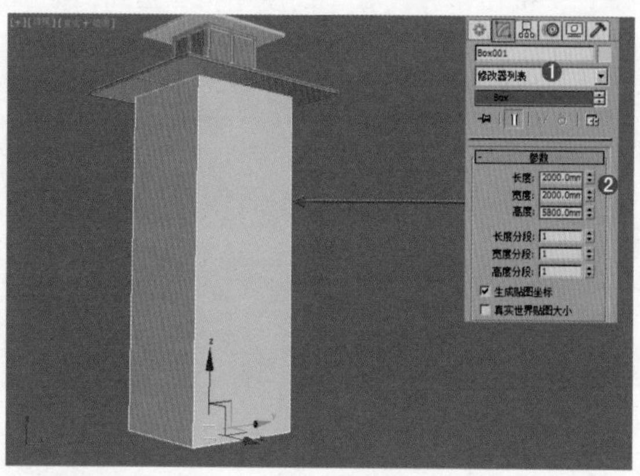

图 2-320

（9）选择上一步创建的模型，并在【修改器列表】中加载【编辑多边形】命令，进入（边）级别，选择如图 2-321 所示的边。接着单击 连接 按钮后面的（设置）按钮，并设置【分段】为 2，【收缩】为 70，【滑块】为 0，如图 2-322 所示。

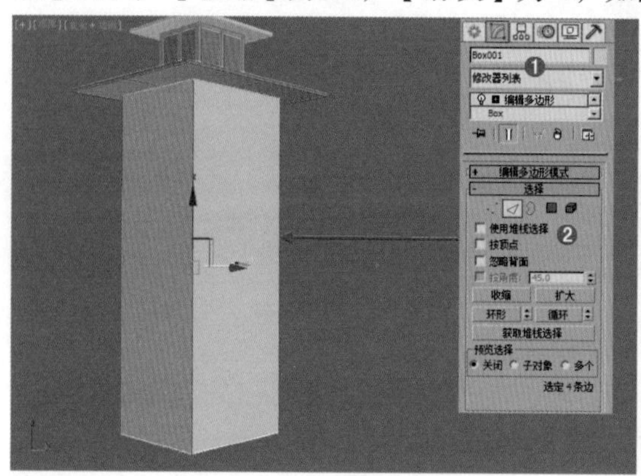

图 2-321

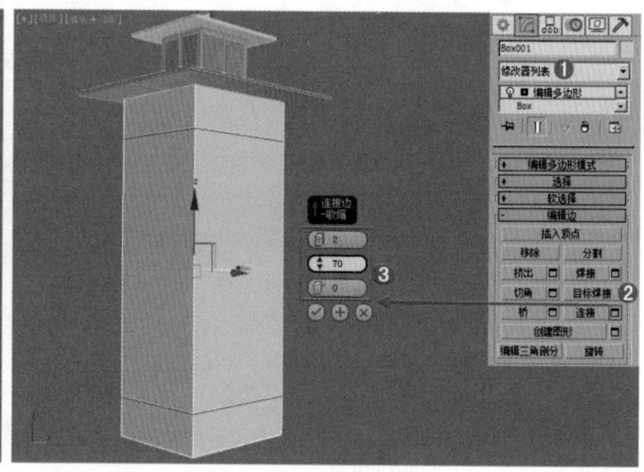

图 2-322

（10）进入（边）级别，选择如图 2-323 所示的边。接着单击 连接 按钮后面的（设置）按钮，并设置【分段】为 2，【收缩】为 45，【滑块】为 0，用同样的方法制作出其他三个多边形的连接，如图 2-324 所示。

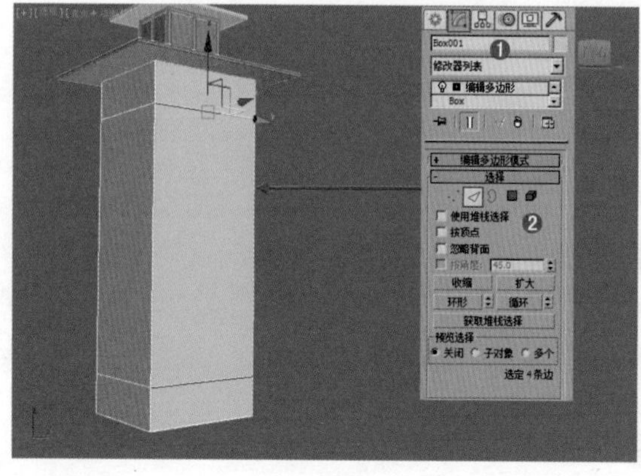

图 2-323

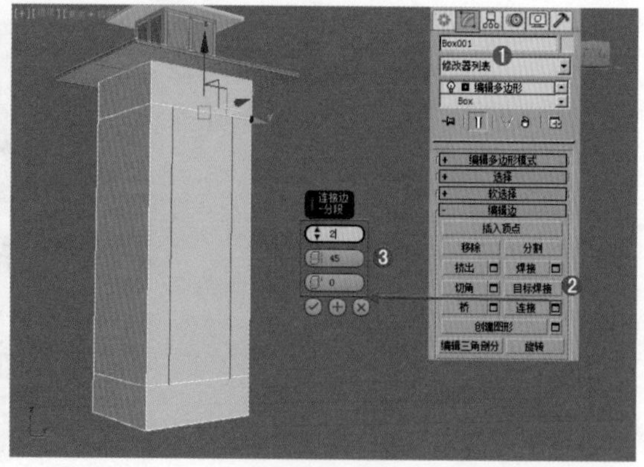

图 2-324

（11）进入 （边）级别，选择如图 2-325 所示的边。接着单击 创建图形 按钮后面的 （设置）按钮，在弹出的对话框中选择【线性】，然后单击【确定】按钮，如图 2-326 所示。

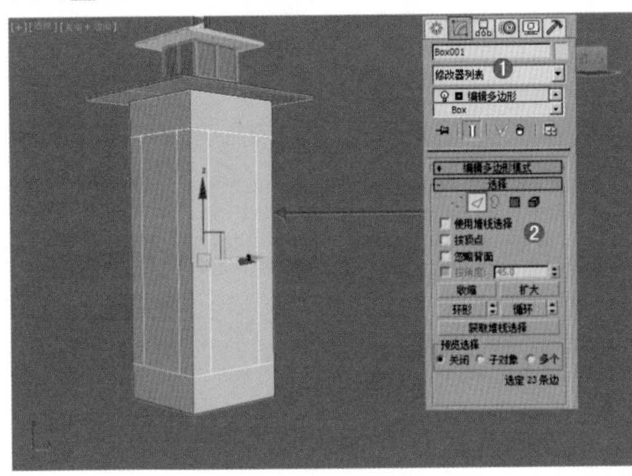

图 2-325

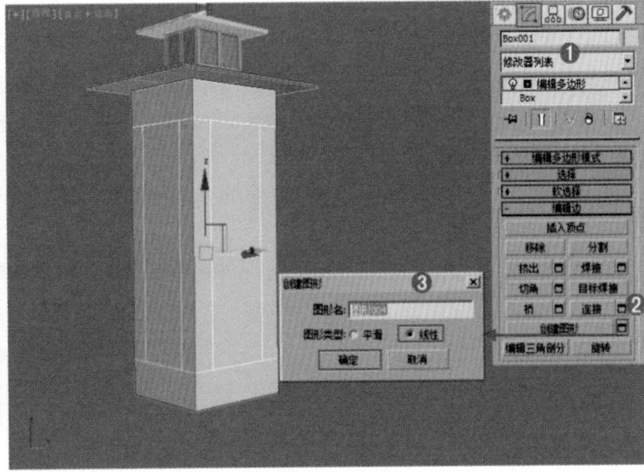

图 2-326

（12）选择创建图形后的样条线，接着在【修改面板】下展开【渲染】卷展栏，勾选【在渲染中启用】和【在视口中启用】，并勾选【矩形】，设置【长度】为 80mm，【宽度】为 80mm，效果如图 2-327 所示。

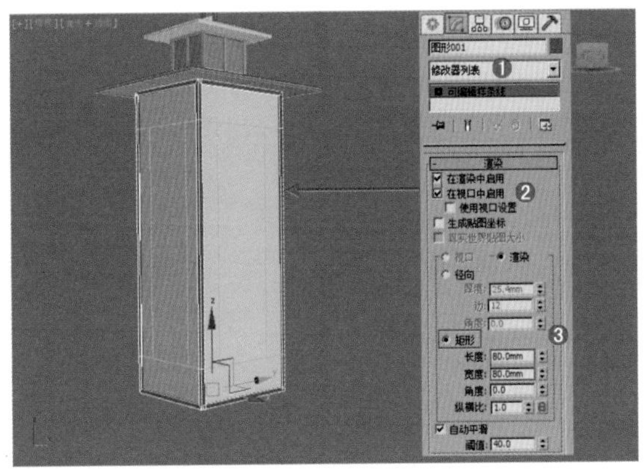

图 2-327

（13）进入 （边）级别，选择如图 2-328 所示的边。接着单击 创建图形 按钮后面的 （设置）按钮，在弹出的对话框中选择【线性】，然后单击【确定】按钮，如图 2-329 所示。

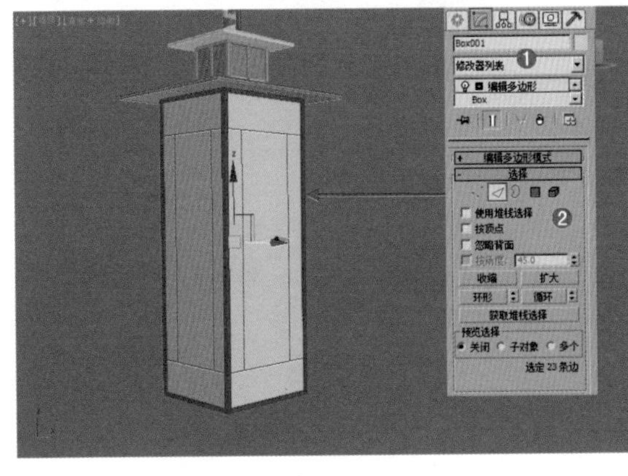

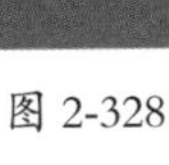

图 2-328

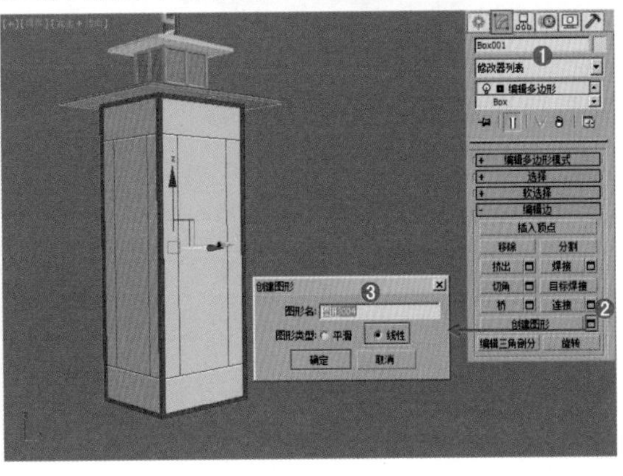

图 2-329

（14）选择创建图形后的样条线，接着在【修改面板】下展开【渲染】卷展栏，勾选【在渲染中启用】和【在视口中启用】，并勾选【矩形】，设置【长度】为 60mm，【宽度】为 60mm，效果如图 2-330 所示。

（15）继续在透视图中拖动创建一个长方体，接着在【修改面板】下设置【长度】为 2080mm，【宽度】为 2080mm，【高度】为 50mm，如图 2-331 所示。

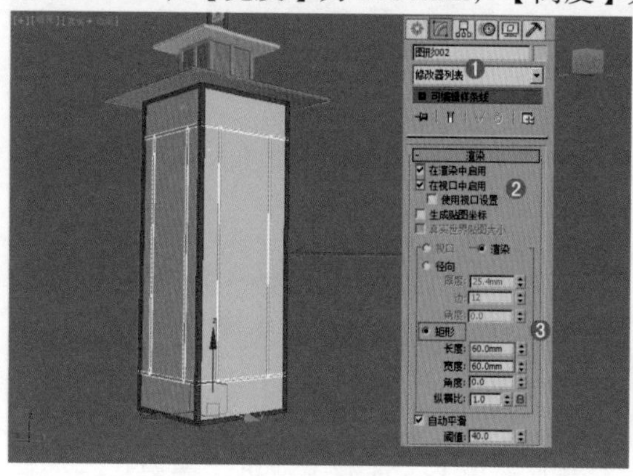

图 2-330

图 2-331

（16）选择上一步创建的模型，并在【修改器列表】中加载【编辑多边形】命令，进入 ■（多边形）级别，在透视图中选择如图 2-332 所示的多边形，然后单击 倒角 按钮后面的 ■（设置）按钮，并设置【高度】为 230mm，【轮廓】为 210mm，如图 2-333 所示。

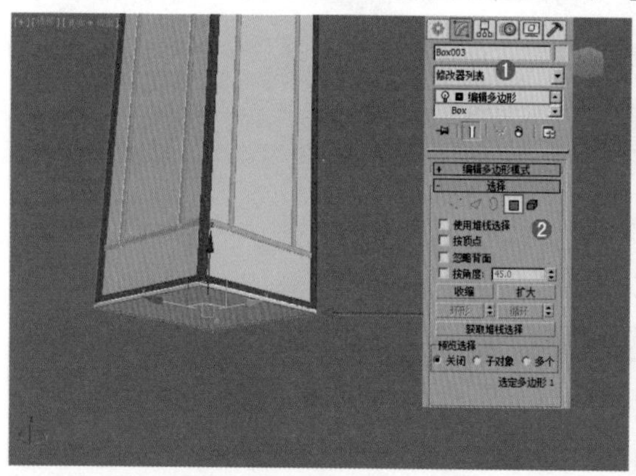

图 2-332

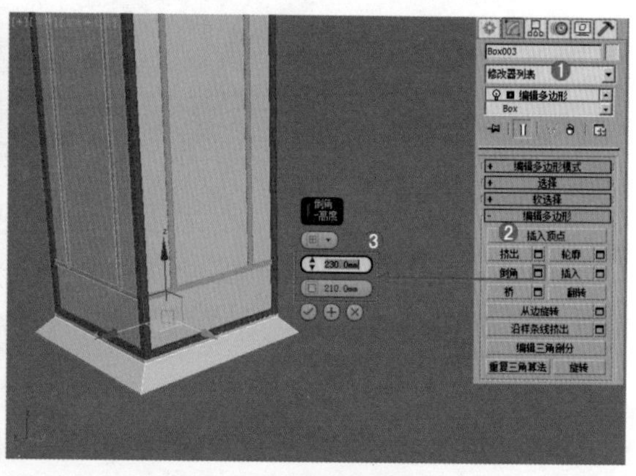

图 2-333

（17）进入 ■（多边形）级别，在透视图中选择如图 2-334 所示的多边形，然后单击 挤出 按钮后面的 ■（设置）按钮，并设置【高度】为 100mm，如图 2-335 所示。模型最终效果如图 2-336 所示。

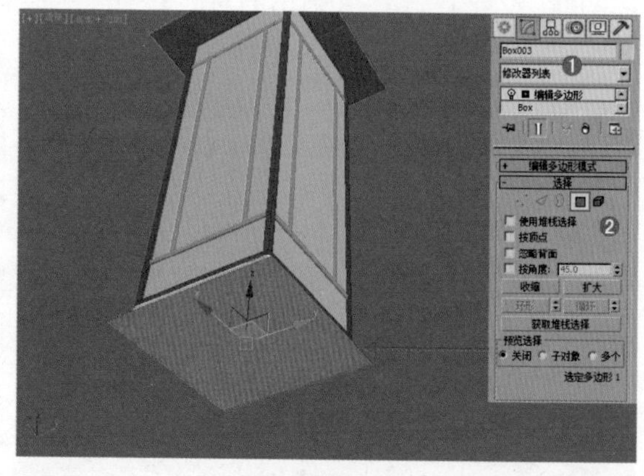

图 2-334

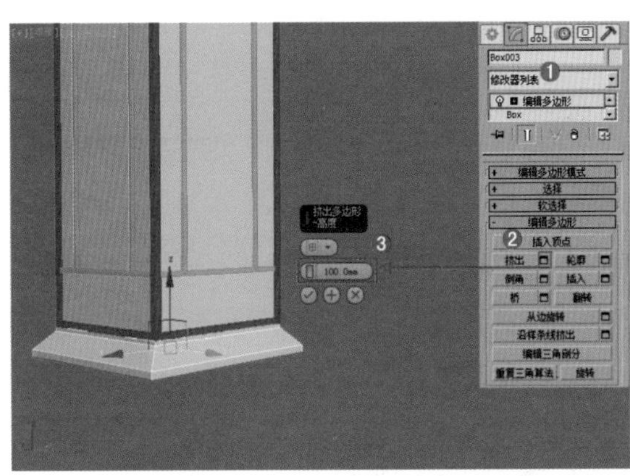

图 2-335

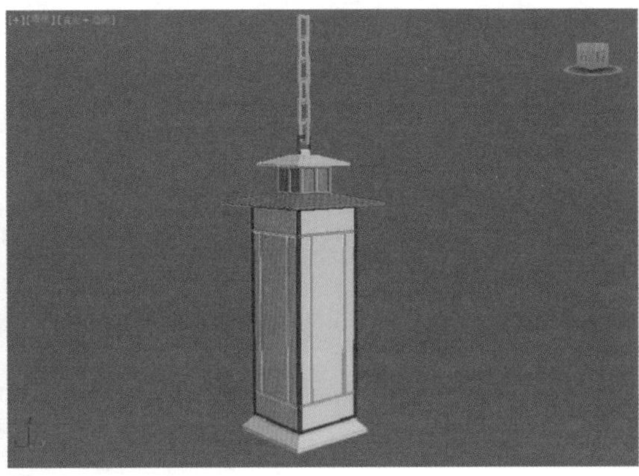

图 2-336

进阶案例——喷水池

案例文件	进阶案例——喷水池 .max
视频教学	多媒体教学 /Chapter 02/ 进阶案例——喷水池 .flv
难易指数	★★★★☆
技术掌握	掌握【线】、【车削】、【编辑多边形】和【网格平滑】命令的运用

本例就来学习样条线下的【线】、【车削】修改器、多边形建模来完成模型的制作，最终渲染和线框效果如图 2-337 所示。

图 2-337

|建模思路|

1 使用线、车削修改器、编辑多边形制作模型

2 使用线、车削、网格平滑制作模型

喷水池建模流程图，如图 2-338 所示。

图 2-338

|制作步骤|

1. 使用线、车削修改器、编辑多边形制作模型

（1）切换到前视图，单击（创建）|（图形）|样条线|线按钮，在前视图中绘制图形，如图 2-339 所示。

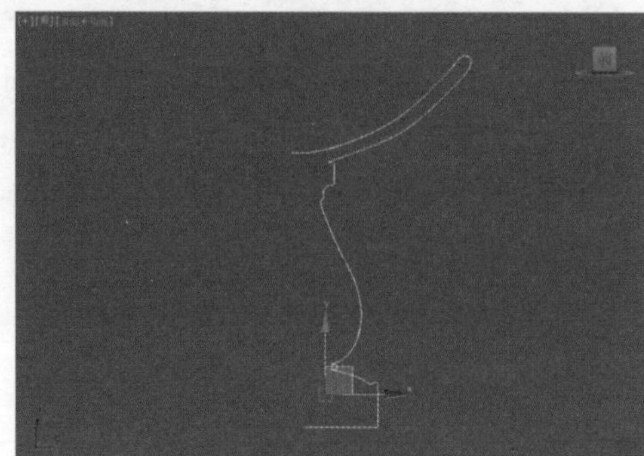

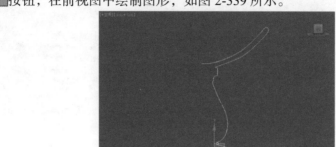

图 2-339

（2）选择上一步创建的图形，然后在【修改面板】下加载【车削】命令修改器，接着展开【参数】卷展栏，设置【度数】为 360，【分段】为 20，并设置【对齐】为最小，如图 2-340 所示。

图 2-340

（3）选择上一步创建的模型，并在【修改器列表】中加载【编辑多边形】命令，进入（多边形）级别，在透视图中选择如图 2-341 所示的多边形，然后单击倒角按钮后面的（设置）按钮，并设置【高度】为 –60mm，【轮廓】为 –30mm，如图 2-342 所示。

图 2-341

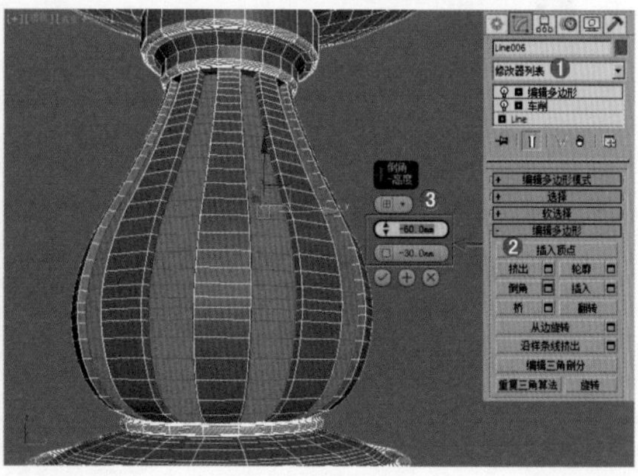

图 2-342

（4）进入 （边）级别，选择如图 2-343 所示的边。接着单击 连接 按钮后面的 （设置）按钮，并设置【分段】为 2，【收缩】为 83，【滑块】为 0，如图 2-344 所示。

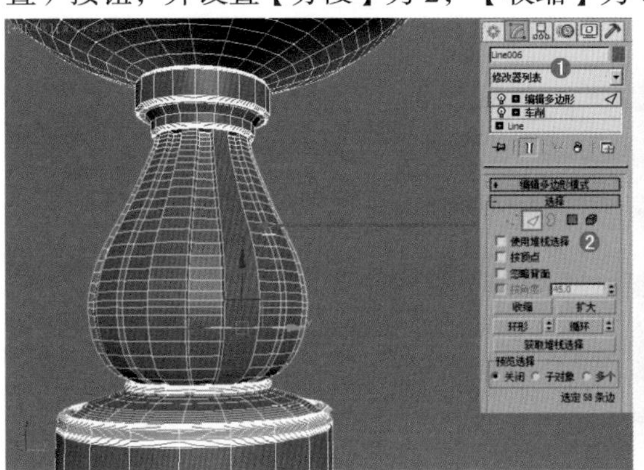

图 2-343

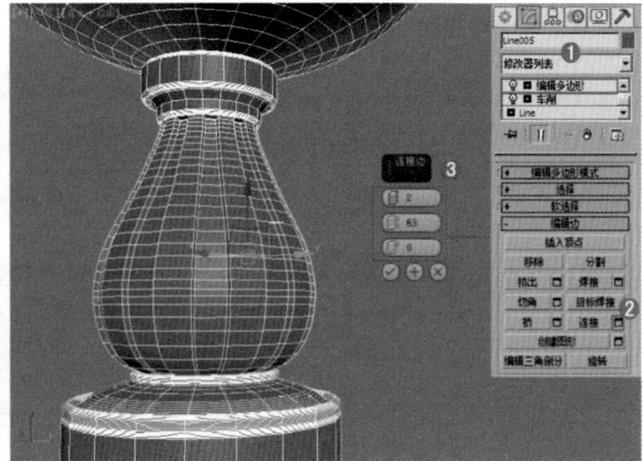

图 2-344

（5）用同样的方法制作出其他多边形的连接，如图 2-345 所示。

（6）选择上一步的模型，在【修改面板】下加载【网格平滑】命令，在【细分量】卷展栏下，设置【迭代次数】为 2，如图 2-346 所示。

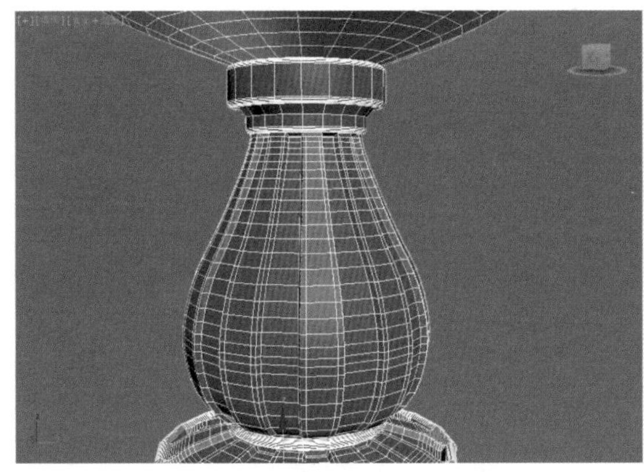

图 2-345

图 2-346

（7）单击 （创建）| （图形）| 样条线 | 圆 按钮，在透视图中创建一个圆图形。接着展开【参数】卷展栏，设置【半径】为 3200mm，如图 2-347 所示。

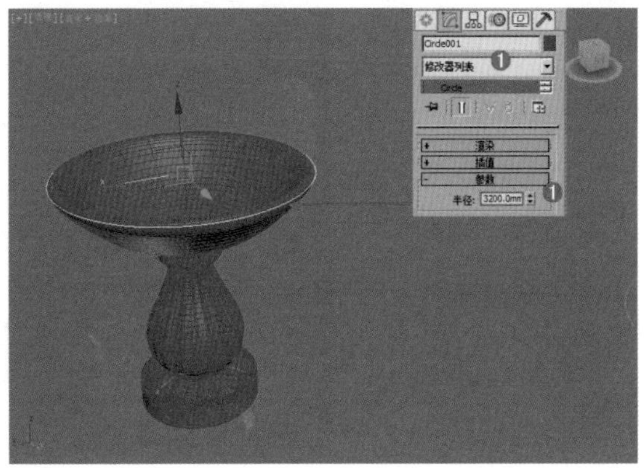

图 2-347

（8）选择创建的圆图形，接着在【修改面板】下展开【渲染】卷展栏，勾选【在渲染中启用】和【在视口中启用】，并勾选【径向】，设置【厚度】为200mm，在【插值】卷展栏下设置【步数】为100，效果如图2-348所示。

图 2-348

（9）选择上一步的模型，暂时取消勾选【在渲染中启用】和【在视口中启用】，并在【修改器列表】中加载【编辑样条线】命令，进入（分段）级别，在透视图中选择如图2-349所示的分段，然后在【几何体】卷展栏下，设置【拆分数量】为10，然后单击【拆分】按钮，效果如图2-350所示。

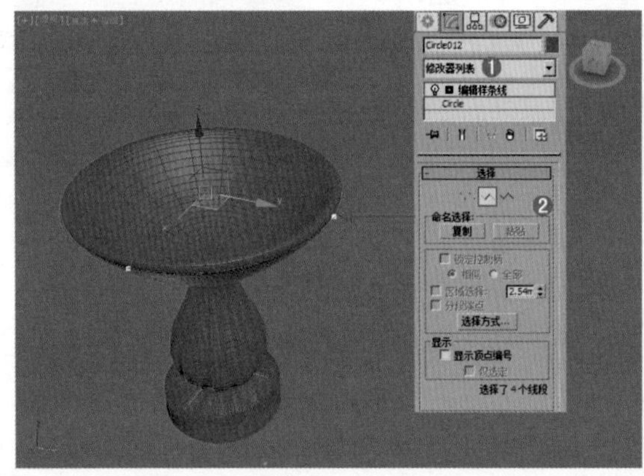

图 2-349

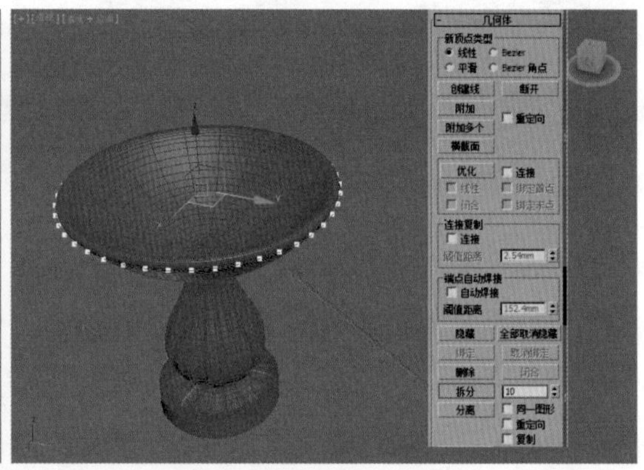

图 2-350

（10）进入（顶点）级别，在顶视图中选择如图2-351所示的顶点，切换到透视图，使用（选择并移动）工具调整点的位置如图2-352所示。

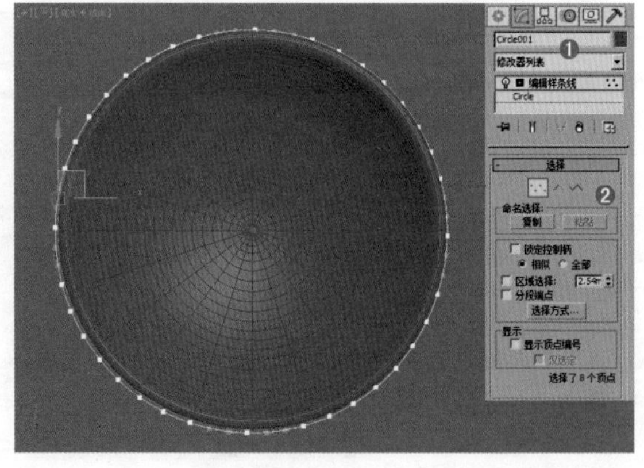

图 2-351

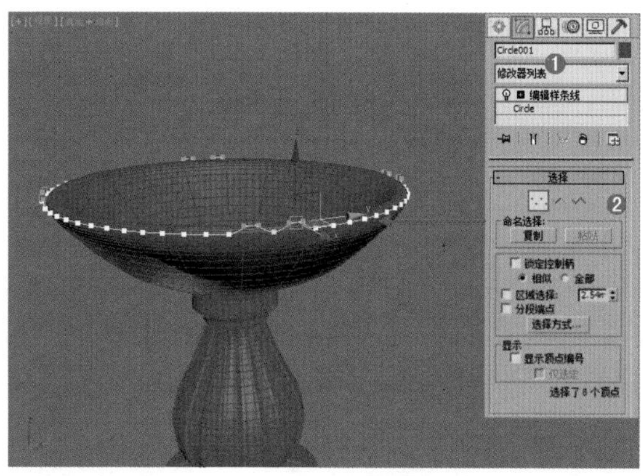

图 2-352

（11）勾选【在渲染中启用】和【在视口中启用】，模型效果如图 2-353 所示。

（12）选择如图 2-354 所示的模型，使用（选择并均匀缩放）工具按住 <Shift> 键进行复制，在弹出的【克隆选项】对话框中选择【复制】，单击【确定】按钮，然后使用（选择并移动）工具调整位置，效果如图 2-355 所示。

（13）用同样的方法制作出如图 2-356 所示的模型。

图 2-353

图 2-354

图 2-355

图 2-356

2. 使用线、车削、网格平滑制作模型

（1）切换到前视图，单击（创建）|（图形）| 样条线 | 线 按钮，在前视图中绘制图形，如图 2-357 所示。

（2）选择上一步创建的图形，然后在【修改面板】下加载【车削】命令修改器，接着展开【参数】卷展栏，设置【度数】为 360，【分段】为 20，并设置【对齐】为最小，如图 2-358 所示。

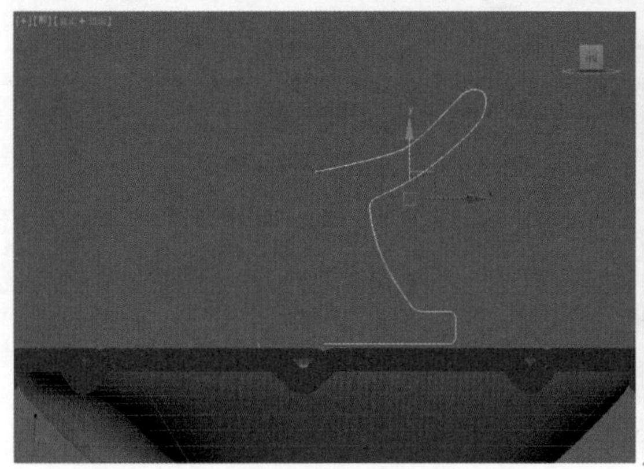

图 2-357

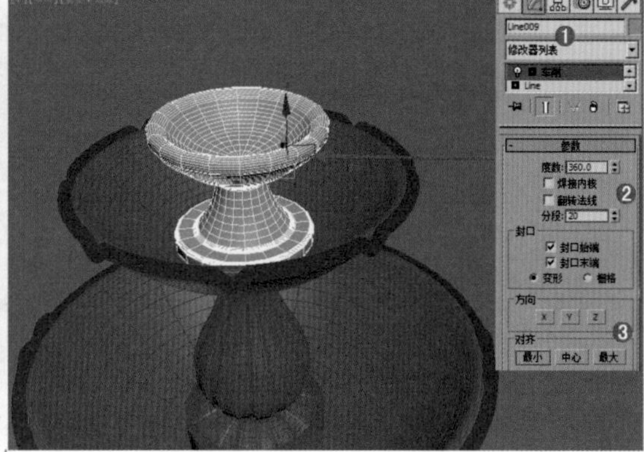

图 2-358

（3）选择上一步的模型，在【修改面板】下加载【网格平滑】命令，在【细分量】卷展栏下，设置【迭代次数】为 2，如图 2-359 所示。

（4）用同样的方法制作出如图 2-360 所示的模型。

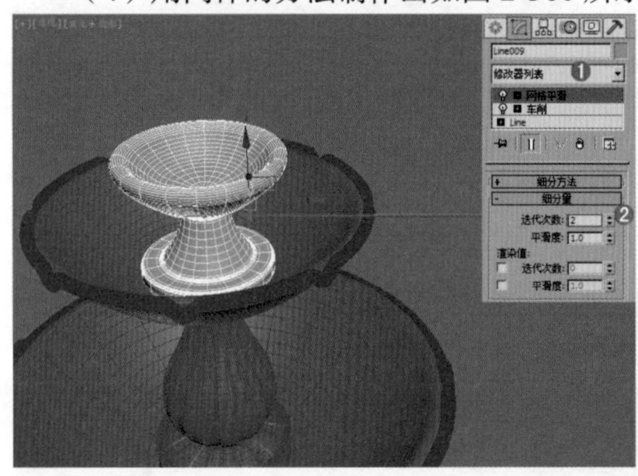

图 2-359

图 2-360

（5）模型最终效果如图 2-361 所示。

图 2-361

进阶案例——石头

案例文件	进阶案例——石头 .max
视频教学	多媒体教学 /Chapter 02/ 进阶案例——石头 .flv
难易指数	★★★☆☆
技术掌握	掌握【长方体】、【圆柱体】、【编辑多边形】、【网格平滑】、【细化】、【噪波】和【FFD3×3×3】命令的运用

本例就来学习标准基本体下的【长方体】、【圆柱体】和【修改面板】下的【编辑多边形】、【网格平滑】、【细化】、【噪波】、【FFD3×3×3】命令来完成模型的制作，最终渲染和线框效果如图 2-362 所示。

图 2-362

|建模思路|

1 使用长方体、编辑多边形、网格平滑、细化、噪波、FFD3×3×3 制作模型

2 使用长方体、圆柱体、编辑多边形、网格平滑、细化、噪波、FFD3×3×3 制作模型

石头建模流程图，如图 2-363 所示。

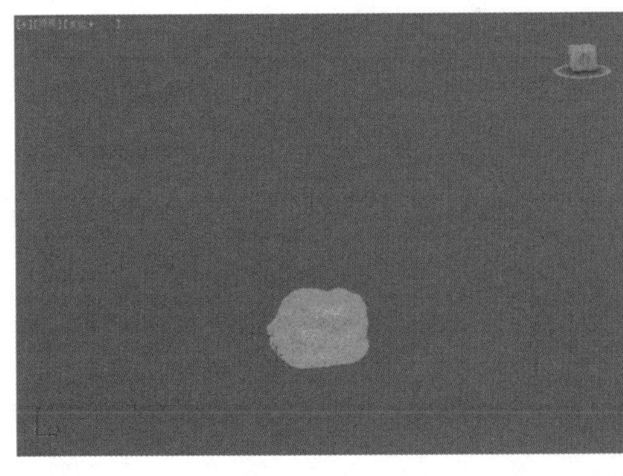

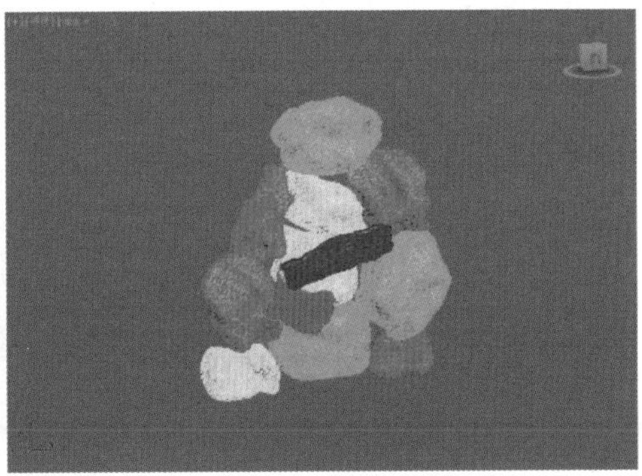

图 2-363

|制作步骤|

1. 使用长方体、编辑多边形、网格平滑、细化、噪波、FFD3×3×3 制作模型

（1）单击（创建）|（几何体）| 长方体 按钮，在透视图中拖动创建一个长方体，接着在【修改面板】下设置【长度】为 4107mm，【宽度】为 5013mm，【高度】为 3947mm，【长度分段】为 2，【宽度分段】为 2，【高度分段】为 2，如图 2-364 所示。

（2）选择上一步创建的模型，然后在【修改面板】下加载【编辑多边形】和【网格平滑】命令修改器，如图 2-365 所示。

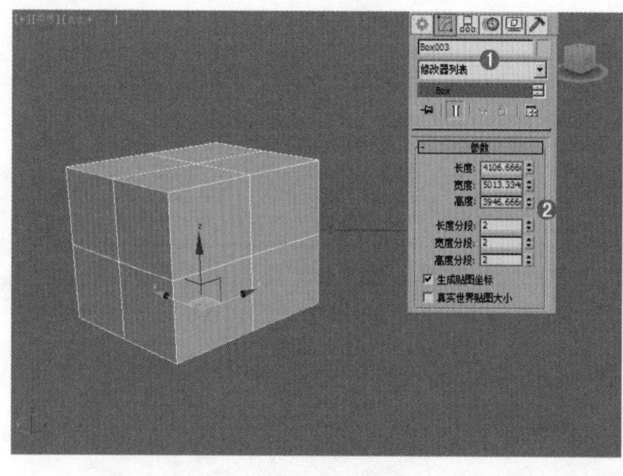

图 2-364

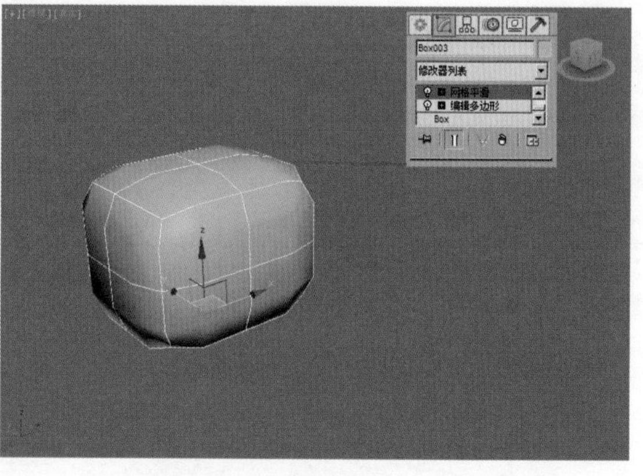

图 2-365

（3）选择上一步的模型，然后在【修改面板】下加载【编辑多边形】命令修改器，进入 （顶点）级别，选择顶点，使用 （选择并移动）工具调整点的位置，如图 2-366 所示。

（4）选择上一步的模型，然后在【修改面板】下加载【细化】命令修改器，如图 2-367 所示。

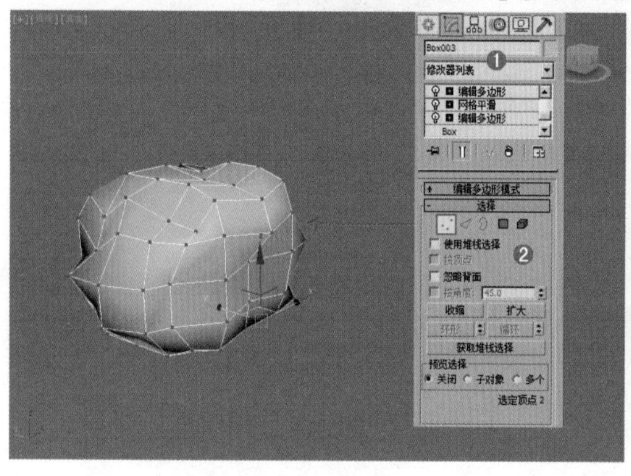

图 2-366

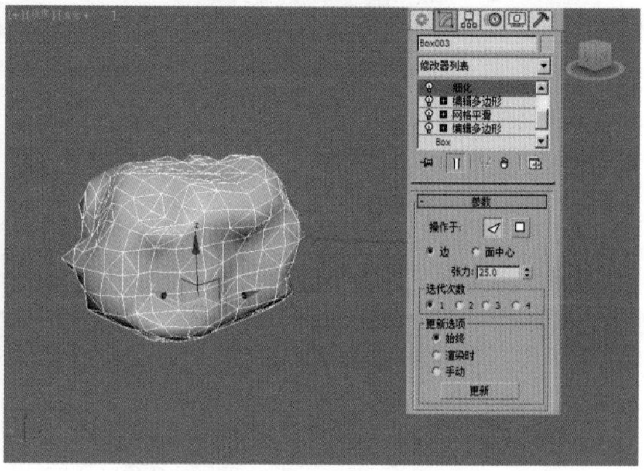

图 2-367

（5）选择上一步的模型，然后在【修改面板】下加载【网格平滑】命令修改器，如图 2-368 所示。

（6）选择上一步的模型，然后在【修改面板】下加载【噪波】命令修改器，展开【参数】卷展栏，在噪波下勾选【分形】，在强度下设置【X】为 538mm，【Y】为 343mm，【Z】为 266mm，如图 2-369 所示。

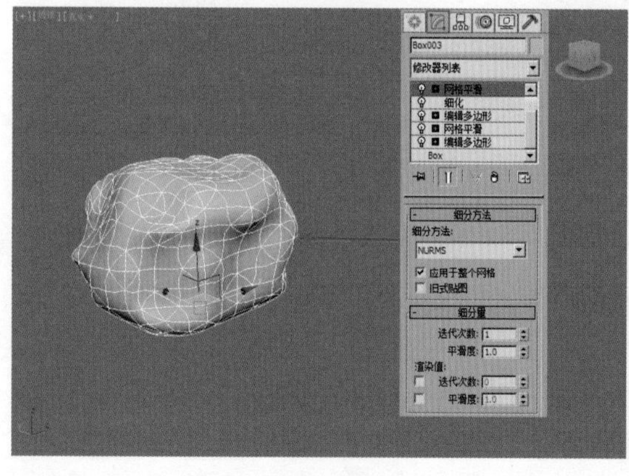

图 2-368

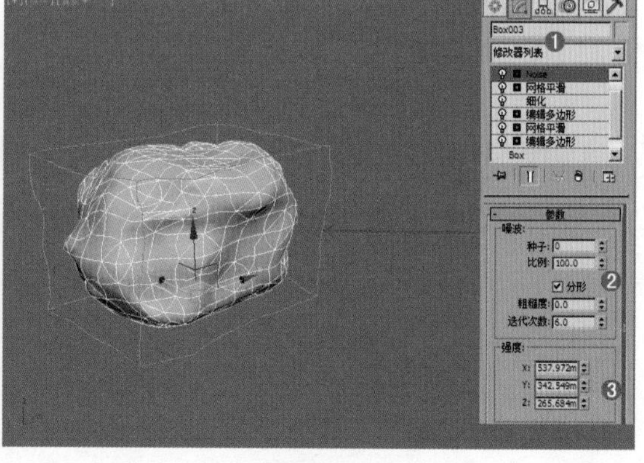

图 2-369

（7）选择上一步的模型，然后在【修改面板】下加载【细化】命令修改器，如图 2-370 所示。

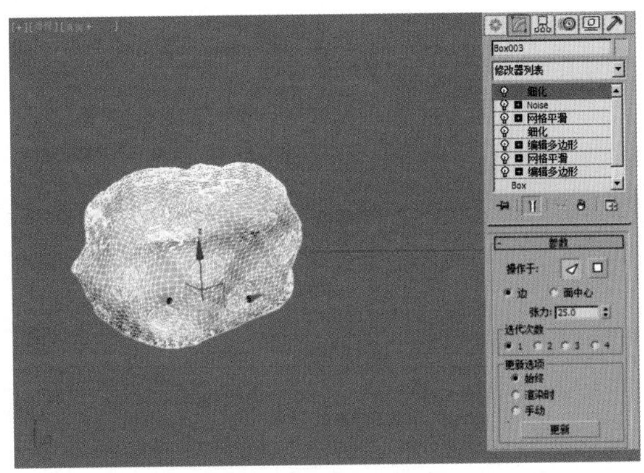

图 2-370

2. 使用长方体、圆柱体、编辑多边形、网格平滑、细化、噪波、FFD3×3×3 制作模型

（1）用同样的方法制作出其他形态不同的模型，效果如图 2-371 所示。

（2）模型最终效果如图 2-372 所示。

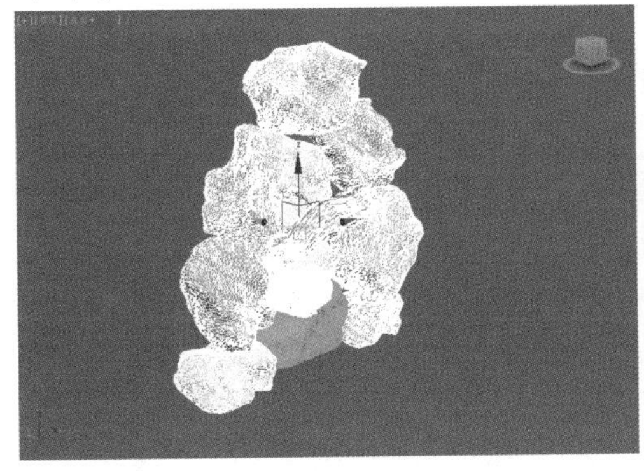

图 2-371

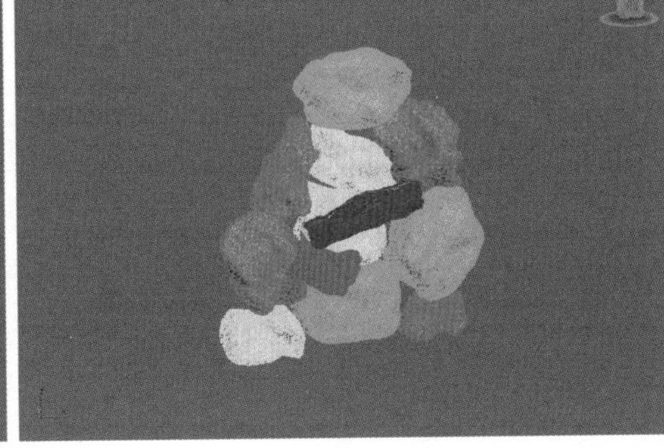

图 2-372

进阶案例——铁艺栏杆

案例文件	进阶案例——铁艺栏杆 .max
视频教学	多媒体教学 /Chapter 02/ 进阶案例——铁艺栏杆 .flv
难易指数	★★☆☆☆
技术掌握	掌握【线】和【镜像】工具的运用

本例就来学习样条线下的【线】和【镜像】工具来完成模型的制作，最终渲染和线框效果如图 2-373 所示。

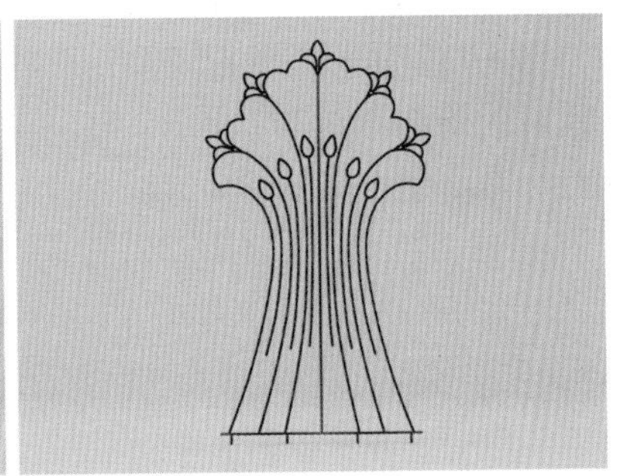

图 2-373

|建模思路|

1 使用线制作模型

2 使用线、镜像制作模型

铁艺栏杆建模流程图，如图 2-374 所示。

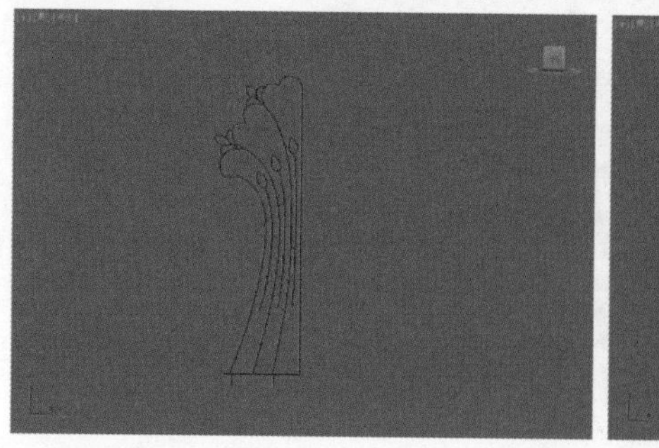
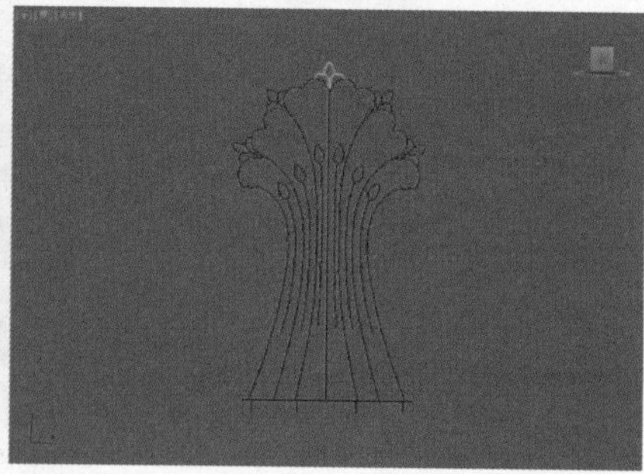

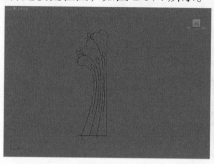

图 2-374

|制作步骤|

1. 使用线制作模型

（1）切换到前视图，单击 （创建）| （图形）| 样条线 | 线 按钮，在前视图中绘制图形，取消勾选【开始新图形】，即可接着上一个线绘制，绘制效果如图 2-375 所示。

（2）选择上一步的图形，单击右键，选择【转换为】/【转换为可编辑样条线】，如图 2-376 所示。

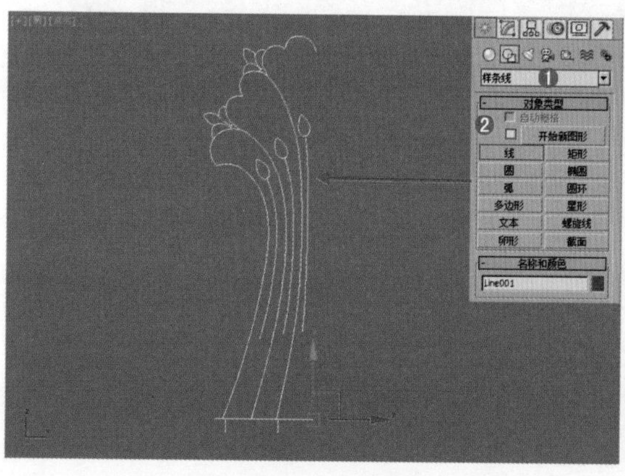

图 2-375

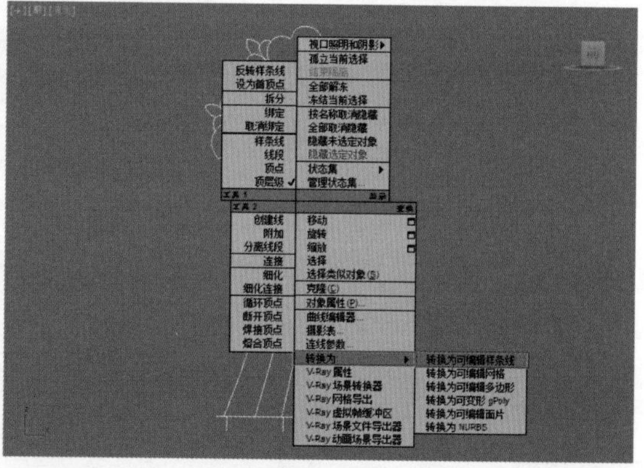

图 2-376

（3）接着在【修改面板】下展开【渲染】卷展栏，勾选【在渲染中启用】和【在视口中启用】，并勾选【径向】，设置【厚度】为 3mm，模型效果如图 2-377 所示。

（4）用同样的方法制作出如图 2-378 所示的模型。

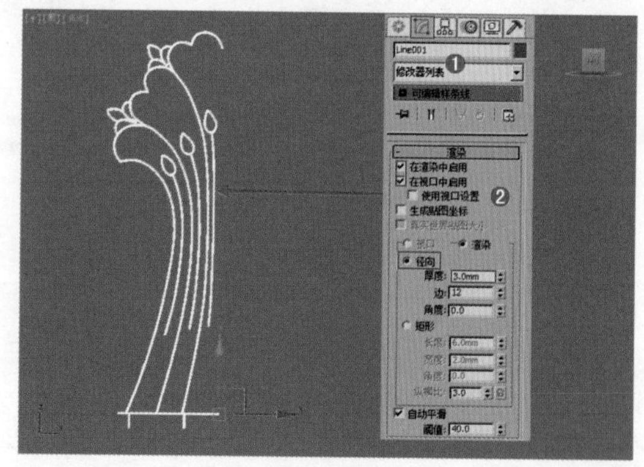

图 2-377

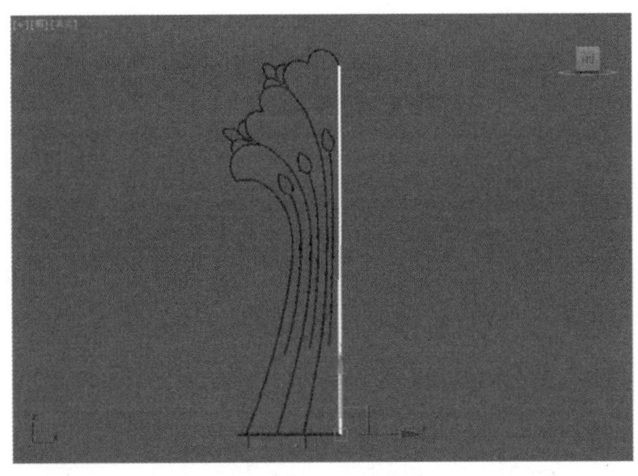

图 2-378

2. 使用线、镜像制作模型

（1）切换到前视图，单击 ☀（创建）| ◎（图形）| 样条线 | 线 按钮，在前视图中绘制图形，取消勾选【开始新图形】，即可接着上一个线绘制，绘制效果如图 2-379 所示。

（2）选择上一步的图形，单击右键，选择【转换为】/【转换为可编辑样条线】，如图 2-380 所示。

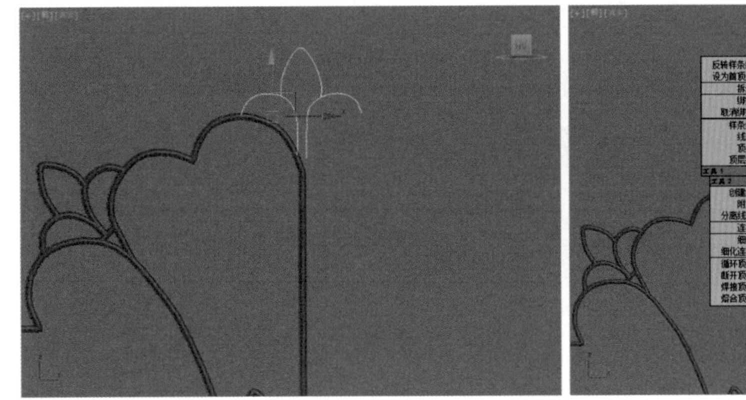

图 2-379

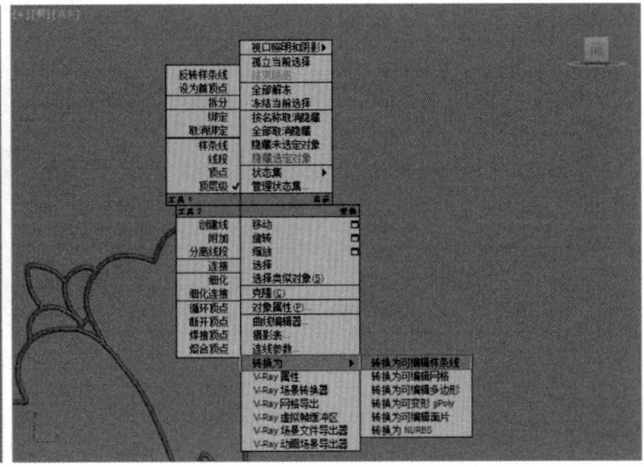

图 2-380

（3）接着在【修改面板】下展开【渲染】卷展栏，勾选【在渲染中启用】和【在视口中启用】，并勾选【径向】，设置【厚度】为 3mm，模型效果如图 2-381 所示。

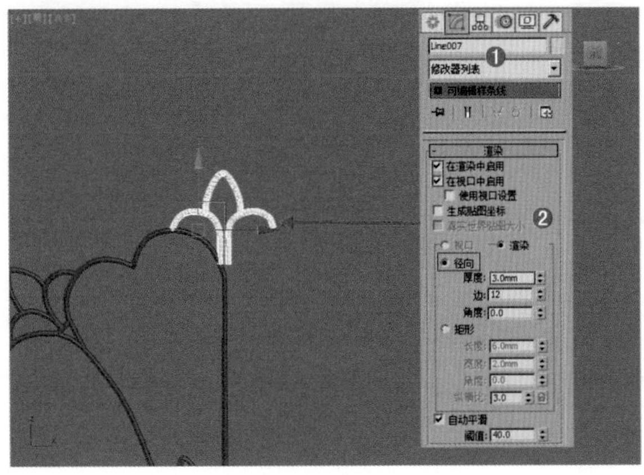

图 2-381

（4）选择如图 2-382 所示的模型，单击工具栏中的（镜像）按钮，在弹出来的对话框中，设置【镜像轴】为 X，在【克隆当前选择】下，勾选【复制】，单击【确定】按钮，如图 2-383 所示。

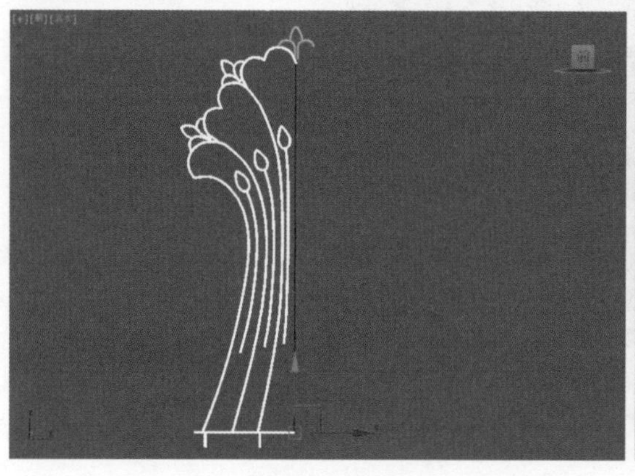

图 2-382

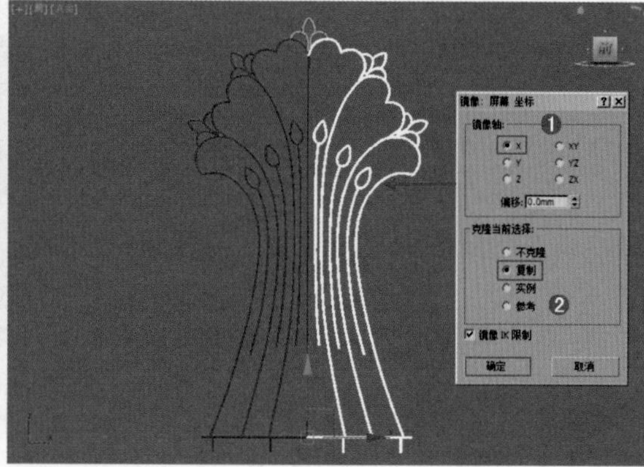

图 2-383

（5）模型最终效果如图 2-384 所示。

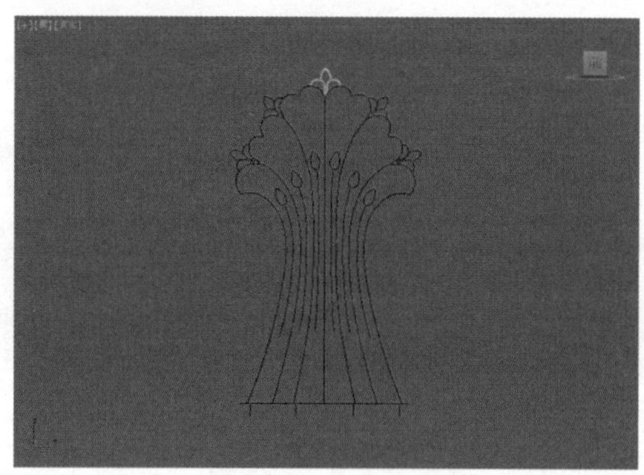

图 2-384

进阶案例——围栏

案例文件	进阶案例——围栏 .max
视频教学	多媒体教学 /Chapter 02/ 进阶案例——围栏 .flv
难易指数	★★☆☆☆
技术掌握	掌握【线】、【栏杆】工具和【挤出】命令的运用

本例就来学习样条线下的【线】、AEC 扩展下的【栏杆】工具和修改器下的【挤出】命令来完成模型的制作，最终渲染和线框效果如图 2-385 所示。

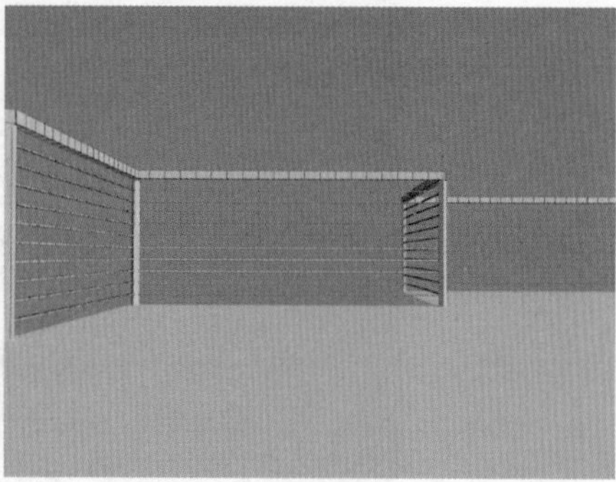

图 2-385

|建模思路|

1 使用线、挤出制作模型

2 使用线、栏杆制作模型

围栏建模流程图，如图 2-386 所示。

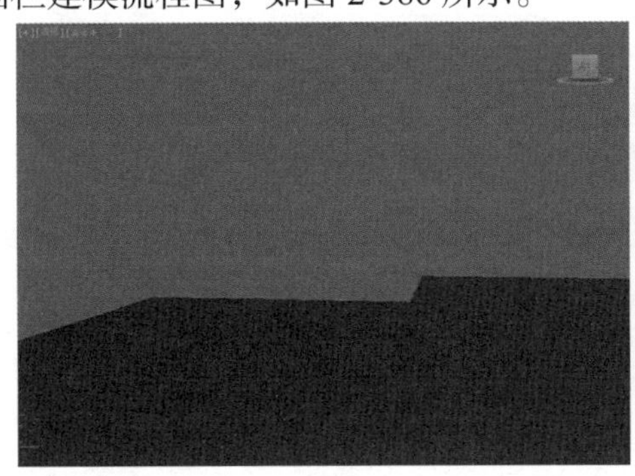
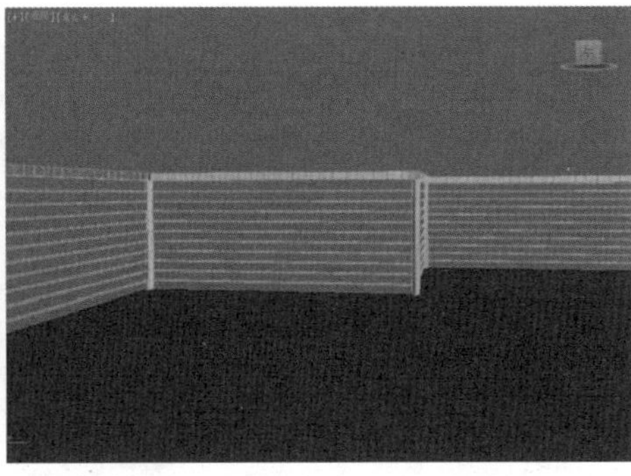

图 2-386

|制作步骤|

1. 使用线、挤出制作模型

（1）切换到顶视图，单击（创建）|（图形）| 样条线 | 线 按钮，在顶视图中绘制图形，如图 2-387 所示。

（2）选择上一步创建的图形，在【修改器列表】中加载【挤出】命令，在【参数】卷展栏下，设置【数量】为 5mm，如图 2-388 所示。

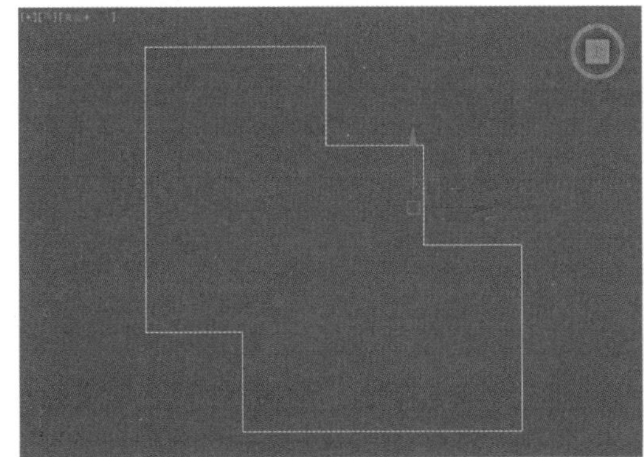

图 2-387

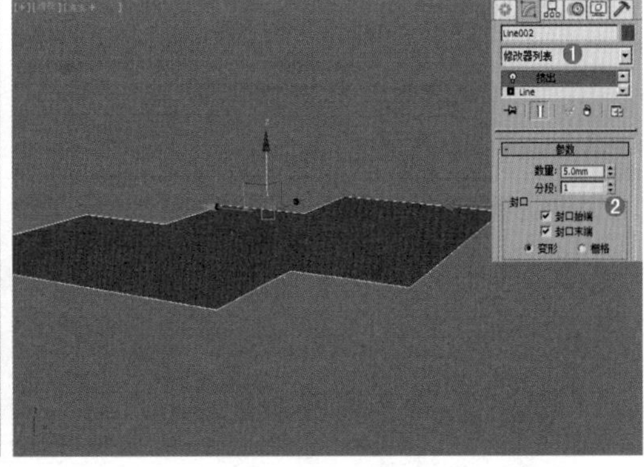

图 2-388

（3）使用（选择并移动）工具将其放置到如图 2-389 所示的位置。

图 2-389

2. 使用线、栏杆制作模型

（1）单击 ☀（创建）| 图形（图形）| 样条线 | 线 按钮，在透视图中绘制图形，如图 2-390 所示。

（2）单击 ☀（创建）| 几何体（几何体）| AEC 扩展 | 栏杆 按钮，在透视图中拖动创建一个栏杆，如图 2-391 所示。

图 2-390

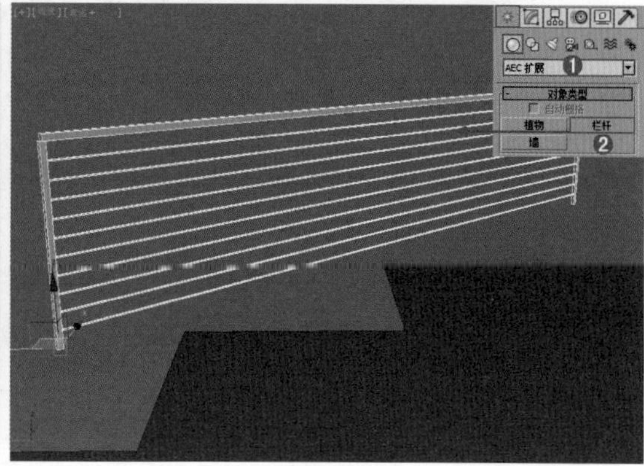

图 2-391

（3）在修改器面板下，展开【栏杆】卷展栏，单击【拾取栏杆路径】按钮，拾取透视图中的【样条线】，设置【分段】为 80，勾选【匹配拐角】，在上围栏下设置【剖面】为【方形】，设置【深度】为 240mm，【宽度】为 200mm，【高度】为 3800mm，在下围栏下设置【剖面】为【方形】，设置【深度】为 40mm，【宽度】为 40mm，单击 【下围栏间距】按钮，在展开的【下围栏间距】对话框中，勾选【计数】，设置【数量】为 10，设置类型为【均匀分隔，没有对象位于端点】，设置【前后关系】为【中心】，最后单击【关闭】按钮，如图 2-392 所示。

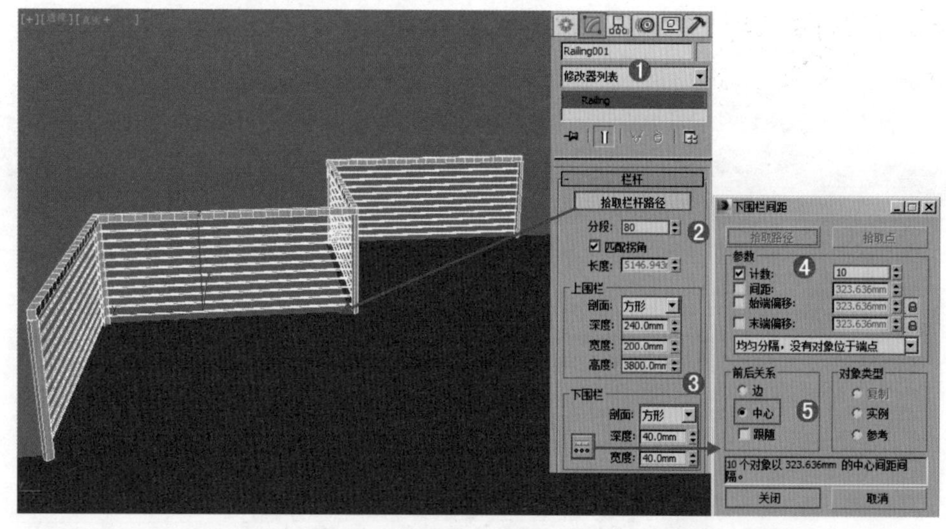

图 2-392

（4）在修改器面板下，展开【立柱】卷展栏，设置【剖面】为【方形】，设置【深度】为 200mm，【宽度】为 150mm，【延长】为 0mm，单击 【立柱间距】按钮，在展开的【立柱间距】对话框中，勾选【计数】，设置【数量】为 2，勾选【始端偏移】，设置【数量】

为 25.4mm，勾选【末端偏移】，设置【数量】为 25.4mm，设置【前后关系】为【中心】，最后单击【关闭】按钮。展开【栅栏】卷展栏，设置【剖面】为【方形】，设置【深度】为 200mm，【宽度】为 150mm，单击【支柱间距】按钮，在展开的【支柱间距】对话框中，勾选【间距】，设置【数量】为 8866，设置【前后关系】为【中心】，勾选【跟随】，最后单击【关闭】按钮，如图 2-393 所示。

（5）模型最终效果如图 2-394 所示。

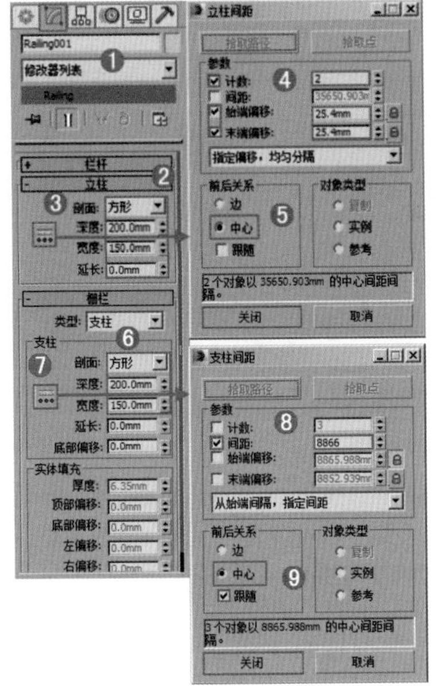

图 2-393

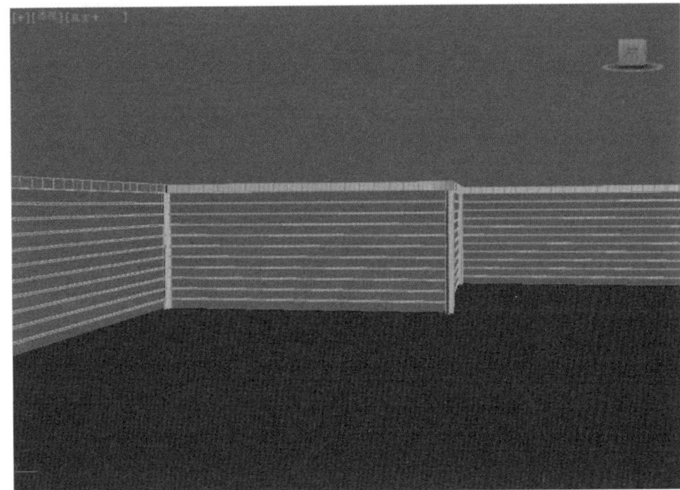

图 2-394

进阶案例——椅子

案例文件	进阶案例——椅子 .max
视频教学	多媒体教学 /Chapter 02/ 进阶案例——椅子 .flv
难易指数	★★☆☆☆
技术掌握	掌握【长方体】、【切角长方体】、【编辑多边形】、【网格平滑】、【线】、【挤出】、【FFD2×2×2】、【FFD3×3×3】命令的运用

本例就来学习标准基本体下的【长方体】、扩展基本体下的【切角长方体】、样条线下的【线】和【修改面板】下的【编辑多边形】、【网格平滑】、【挤出】、【FFD2×2×2】、【FFD3×3×3】命令来完成模型的制作，最终渲染和线框效果如图 2-395 所示。

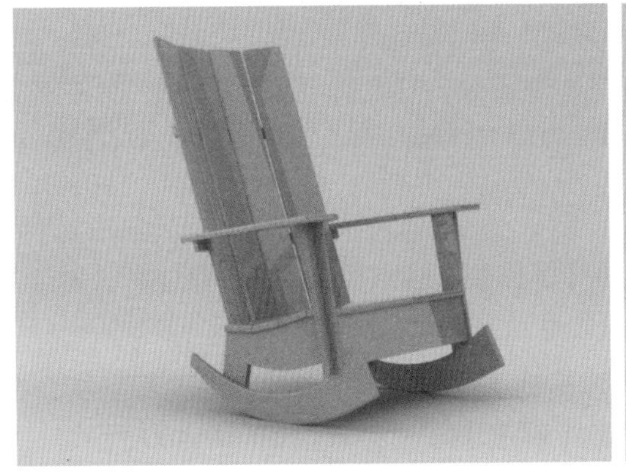
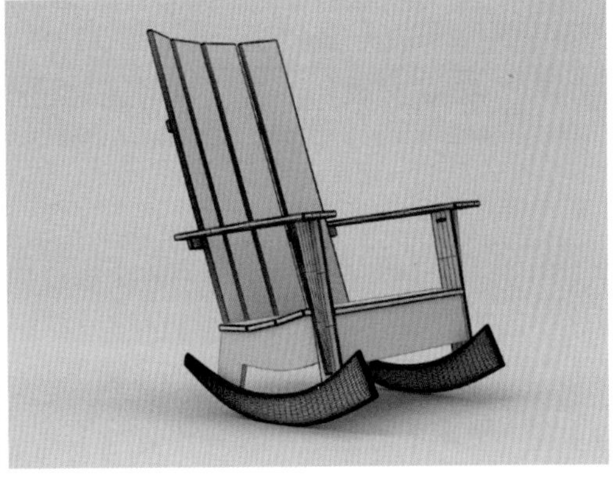

图 2-395

|建模思路|

1 使用长方体、切角长方体、编辑多边形、网格平滑、线、挤出制作模型

2 使用切角长方体、编辑多边形、FFD2×2×2、FFD3×3×3 制作模型

椅子建模流程图，如图 2-396 所示。

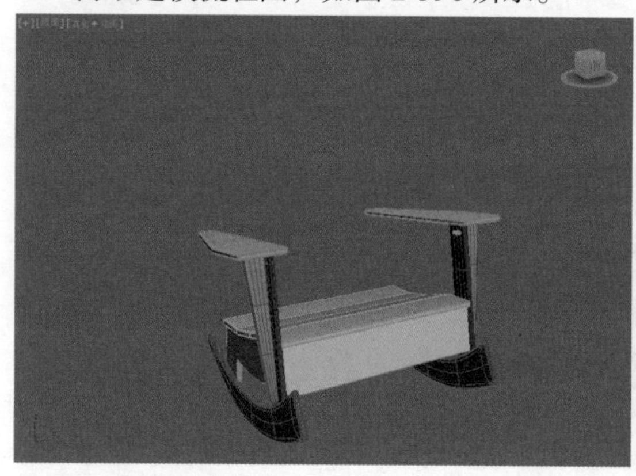
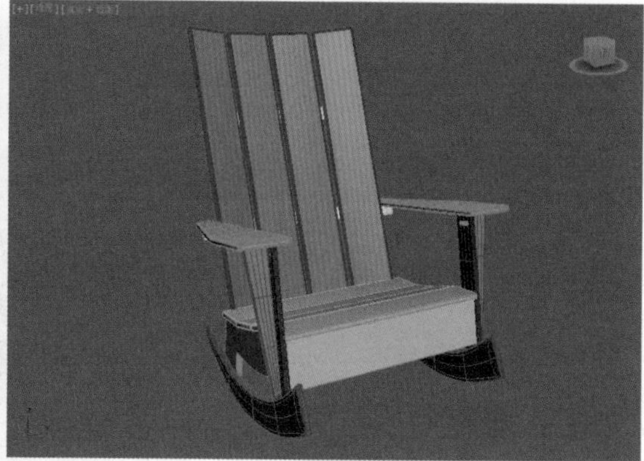

图 2-396

|制作步骤|

1. 使用长方体、切角长方体、编辑多边形、网格平滑、线、挤出制作模型

（1）单击（创建）|（几何体）| 扩展基本体 | 切角长方体 按钮，在透视图中拖动创建一个切角长方体，接着在【修改面板】下，设置【长度】为 50mm，【宽度】为 155mm，【高度】为 5mm，【圆角】为 2mm，【长度分段】为 2，【宽度分段】为 4，【高度分段】为 1，【圆角分段】为 5，如图 2-397 所示。

（2）选择上一步的模型，然后在【修改面板】下加载【编辑多边形】命令修改器，进入（顶点）级别，选择顶点，使用（选择并移动）工具调整点的位置，如图 2-398 所示。

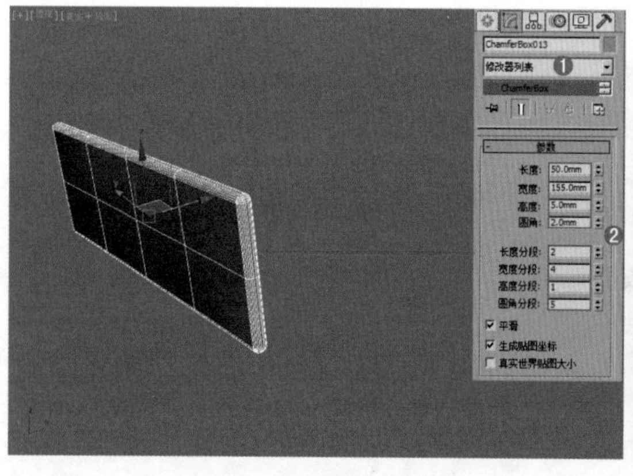
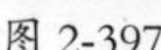

图 2-397

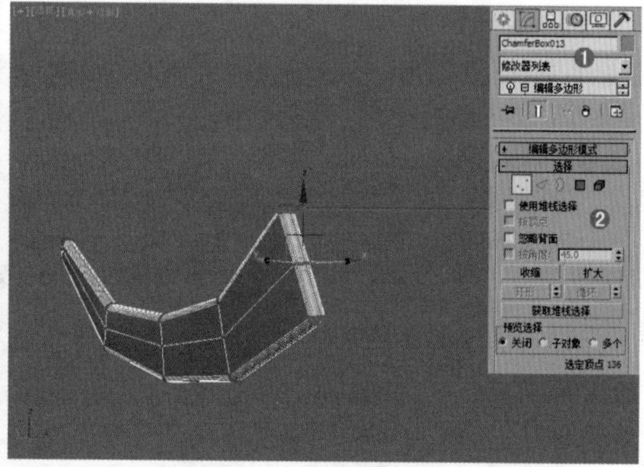

图 2-398

（3）选择上一步的模型，然后在【修改面板】下加载【网格平滑】命令修改器，展开【细分量】卷展栏，设置【迭代次数】为 3，如图 2-399 所示。

（4）选择上一步的模型，使用（选择并移动）工具按住 <Shift> 键进行复制，在弹出的【克隆选项】对话框中选择【复制】，单击【确定】按钮，效果如图 2-400 所示。

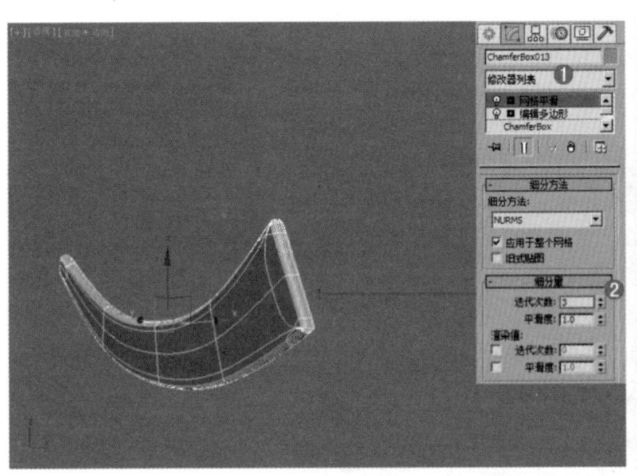

图 2-399

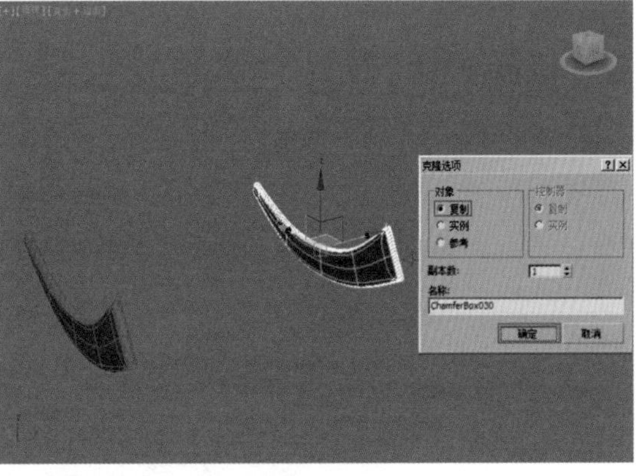

图 2-400

（5）单击 （创建）| （几何体）| 长方体 按钮，在透视图中拖动创建一个长方体，接着在【修改面板】下设置【长度】为 37mm，【宽度】为 175mm，【高度】为 5mm，如图 2-401 所示。

（6）切换到左视图，单击 （创建）| （图形）| 样条线 | 线 按钮，在前视图中绘制图形，如图 2-402 所示。

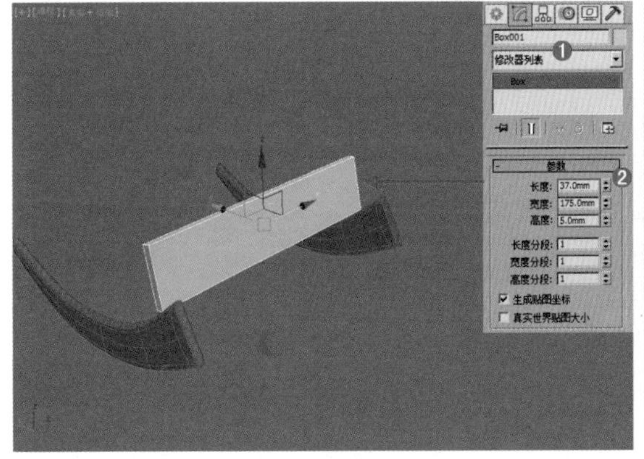

图 2-401

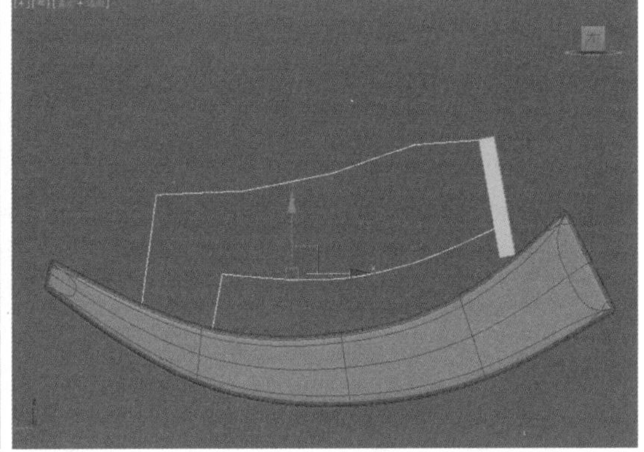

图 2-402

（7）选择上一步创建的图形，在【修改器列表】中加载【挤出】命令，在【参数】卷展栏下，设置【数量】为 5mm，如图 2-403 所示。

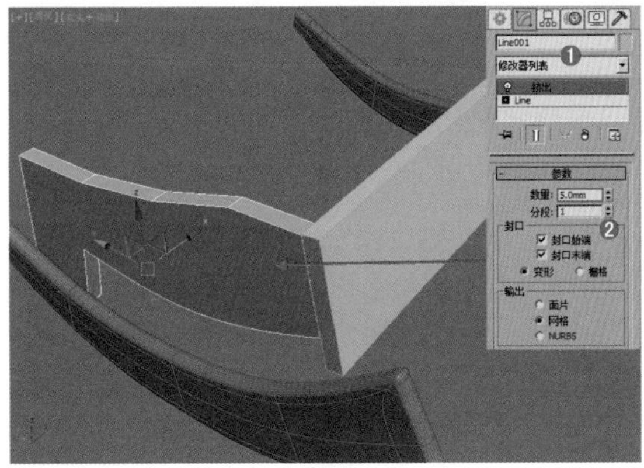

图 2-403

（8）选择上一步的模型，使用（选择并移动）工具按住 <Shift> 键进行复制，在弹出的【克隆选项】对话框中选择【复制】，单击【确定】按钮，效果如图 2-404 所示。

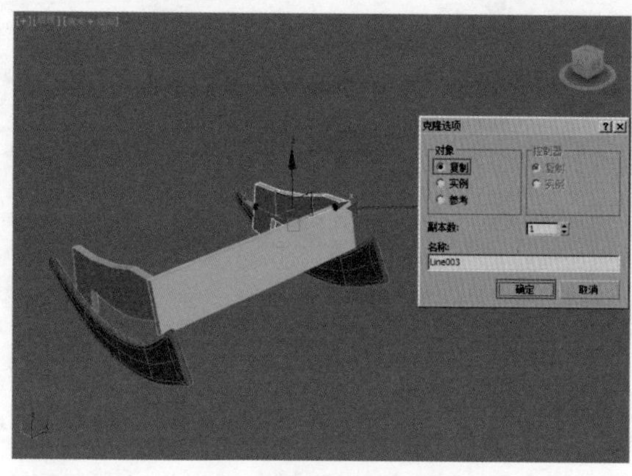

图 2-404

（9）单击（创建）|（几何体）| 扩展基本体 | 切角长方体 按钮，在透视图中拖动创建一个切角长方体，接着在【修改面板】下，设置【长度】为 28mm，【宽度】为 180mm，【高度】为 5mm，【圆角】为 1mm，【长度分段】为 1，【宽度分段】为 1，【高度分段】为 1，【圆角分段】为 5，如图 2-405 所示。

（10）选择上一步的模型，使用（选择并移动）工具按住 <Shift> 键进行复制 3 次，并使用（选择并移动）工具和（选择并旋转）工具进行适当调整，效果如图 2-406 所示。

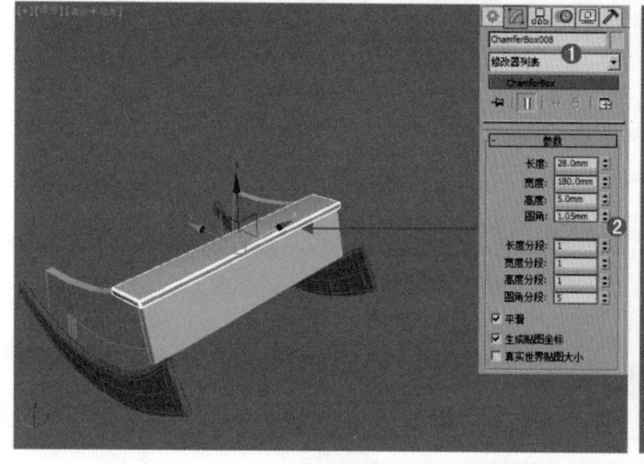

图 2-405

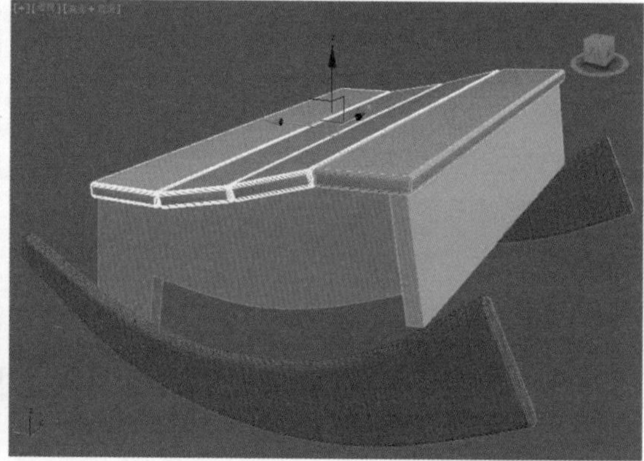

图 2-406

2. 使用切角长方体、编辑多边形、FFD2×2×2、FFD3×3×3 制作模型

（1）单击（创建）|（几何体）| 扩展基本体 | 切角长方体 按钮，在透视图中拖动创建一个切角长方体，接着在【修改面板】下，设置【长度】为 115mm，【宽度】为 20mm，【高度】为 3mm，【圆角】为 1mm，【长度分段】为 3，【宽度分段】为 4，【高度分段】为 1，【圆角分段】为 5，如图 2-407 所示。

（2）继续在透视图中拖动创建一个切角长方体，接着在【修改面板】下，设置【长度】为 110mm，【宽度】为 20mm，【高度】为 3mm，【圆角】为 1.6mm，【长度分段】为 3，【宽度分段】为 4，【高度分段】为 1，【圆角分段】为 5，如图 2-408 所示。

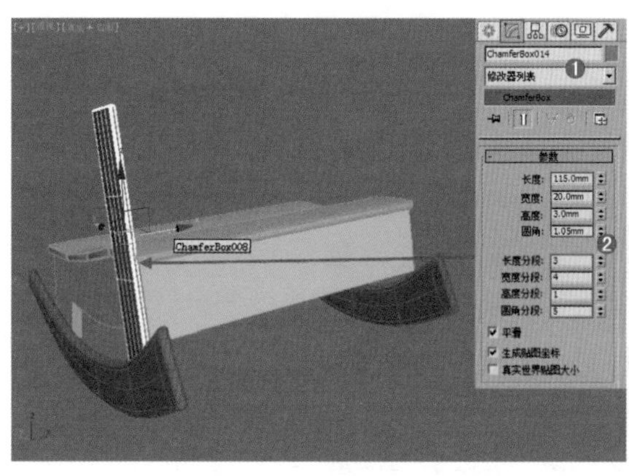

图 2-407

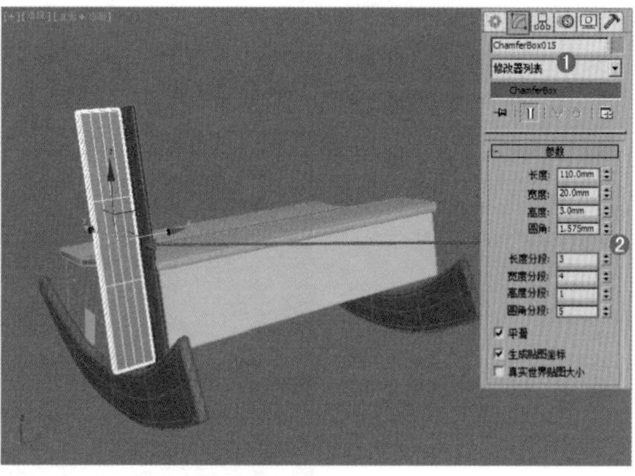

图 2-408

（3）选择上一步的模型，并在【修改器列表】中加载【FFD2×2×2】命令修改器，进入【控制点】级别，使用 （选择并移动）工具，在透视图调节控制点的位置，如图 2-409 所示。

（4）继续在透视图中拖动创建一个切角长方体，接着在【修改面板】下，设置【长度】为 3mm，【宽度】为 10mm，【高度】为 5mm，【圆角】为 2mm，【长度分段】为 1，【宽度分段】为 1，【高度分段】为 1，【圆角分段】为 5，如图 2-410 所示。

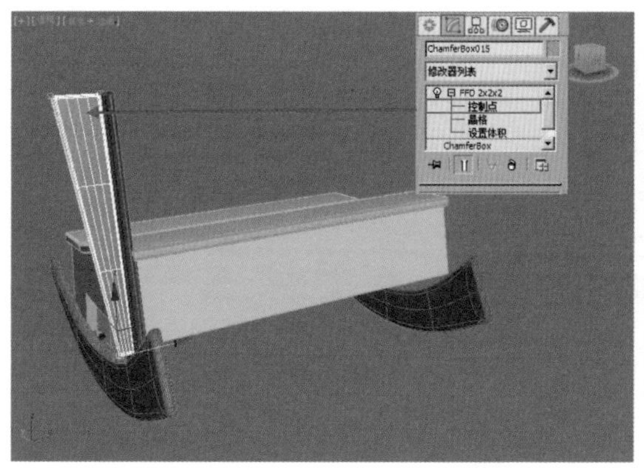

图 2-409

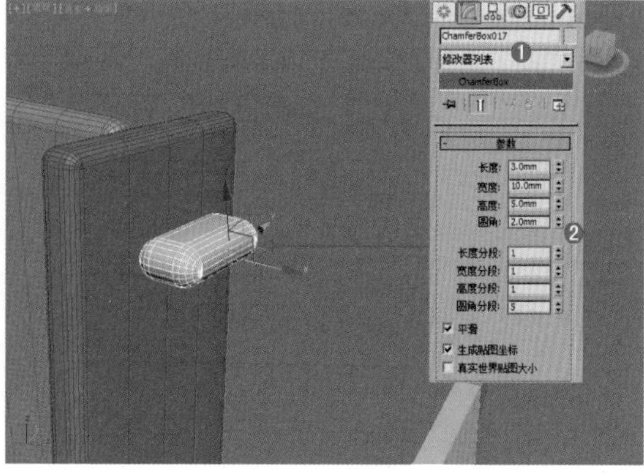

图 2-410

（5）继续在透视图中拖动创建一个切角长方体，接着在【修改面板】下，设置【长度】为 150mm，【宽度】为 40mm，【高度】为 5mm，【圆角】为 1.5mm，【长度分段】为 3，【宽度分段】为 4，【高度分段】为 1，【圆角分段】为 5，如图 2-411 所示。

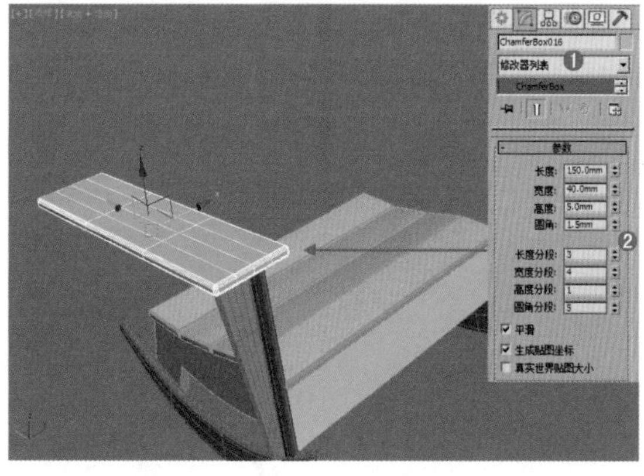

图 2-411

（6）选择上一步的模型，然后在【修改面板】下加载【编辑多边形】命令修改器，进入 (顶点) 级别，选择顶点，使用 (选择并移动) 工具调整点的位置如图 2-412 所示。

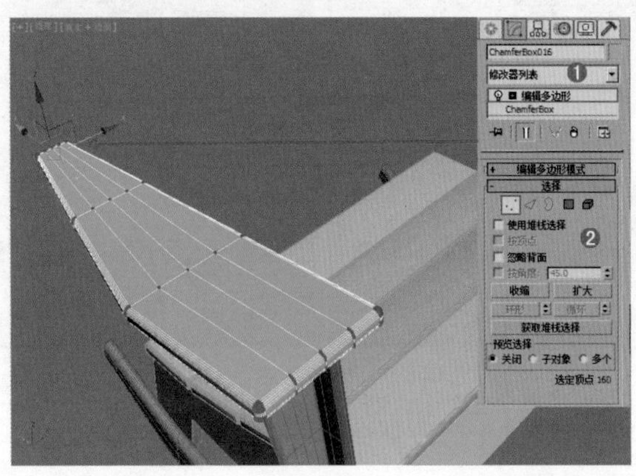

图 2-412

（7）选择如图 2-413 所示的模型，单击工具栏中的 (镜像) 按钮，在弹出来的对话框中，设置【镜像轴】为 X，设置【偏移】为 192mm，在【克隆当前选择】下，勾选【复制】，单击【确定】按钮，如图 2-414 所示。

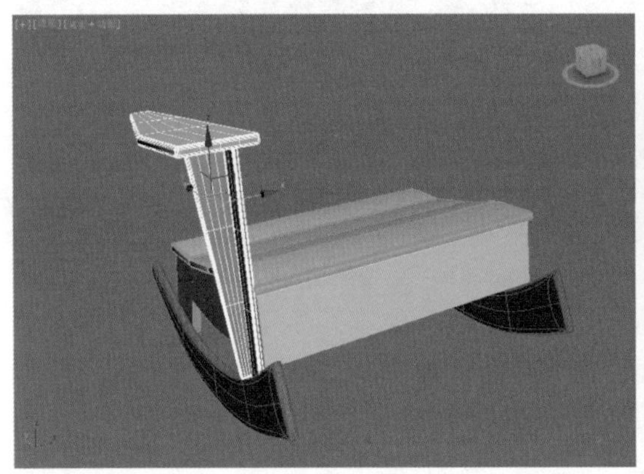

图 2-413

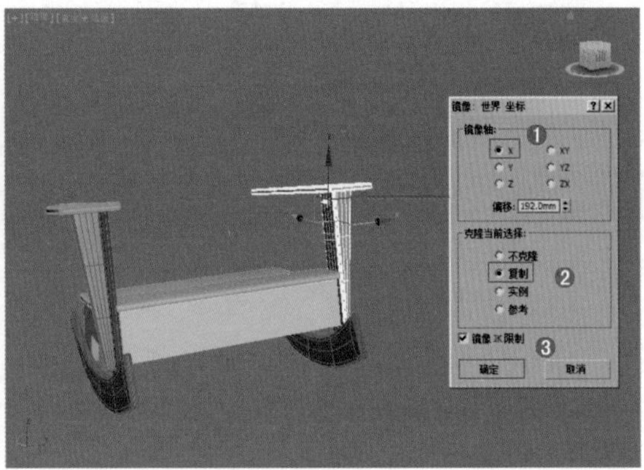

图 2-414

（8）继续在透视图中拖动创建一个切角长方体，接着在【修改面板】下，设置【长度】为 240mm，【宽度】为 40mm，【高度】为 5mm，【圆角】为 2mm，【长度分段】为 1，【宽度分段】为 1，【高度分段】为 1，【圆角分段】为 5，如图 2-415 所示。

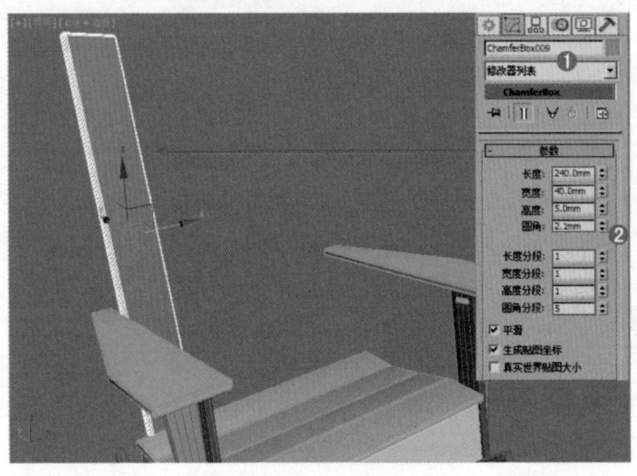

图 2-415

（9）选择上一步的模型，使用（选择并移动）工具按住 <Shift> 键进行复制 3 次，并使用（选择并移动）工具和使用（选择并旋转）工具进行适当调整，效果如图 2-416 所示。

图 2-416

（10）继续在透视图中拖动创建一个切角长方体，接着在【修改面板】下，设置【长度】为 10mm，【宽度】为 190mm，【高度】为 5mm，【圆角】为 1.5mm，【长度分段】为 4，【宽度分段】为 10，【高度分段】为 1，【圆角分段】为 5，如图 2-417 所示。

（11）选择上一步的模型，并在【修改器列表】中加载【FFD3 × 3 × 3】命令修改器，进入【控制点】级别，使用（选择并移动）工具，在透视图调节控制点的位置，如图 2-418 所示。

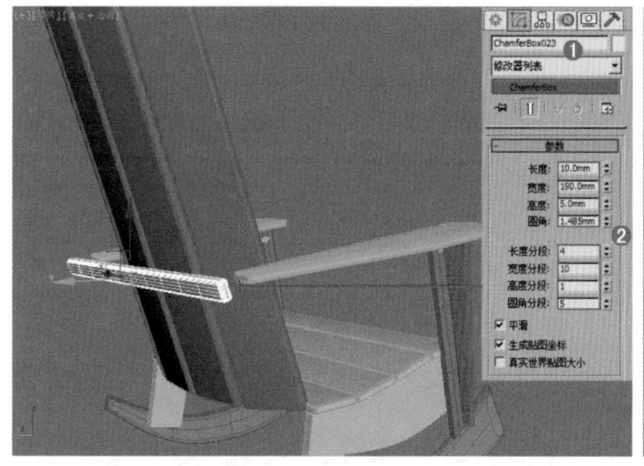

图 2-417

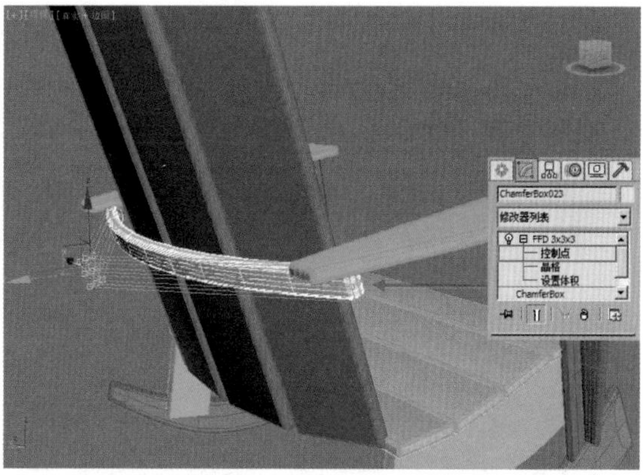

图 2-418

（12）用同样的方法制作出另一个模型，效果如图 2-419 所示。

（13）模型最终效果如图 2-420 所示。

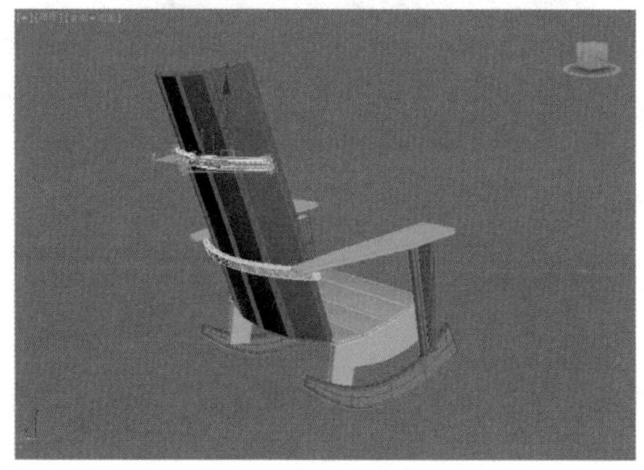

图 2-419

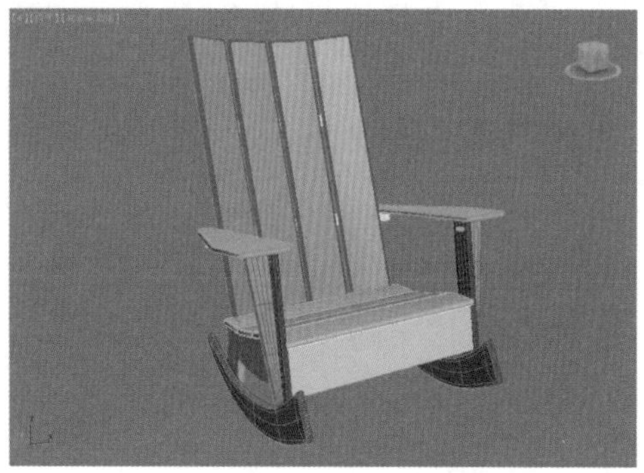

图 2-420

进阶案例——摇椅

案例文件	进阶案例——摇椅 .max
视频教学	多媒体教学 /Chapter 02/ 进阶案例——摇椅 .flv
难易指数	★★★☆☆
技术掌握	掌握【长方体】、【球体】、【圆柱体】、【线】、【螺旋线】、【图形合并】、【圆】、【切角圆柱体】、【编辑多边形】、【网格平滑】和【FFD3×3×3】命令的运用

本例就来学习标准基本体下的【长方体】、【球体】、【圆柱体】，扩展基本体下的【切角圆柱体】、复合对象下的【图形合并】，样条线下的【线】、【圆】、【螺旋线】和【修改面板】下的【编辑多边形】、【网格平滑】、【FFD3×3×3】命令来完成模型的制作，最终渲染和线框效果如图 2-421 所示。

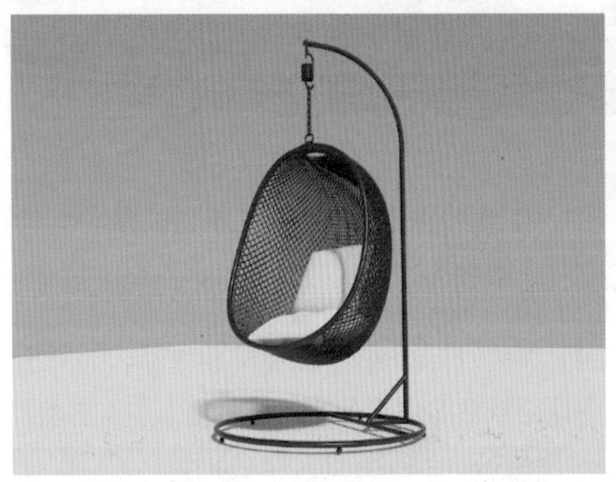
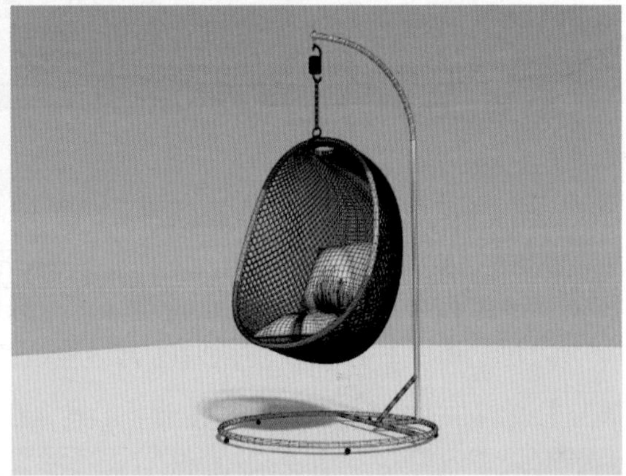

图 2-421

|建模思路|

1 使用球体、圆、线制作模型

2 使用长方体、圆柱体、线、螺旋线、图形合并、圆、切角圆柱体、编辑多边形、网格平滑和 FFD3×3×3 制作模型

摇椅建模流程，如图 2-422 所示。

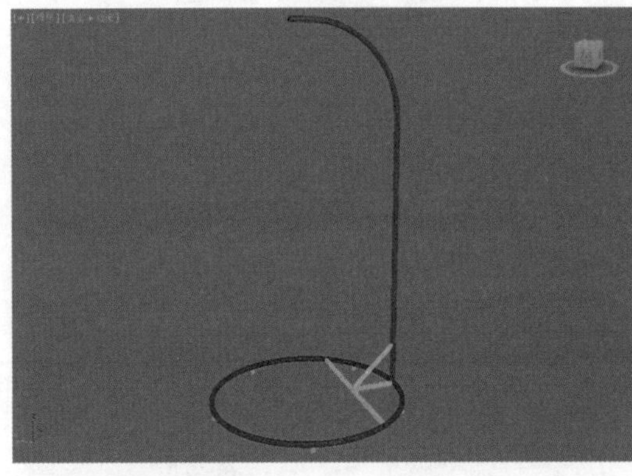
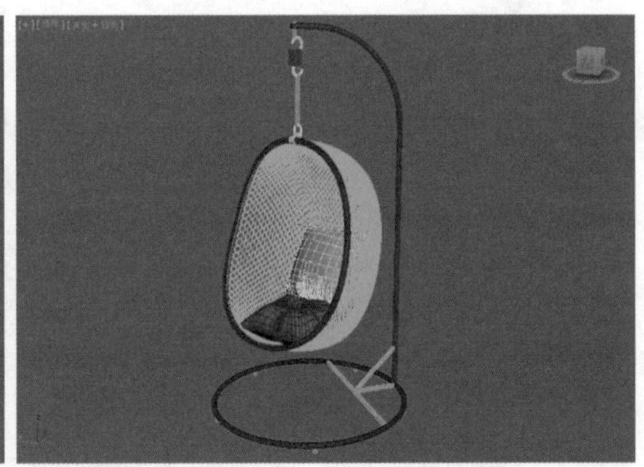

图 2-422

|制作步骤|

1. 使用球体、圆、线制作模型

（1）单击（创建）|（图形）| 样条线 | 圆 按钮，在透视图中绘制圆图形，接着在【修改面板】下设置【半径】为 68mm，如图 2-423 所示。

（2）接着在【修改面板】下展开【渲染】卷展栏，勾选【在渲染中启用】和【在视口中启用】，并勾选【径向】，设置【厚度】为 3.5mm，在【插值】卷展栏下设置【步数】为 18，效果如图 2-424 所示。

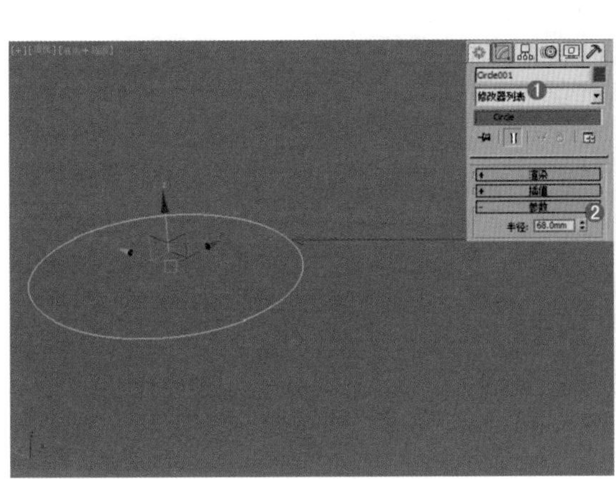

图 2-423

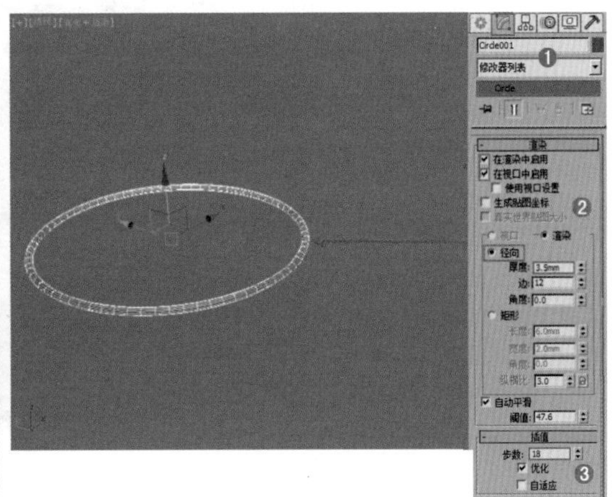

图 2-424

（3）单击（创建）|（几何体）| 球体 按钮，在透视图中拖动创建一个球体，接着在【修改面板】下设置【半径】为 1.58mm，【分段】为 32，如图 2-425 所示。

（4）选择上一步的模型，使用（选择并移动）工具按住 <Shift> 键进行复制，在弹出的【克隆选项】对话框中选择【复制】，单击【确定】按钮，效果如图 2-426 所示。

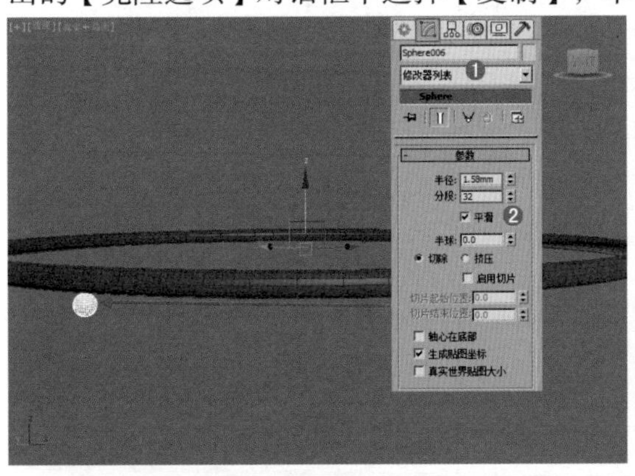

图 2-425

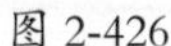

图 2-426

（5）用同样的方法复制出其他 3 个球体，并使用（选择并移动）工具调整其位置如图 2-427 所示。

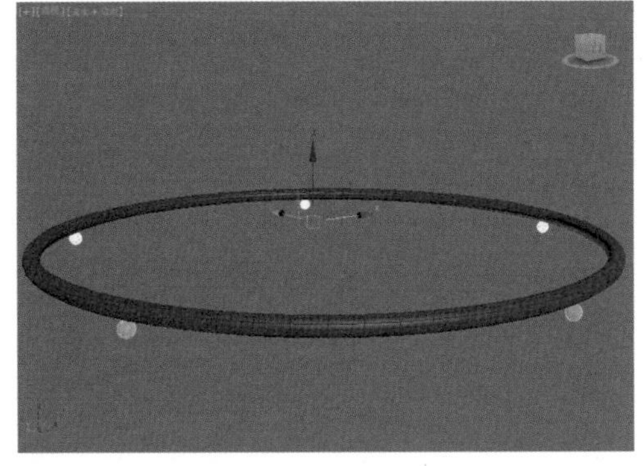

图 2-427

（6）单击（创建）|（几何体）| 圆柱体 按钮，在透视图中拖动创建一个圆柱体，接着在【修改面板】下设置【半径】为 1.5mm，【高度】为 116mm，如图 2-428 所示。

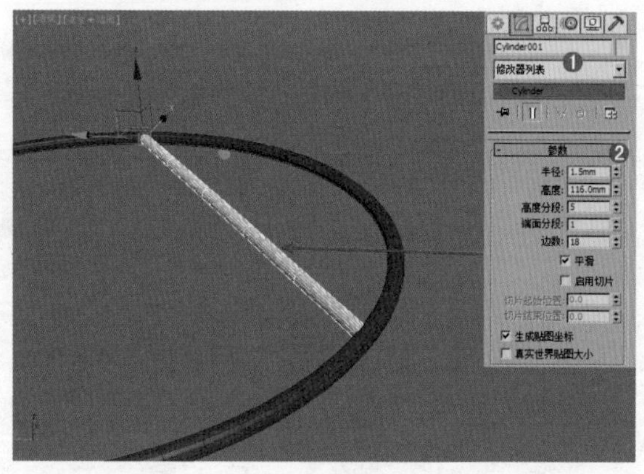

图 2-428

（7）继续在透视图中拖动创建一个圆柱体，接着在【修改面板】下设置【半径】为 1.5mm，【高度】为 32mm，如图 2-429 所示。

（8）继续在透视图中拖动创建一个圆柱体，接着在【修改面板】下设置【半径】为 1.5mm，【高度】为 43mm，如图 2-430 所示。

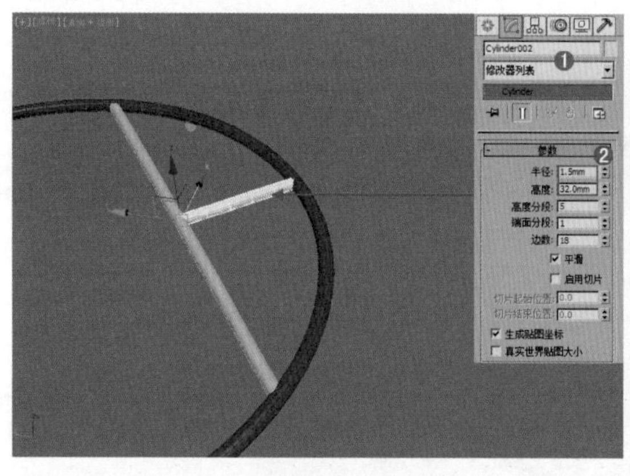

图 2-429

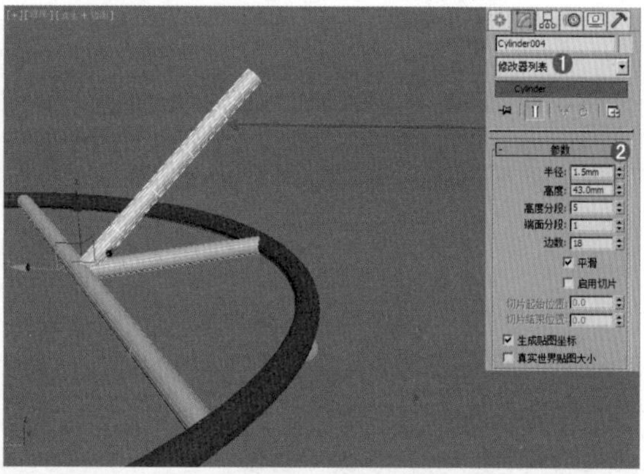

图 2-430

（9）切换到前视图，单击（创建）|（图形）| 样条线 | 线 按钮，在前视图中绘制图形，如图 2-431 所示。

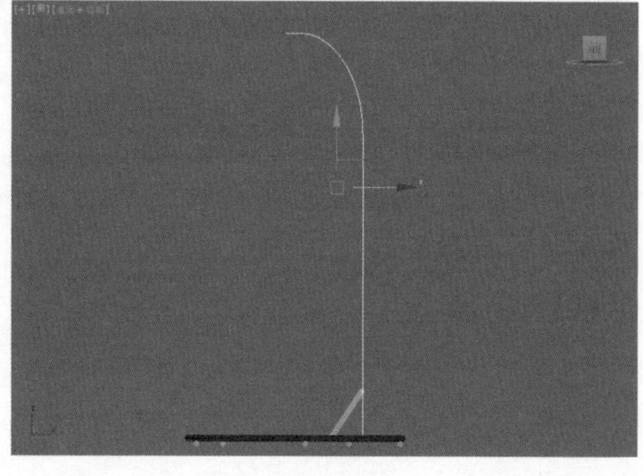

图 2-431

（10）接着在【修改面板】下展开【渲染】卷展栏，勾选【在渲染中启用】和【在视口中启用】，并勾选【径向】，设置【厚度】为 3.5mm，在【插值】卷展栏下设置【步数】为 10，效果如图 2-432 所示。

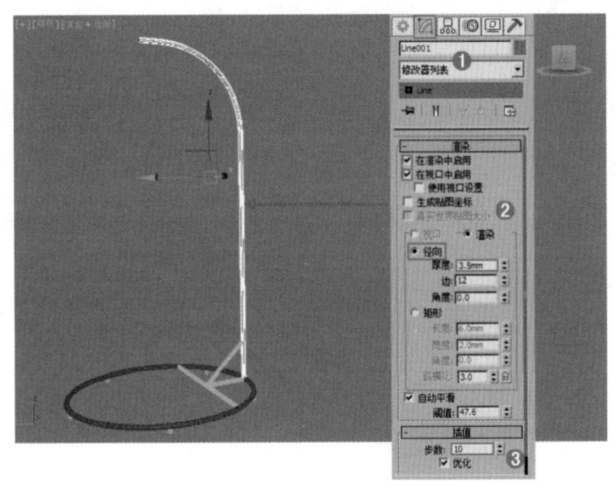

图 2-432

2. 使用长方体、圆柱体、线、螺旋线、图形合并、圆、切角圆柱体、编辑多边形、网格平滑和 FFD3×3×3 制作模型

（1）单击 （创建）| （几何体）| 扩展基本体 | 切角圆柱体 按钮，在透视图中拖动创建一个切角圆柱体，接着在【修改面板】下，设置【半径】为 1mm，【高度】为 10mm，【圆角】为 1mm，【高度分段】为 1，【圆角分段】为 5，【边数】为 12，【断面分段】为 1，如图 2-433 所示。

（2）切换到前视图，单击 （创建）| （图形）| 样条线 | 线 按钮，在前视图中绘制图形，如图 2-434 所示。

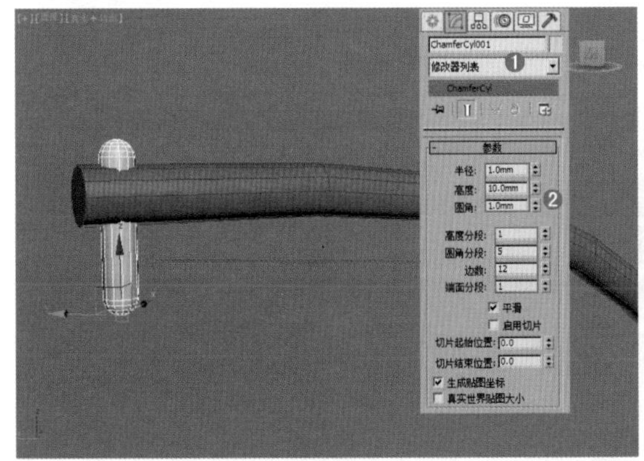

图 2-433

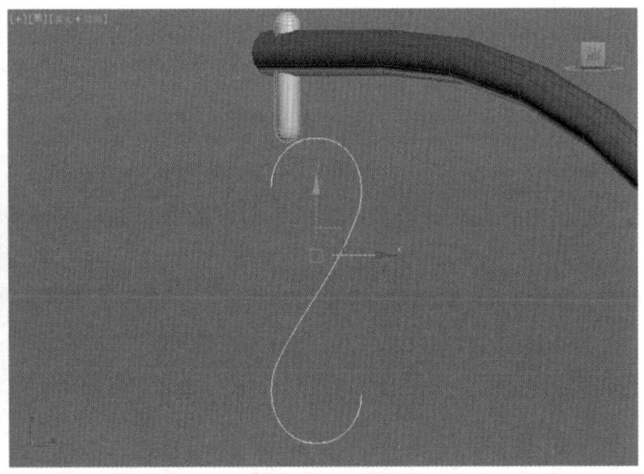

图 2-434

（3）接着在【修改面板】下展开【渲染】卷展栏，勾选【在渲染中启用】和【在视口中启用】，并勾选【径向】，设置【厚度】为 1.5mm，效果如图 2-435 所示。

（4）单击 （创建）| （图形）| 样条线 | 螺旋线 按钮，在透视图中绘制螺旋线，接着在【修改面板】下设置【半径 1】为 4mm，【半径 2】为 4mm，【高度】为 10mm，【圈数】为 20，如图 2-436 所示。

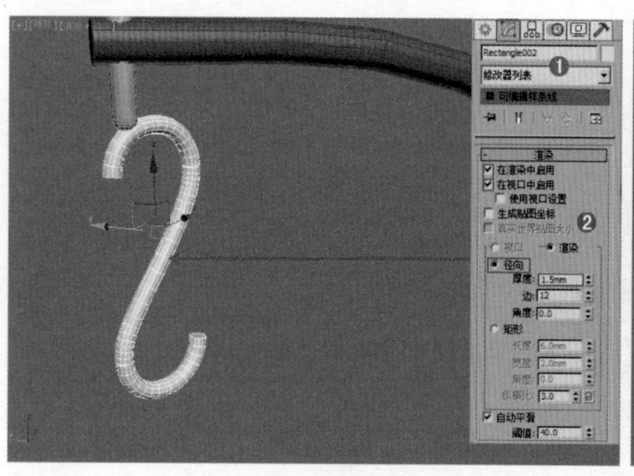
图 2-435

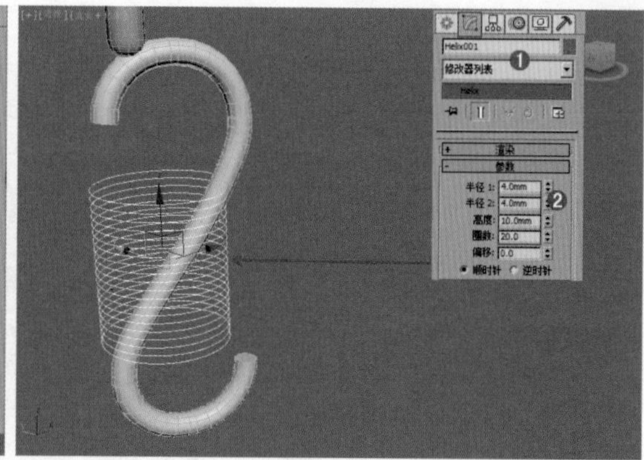
图 2-436

（5）接着在【修改面板】下展开【渲染】卷展栏，勾选【在渲染中启用】和【在视口中启用】，并勾选【径向】，设置【厚度】为 0.5mm，效果如图 2-437 所示。

（6）切换到左视图，单击（创建）|（图形）| 样条线 | 线 按钮，在左视图中绘制图形，如图 2-438 所示。

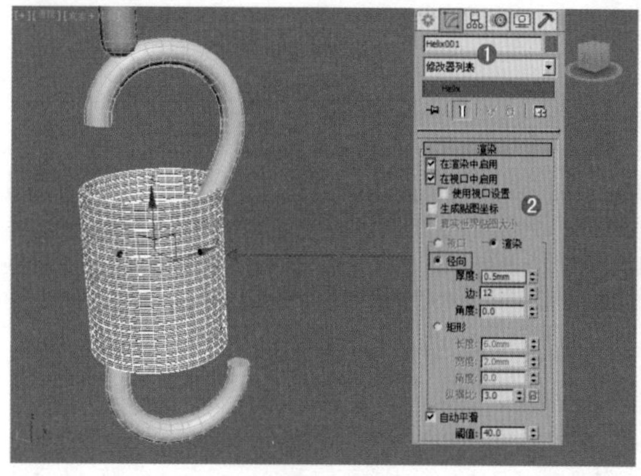
图 2-437

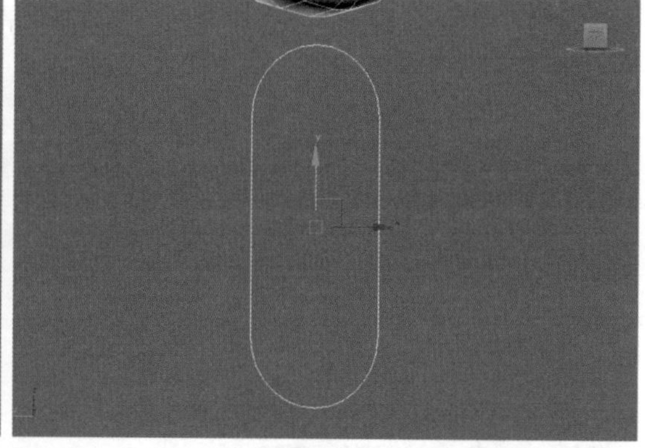
图 2-438

（7）选择上一步的图形，单击右键，选择【转换为】/【转换为可编辑样条线】，如图 2-439 所示。

（8）接着在【修改面板】下展开【渲染】卷展栏，勾选【在渲染中启用】和【在视口中启用】，并勾选【径向】，设置【厚度】为 1mm，效果如图 2-440 所示。

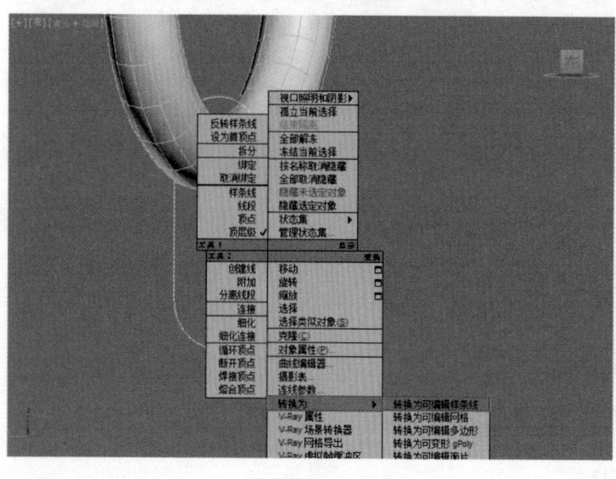
图 2-439

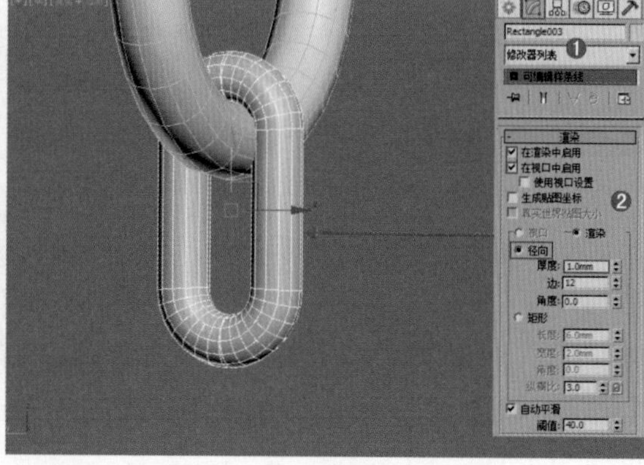
图 2-440

（9）选择上一步的模型，使用（选择并移动）工具按住 <Shift> 键进行复制，在弹出的【克隆选项】对话框中选择【复制】，单击【确定】按钮，效果如图 2-441 所示。

（10）单击工具栏中（角度捕捉切换）按钮，在弹出的【栅格和捕捉设置】对话框中设置【角度】为 90 度，然后使用（选择并旋转）工具进行旋转，如图 2-442 所示。

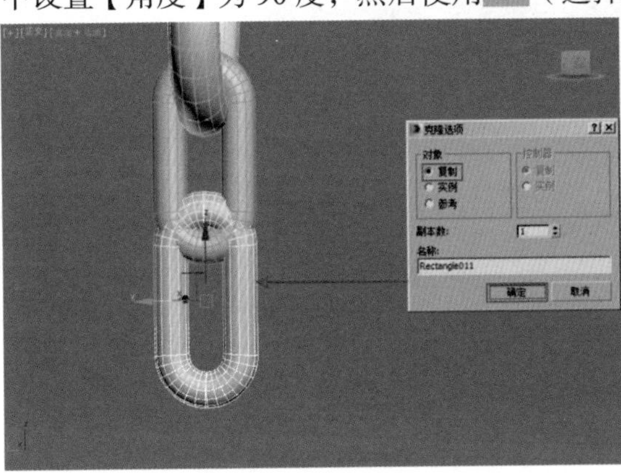

图 2-441

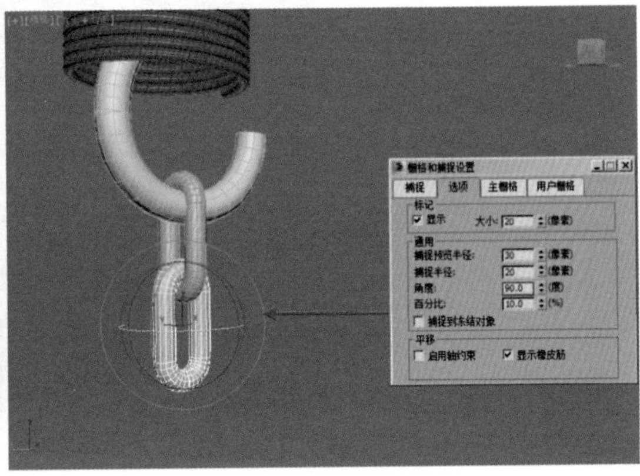

图 2-442

（11）使用同样的方法制作出其他模型，效果如图 2-443 所示。

（12）切换到左视图，单击（创建）|（图形）| 样条线 | 圆 按钮，在左视图中绘制圆图形，接着在【修改面板】下设置【半径】为 3.4mm，如图 2-444 所示。

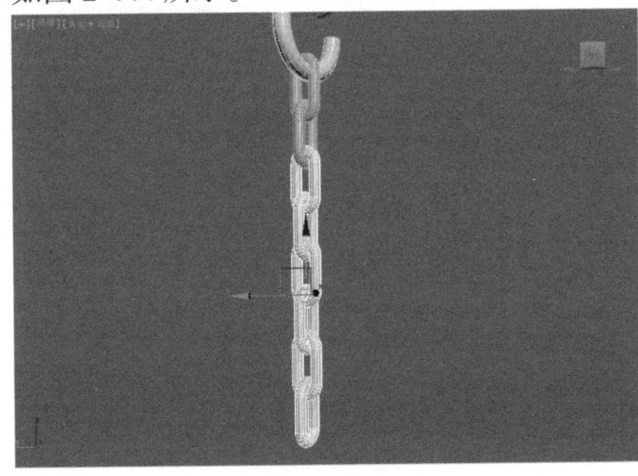

图 2-443

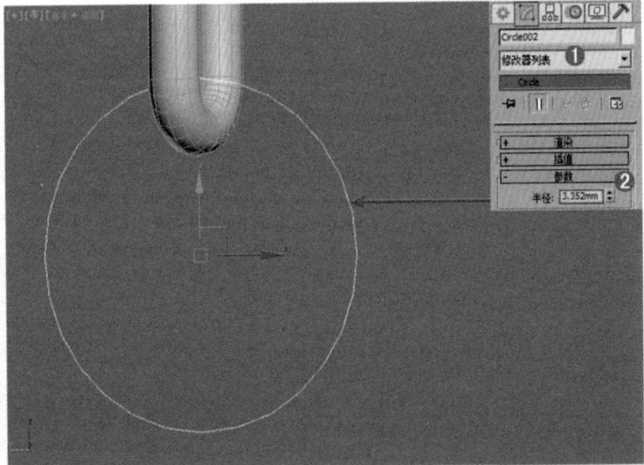

图 2-444

（13）接着在【修改面板】下展开【渲染】卷展栏，勾选【在渲染中启用】和【在视口中启用】，并勾选【径向】，设置【厚度】为 1mm，效果如图 2-445 所示。

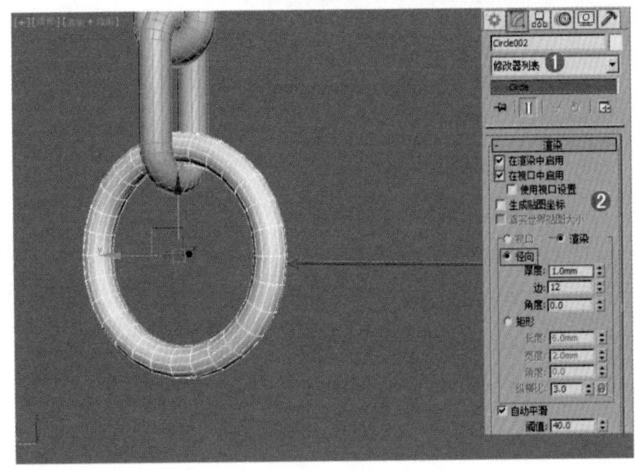

图 2-445

（14）单击 （创建）| （几何体）| 长方体 按钮，在透视图中拖动创建一个长方体，接着在【修改面板】下设置【长度】为 10mm，【宽度】为 1mm，【高度】为 12mm，【长度分段】为 4，【宽度分段】为 1，【高度分段】为 5，如图 2-446 所示。

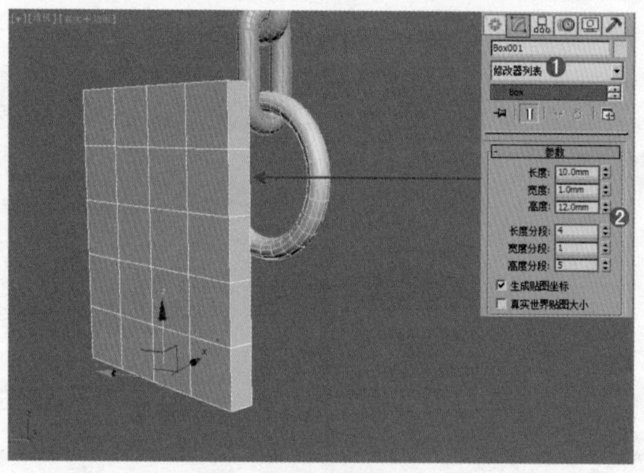

图 2-446

（15）选择上一步的模型，然后在【修改面板】下加载【编辑多边形】命令修改器，进入 （顶点）级别，选择顶点，使用 （选择并移动）工具调整点的位置如图 2-447 所示。

（16）选择上一步的模型，在【修改面板】下加载【网格平滑】命令，在【细分量】卷展栏下，设置【迭代次数】为 3，如图 2-448 所示。

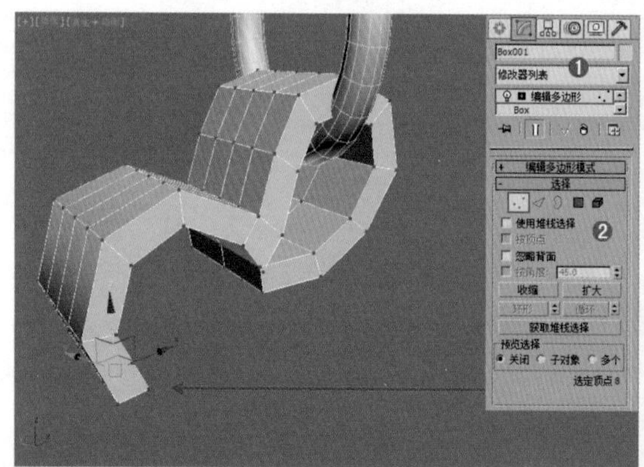

图 2-447

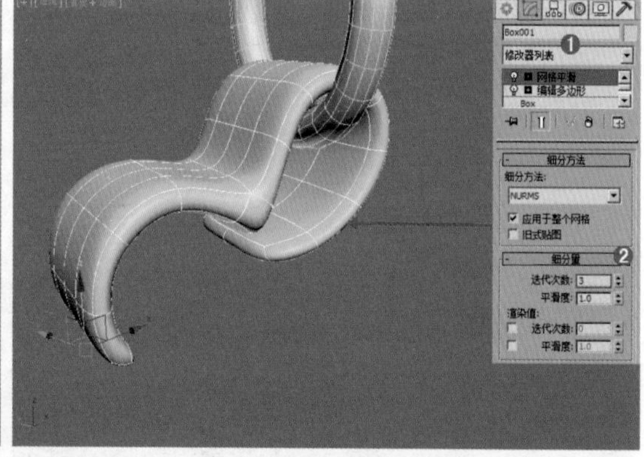

图 2-448

（17）单击 （创建）| （图形）| 样条线 | 线 按钮，在透视图中绘制图形，如图 2-449 所示。

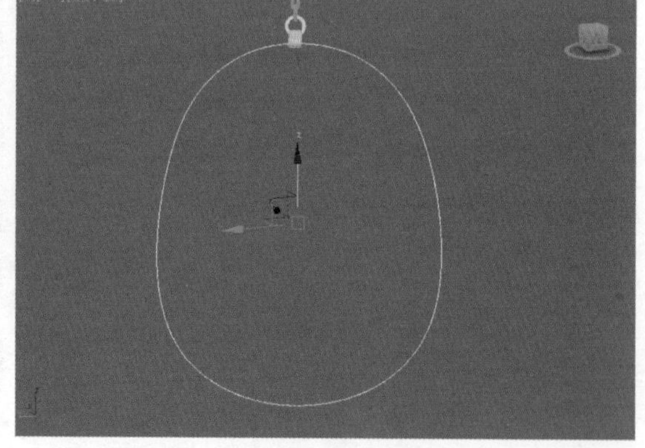

图 2-449

(18)选择上一步的图形，单击右键，选择【转换为】/【转换为可编辑样条线】，如图 2-450 所示。

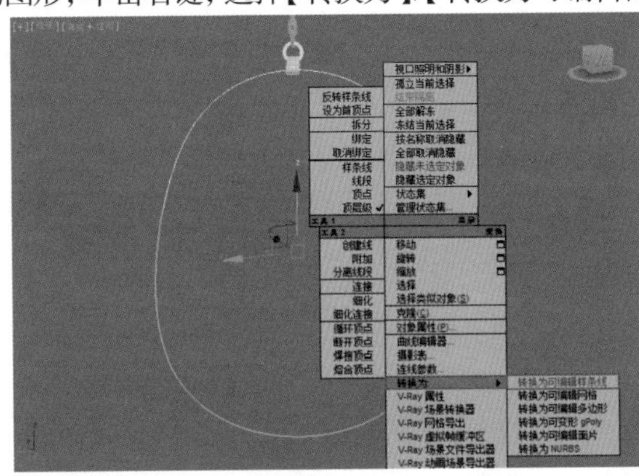

图 2-450

(19) 接着在【修改面板】下展开【渲染】卷展栏，勾选【在渲染中启用】和【在视口中启用】，并勾选【径向】，设置【厚度】为 3.7mm，效果如图 2-451 所示。

(20)单击 (创建) | (几何体) | 球体 按钮，在透视图中拖动创建一个球体，接着在【修改面板】下设置【半径】为 80mm，【分段】为 86，如图 2-452 所示。

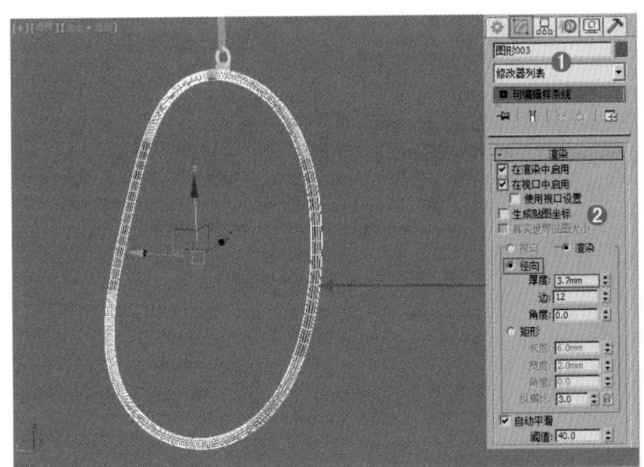

图 2-451

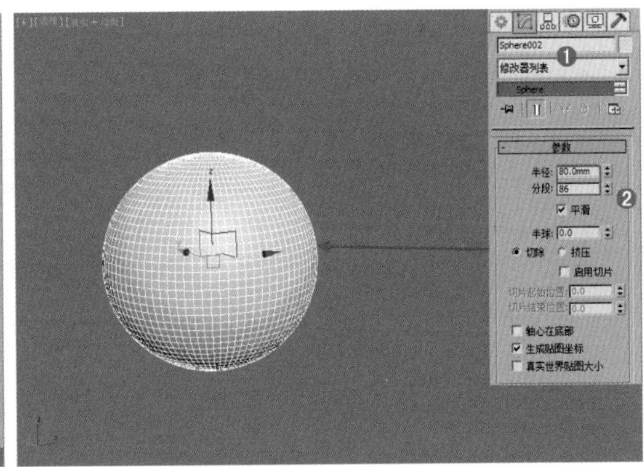

图 2-452

(21) 选择上一步的模型，然后在【修改面板】下加载【编辑多边形】命令修改器，进入 (顶点)级别，选择如图 2-453 所示顶点。使用 <Delete> 键进行删除，如图 2-454 所示。

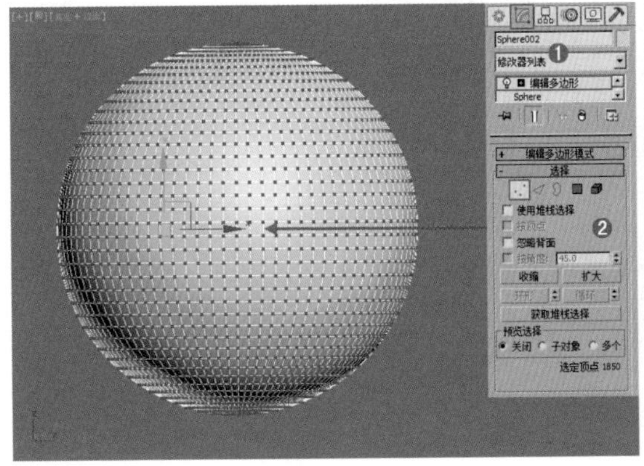

图 2-453

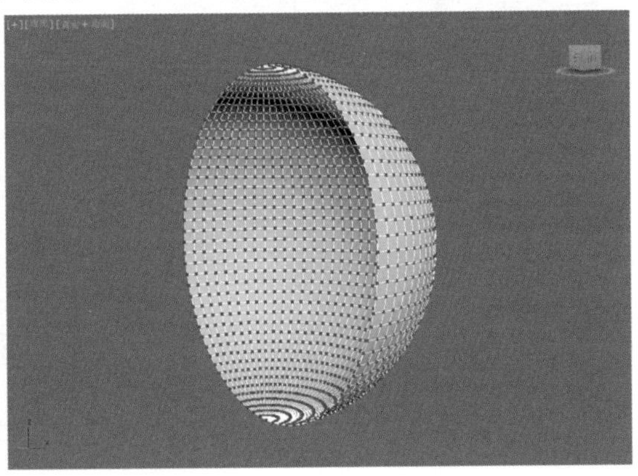

图 2-454

（22）选择上一步的模型，并在【修改器列表】中加载【FFD3×3×3】命令修改器，进入【控制点】级别，使用（选择并移动）工具，在透视图调节控制点的位置，如图 2-455 所示。

（23）切换到顶视图，单击（创建）|（图形）| 样条线 | 线 按钮，在顶视图中绘制图形，如图 2-456 所示。

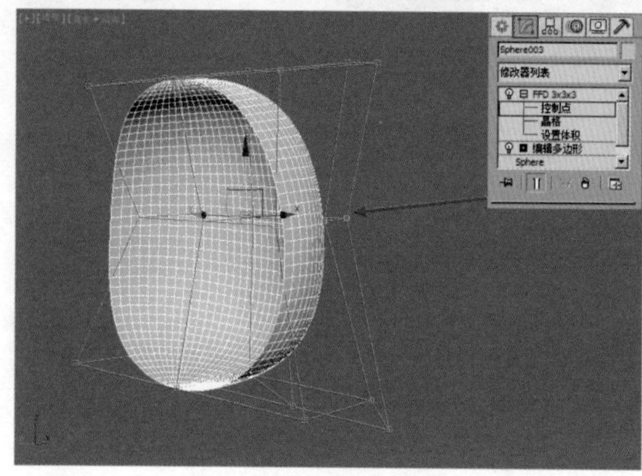

图 2-455

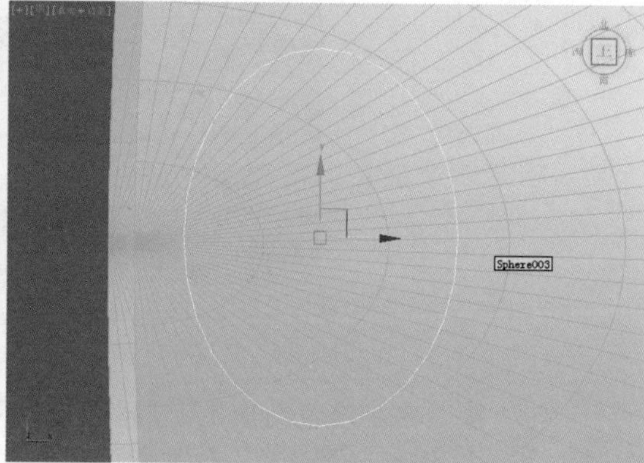

图 2-456

（24）单击（创建）|（几何体）| 复合对象 | 图形合并 按钮，展开【拾取操作对象】卷展栏，单击【拾取图形】按钮，拾取透视图中的图形，如图 2-457 所示。图形合并后的模型效果如图 2-458 所示。

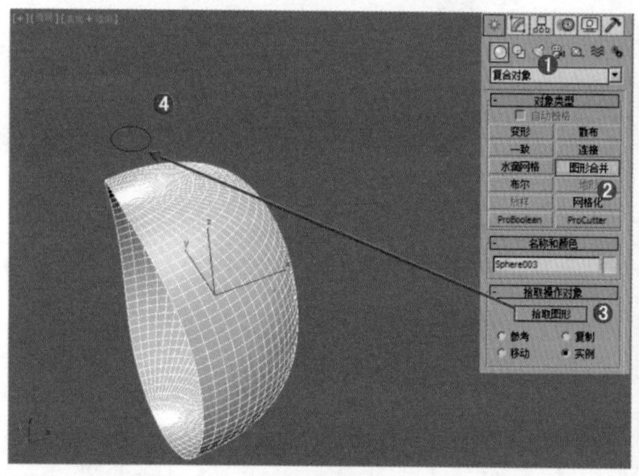

图 2-457

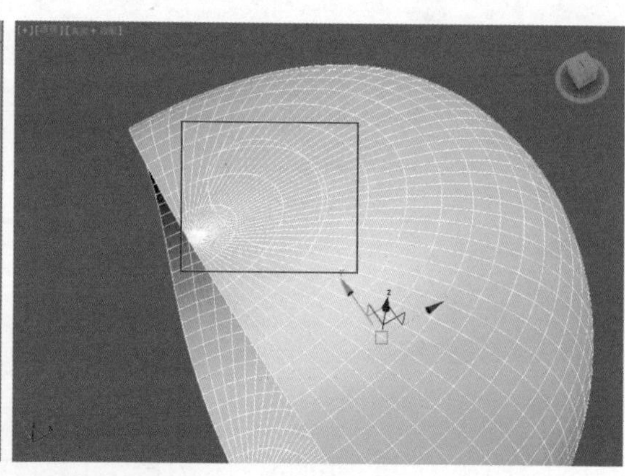

图 2-458

（25）选择上一步的模型，并在【修改器列表】中加载【编辑多边形】命令，进入（多边形）级别，选择如图 2-459 所示的多边形。使用 <Delete> 键进行删除，如图 2-460 所示。

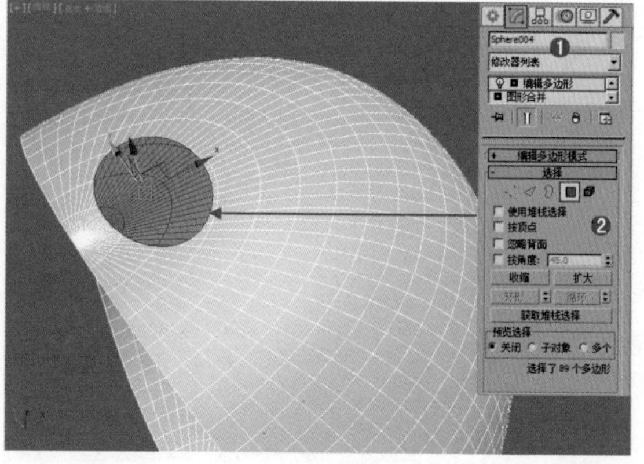

图 2-459

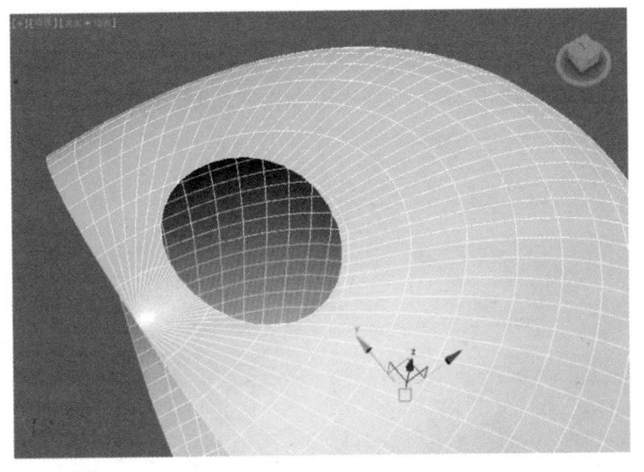

图 2-460

（26）选择上一步的模型，使用（选择并移动）工具移动到如图 2-461 所示的位置。

（27）选择模型，并在【修改器列表】中加载【编辑多边形】命令，进入（边）级别，选择如图 2-462 所示的边。

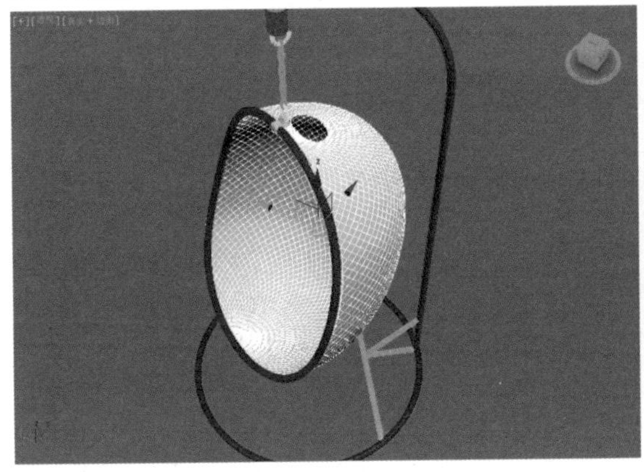

图 2-461

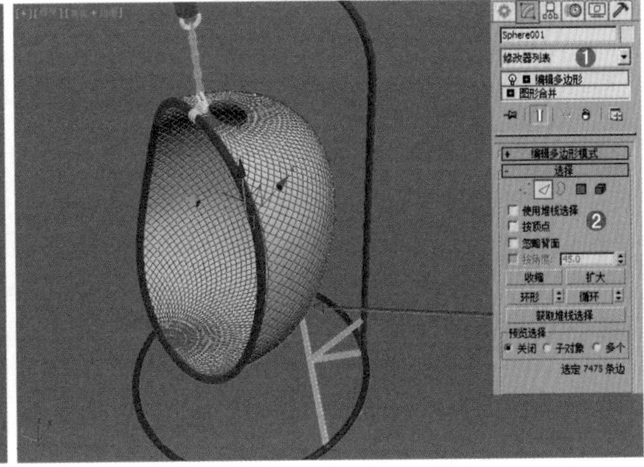

图 2-462

（28）展开【编辑边】卷展栏，单击【创建图形】，在弹出的对话框中选择【平滑】，然后单击【确定】按钮，如图 2-463 所示。

（29）使用 <Delete> 键删除模型，留下创建图形后的样条线，接着在【修改面板】下展开【渲染】卷展栏，勾选【在渲染中启用】和【在视口中启用】，并勾选【径向】，设置【厚度】为 0.5mm，效果如图 2-464 所示。

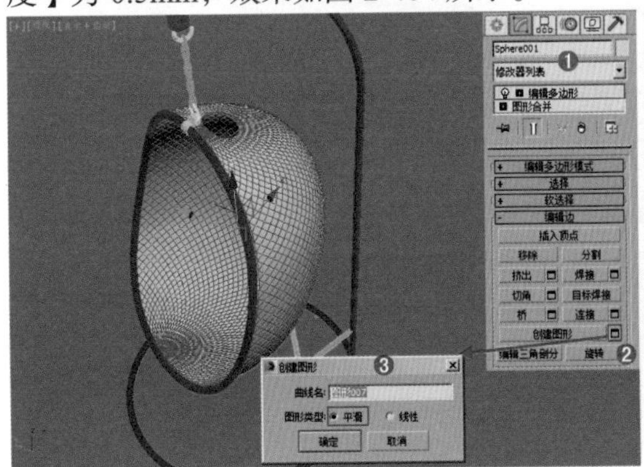

图 2-463

图 2-464

（30）选择上一步的模型，使用 （选择并移动）工具按住 <Shift> 键进行复制，并使用 （选择并均匀缩放）工具进行缩放，效果如图 2-465 所示。

（31）切换到顶视图，单击 （创建）|（图形）| 样条线 | 线 按钮，在顶视图中绘制图形，如图 2-466 所示。

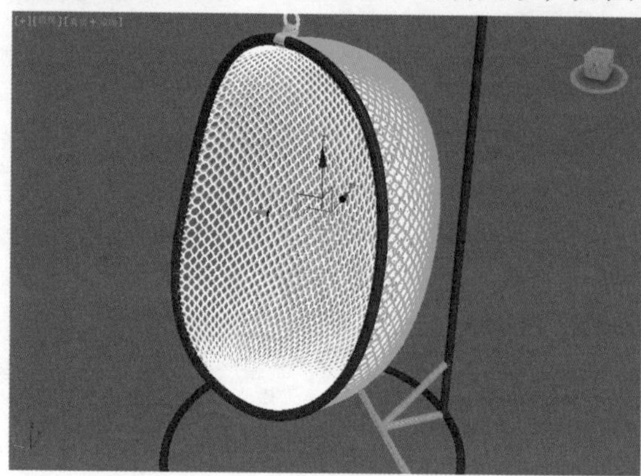

图 2-465

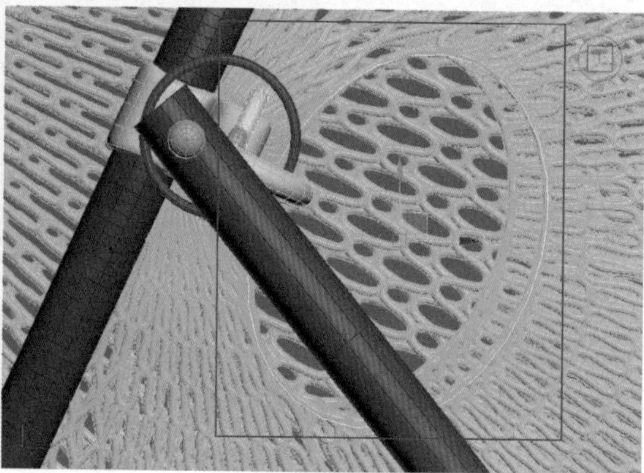

图 2-466

（32）接着在【修改面板】下展开【渲染】卷展栏，勾选【在渲染中启用】和【在视口中启用】，并勾选【径向】，设置【厚度】为 3.7mm，效果如图 2-467 所示。

（33）最后制作出剩余模型，最终模型效果如图 2-468 所示。

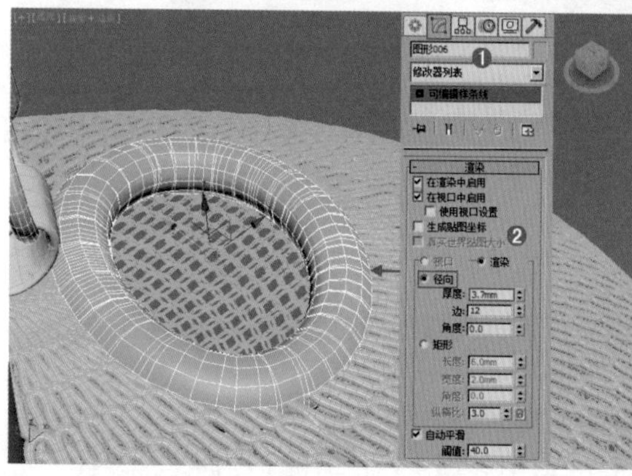

图 2-467

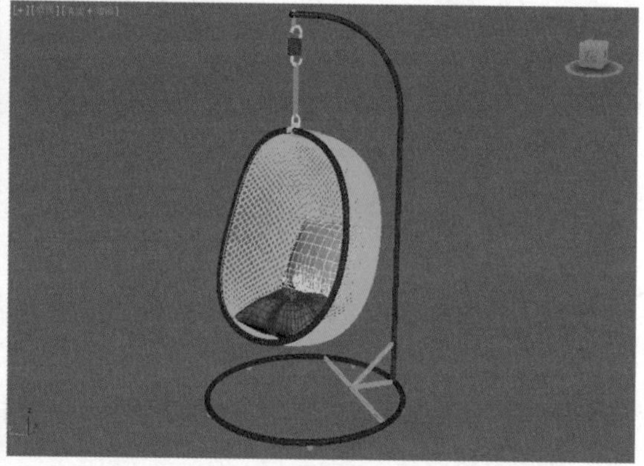

图 2-468

进阶案例——植物

案例文件	进阶案例——植物 .max
视频教学	多媒体教学 /Chapter 02/ 进阶案例——植物 .flv
难易指数	★★☆☆☆
技术掌握	掌握【植物】工具、【选择并移动】工具的运用

本例就来学习使用标准基本体下的【植物】工具、【选择并移动】工具来完成模型的制作，最终渲染和线框效果如图 2-469 所示。

|制作步骤|

美洲榆树建模流程图，如图 2-470 所示。

图 2-469

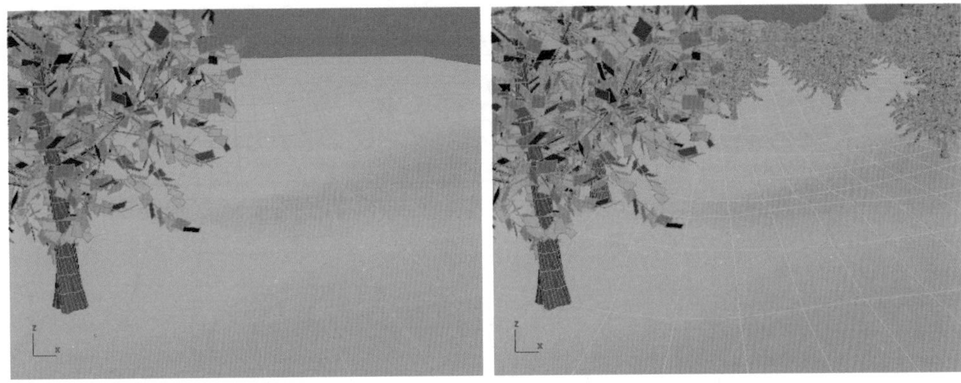

图 2-470

（1）单击（创建）|（几何体）| AEC 扩展 | 植物 |（美洲榆）按钮，在顶视图中拖动创建一个植物，接着在【修改面板】下设置【种子】为 5345018，如图 2-471 所示。

图 2-471

（2）选择上一步创建的模型，并使用（选择并移动）工具按住 <Shift> 键进行复制，随机复制出若干个模型，效果如图 2-472 所示。

（3）模型最终效果如图 2-473 所示。

图 2-472

图 2-473

进阶案例——吊灯

案例文件	进阶案例——吊灯 .max
视频教学	多媒体教学 /Chapter 02/ 进阶案例——吊灯 .flv
难易指数	★★★☆☆
技术掌握	掌握【线】、【圆】工具和【车削】命令

本例就来学习使用样条线下的【线】、【圆】工具和【车削】命令来完成模型的制作，最终渲染和线框效果如图 2-474 所示。

|建模思路|

图 2-474

1 使用样条线、圆和车削制作模型

2 使用样条线和车削制作模型

吊灯建模流程图，如图 2-475 所示。

图 2-475

|制作步骤|

1. 使用样条线、圆和车削制作模型

（1）单击（创建）|（图形）| 样条线 | 线 按钮，在前视图中创建如图 2-476 所示的样条线。

（2）选择上一步创建的图形，然后在【修改面板】下加载【车削】命令修改器。接着展开【参数】卷展栏，设置【度数】为 360，【分段】为 40，并设置【对齐】为【最小】，如图 2-477 所示。

图 2-476

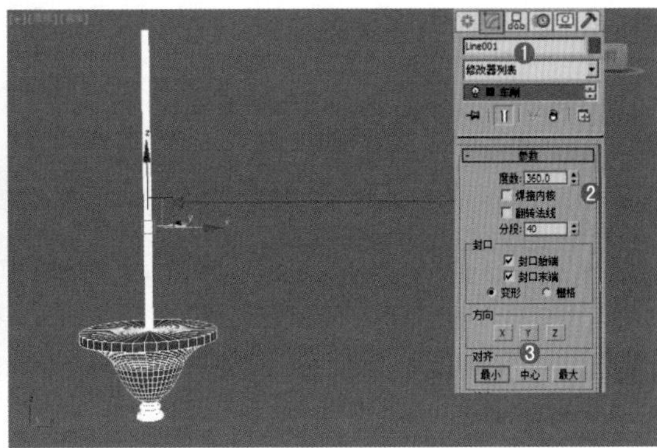

图 2-477

（3）单击（创建）|（图形）| 样条线 | 圆 按钮，在前视图中创建一个圆图形。接着展开【参数】卷展栏，设置【半径】为 10mm，如图 2-478 所示。

（4）接着在【修改面板】下展开【渲染】卷展栏，勾选【在渲染中启用】和【在视口中启用】，并勾选【径向】，设置【厚度】为 2mm，如图 2-479 所示。

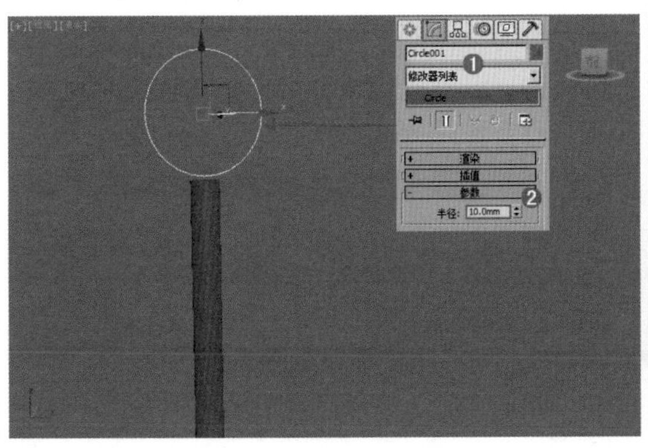

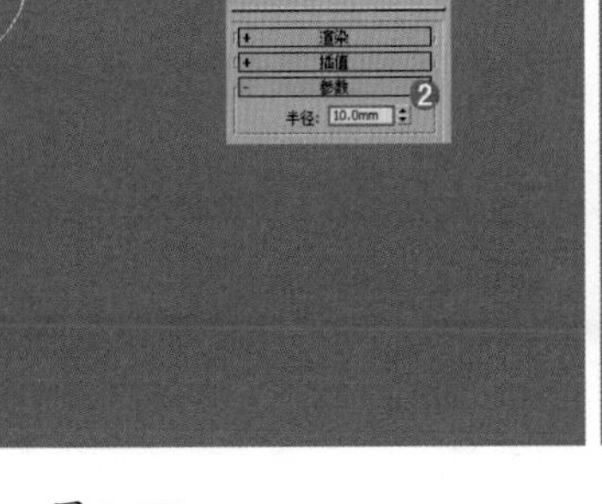

图 2-478

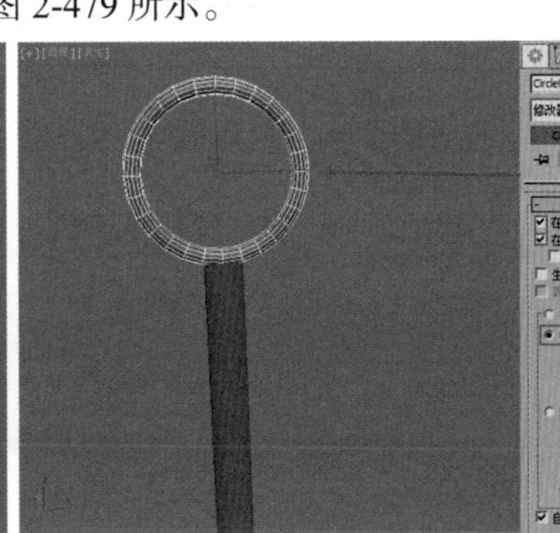

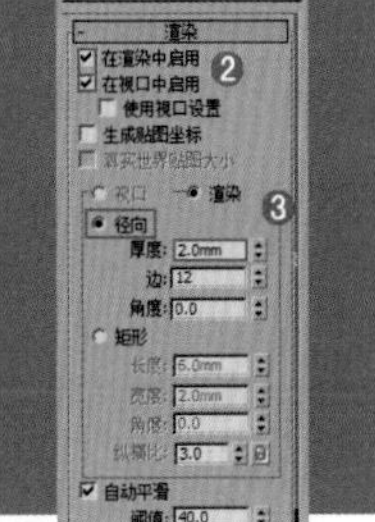

图 2-479

（5）单击（创建）|（图形）| 样条线 | 线 按钮，在前视图中创建如图 2-480 所示的样条线。

（6）接着在【修改面板】下展开【渲染】卷展栏，勾选【在渲染中启用】和【在视口中启用】，并勾选【径向】，设置【厚度】为 1mm，如图 2-481 所示。

（7）选择已创建好的圆和线模型，并使用（选择并移动）工具按住 <Shift> 键进行复制，在弹出的【克隆选项】对话框中选择【复制】，复制后的效果如图 2-482 所示。

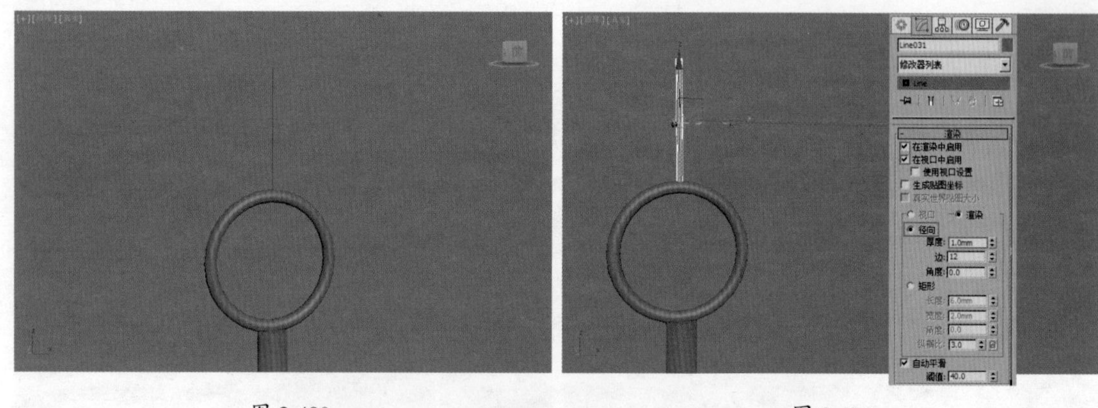

图 2-480　　　　图 2-481

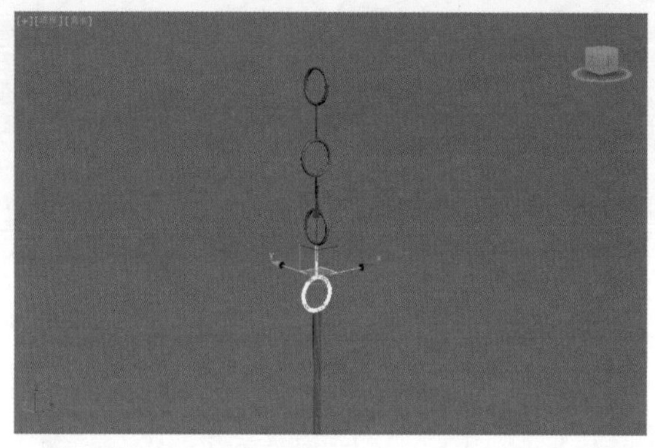

图 2-482

2. 使用样条线和车削制作模型

（1）单击 （创建）| （图形）| 样条线 | 线 按钮，在前视图中创建如图 2-483 所示的样条线。

（2）在【修改面板】下，进入【line】下的 （样条线）级别，在 轮廓 按钮后面输入 1mm，并按 <Enter> 键结束，如图 2-484 所示。

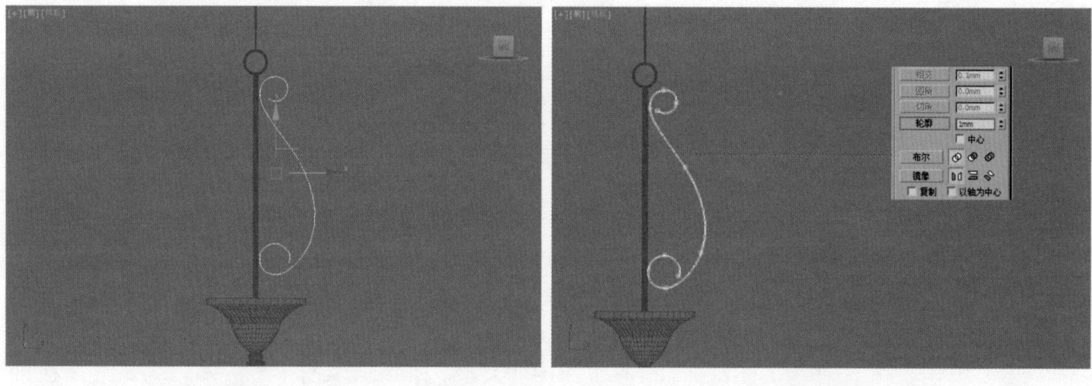

图 2-483　　　　图 2-484

（3）选择上一步创建的样条线，为其加载【挤出】命令修改器。在【修改面板】下展开【参数】卷展栏，设置【数量】为 8mm，如图 2-485 所示。

（4）选择上一步创建的模型，并使用 （选择并移动）工具按住 <Shift> 键进行复制，在弹出的【克隆选项】对话框中选择【复制】，设置【副本数】为 4，并使用（选择并移动）工具和（选择并旋转）工具摆放位置，如图 2-486 所示。

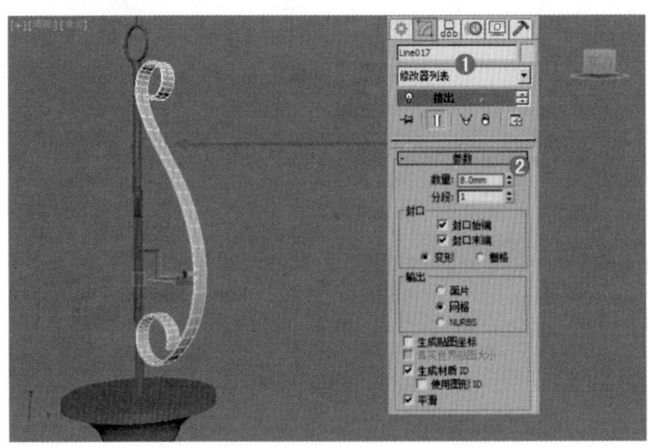

图 2-485

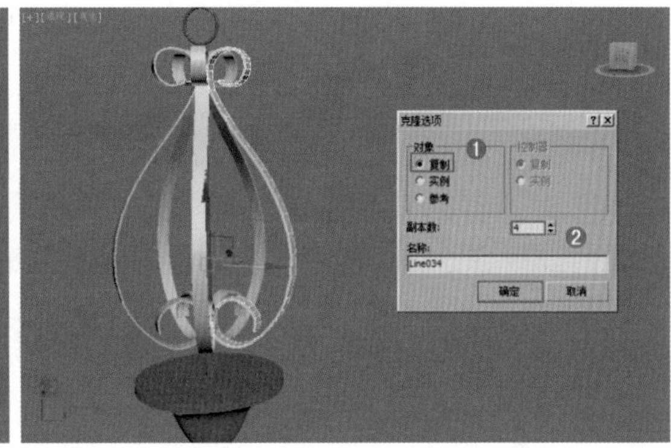

图 2-486

（5）单击（创建）|（图形）| 样条线 | 线 按钮，在前视图中创建如图 2-487 所示的样条线。

（6）接着在【修改面板】下展开【渲染】卷展栏，勾选【在渲染中启用】和【在视口中启用】，并勾选【径向】，设置【厚度】为 3mm，如图 2-488 所示。

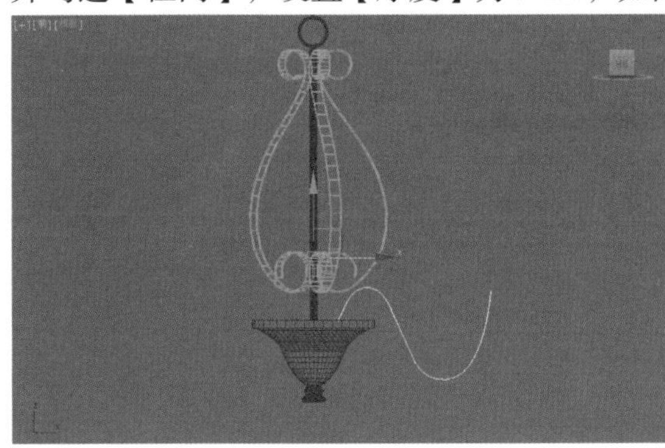

图 2-487

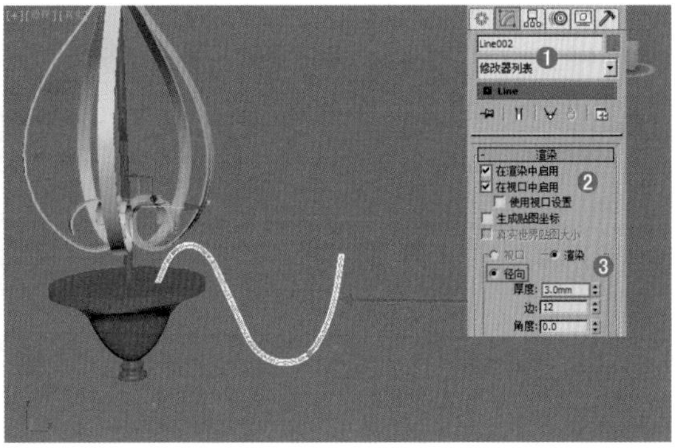

图 2-488

（7）单击（创建）|（图形）| 样条线 | 线 按钮，在前视图中创建如图 2-489 所示的样条线。

（8）选择上一步创建的图形，然后在【修改面板】下加载【车削】命令修改器。接着展开【参数】卷展栏，设置【度数】为 360，【分段】为 40，并设置【对齐】为【最小】，如图 2-490 所示。

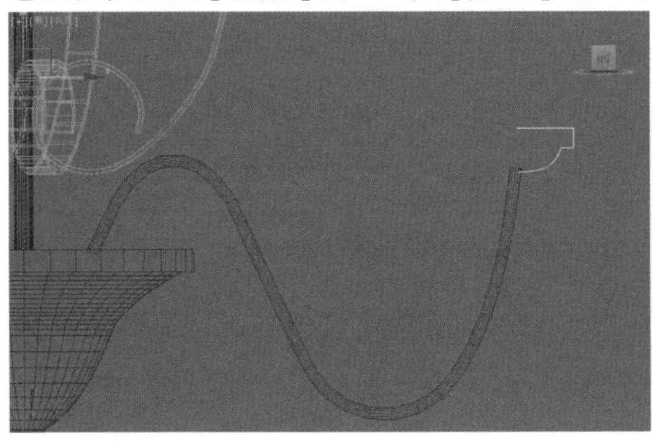

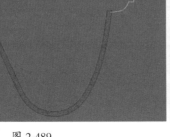

图 2-489

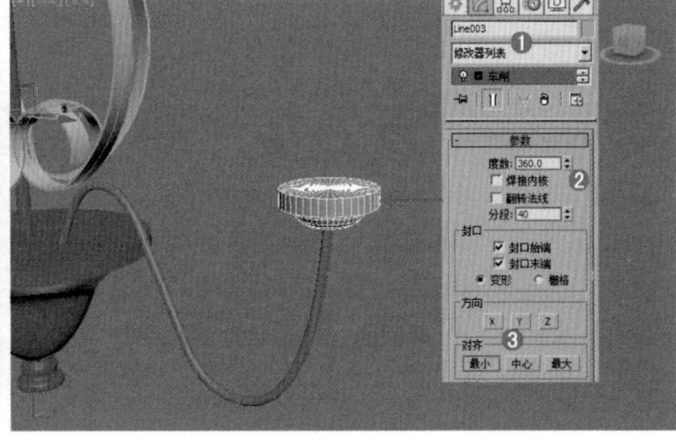

图 2-490

（9）单击（创建）|（图形）| 样条线 | 线 按钮，在前视图中创建如图 2-491 所示的样条线。

（10）选择上一步创建的图形，然后在【修改面板】下加载【车削】命令修改器。接着展开【参数】卷展栏，设置【度数】为 360，【分段】为 40，并设置【对齐】为【最小】，如图 2-492 所示。

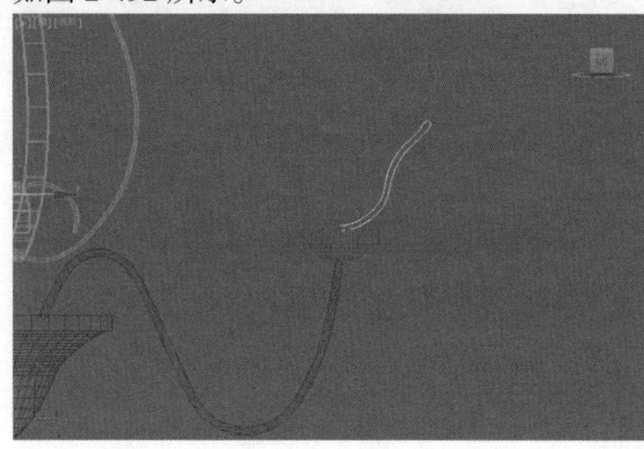

图 2-491

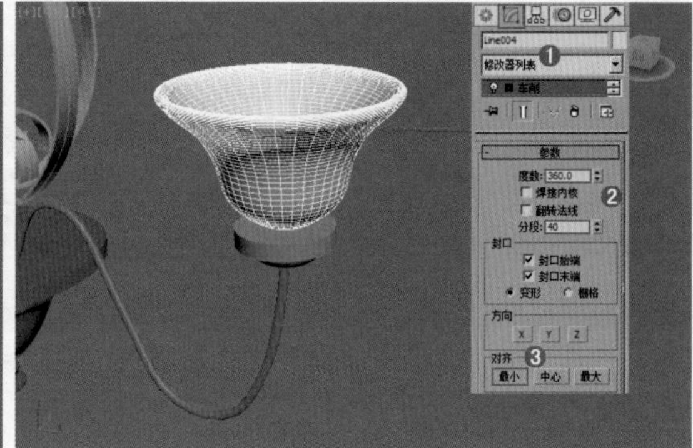

图 2-492

（11）单击（创建）|（图形）| 样条线 | 线 按钮，在前视图中创建如图 2-493 所示的样条线。

（12）在【修改面板】下，进入【line】下的（样条线）级别，在 轮廓 按钮后面输入 1mm，并按 <Enter> 键结束，如图 2-494 所示。

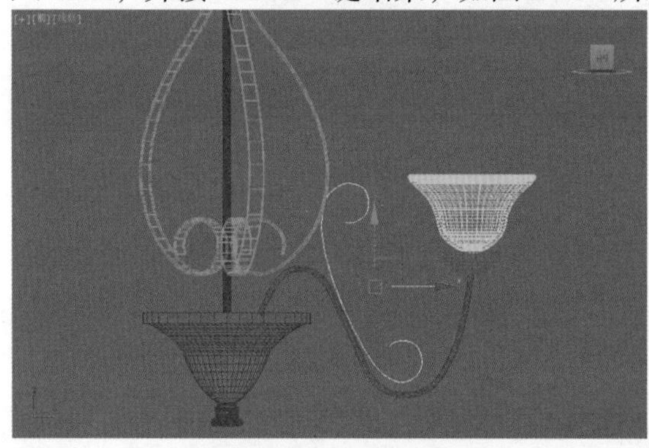

图 2-493

图 2-494

（13）选择上一步创建的样条线，为其加载【挤出】命令修改器。在【修改面板】下展开【参数】卷展栏，设置【数量】为 8mm，如图 2-495 所示。

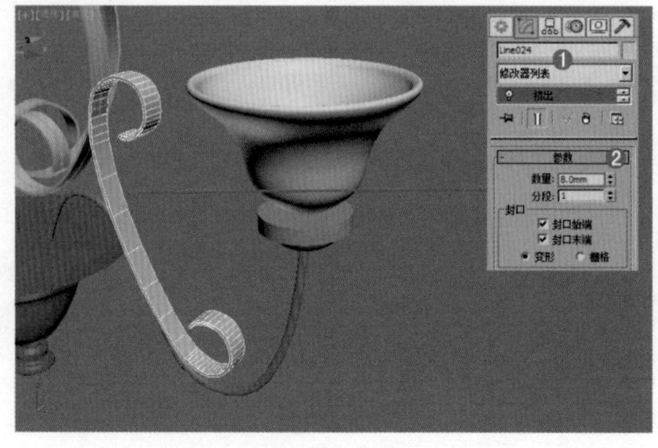

图 2-495

（14）选择上一步创建的模型，并使用（选择并移动）工具按住 <Shift> 键进行复制，在弹出的【克隆选项】对话框中选择【复制】，设置【副本数】为 4，并使用（选择并移动）工具和（选择并旋转）工具摆放位置，如图 2-496 所示。

（15）最终模型效果如图 2-497 所示。

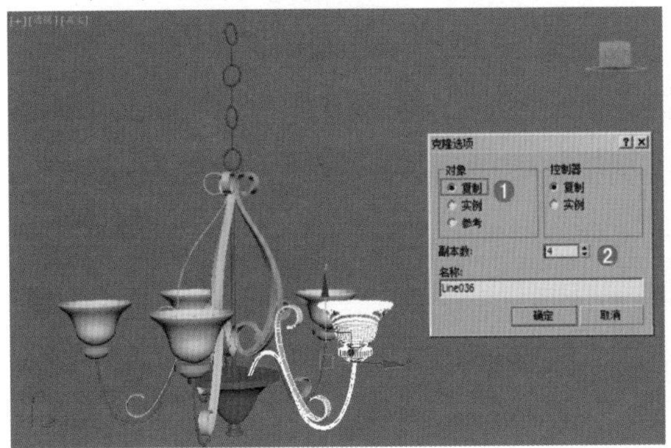

图 2-496

图 2-497

进阶案例——藤椅

案例文件	进阶案例——藤椅 .max
视频教学	多媒体教学 /Chapter 02/ 进阶案例——藤椅 .flv
难易指数	★★★★☆
技术掌握	掌握【球体】、【FFD4×4×4】、【圆柱体】和【FFD2×2×2】命令的运用

本例就来学习使用标准基本体下的【球体】、【FFD4×4×4】、【圆柱体】和【FFD2×2×2】命令来完成模型的制作，最终渲染和线框效果如图 2-498 所示。

图 2-498

|建模思路|

1 使用球体和 FFD4×4×4 制作模型

2 使用圆柱体和 FFD2×2×2 制作模型

藤椅流程图，如图 2-499 所示。

|制作步骤|

1. 使用球体和 FFD4×4×4 制作模型

（1）单击（创建）|（几何体）| 球体 按钮，在顶视图中拖动创建一个球

体，接着在【修改面板】下设置【半径】为 800mm，【分段】为 160，如图 2-500 所示。

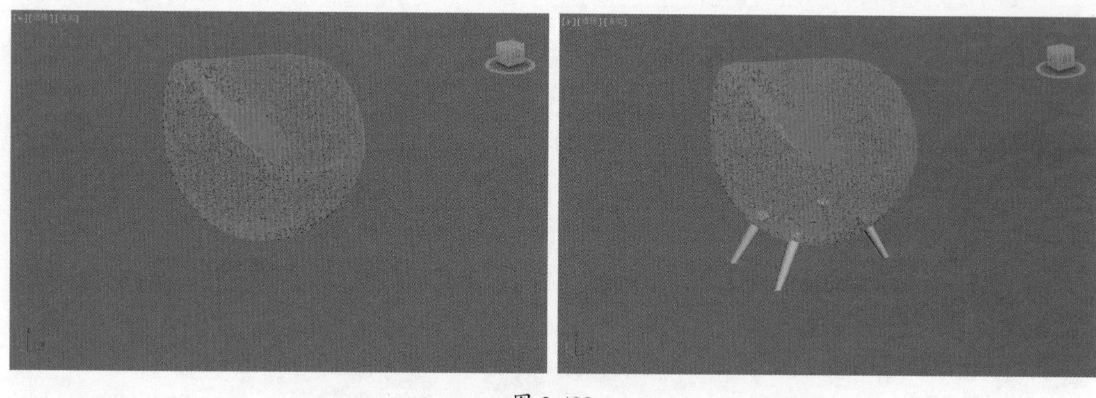

图 2-499

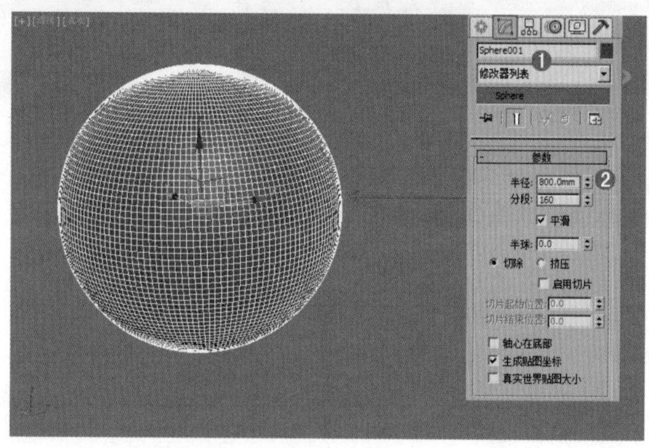

图 2-500

（2）选择上一步创建的模型，分别为其加载【FFD4 × 4 × 4】修改器，进入【控制点】级别，调整点的位置如图 2-501 所示。

（3）选择模型，单击右键，在弹出的对话框中选择【转换为】，单击【转换为可编辑多边形】，如图 2-502 所示。

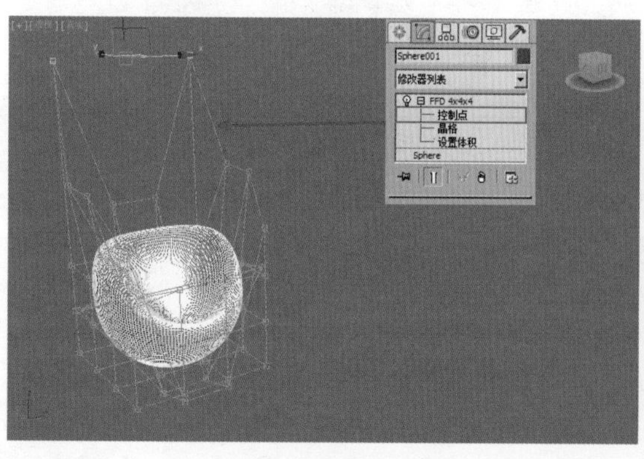

图 2-501

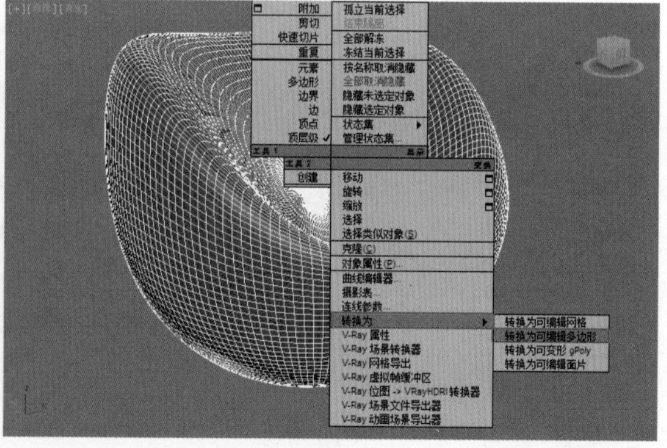

图 2-502

（4）在（边）级别下，选择如图 2-503 所示的边。单击 利用所选内容创建图形 按钮，并设置【图形类型】为【线性】，如图 2-504 所示。

（5）使用（选择并移动）工具拖动出原来的模型并按 <Delete> 键将其删除，如图 2-505 所示。此时剩下了【利用所选内容创建图形】后的线，如图 2-506 所示。

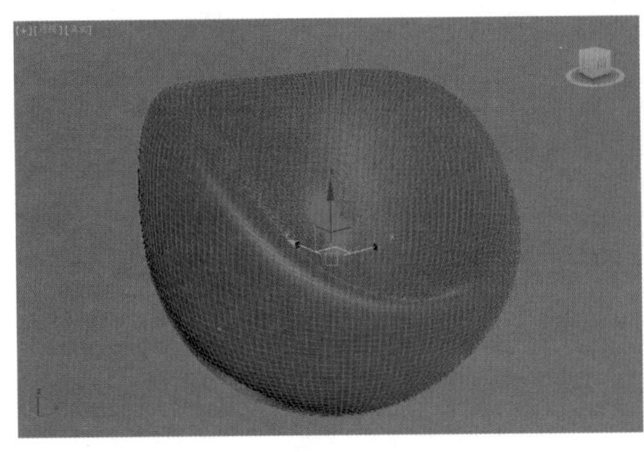
图 2-503

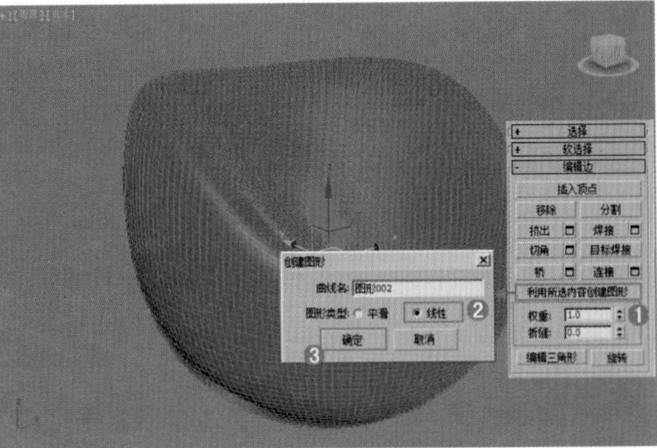

图 2-504

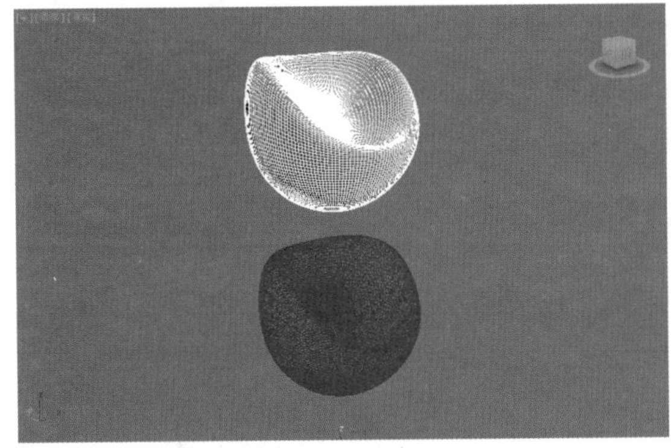
图 2-505

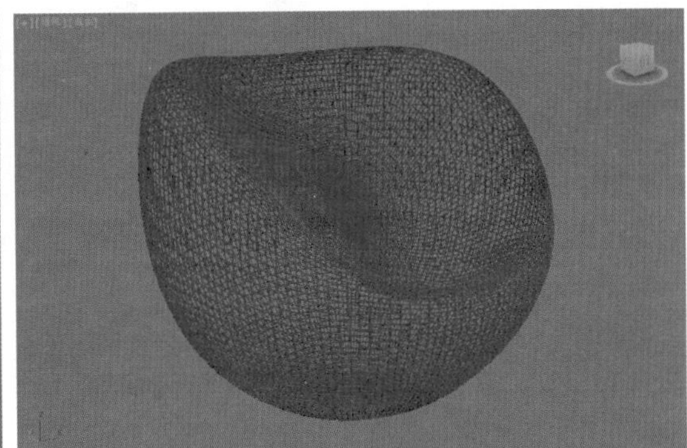
图 2-506

（6）选择上一步的线，在【渲染】选项组下分别勾选【在渲染中启用】和【在视口中启用】，激活【径向】选项组，设置【厚度】为 6mm。如图 2-507 所示。

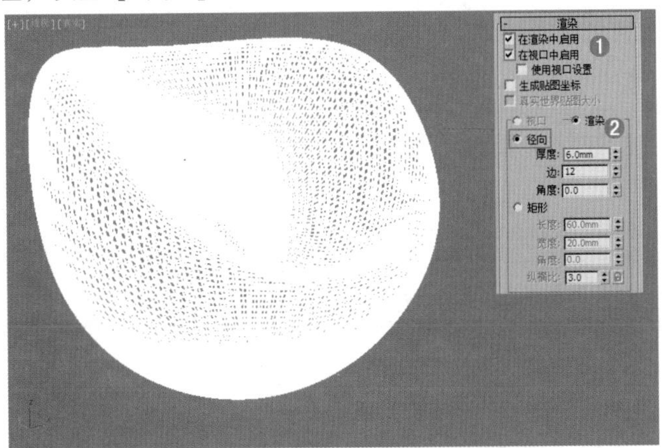

图 2-507

2. 使用圆柱体和 FFD2×2×2 制作模型

（1）单击 （创建）|（几何体）| 圆柱体 按钮，在顶视图中拖动创建一个圆柱体，接着在【修改面板】下设置【半径】为 60mm，【高度】为 400mm，如图 2-508 所示。

（2）选择上一步创建的模型，分别为其加载【FFD2×2×2】修改器，进入【控制点】级别，调整点的位置如图 2-509 所示。

第 2 章

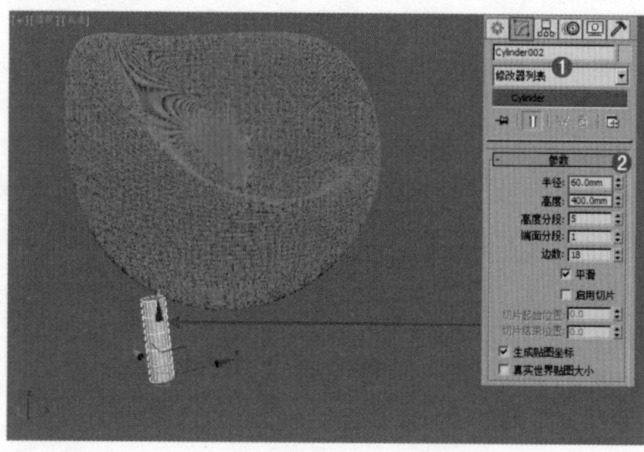

图 2-508

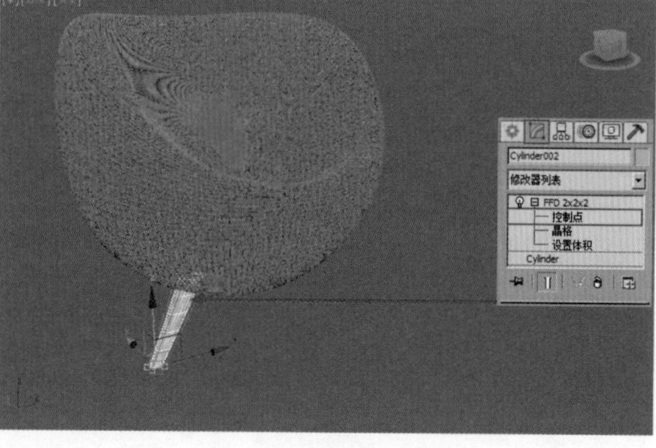

图 2-509

（3）保持选择上一步中的圆柱体，并使用（选择并移动）工具按住 <Shift> 键进行复制，在弹出的【克隆选项】对话框中选择【复制】，设置【副本数】为 3。并使用（选择并移动）工具和（选择并旋转）工具摆放位置，如图 2-510 所示。

（4）最终模型效果如图 2-511 所示。

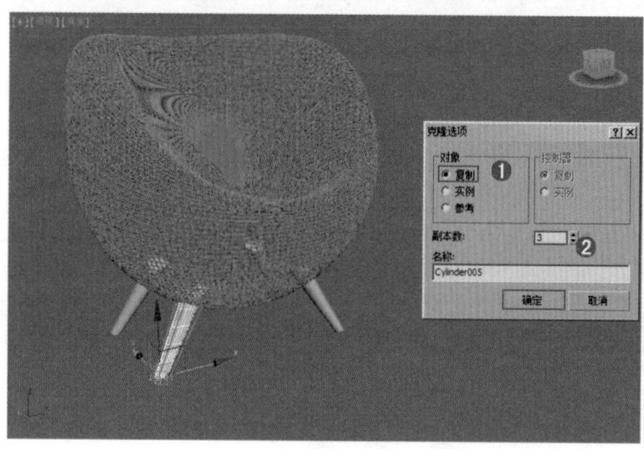

图 2-510

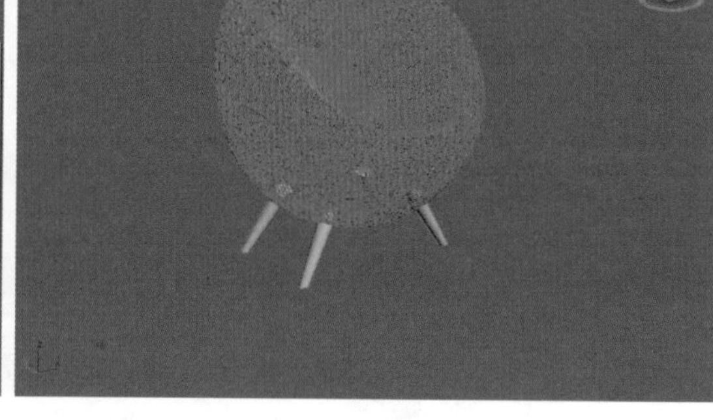

图 2-511

进阶案例——城市文字景观

案例文件	进阶案例——城市文字景观 .max
视频教学	多媒体教学 /Chapter 02/ 进阶案例——城市文字景观 .flv
难易指数	★★☆☆☆
技术掌握	掌握【文本】、【挤出】修改器、VR 毛皮命令来完成模型

本例就来学习【文本】、【挤出】修改器、VR 毛皮命令来完成模型的制作，最终渲染和线框效果如图 2-512 所示。

图 2-512

|建模思路|

1 使用挤出修改器制作三维文字

2 使用 VR 毛皮制作草地效果

城市文字景观建模流程图，如图 2-513 所示。

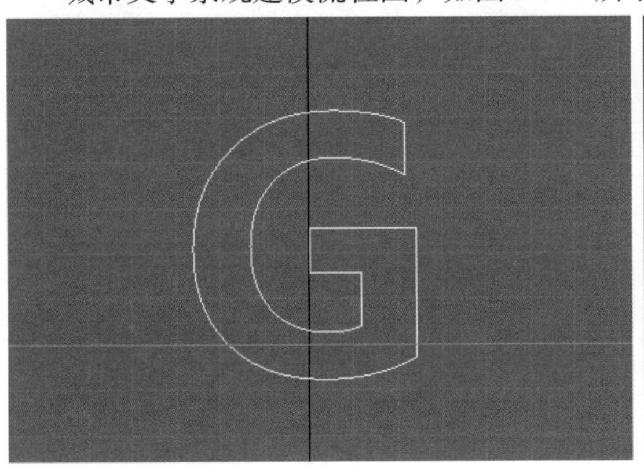

图 2-513

|制作步骤|

1. 使用挤出修改器制作三维文字

（1）单击（创建）|（几何体）| 平面 按钮，创建一个平面。设置【长度】为 10000mm，【宽度】为 10000mm。如图 2-514 所示。

（2）使用 文本 工具，创建一个文字【G】。如图 2-515 所示。

图 2-514

图 2-515

（3）选择文字【G】，单击【修改】，添加【挤出】修改器，并设置【数量】为 600mm，如图 2-516 所示。此时的文字效果，如图 2-517 所示。

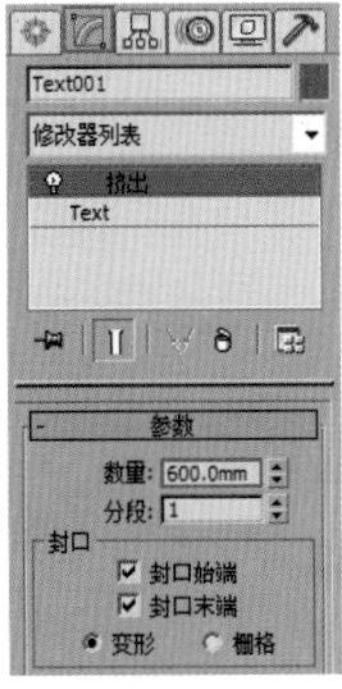

图 2-516

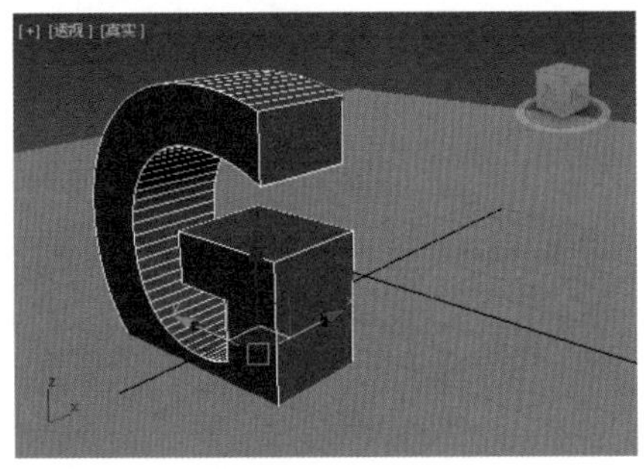

图 2-517

（4）使用（选择并旋转）工具，将文字进行旋转。如图 2-518 所示。

（5）用同样的方法创建出另外三个文字。如图 2-519 所示。

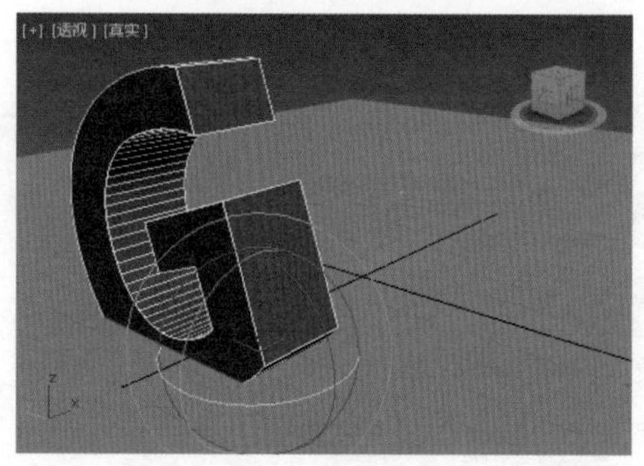

图 2-518

图 2-519

2. 使用 VR 毛皮制作草地效果

（1）选择四个文字，单击右键，执行【转行为】|【转换为可编辑多边形】，如图 2-520 所示。

（2）进入（多边形）级别，并选择多边形，如图 2-521 所示。

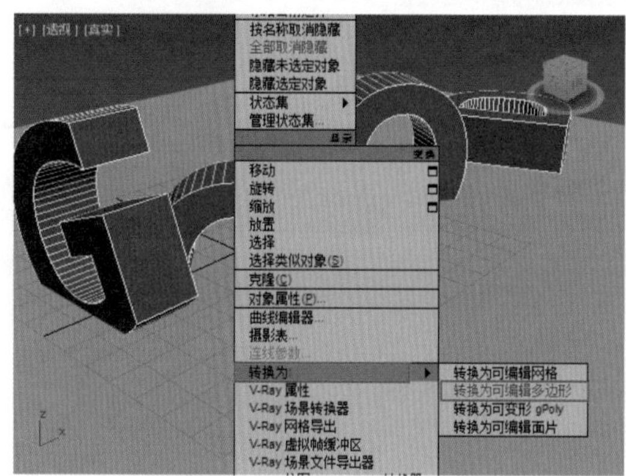

图 2-520

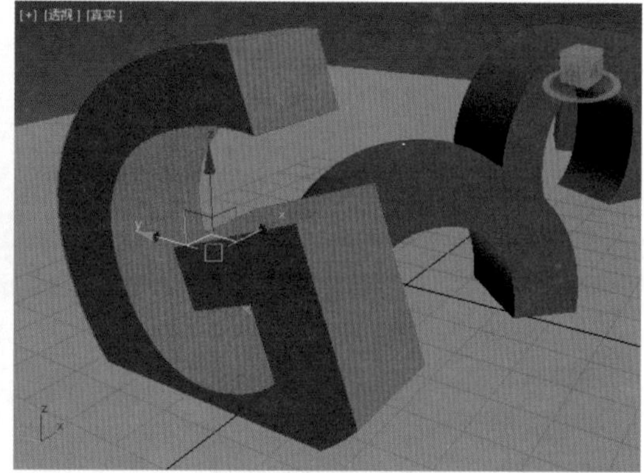

图 2-521

（3）单击【修改面板】，并单击 分离 按钮，然后单击【确定】按钮。如图 2-522 所示。

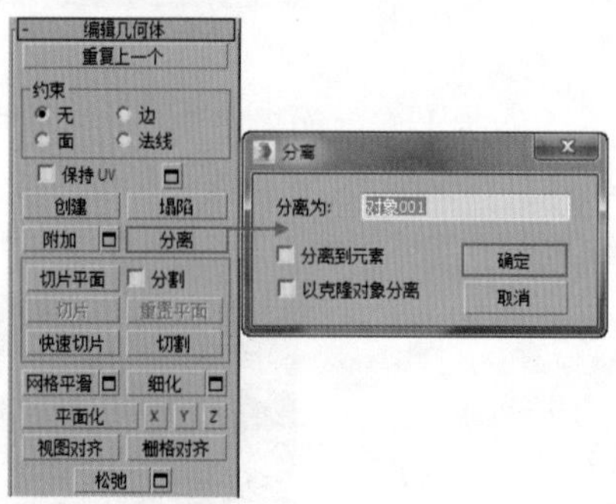

图 2-522

（4）选择文字【G】的模型，单击（创建）|（几何体）| VRay | VR-毛皮 按钮，如图 2-523 所示。此时的毛皮效果，如图 2-524 所示。

图 2-523

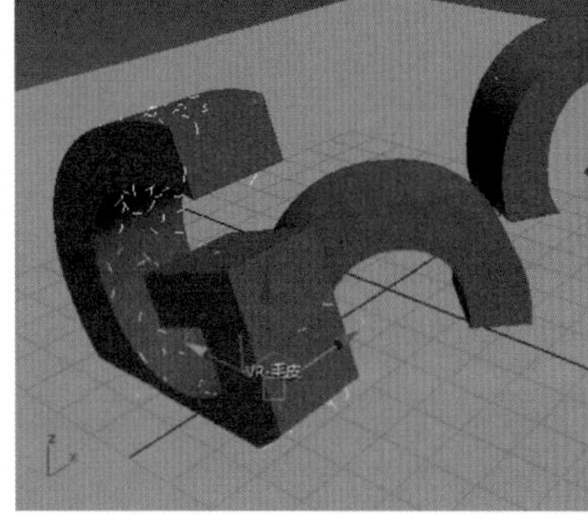

图 2-524

（5）设置【长度】为 60mm，【厚度】为 5mm，【重力】为 –76mm，【锥度】为 0.84，【方向参量】为 1.8，【每区域】为 10。如图 2-525 所示。

（6）继续将其他 3 个文字进行分离，并且为其添加毛皮，如图 2-526 所示。

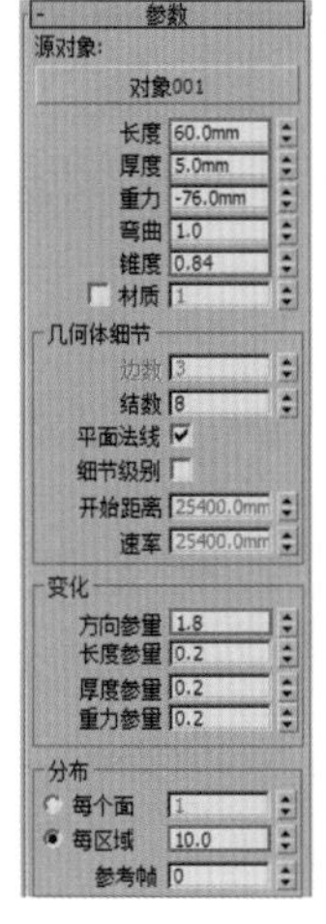

图 2-525

图 2-526

（7）最终效果，如图 2-527 所示。

图 2-527

进阶案例——垃圾箱

案例文件	进阶案例——垃圾箱 .max
视频教学	多媒体教学 /Chapter 02/ 进阶案例——垃圾箱 .flv
难易指数	★★★★☆
技术掌握	掌握【长方体】、【球体】、【切角长方体】、【线】、【编辑多边形】和【挤出】命令的运用

本例就来学习使用标准基本体下的【长方体】、【球体】、【切角长方体】、【线】、【编辑多边形】和【挤出】命令来完成模型的制作，最终渲染和线框效果如图 2-528 所示。

图 2-528

|建模思路|

1 使用长方体、球体、切角长方体、编辑多边形和挤出制作模型

2 使用线、长方体和挤出制作模型

垃圾箱流程图，如图 2-529 所示。

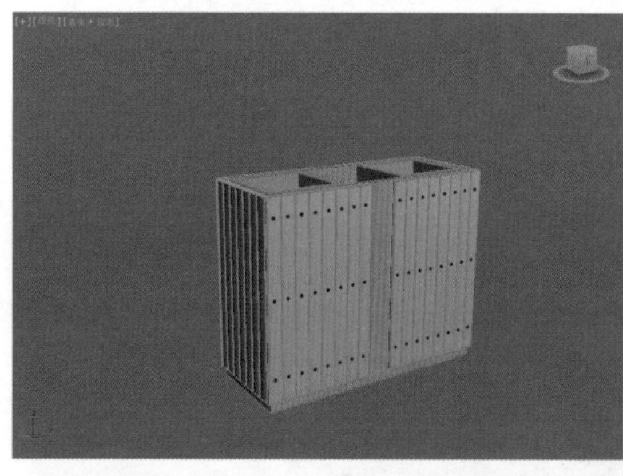

图 2-529

|制作步骤|

1. 使用长方体、球体、切角长方体、编辑多边形和挤出制作模型

（1）单击（创建）|（几何体）| 长方体 按钮，在透视图中拖动创建一个长方体，接着在【修改面板】下设置【长度】为 2200mm，【宽度】为 5200mm，【高度】为 4200mm，如图 2-530 所示。

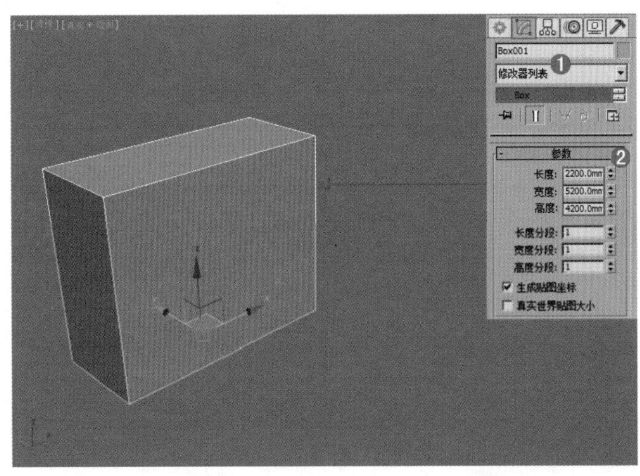

图 2-530

（2）选择上一步创建的长方体，并在【修改器列表】中加载【编辑多边形】命令，进入▣（多边形）级别，选择如图 2-531 所示的多边形。单击 插入 按钮后面的▣（设置）按钮，并设置【数量】为 170mm，如图 2-532 所示。

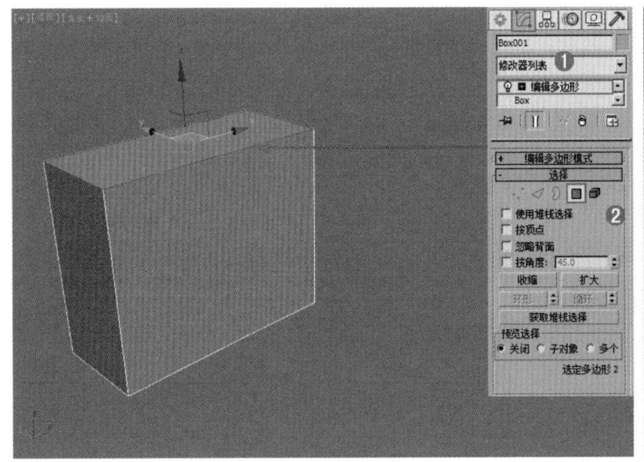

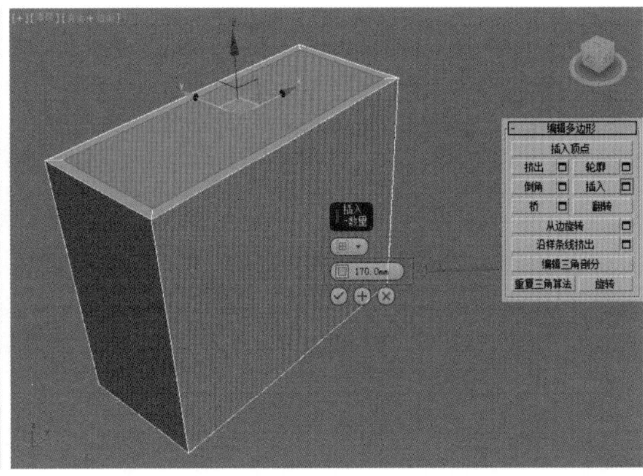

图 2-531　　　　图 2-532

（3）进入▣（多边形）级别，选择如图 2-533 所示的多边形。单击 挤出 按钮后面的▣（设置）按钮，并设置【高度】为 -4000mm，如图 2-534 所示。

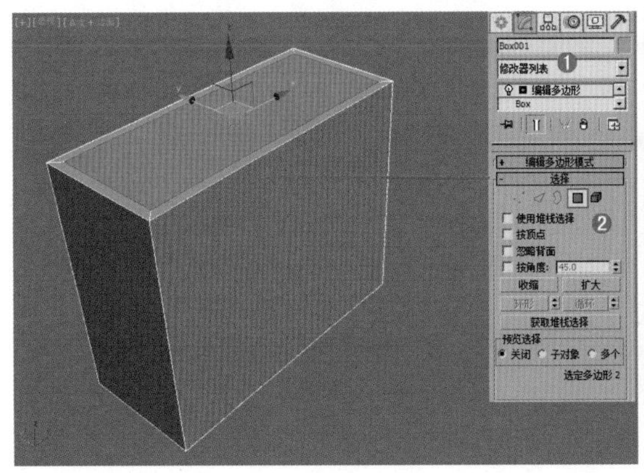

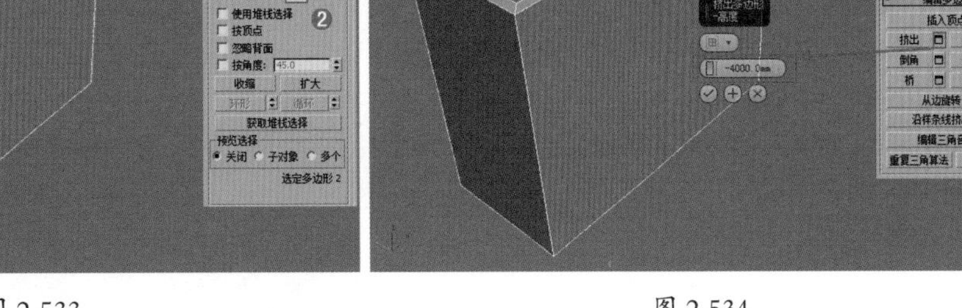

图 2-533　　　　图 2-534

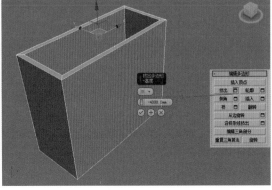

（4）单击 （创建）| （几何体）| 扩展基本体 | 切角长方体 按钮，在透视图中拖动创建一个切角长方体，接着在【修改面板】下设置【长度】为 4000mm，【宽度】为 300mm，【高度】为 85mm，【圆角】为 20mm，【圆角分段】为 5，如图 2-535 所示。

（5）单击 （创建）| （几何体）| 球体 按钮，在透视图中拖动创建一个球体，接着在【修改面板】下设置【半径】为 30mm，如图 2-536 所示。

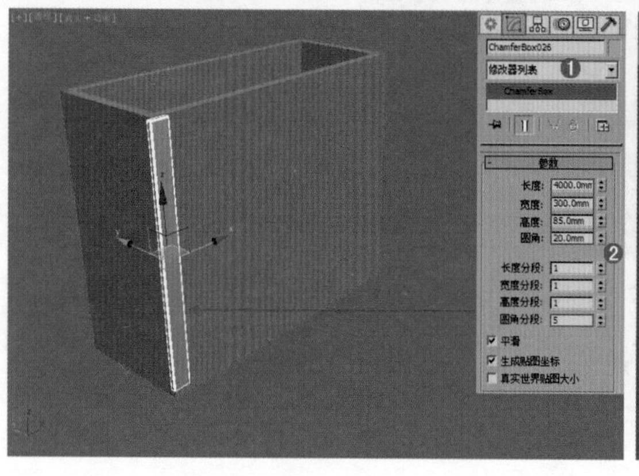

图 2-535

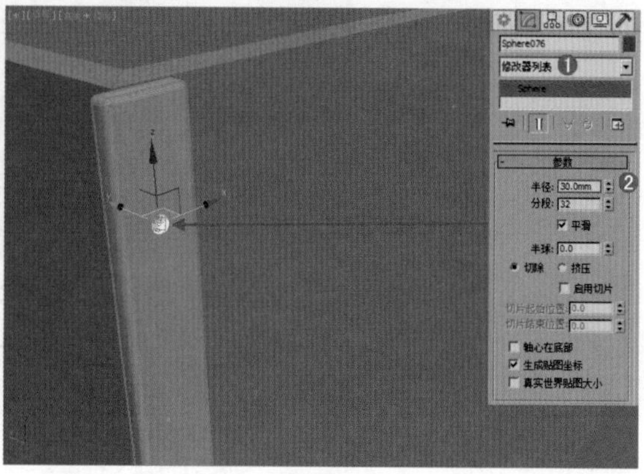

图 2-536

（6）选择上一步的模型，并使用 （选择并移动）工具按住 <Shift> 键进行复制，在弹出的【克隆选项】对话框中选择【复制】，设置【副本数】为 2，单击【确定】按钮，效果如图 2-537 所示。

（7）用同样的方法复制若干，效果如图 2-538 所示。

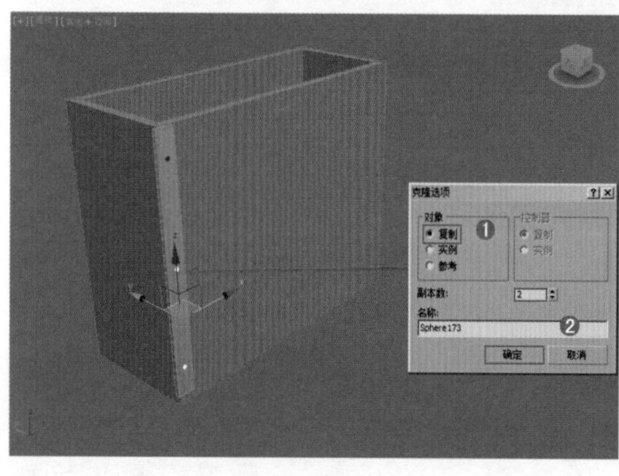

图 2-537

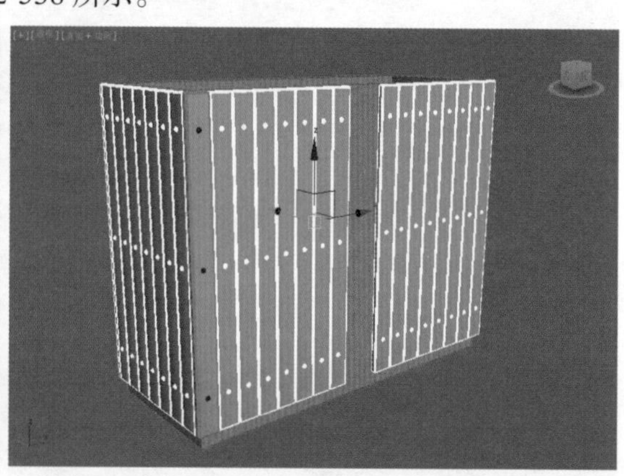

图 2-538

（8）单击 （创建）| （几何体）| 长方体 按钮，在透视图中拖动创建一个长方体，接着在【修改面板】下设置【长度】为 1700mm，【宽度】为 1700mm，【高度】为 4200mm，如图 2-539 所示。

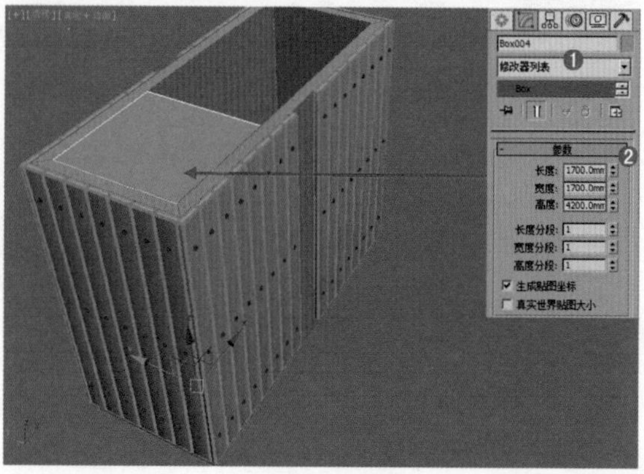

图 2-539

（9）选择上一步创建的长方体，并在【修改器列表】中加载【编辑多边形】命令，进入 ■（多边形）级别，选择如图 2-540 所示的多边形。单击 插入 按钮后面的 ■（设置）按钮，并设置【数量】为 170mm，如图 2-541 所示。

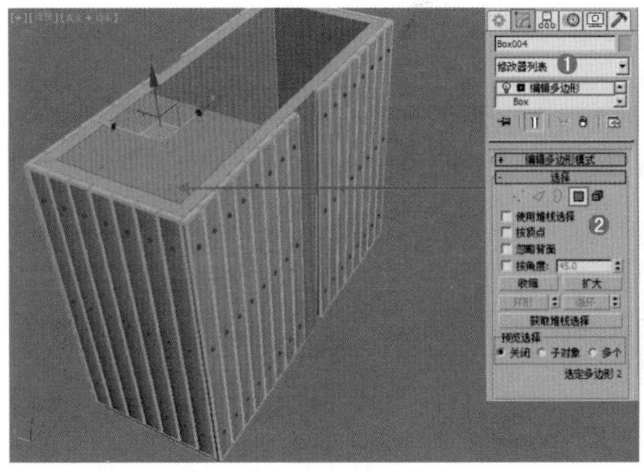

图 2-540

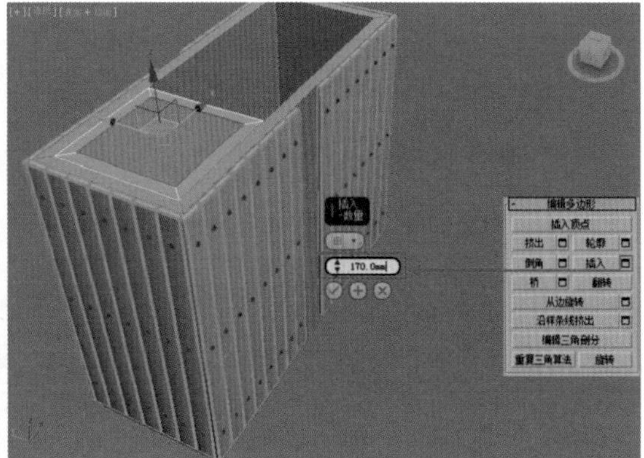

图 2-541

（10）进入 ■（多边形）级别，选择如图 2-542 所示的多边形。单击 挤出 按钮后面的 ■（设置）按钮，并设置【高度】为 –4000mm，如图 2-543 所示。

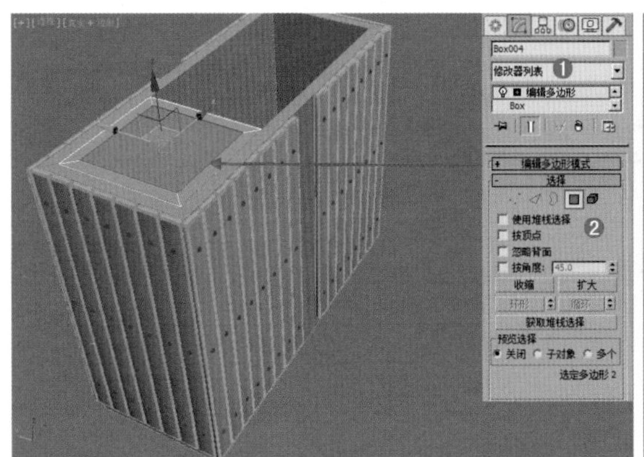

图 2-542

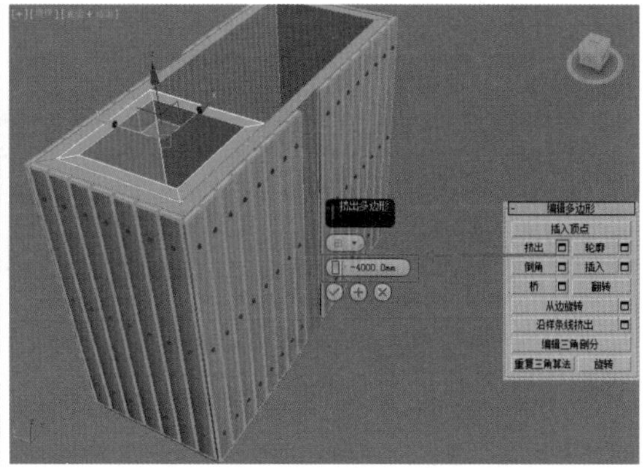

图 2-543

（11）选择上一步的模型，并使用 ✥（选择并移动）工具按住 <Shift> 键进行复制，在弹出的【克隆选项】对话框中选择【复制】，单击【确定】按钮，效果如图 2-544 所示。

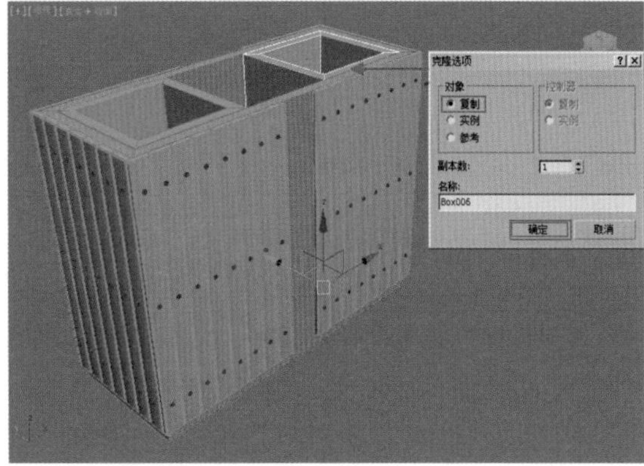

图 2-544

2. 使用线、长方体和挤出制作模型

（1）单击 （创建）|（图形）| 样条线 | 线 按钮，在前视图中创建如图 2-545 所示的样条线。

（2）选择上一步创建的图形，在【修改器列表】中加载【挤出】命令，在【参数】卷展栏下，设置【数量】为 90mm，如图 2-546 所示。

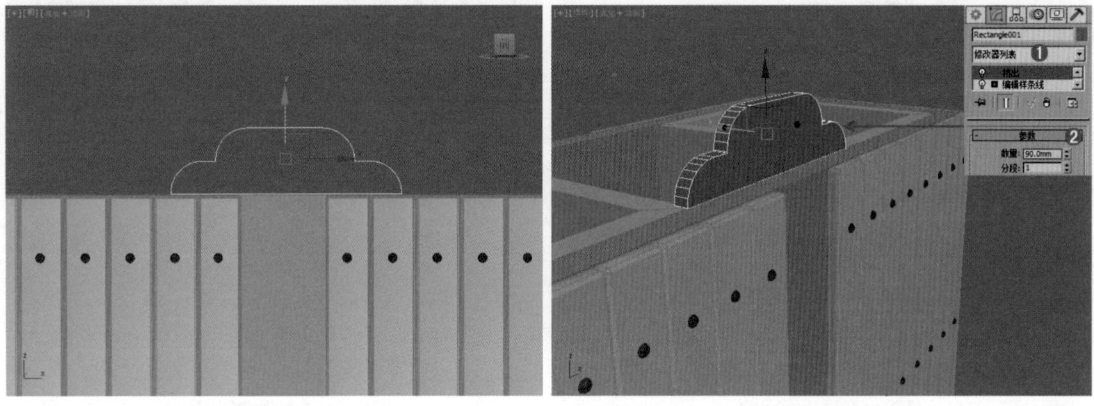

图 2-545　　图 2-546

（3）单击 （创建）|（几何体）| 长方体 按钮，在透视图中拖动创建一个长方体，接着在【修改面板】下设置【长度】为 2300mm，【宽度】为 350mm，【高度】为 90mm，【宽度分段】为 1，如图 2-547 所示。

（4）单击 （创建）|（图形）| 样条线 | 线 按钮，在前视图中创建如图 2-548 所示的样条线。

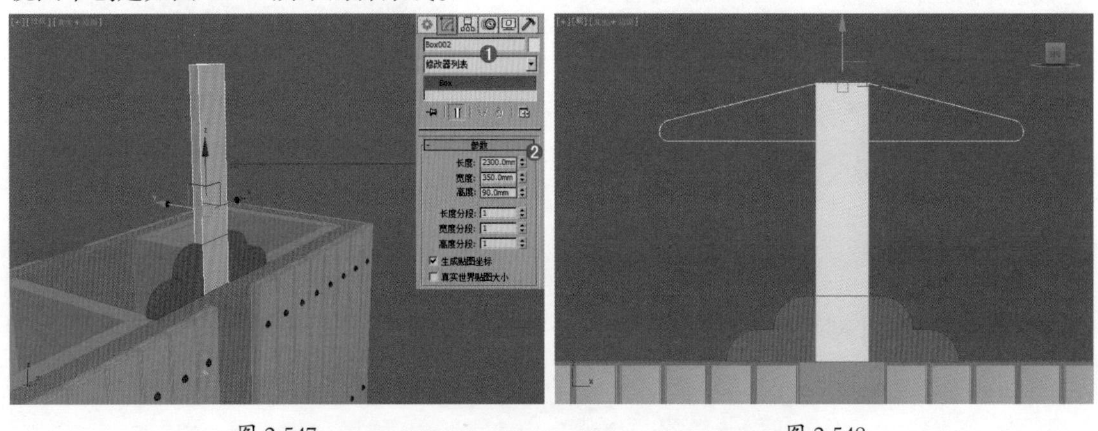

图 2-547　　图 2-548

（5）选择上一步创建的图形，在【修改器列表】中加载【挤出】命令，在【参数】卷展栏下，设置【数量】为 90mm，如图 2-549 所示。

（6）单击 （创建）|（几何体）| 球体 按钮，在透视图中拖动创建一个球体，接着在【修改面板】下设置【半径】为 30mm，如图 2-550 所示。

（7）选择上一步的模型，并使用 （选择并移动）工具按住 <Shift> 键进行复制，在弹出的【克隆选项】对话框中选择【复制】，单击【确定】按钮，效果如图 2-551 所示。

（8）用同样的方法复制出另一侧的模型，效果如图 2-552 所示。

图 2-549

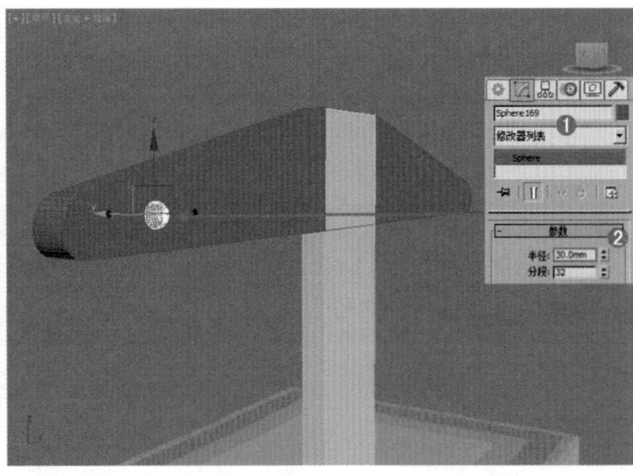

图 2-550

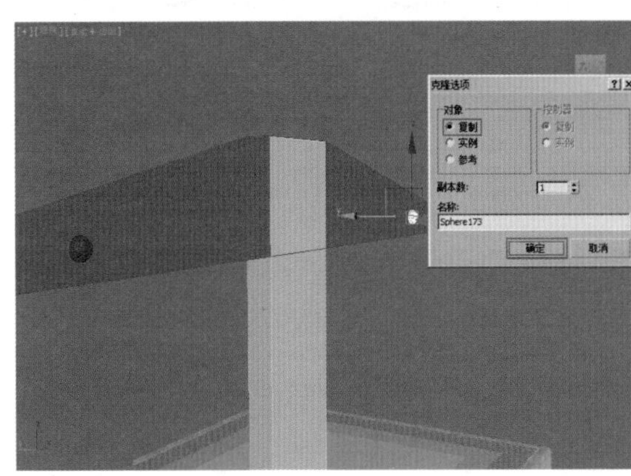

图 2-551

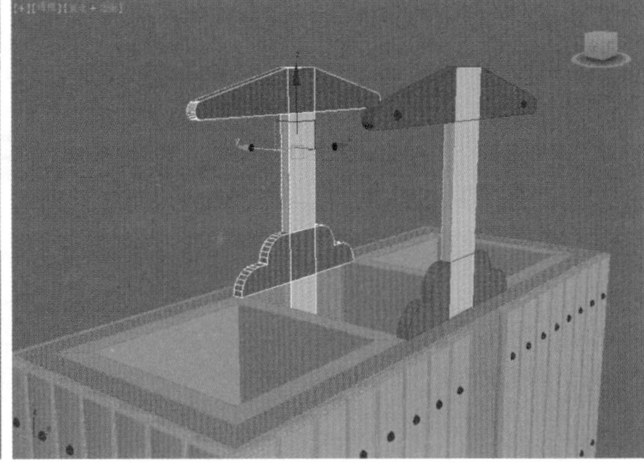

图 2-552

（9）单击（创建）|（图形）| 样条线 | 线 按钮，在前视图中创建如图 2-553 所示的样条线。

（10）选择上一步创建的图形，在【修改器列表】中加载【挤出】命令，在【参数】卷展栏下，设置【数量】为 2200mm，如图 2-554 所示。

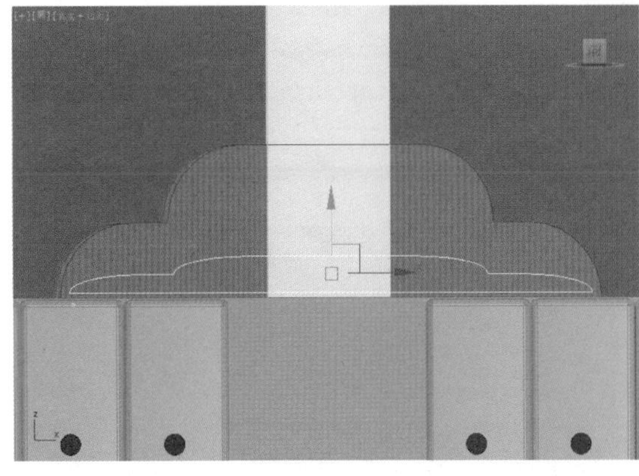

图 2-553

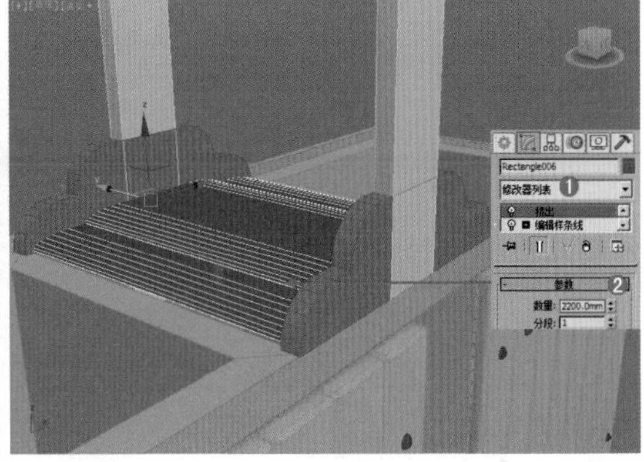

图 2-554

（11）单击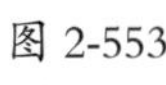（创建）|（图形）| 样条线 | 线 按钮，在前视图中创建如图 2-555 所示的样条线。

（12）选择上一步创建的图形，在【修改器列表】中加载【挤出】命令，在【参数】卷展栏下，设置【数量】为 1820mm，如图 2-556 所示。

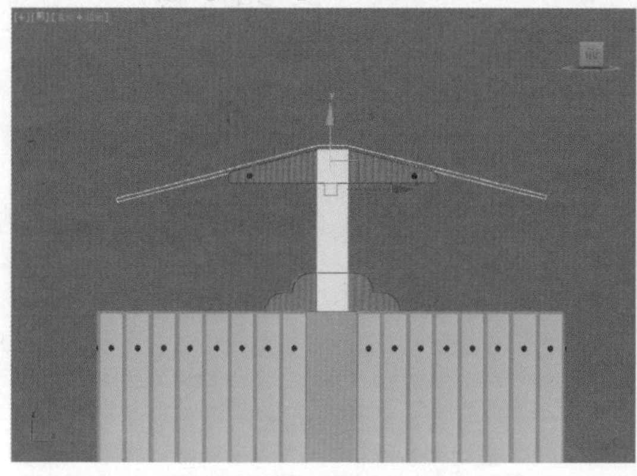

图 2-555

图 2-556

（13）单击 （创建）| （几何体）| 扩展基本体 | 切角长方体 按钮，在透视图中拖动创建一个切角长方体，接着在【修改面板】下设置【长度】为 2400mm，【宽度】为 300mm，【高度】为 85mm，【圆角】为 20mm，【圆角分段】为 5，如图 2-557 所示。

（14）选择上一步的模型，并使用 （选择并移动）工具按住 <Shift> 键进行复制，在弹出的【克隆选项】对话框中选择【复制】，设置【副本数】为 5，单击【确定】按钮，效果如图 2-558 所示。

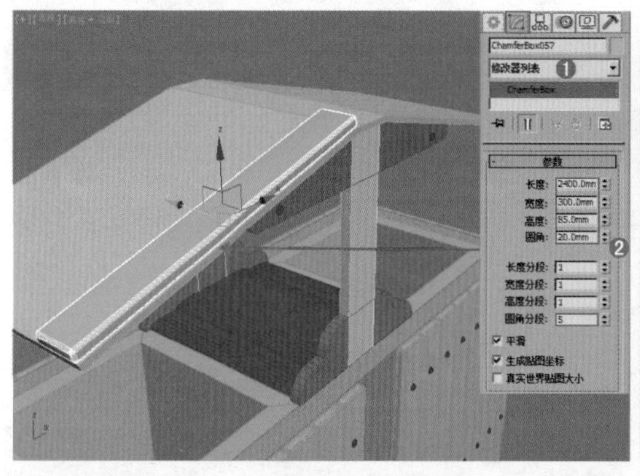

图 2-557

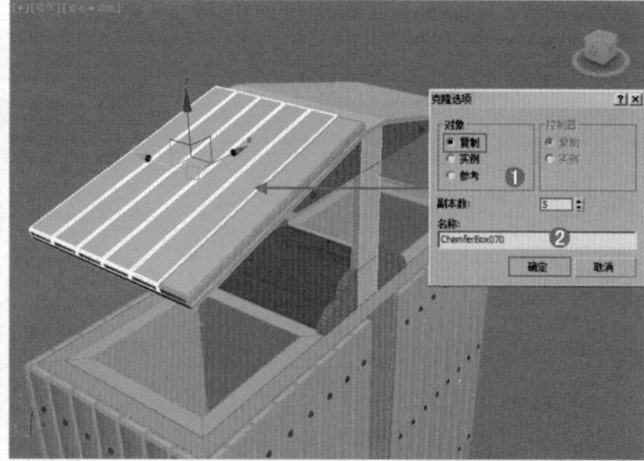

图 2-558

（15）用同样的方法复制出若干，效果如图 2-559 所示。

（16）最终模型效果如图 2-560 所示。

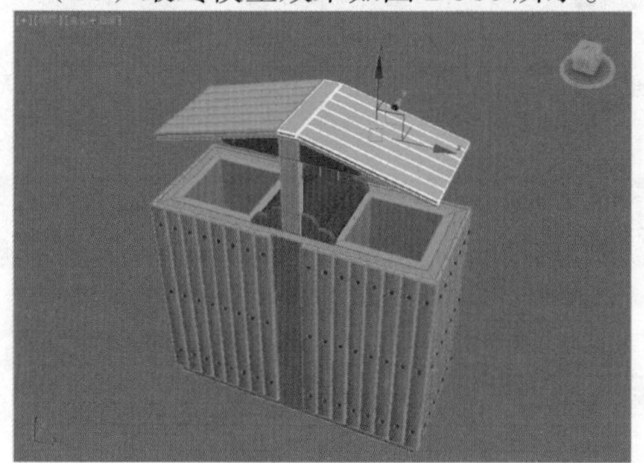

图 2-559

图 2-560

进阶案例——廊架

案例文件	进阶案例——廊架 .max
视频教学	多媒体教学 /Chapter 02/ 进阶案例——廊架 .flv
难易指数	★★★★☆
技术掌握	掌握【圆柱体】、【线】、【圆】、【放样】、【车削】和【挤出】命令的运用

本例就来学习使用标准基本体下的【圆柱体】、【线】、【圆】、【放样】、【车削】和【挤出】命令来完成模型的制作，最终渲染和线框效果如图 2-561 所示。

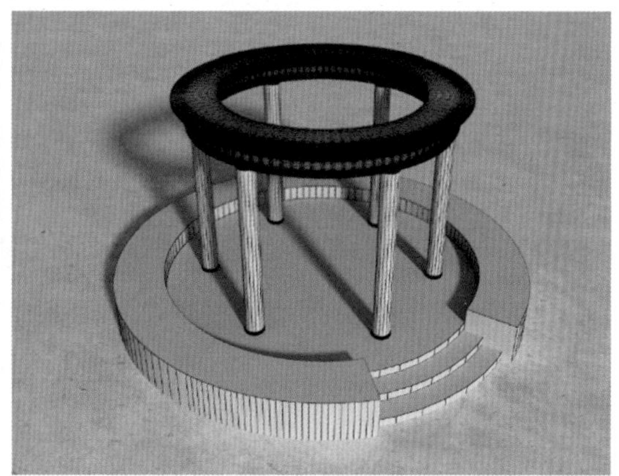

图 2-561

|建模思路|

1 使用圆柱体、线和挤出制作模型

2 使用圆、线、放样和车削制作模型

廊架流程图，如图 2-562 所示。

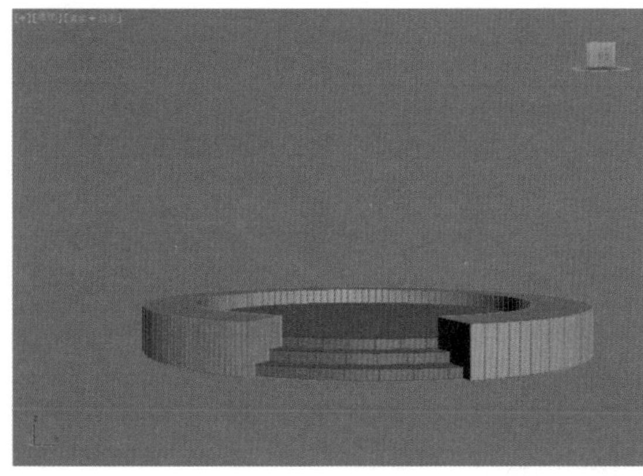

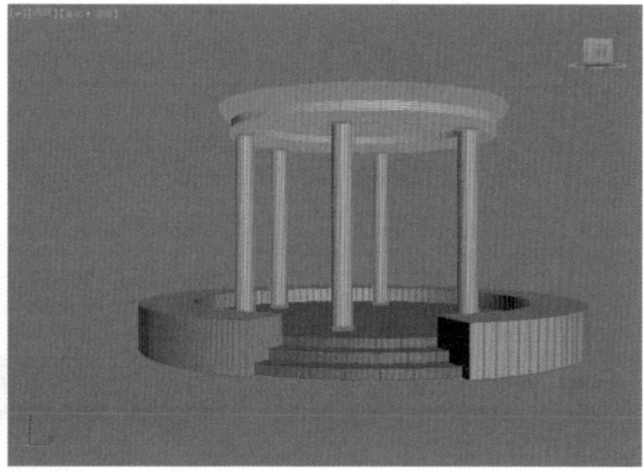

图 2-562

|制作步骤|

1. 使用圆柱体、线和挤出制作模型

（1）单击（创建）|（几何体）| 圆柱体 按钮，在透视图中拖动创建一个圆柱体，接着在【修改面板】下设置【半径】为 10000mm，【分段】为 400，【边数】为 50，如图 2-563 所示。

（2）继续在透视图中拖动创建一个圆柱体，接着在【修改面板】下设置【半径】为 9000mm，【高度】为 400mm，【边数】为 50，如图 2-564 所示。

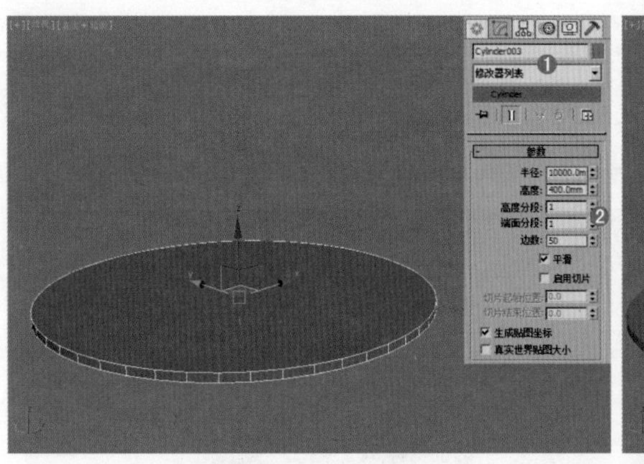

图 2-563

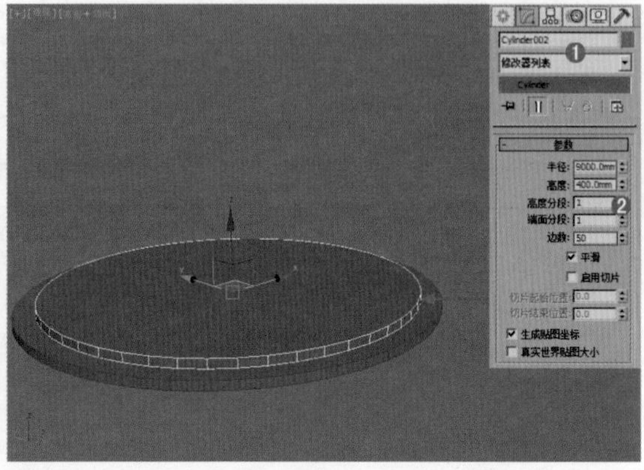

图 2-564

（3）继续在透视图中拖动创建一个圆柱体，接着在【修改面板】下设置【半径】为 8000mm，【高度】为 400mm，【边数】为 50，如图 2-565 所示。

（4）单击 （创建）| （图形）| 样条线 | 线 按钮，在顶视图中创建如图 2-566 所示的样条线。

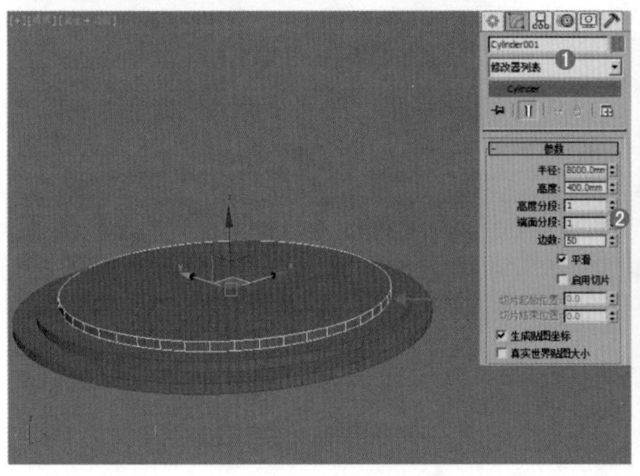

图 2-565

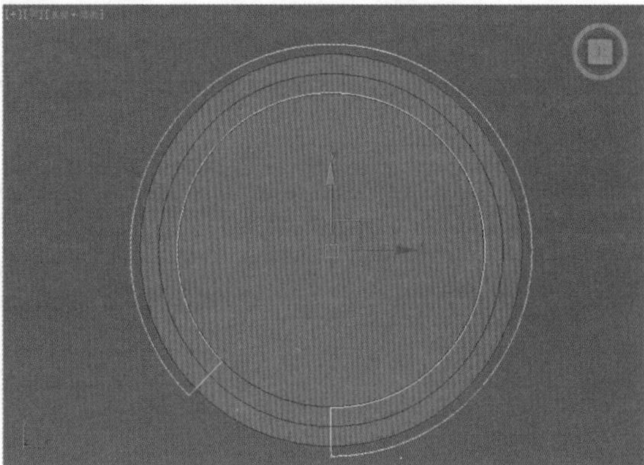

图 2-566

（5）选择上一步创建的图形，在【修改器列表】中加载【挤出】命令，在【参数】卷展栏下，设置【数量】为 2000mm，如图 2-567 所示。

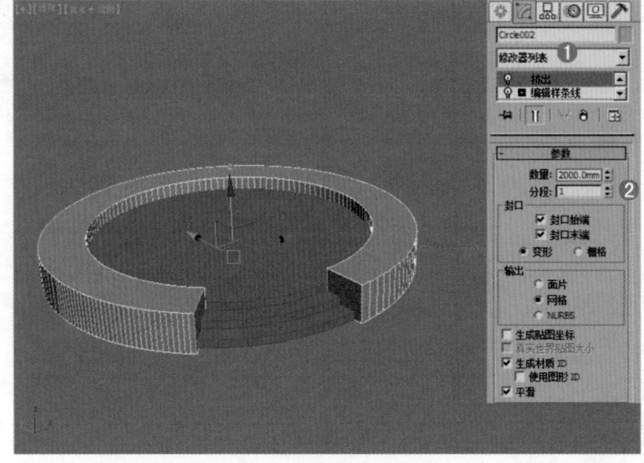

图 2-567

2. 使用圆、线、放样和车削制作模型

（1）单击（创建）|（图形）| 样条线 | 圆 按钮，在顶视图中创建如图 2-568 所示的圆，在【修改面板】下设置【半径】为 5000mm。

（2）单击（创建）|（图形）| 样条线 | 线 按钮，在前视图中创建如图 2-569 所示的样条线。

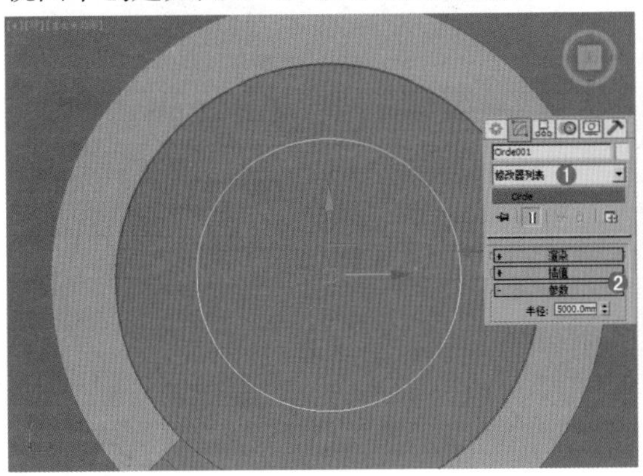

图 2-568

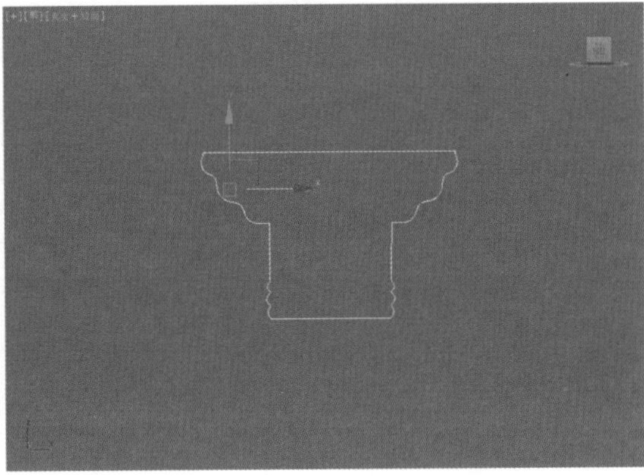

图 2-569

（3）选择圆，单击（创建）|（几何体）| 复合对象 | 放样 按钮，单击【创建方法】下的【获取图形】，拾取上一步创建的样条线，如图 2-570 所示。模型的效果如图 2-571 所示。

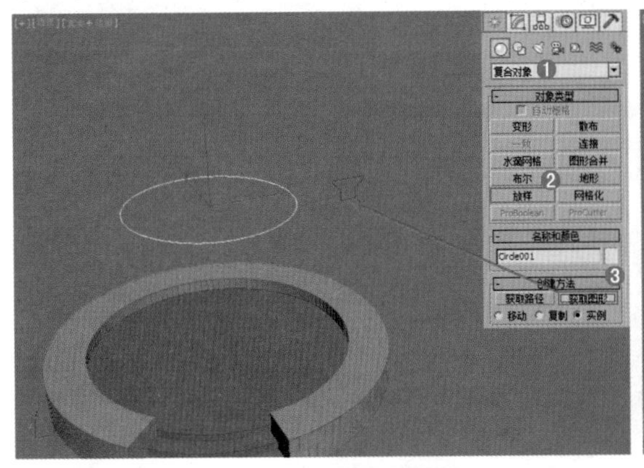

图 2-570

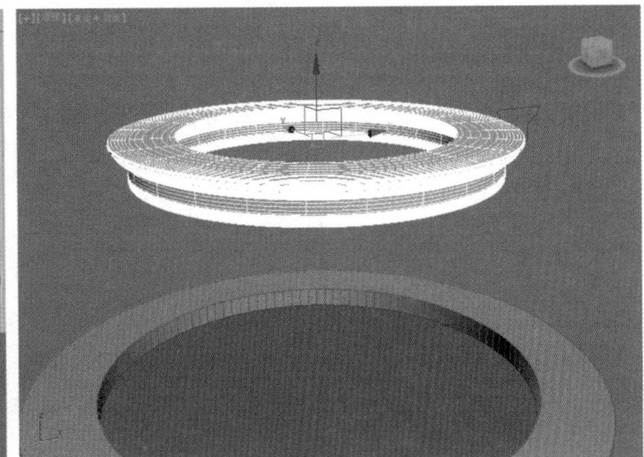

图 2-571

（4）单击（创建）|（图形）| 样条线 | 线 按钮，在前视图中创建如图 2-572 所示的样条线。

（5）选择上一步创建的样条线，然后在【修改面板】下加载【车削】命令修改器，接着展开【参数】卷展栏，设置【度数】为 360，并设置【对齐】为【最小】，如图 2-573 所示。

（6）选择上一步的模型，并使用（选择并移动）工具按住 <Shift> 键进行复制，在弹出的【克隆选项】对话框中选择【复制】，单击【确定】按钮，效果如图 2-574 所示。用同样的方法复制出其他的模型，效果如图 2-575 所示。

（7）最终模型效果如图 2-576 所示。

图 2-572

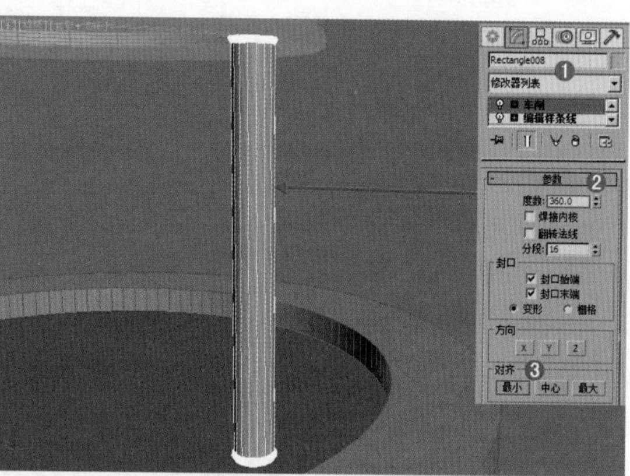

图 2-573

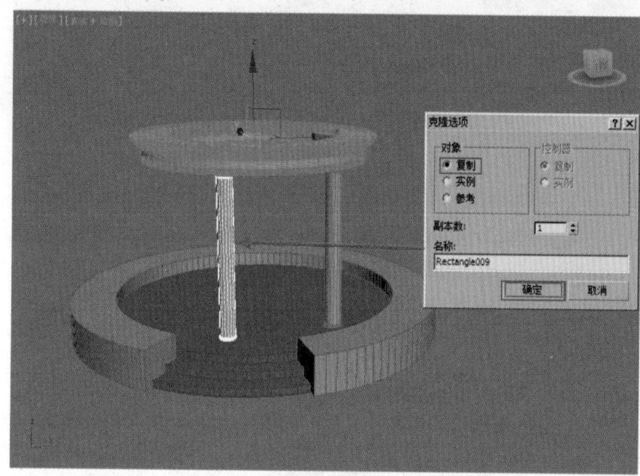

图 2-574

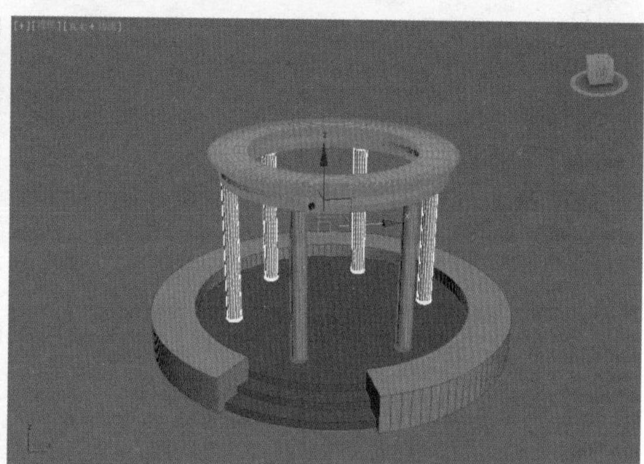

图 2-575

图 2-576

进阶案例——花环

案例文件	进阶案例——花环 .max
视频教学	多媒体教学 /Chapter 02/ 进阶案例——花环 .flv
难易指数	★★★☆☆
技术掌握	掌握【圆环】、【平面】、【散布】工具、【可编辑多边形】和【FFD3×3×3】命令的运用

本例就来学习使用标准基本体下的【圆环】工具、【平面】工具、复合对象下的【散布】工具、【修改面板】下【可编辑多边形】和【FFD3×3×3】命令来完成模型的制作，最终

渲染和线框效果如图 2-577 所示。

图 2-577

|建模思路|

1 使用圆环、可编辑多边形制作花环模型

2 使用平面、FFD3 × 3 × 3、散布制作花环模型

花环建模流程图，如图 2-578 所示。

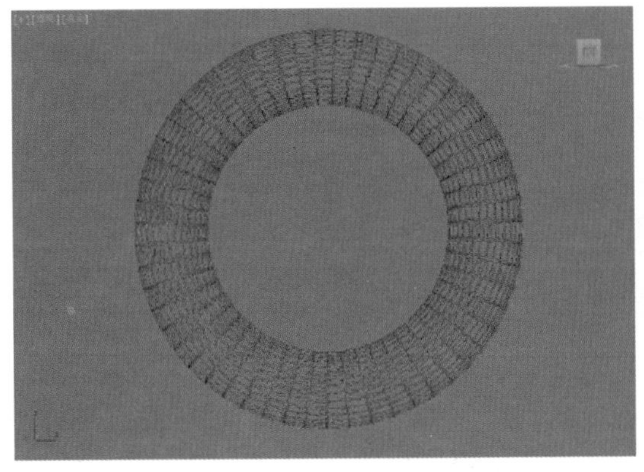

图 2-578

|制作步骤|

1. 使用圆环、可编辑多边形制作花环模型

（1）单击（创建）|（几何体）| 圆环 按钮，在前视图中拖动创建一个圆环，接着在【修改面板】下设置【半径 1】为 110mm，【半径 2】为 25mm，【分段】为 55，【边数】为 30mm，如图 2-579 所示。

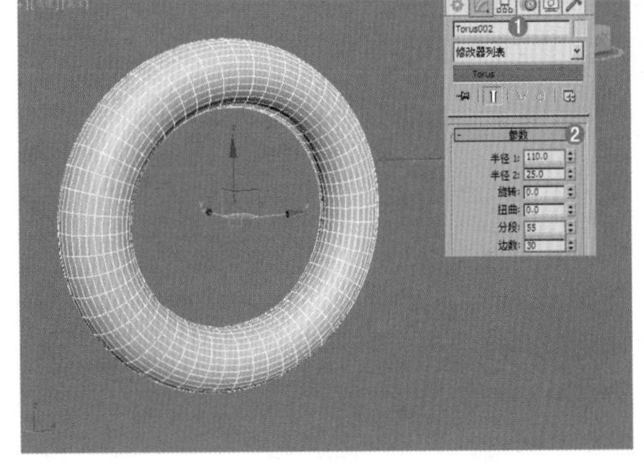

图 2-579

（2）选择上一步创建的圆环，单击右键，选择【转换为】/【转换为可编辑多边形】，如图 2-580 所示。

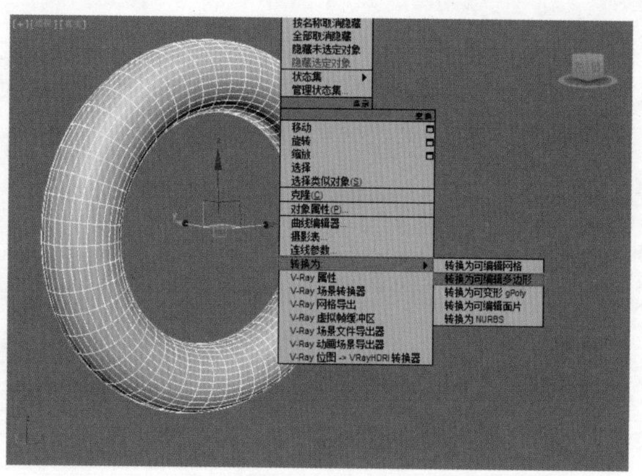

图 2-580

（3）选择圆环，在【修改面板】下，进入 （边）级别，选择如图 2-581 所示的边。展开【编辑边】卷展栏，单击【利用所选内容创建图形】，在弹出的对话框中选择【平滑】，然后单击【确定】按钮，效果如图 2-582 所示。

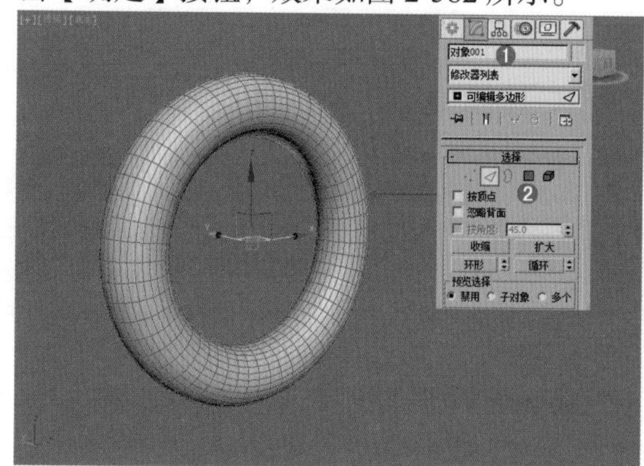

图 2-581

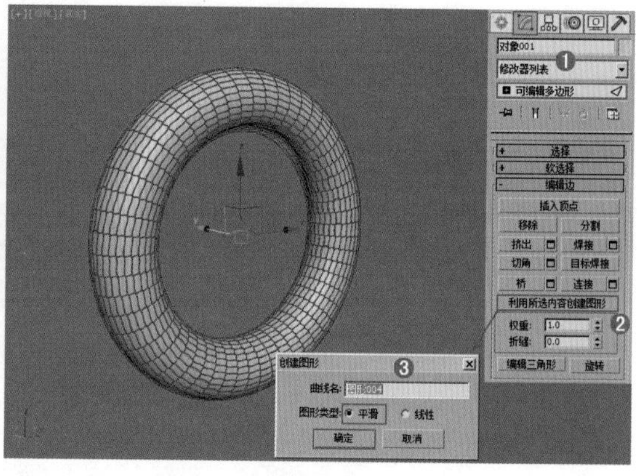

图 2-582

（4）单击圆环向后移动，并删除，如图 2-583 所示。单击创建后的图形，进入【修改面板】，展开【渲染】卷展栏，勾选【在渲染中启用】和【在视口中启用】，并勾选【径向】，最后设置【厚度】为 1mm，【边】为 9，创建后的图形效果如图 2-584 所示。

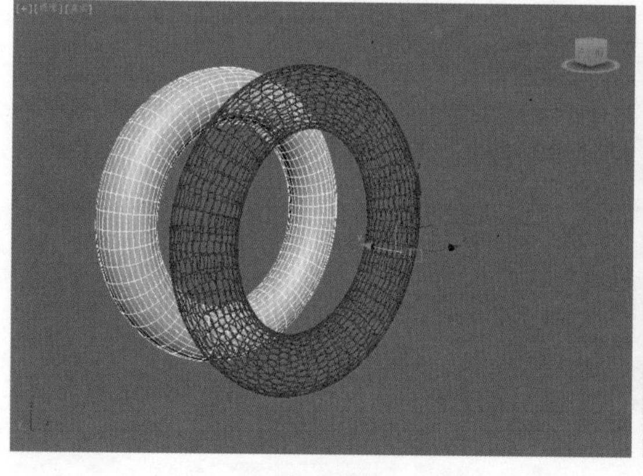

图 2-583

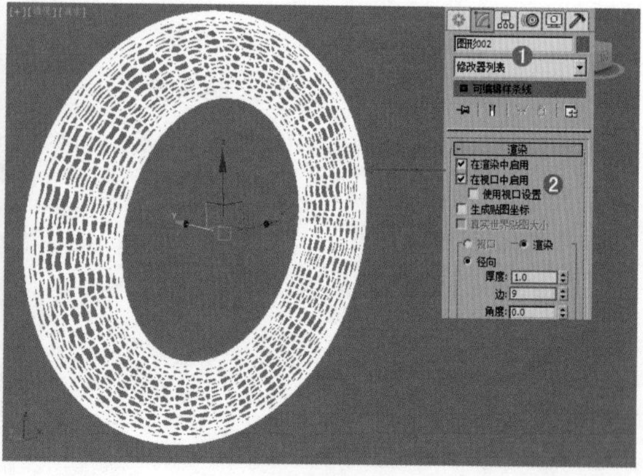

图 2-584

2. 使用平面、FFD3×3×3、散步制作花环模型

（1）单击（创建）|（几何体）| 平面 按钮，在顶视图中拖动创建一个平面，接着在【修改面板】下设置【长度】为 15mm，【宽度】为 16mm，【长度分段】为 8，【宽度分段】为 8，如图 2-585 所示。

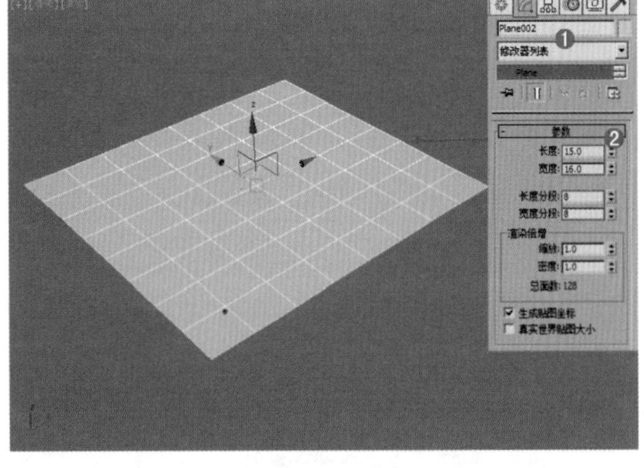

图 2-585

（2）选择上一步的模型，并在【修改器列表】中加载【FFD3×3×3】命令修改器，进入【控制点】级别，使用（选择并移动）工具，在顶视图调节控制点的位置，如图 2-586 和图 2-587 所示。

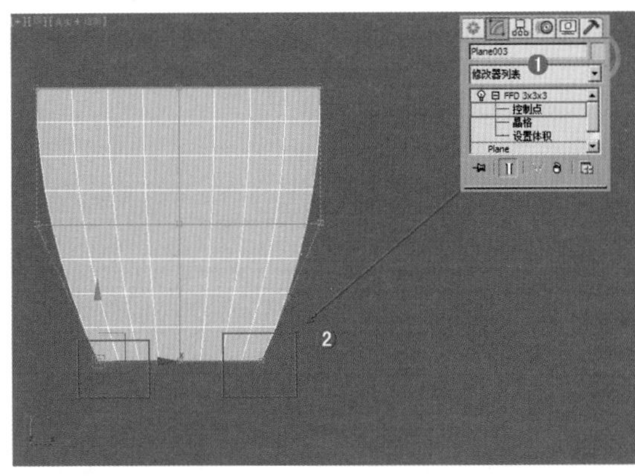

图 2-586

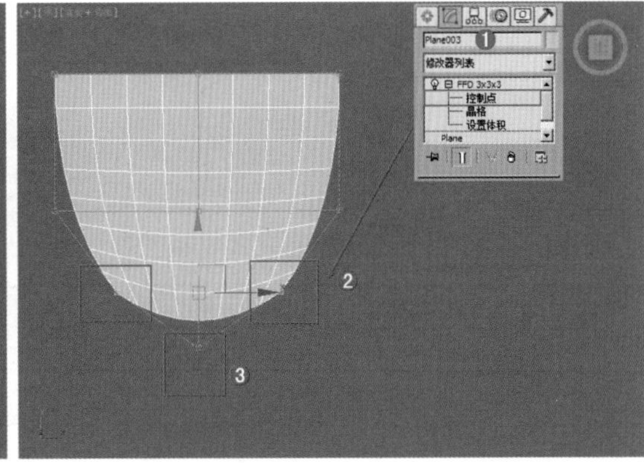

图 2-587

（3）使用（选择并移动）工具，在顶视图调节控制点的位置，如图 2-588 所示。接着在前视图调节控制点的位置，如图 2-589 所示。

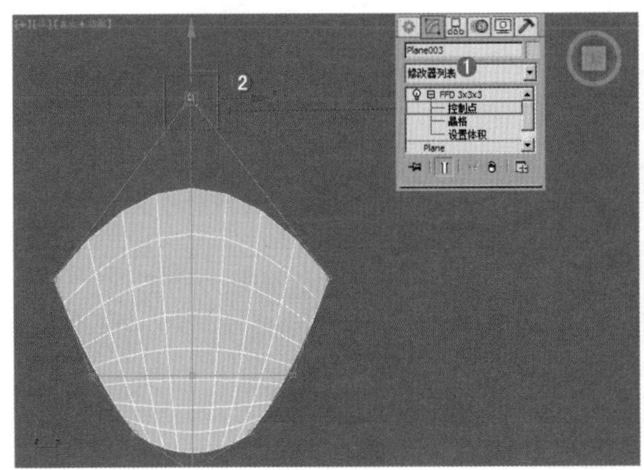

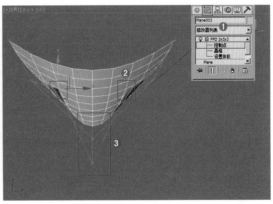

图 2-588

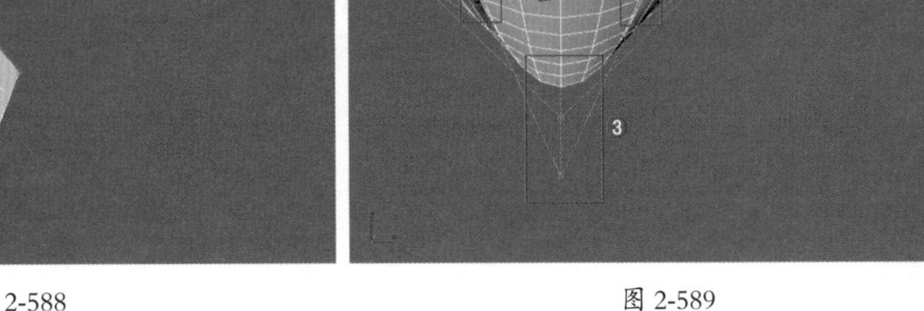

图 2-589

（4）继续使用（选择并移动）工具，在透视图调节控制点的位置，如图 2-590 所示。花瓣效果如图 2-591 所示。

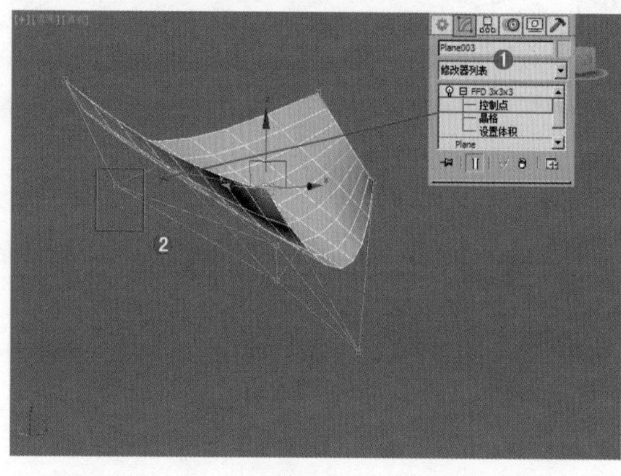

图 2-590

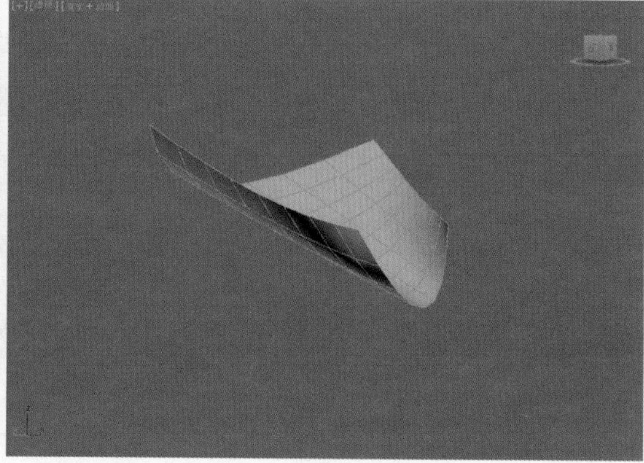

图 2-591

（5）选择上一步创建的模型，单击（创建）|（几何体）|复合对象 | 散布按钮，单击拾取分布对象下的【拾取分布对象】，拾取已创建的【圆环】模型，在【源对象参数】下设置【重复数】为 720，如图 2-592 所示。最终花环效果如图 2-593 所示。

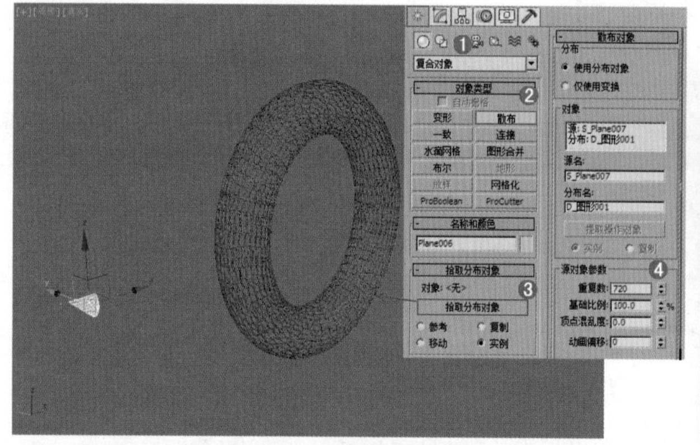

图 2-592

图 2-593

进阶案例——游泳池

案例文件	进阶案例——游泳池 .max
视频教学	多媒体教学 /Chapter 02/ 进阶案例——游泳池 .flv
难易指数	★★★★☆
技术掌握	掌握【平面】、【线】、【挤出】、【编辑多边形】、【布尔】、【放样】和【网格平滑】命令的运用

本例就来学习使用标准基本体下的【平面】、【线】、【挤出】、【编辑多边形】、【布尔】、【放样】和【网格平滑】命令来完成模型的制作，最终渲染和线框效果如图 2-594 所示。

|建模思路|

1 使用平面、线、挤出、编辑多边形和布尔制作模型

2 使用线、编辑多边形、放样和网格平滑制作模型

水池设计流程图，如图 2-595 所示。

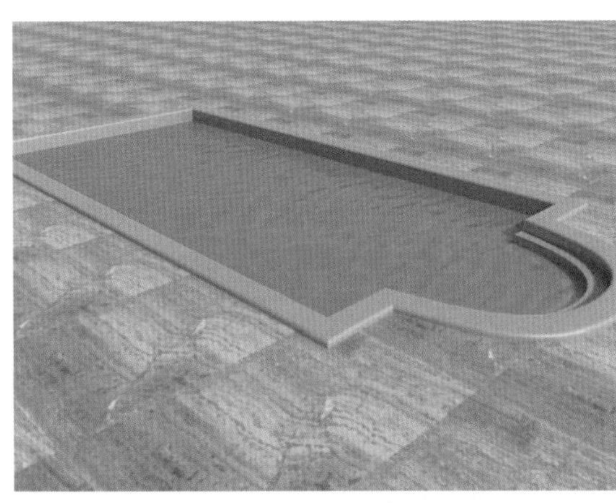
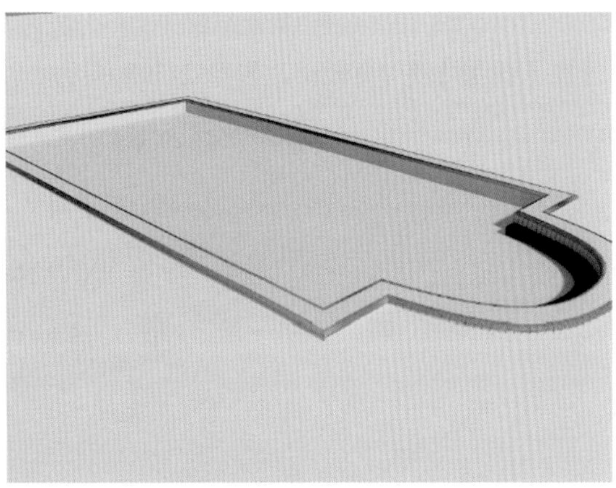

图 2-594

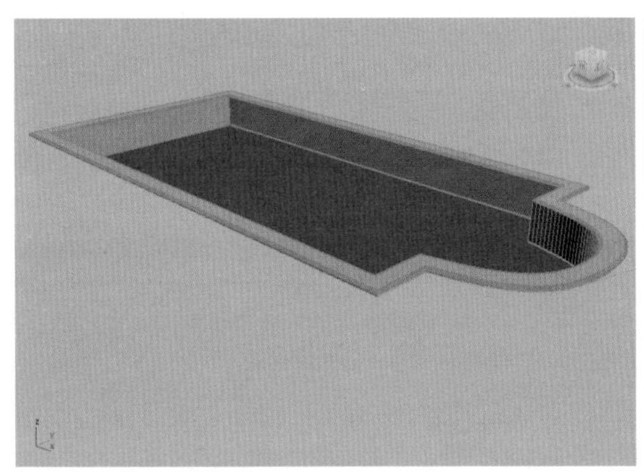

图 2-595

|制作步骤|

1. 使用平面、线、挤出、编辑多边形和布尔制作模型

（1）单击（创建）|（几何体）| 平面 按钮，在透视图中拖动创建一个平面，接着在【修改面板】下设置【长度】为 3913mm，【宽度】为 2433mm，如图 2-596 所示。

（2）单击（创建）|（图形）| 样条线 | 线 按钮，在顶视图中创建如图 2-597 所示的样条线。

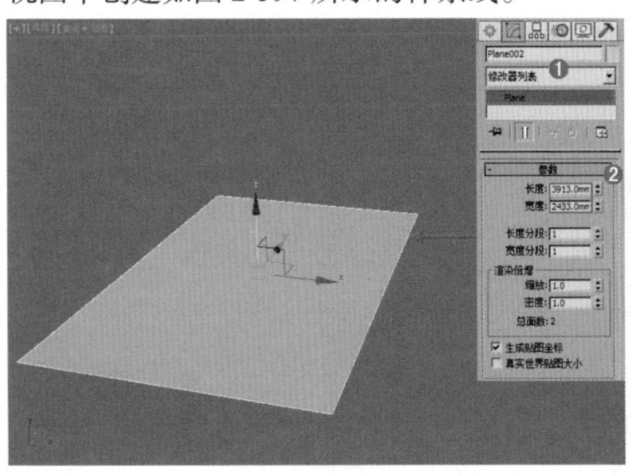

图 2-596

图 2-597

（3）选择上一步创建的图形，在【修改器列表】中加载【挤出】命令，在【参数】卷展栏下，设置【数量】为 150mm，如图 2-598 所示。

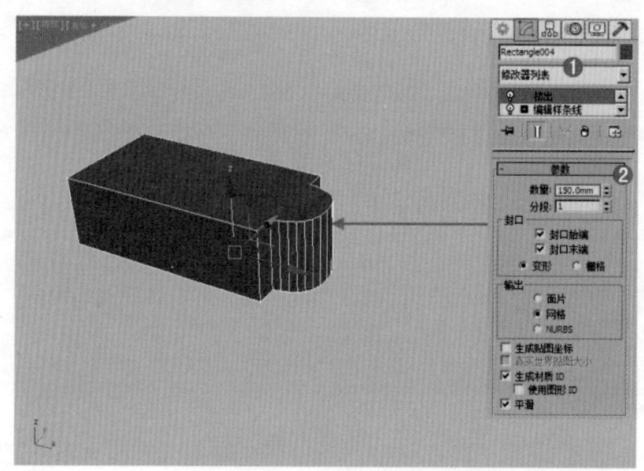

图 2-598

（4）选择平面，单击（创建）|（几何体）| 复合对象 | 布尔 按钮，单击【拾取布尔】下的【拾取操作对象 B】，拾取上一步创建的模型，如图 2-599 所示。模型的效果如图 2-600 所示。

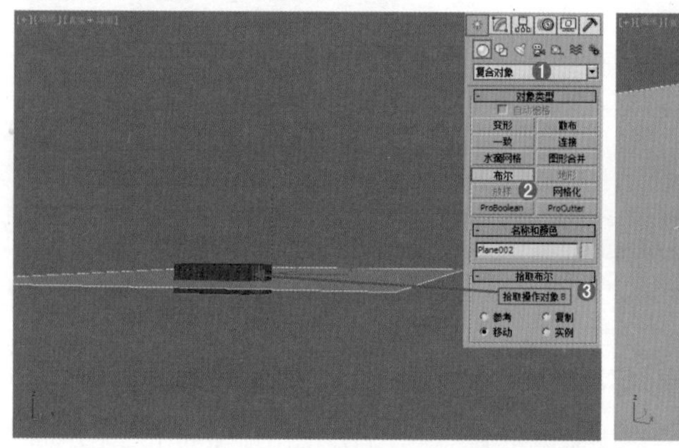

图 2-599

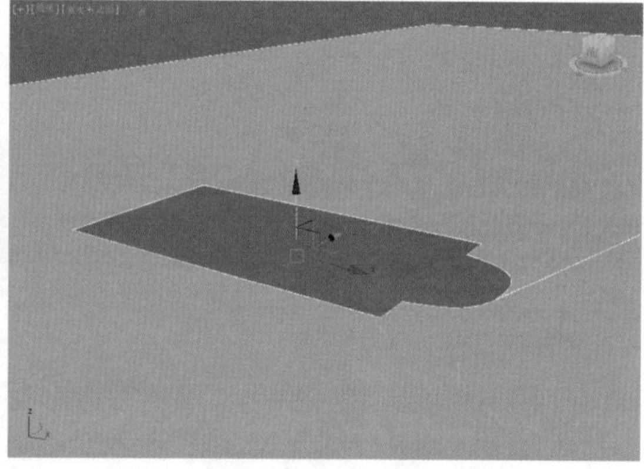

图 2-600

（5）单击（创建）|（图形）| 样条线 | 线 按钮，在顶视图中创建如图 2-601 所示的样条线。

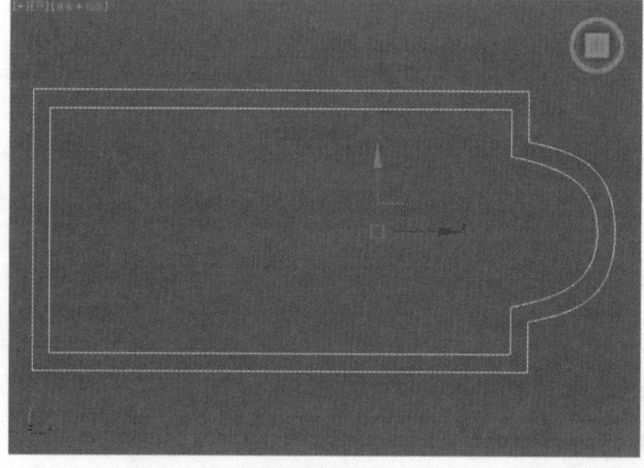

图 2-601

（6）选择上一步创建的图形，在【修改器列表】中加载【挤出】命令，在【参数】卷展栏下，设置【数量】为 35mm，如图 2-602 所示。

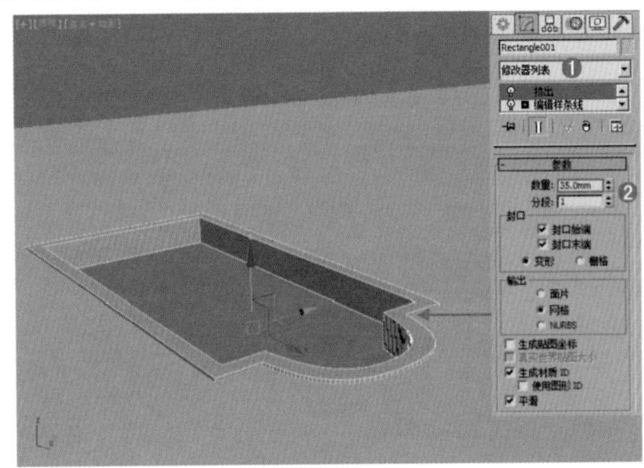

图 2-602

（7）选择上一步的样条线，并在【修改器列表】中加载【编辑多边形】命令，进入（边）级别，选择如图 2-603 所示的边。单击 切角 按钮后面的（设置）按钮，并设置【数量】为 2mm，【分段】为 6，如图 2-604 所示。

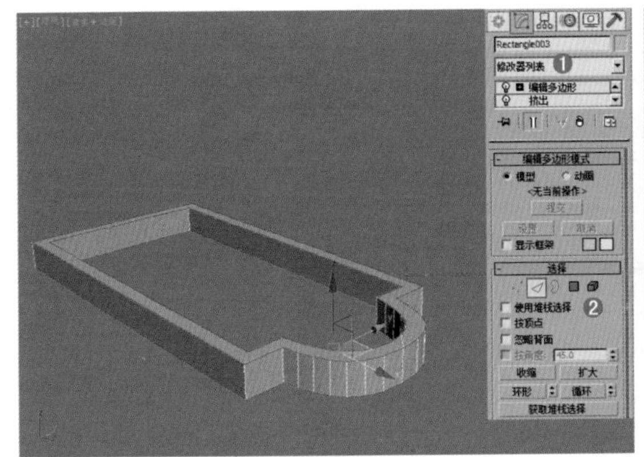

图 2-603

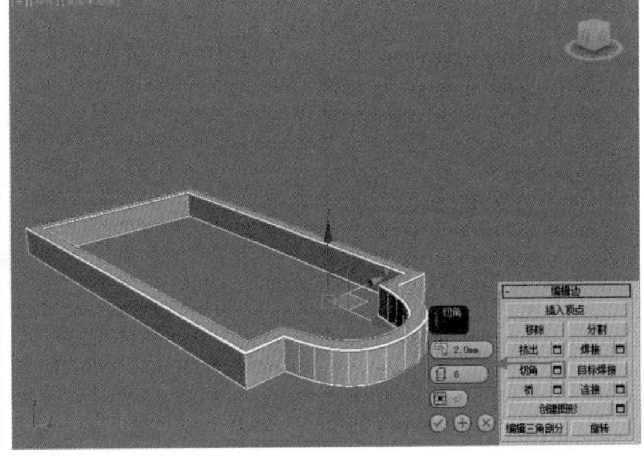

图 2-604

（8）单击（创建）|（图形）| 样条线 | 线 按钮，在顶视图中创建如图 2-605 所示的样条线。

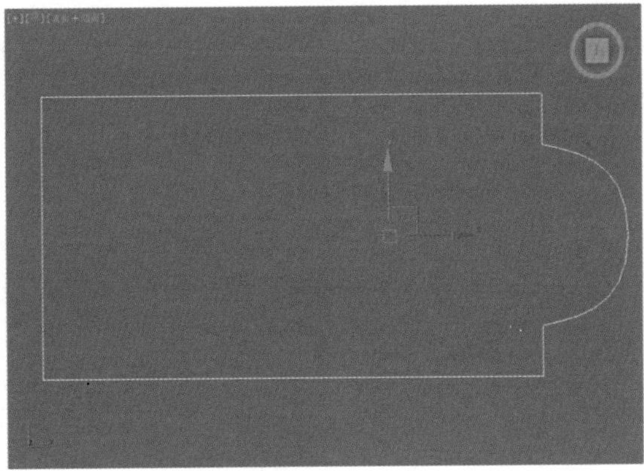

图 2-605

（9）选择上一步创建的图形，在【修改器列表】中加载【挤出】命令，在【参数】卷展栏下，设置【数量】为 1mm，如图 2-606 所示。

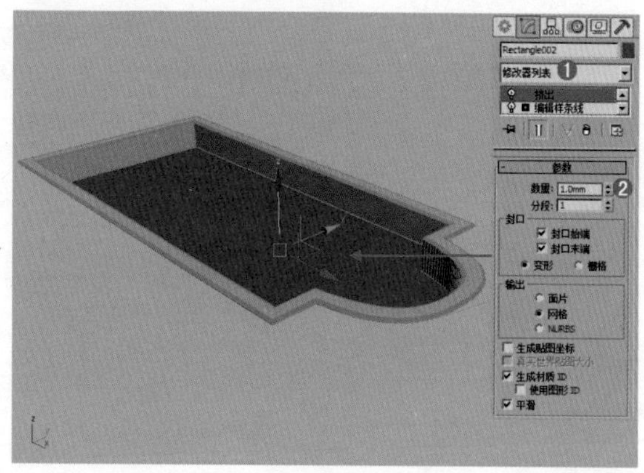

图 2-606

2. 使用线、编辑多边形、放样和网格平滑制作模型

（1）单击（创建）|（图形）| 样条线 | 线 按钮，在顶视图中创建如图 2-607 所示的样条线。

（2）单击（创建）|（图形）| 样条线 | 线 按钮，在前视图中创建如图 2-608 所示的样条线。

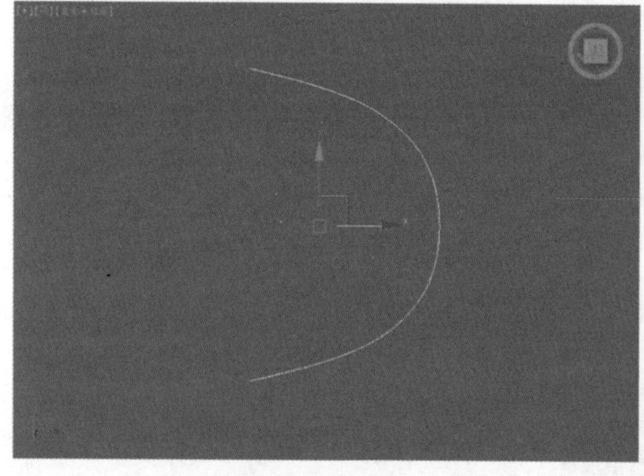

图 2-607　　图 2-608

（3）选择样条线，单击（创建）|（几何体）| 复合对象 | 放样 按钮，单击【创建方法】下的【获取图形】，拾取上一步创建的样条线，如图 2-609 所示。模型的效果如图 2-610 所示。

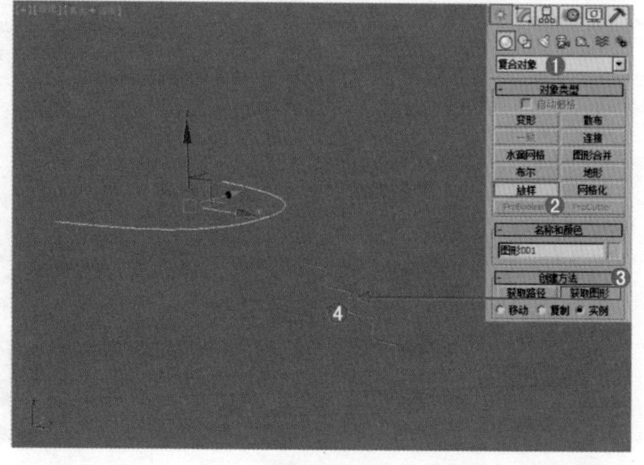

图 2-609

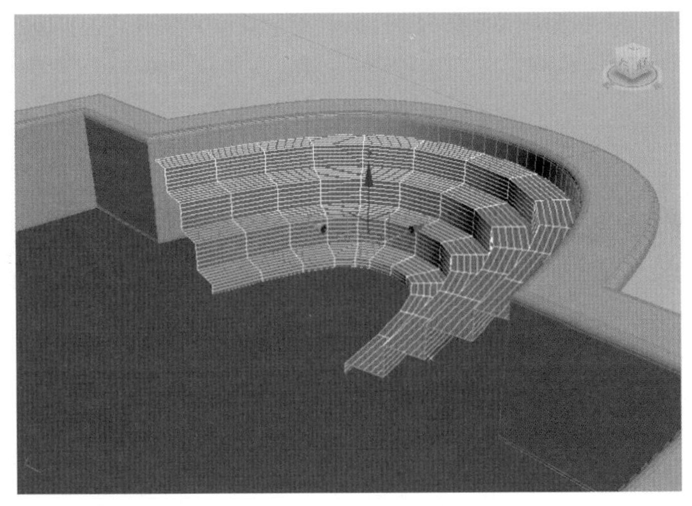

图 2-610

（4）选择上一步的模型，并在【修改器列表】中加载【编辑多边形】命令，进入 (边)级别，选择如图 2-611 所示的边。按住 <Shift> 键和鼠标左键向下拖动，效果如图 2-612 所示。

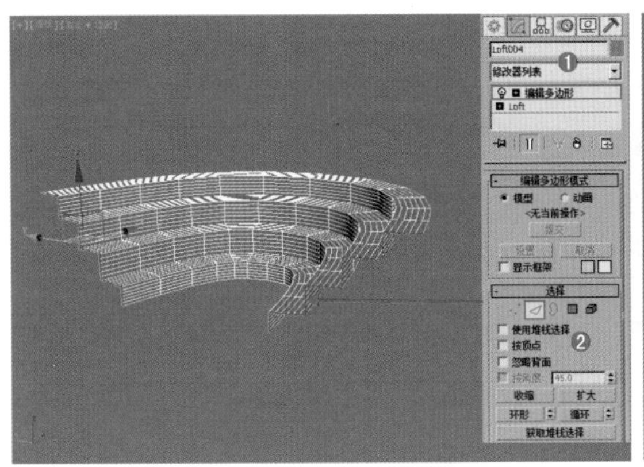

图 2-611

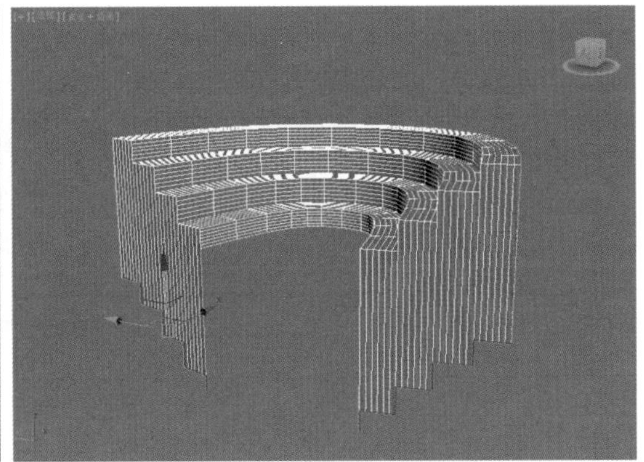

图 2-612

（5）进入 (边)级别，选择如图 2-613 所示的边。单击 切角 按钮后面的 (设置)按钮，并设置【数量】为 0.5mm，【分段】为 5，如图 2-614 所示。

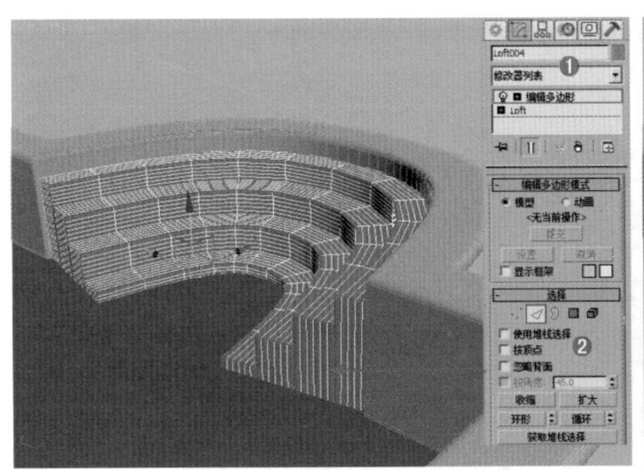

图 2-613

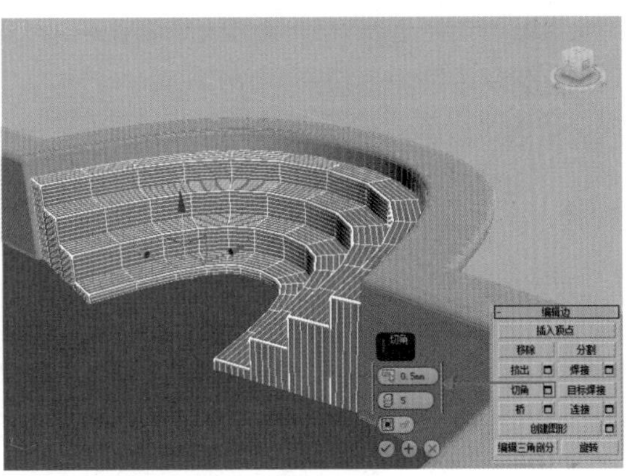

图 2-614

（6）选择上一步的模型，并在【修改器列表】中加载【网格平滑】命令，设置【迭代次数】为 2，如图 2-615 所示。

（7）最终模型效果如图 2-616 所示。

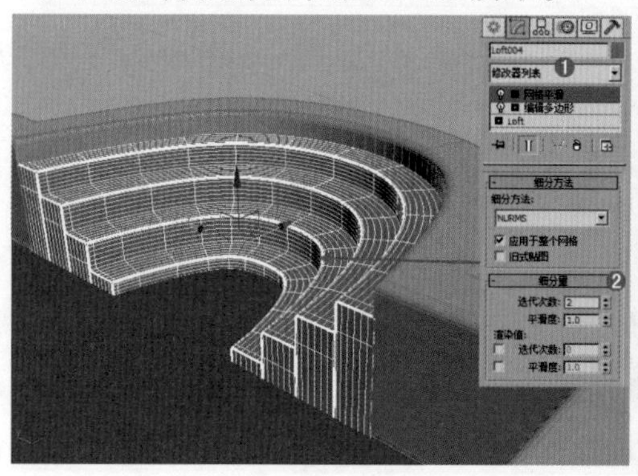

图 2-615

图 2-616

进阶案例——楼体

案例文件	进阶案例——楼体 .max
视频教学	多媒体教学 /Chapter 02/ 进阶案例——楼体 .flv
难易指数	★★★★☆
技术掌握	掌握【长方体】和【编辑多边形】命令的运用

本例就来学习使用标准基本体下的【长方体】和【编辑多边形】命令来完成模型的制作，最终渲染和线框效果如图 2-617 所示。

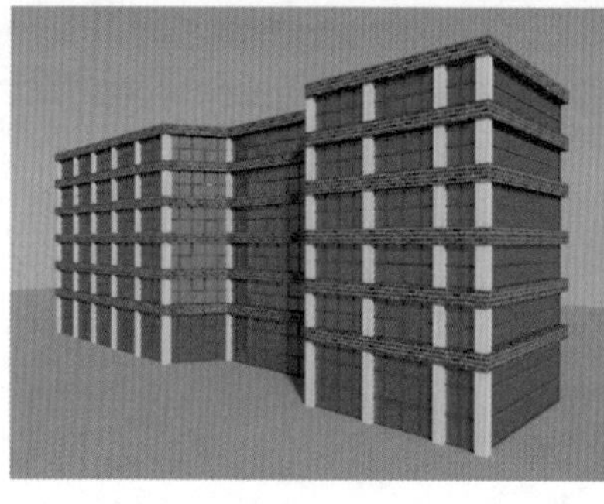

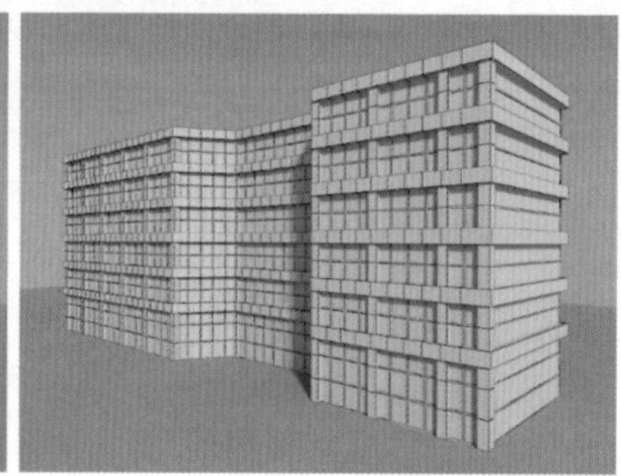

图 2-617

|建模思路|

1 使用长方体和编辑多边形制作模型

2 使用编辑多边形制作模型

楼体流程图，如图 2-618 所示。

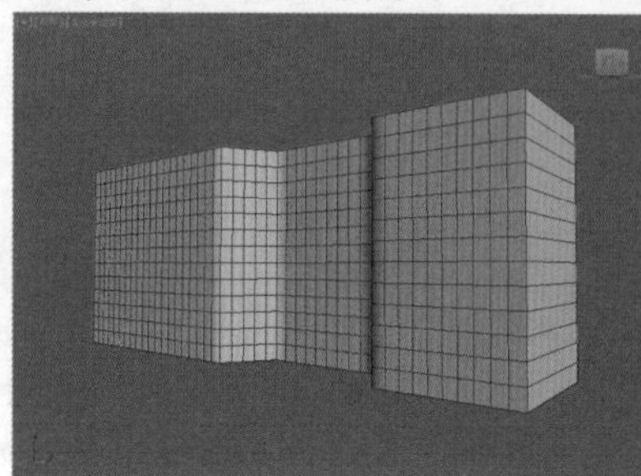

图 2-618

|制作步骤|

1. 使用长方体和编辑多边形制作模型

（1）单击（创建）|（几何体）| 长方体 按钮，在透视图中拖动创建一个长方体，接着在【修改面板】下设置【长度】为 1142mm，【宽度】为 4967mm，【高度】为 1897mm，如图 2-619 所示。

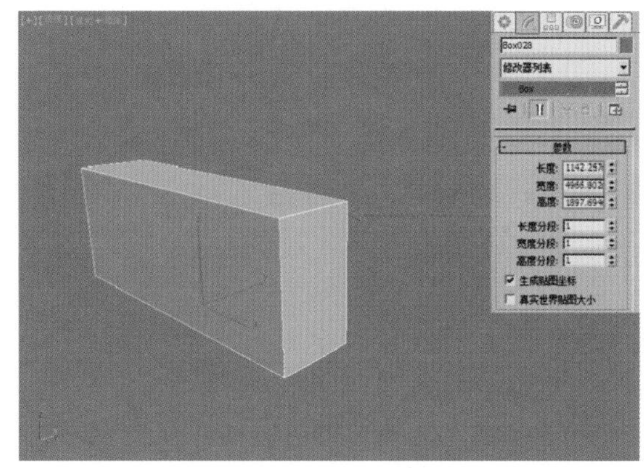

图 2-619

（2）选择上一步创建的长方体，并在【修改器列表】中加载【编辑多边形】命令，进入（边）级别，选择如图 2-620 所示的边。单击 连接 按钮后面的（设置）按钮，并设置【分段】为 12，如图 2-621 所示。

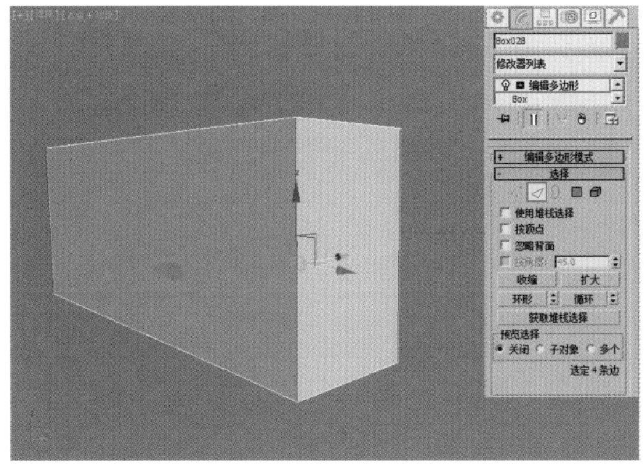

图 2-620

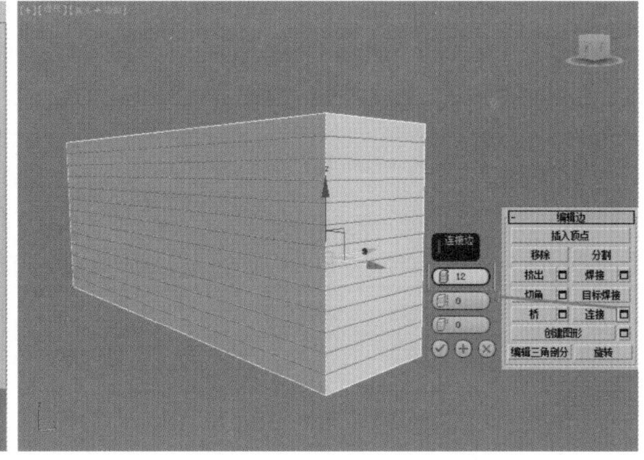

图 2-621

（3）进入（边）级别，选择如图 2-622 所示的边。单击 连接 按钮后面的（设置）按钮，并设置【分段】为 48，如图 2-623 所示。

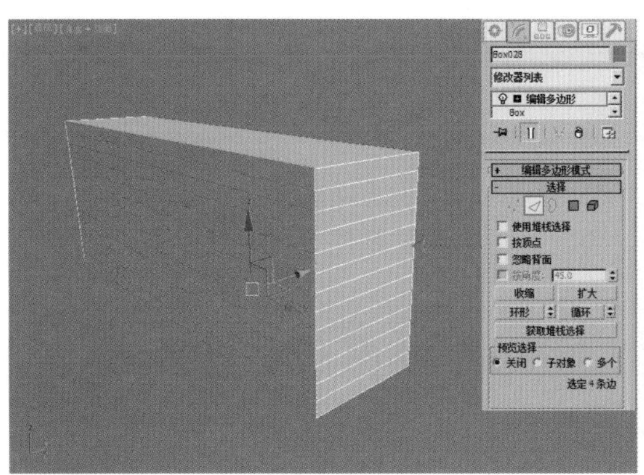

图 2-622

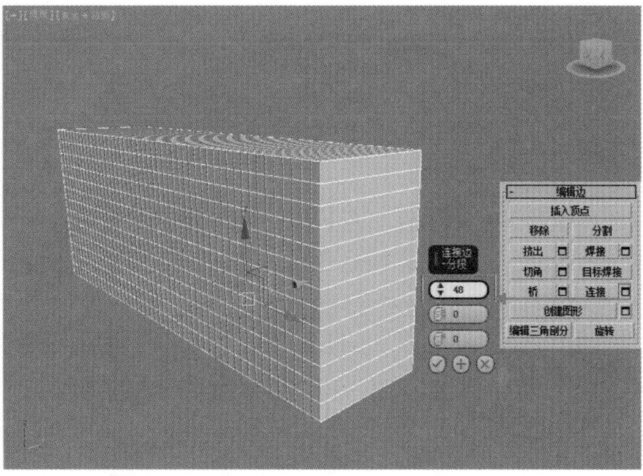

图 2-623

（4）进入 （顶点）级别，选择如图 2-624 所示的顶点。使用 （选择并移动）工具将顶点移动到如图 2-625 所示的位置。

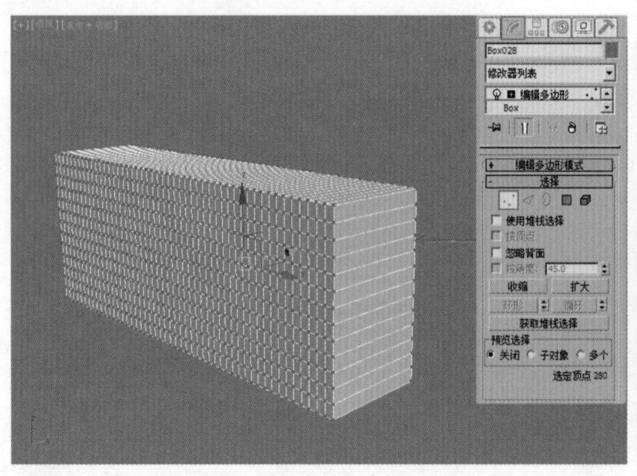

图 2-624

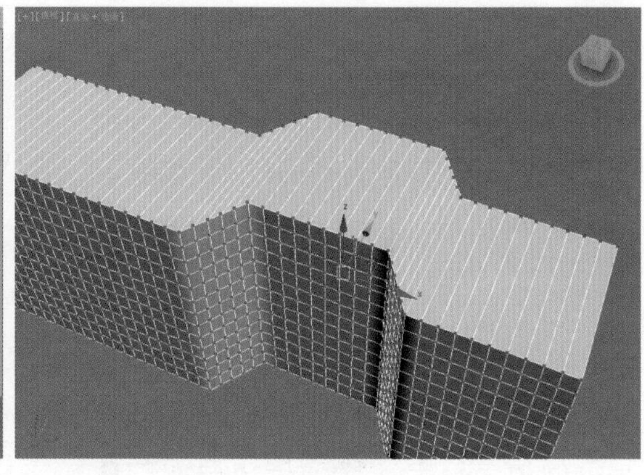

图 2-625

2. 使用编辑多边形制作模型

（1）选择上一步的模型，并在【修改器列表】中加载【编辑多边形】命令，进入 （边）级别，选择如图 2-626 所示的边。单击 创建图形 按钮后面的 （设置）按钮，在弹出的对话框中选择【线性】，然后单击【确定】按钮，如图 2-627 所示。

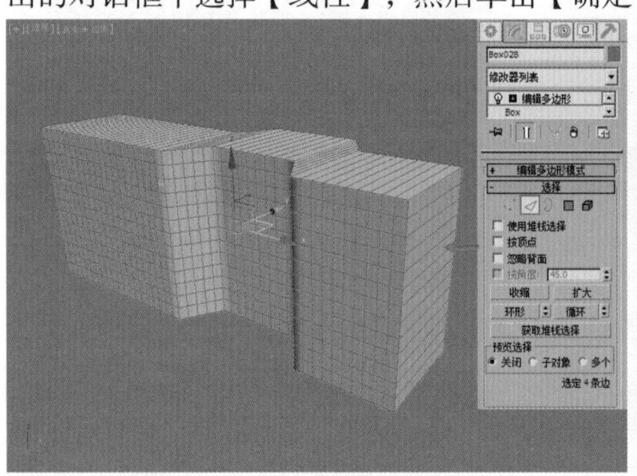

图 2-626

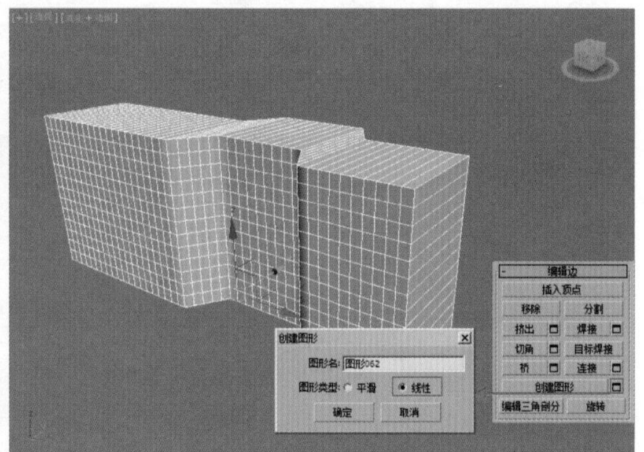

图 2-627

（2）选择上一步创建图形后的样条线，在【渲染】选项组下分别勾选【在渲染中启用】和【在视口中启用】，激活【矩形】选项组，设置【长度】为 10mm，【宽度】为 10mm，如图 2-628 所示。

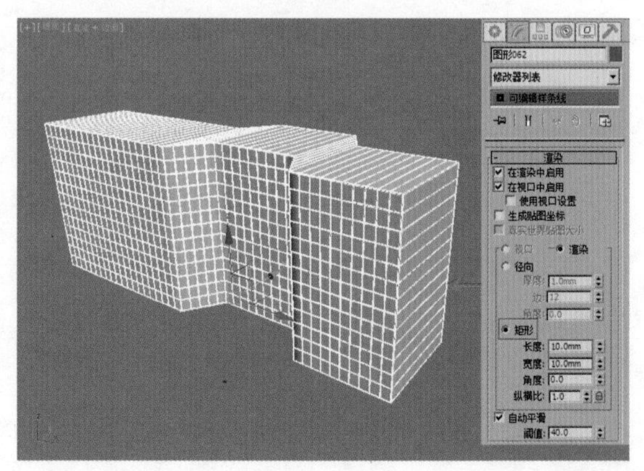

图 2-628

（3）进入（边）级别，选择如图 2-629 所示的边。单击 创建图形 按钮后面的（设置）按钮，在弹出的对话框中选择【线性】，然后单击【确定】按钮，如图 2-630 所示。

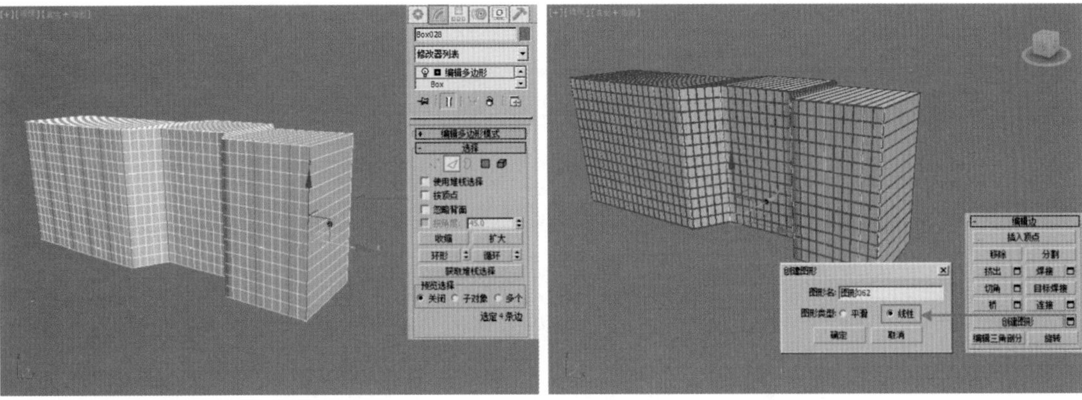

图 2-629　　图 2-630

（4）选择上一步创建图形后的样条线，在【渲染】选项组下分别勾选【在渲染中启用】和【在视口中启用】，激活【矩形】选项组，设置【长度】为 60mm，【宽度】为 60mm。如图 2-631 所示。

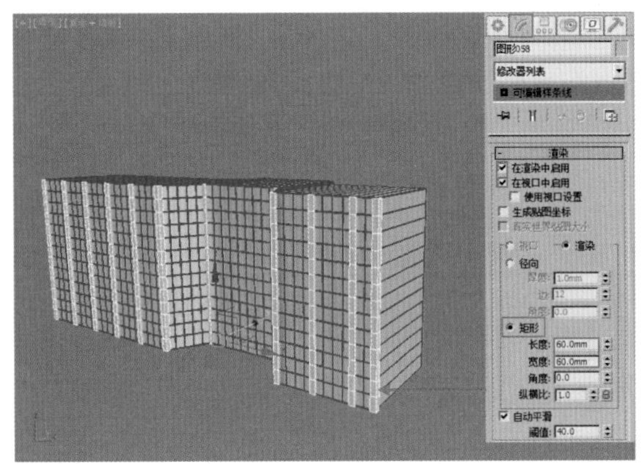

图 2-631

（5）进入（边）级别，选择如图 2-632 所示的边。单击 创建图形 按钮后面的（设置）按钮，在弹出的对话框中选择【线性】，然后单击【确定】按钮，如图 2-633 所示。

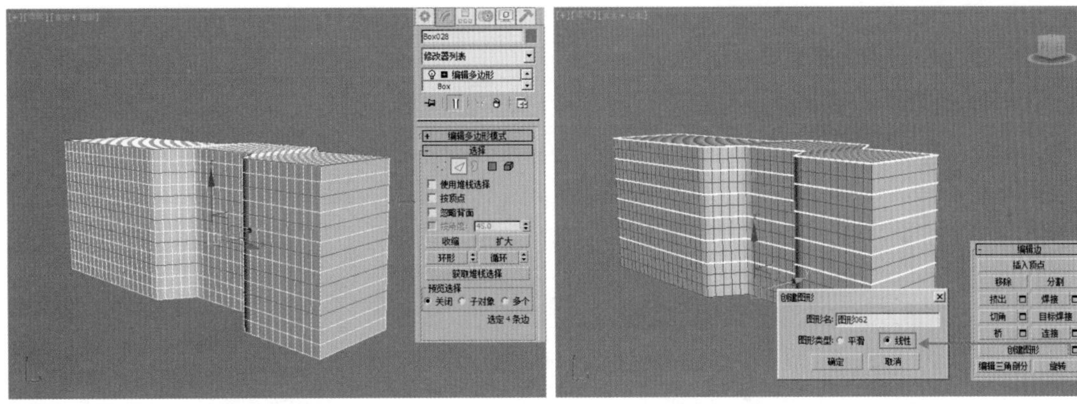

图 2-632　　图 2-633

（6）选择上一步创建图形后的样条线，在【渲染】选项组下分别勾选【在渲染中启用】和【在视口中启用】，激活【矩形】选项组，设置【长度】为 80mm，【宽度】为 85mm。如图 2-634 所示。

（7）最终模型效果如图 2-635 所示。

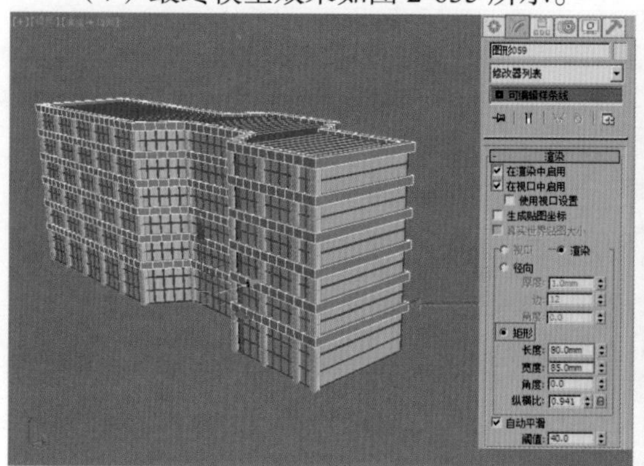

图 2-634

图 2-635

进阶案例——人物

案例文件	进阶案例——人物 .max
视频教学	多媒体教学 /Chapter 02/ 进阶案例——人物 .flv
难易指数	★★★★☆
技术掌握	掌握人物的运用

本例就来学习使用 Ribbon 下的人物命令来完成模型的制作，最终渲染和线框效果如图 2-636 所示。

图 2-636

|建模思路|

1 使用人物制作 L 形行走路径

2 使用人物制作圆形行走路径

人物流程图，如图 2-637 所示。

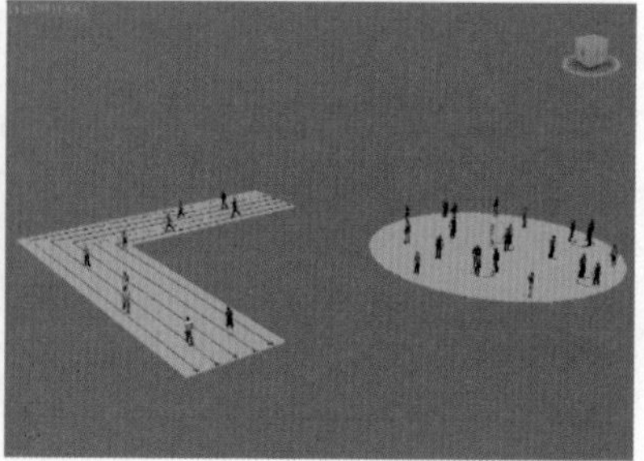

图 2-637

|制作步骤|

1. 使用人物制作 L 形行走路径

（1）在【主工具栏】的空白处单击鼠标右键，然后在弹出的对话框中选择【Ribbon】，如图 2-638 所示。

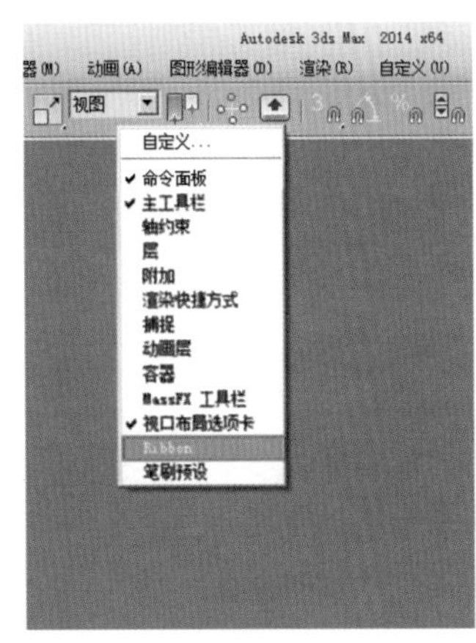

图 2-638

（2）单击定义流按钮，单击 （创建流）图标，如图 2-639 所示。然后在透视图中创建流，效果如图 2-640 所示。

（3）进入【修改面板】中，设置【宽度】为 7000mm，【车道间距】为 1300mm，适当调整【密度】，【男人、女人】比例，调整【方向】，设置【位置】为 3，如图 2-641 所示。

（4）右键单击软件左下角的 （粉色方框），然后选择【打开侦听器窗口】，此时弹出【MAXScript 侦听器】窗口，在窗口里输入【pop.realworldscale=0.2】命令，然后单击 <Enter> 键，此时出现蓝色的【0.2】，如图 2-642 所示。

图 2-639

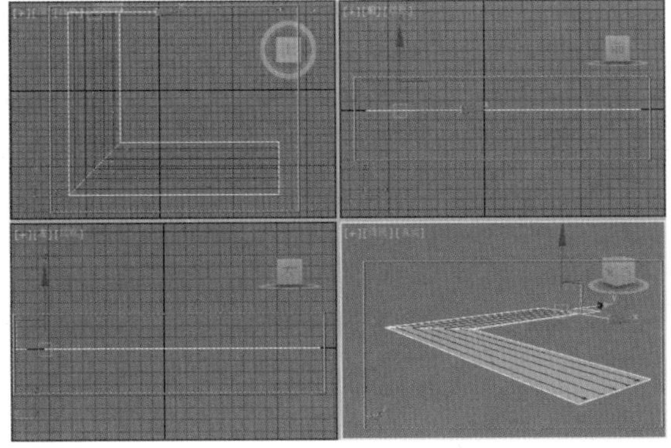

图 2-640

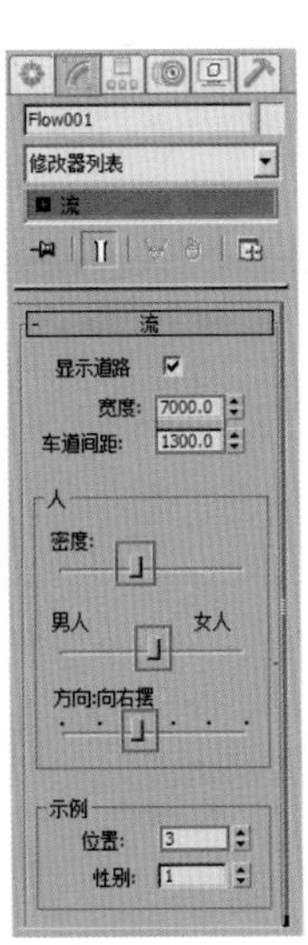

图 2-641

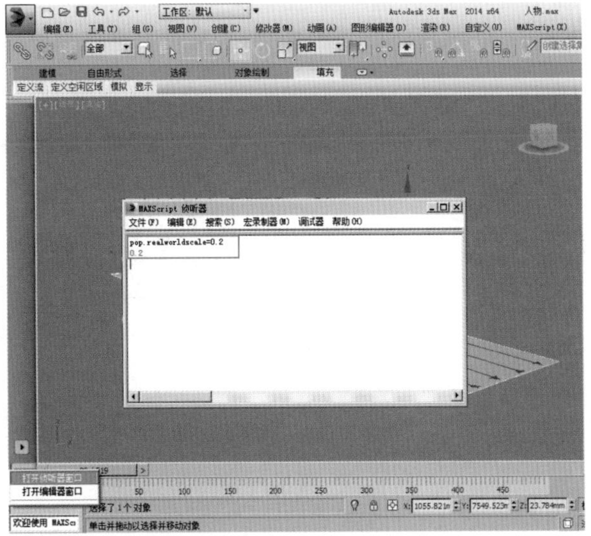

图 2-642

（5）单击模拟按钮，单击模拟图标，如图 2-643 所示。

图 2-643

（6）此时就会看到 Ribbon 正在模拟的过程，如图 2-644 所示。模拟后的人物效果如图 2-645 所示。

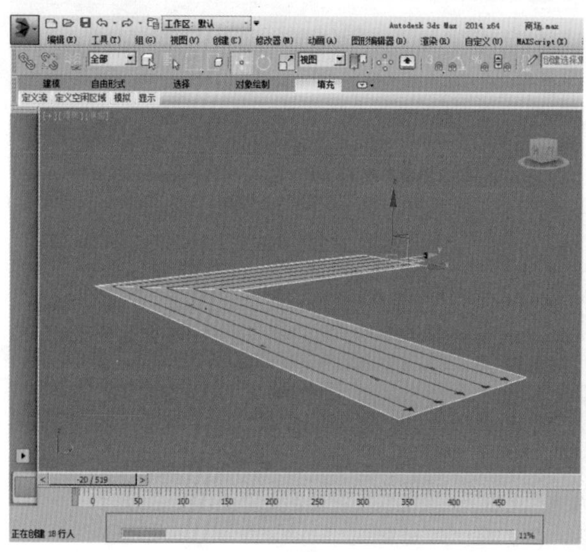

图 2-644

图 2-645

2. 使用人物制作圆形行走路径

（1）单击定义空闲区域按钮，单击（创建圆空闲区域）图标，如图 2-646 所示。然后在透视图中创建圆空闲区域，效果如图 2-647 所示。

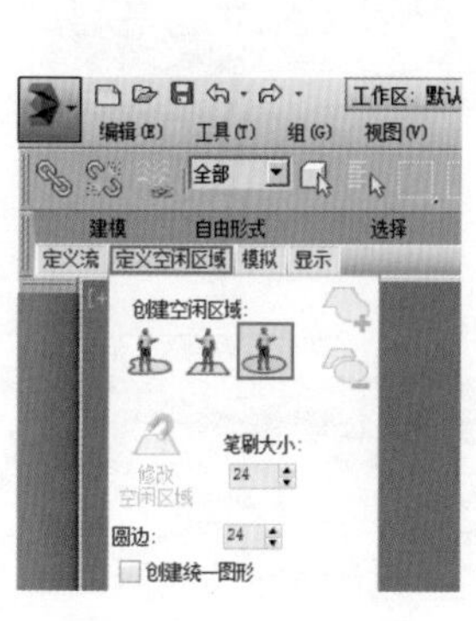

图 2-646

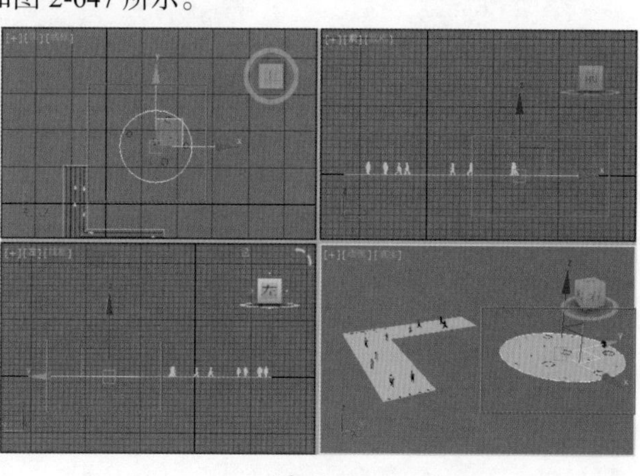

图 2-647

（2）进入【修改面板】中，适当调整【密度】，如图 2-648 所示。

（3）右键单击软件左下角的（粉色方框），然后选择【打开侦听器窗口】，此时弹出【MAXScript 侦听器】窗口，在窗口里输入【pop.realworldscale=0.2】命令，然后单击 <Enter> 键，此时出现蓝色的【0.2】，如图 2-649 所示。

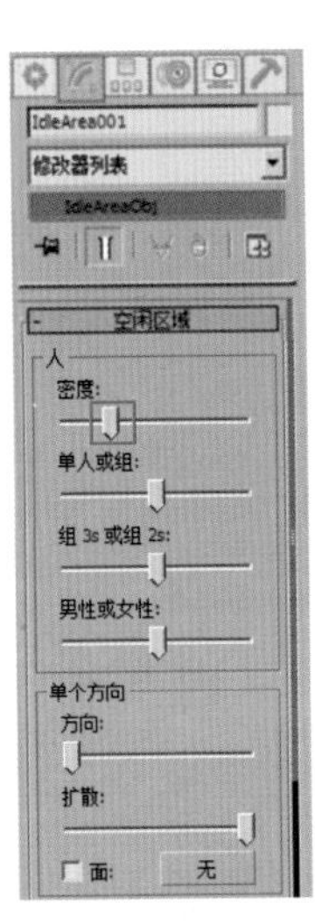

图 2-648

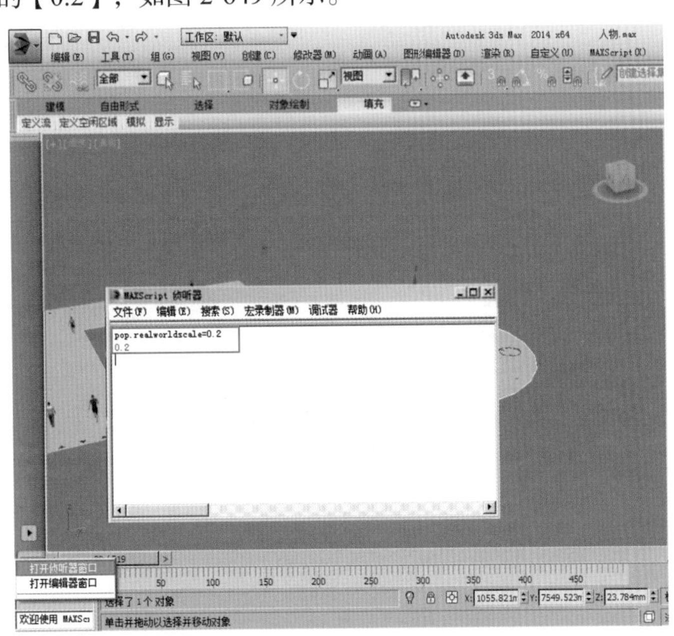

图 2-649

（4）然后单击模拟按钮，单击模拟图标，如图 2-650 所示。

（5）此时就会看到“Ribbon”正在模拟的过程，如图 2-651 所示。

图 2-650

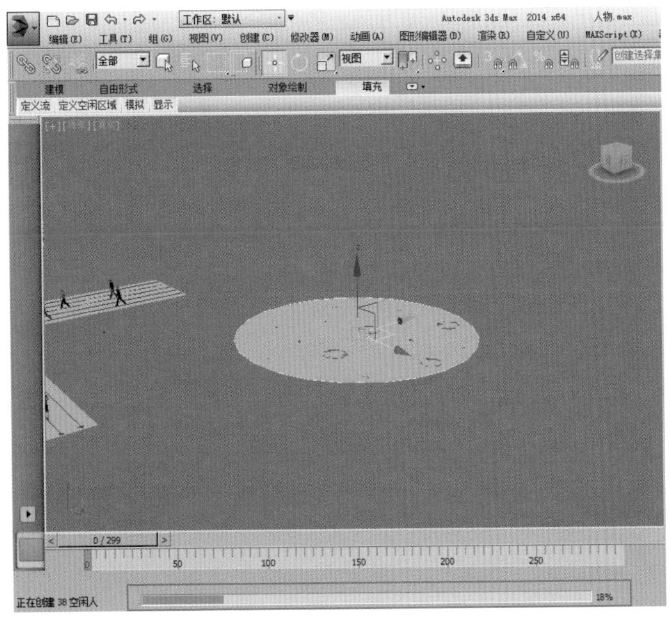

图 2-651

（6）模拟后的人物效果如图 2-652 所示。

（7）最终模拟效果如图 2-653 所示。

图 2-652

图 2-653

第 3 章
渲染器参数详解

本章学习要点：

- ★ 掌握 VRay 渲染器的使用方法
- ★ 测试渲染的参数设置方案
- ★ 最终渲染的参数设置方案

3.1 初识 VRay 渲染

3.1.1 渲染的概念

在室内设计、影视、动漫、广告制作中运用的渲染，是指应用计算机图形软件，一般包括二维软件、三维软件以及各类影视后期制作软件等，把在计算机中做好的模型、灯光、材质、视频等，通过渲染器进行渲染，达到我们想要看到的最终效果。而 VRay 渲染器是室内设计中使用人群最多的渲染器。

3.1.2 为什么要渲染

使用 3ds Max 制作作品的目的是将制作的模型、材质、灯光、动画等通过一定的方式表现出来，而在 3ds Max 中必须通过渲染才能得到最终的效果，若不渲染则只能看到 3ds Max 视图中的效果。因此渲染是非常重要的一个步骤，是表现最终真实效果的关键步骤。合理设置渲染器的参数，可以很好地控制渲染速度、渲染质量等。

3.1.3 试一下：切换为 VRay 渲染器

一般来说在制作完成模型后，首先需要设置渲染器参数，这是因为假如不先设置渲染器参数的话，灯光和材质即使可以设置，也无法测试其效果是否正确。在 3ds Max 中可以单击【渲染设置】按钮，就可以弹出【渲染设置】对话框。然后在【公用】选项卡下展开【指定渲染器】卷展栏，接着单击【产品级】选项后面的【选择渲染器】按钮，最后在弹出的【选择渲染器】对话框中选择 VRay 渲染器即可，如图 3-1 所示。

图 3-1

3.1.4 渲染工具

在【主工具栏】右侧提供了多个渲染工具，如图 3-2 所示。

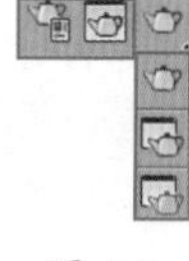

图 3-2

- 【渲染设置】按钮：单击该按钮可以打开【渲染设置】对话框，基本上所有的渲染参数设置都在该对话框中完成。
- 【渲染帧窗口】按钮：单击该按钮可以选择渲染区域、切换通道和储存渲染图像等任务。
- 【渲染产品】按钮：单击该按钮可以使用当前的产品级渲染设置来渲染场景。
- 【渲染迭代】按钮：单击该按钮可以在迭代模式下渲染场景。
- 【动态着色】按钮：单击该按钮可以在浮动的窗口中执行动态着色渲染。

3.2 VRay 渲染器

VRay 是由 Chaosgroup 和 Asgvis 公司出品的一款高质量渲染软件。VRay 是目前最受业界欢迎的渲染引擎之一。VRay 渲染器为不同领域的优秀 3D 软件提供了高质量的图片和动画渲染。图 3-3 所示为使用 VRay 渲染器渲染的优秀作品效果。

图 3-3

VRay渲染器参数主要包括【公用】、【V-Ray】、【间接照明】、【设置】和【Render Elements】（渲染元素）5 个选项卡，如图 3-4 所示。

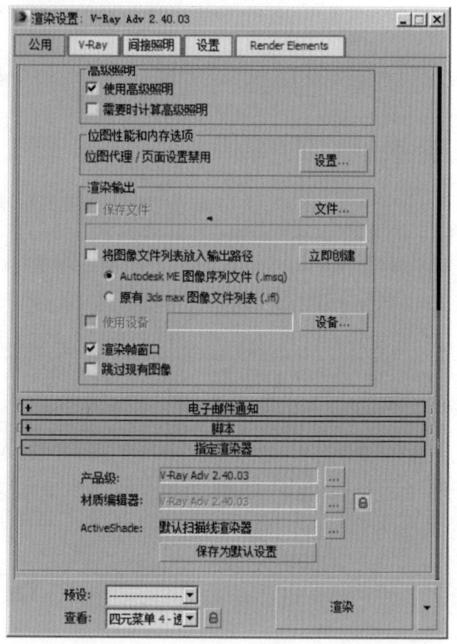

图 3-4

3.2.1　公用

1. 公用参数

【公用参数】卷展栏用来设置所有渲染器的公用参数。其参数面板，如图 3-5 所示。

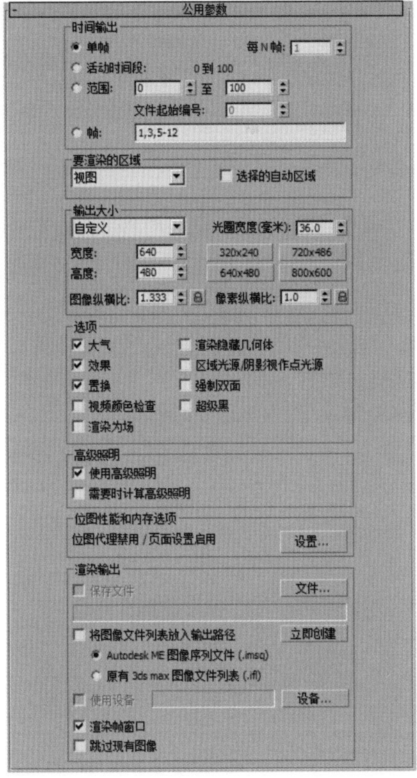

图 3-5

（1）时间输出

在这里可以选择要渲染的帧。其参数面板，如图 3-6 所示。

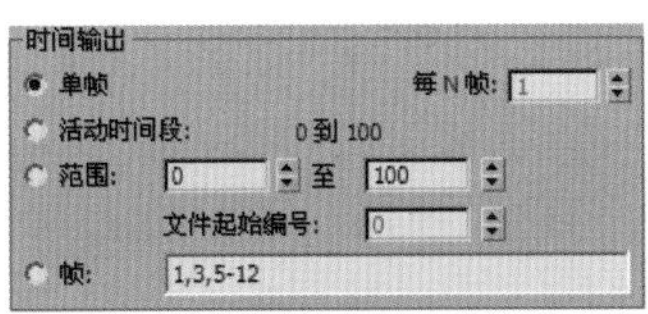

图 3-6

- 单帧：仅当前帧。
- 活动时间段：显示在时间滑块内的当前帧范围。
- 范围：指定两个数字之间（包括这两个数）的所有帧。
- 帧：可以指定非连续帧，帧与帧之间用逗号隔开（例如 1,3）或连续的帧范围，用连字符相连（例如 0-8）。

（2）要渲染的区域

要渲染的区域控制渲染的区域部分。其参数面板，如图 3-7 所示。

图 3-7

- 要渲染的区域：分为视图、选定对象、区域、裁剪、放大。
- 选择的自动区域：该选项控制选择的自动渲染区域。

（3）输出大小

该选项卡可以控制最终渲染的宽度和高度尺寸。其参数面板，如图 3-8 所示。

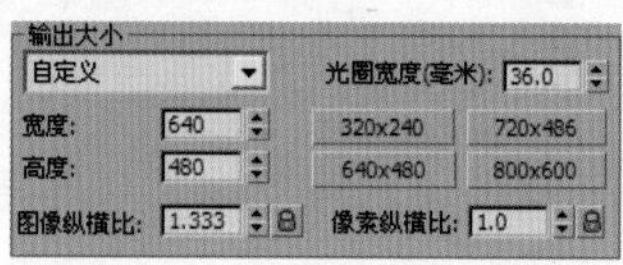

图 3-8

- 下拉列表：【输出大小】下拉列表中可以选择几个标准的电影和视频分辨率以及纵横比。
- 光圈宽度（毫米）：指定用于创建渲染输出的摄影机光圈宽度。
- 宽度和高度：以像素为单位指定图像的宽度和高度，从而设置输出图像的分辨率。
- 预设分辨率按钮 (320 × 240、640 × 480 等）：单击这些按钮之一，选择一个预设分辨率。
- 图像纵横比：设置图像的纵横比。
- 像素纵横比：设置显示在其他设备上的像素纵横比。
- ：可以锁定像素纵横比。

（4）选项

选项控制渲染 9 种选项的开关。其参数面板，如图 3-9 所示。

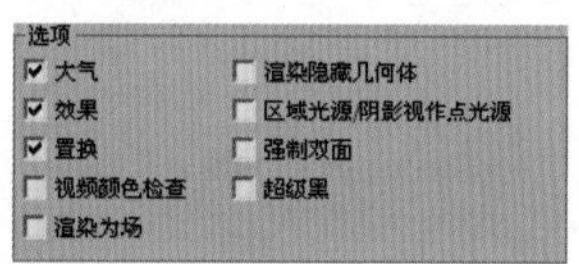

图 3-9

- 大气：启用此选项后，渲染任何应用的大气效果，如体积雾。
- 效果：启用此选项后，渲染任何应用的渲染效果，如模糊。
- 置换：渲染任何应用的置换贴图。
- 视频颜色检查：检查超出 NTSC 或 PAL 安全阈值的像素颜色，标记这些像素颜色并将其改为可接受的值。
- 渲染为场：为视频创建动画时，将视频渲染为场，而不是渲染为帧。
- 渲染隐藏几何体：渲染场景中所有的几何体对象，包括隐藏的对象。
- 区域光源 / 阴影视作点光源：将所有的区域光源或阴影当作从点对象发出而进行渲染，这样可以加快渲染速度。
- 强制双面：双面材质渲染可渲染所有曲面的两个面。
- 超级黑：限制用于视频组合的渲染几何体的暗度。除非确实需要此选项，否则将其禁用。

（5）高级照明

高级照明控制是否使用高级照明。其参数面板，如图 3-10 所示。

图 3-10

- 使用高级照明：启用此选项后，3ds Max 在渲染过程中提供光能传递解决方案或光跟踪。
- 需要时计算高级照明：启用此选项后，当需要逐帧处理时，3ds Max 计算光能传递。

（6）位图性能和内存选项

位图性能和内存选项控制全局设置和位图代理的数值。其参数面板，如图 3-11 所示。

图 3-11

- 设置：单击以打开【位图代理】对话框的全局设置和默认值。

（7）渲染输出

渲染输出控制最终渲染输出的参数。其参数面板，如图 3-12 所示。

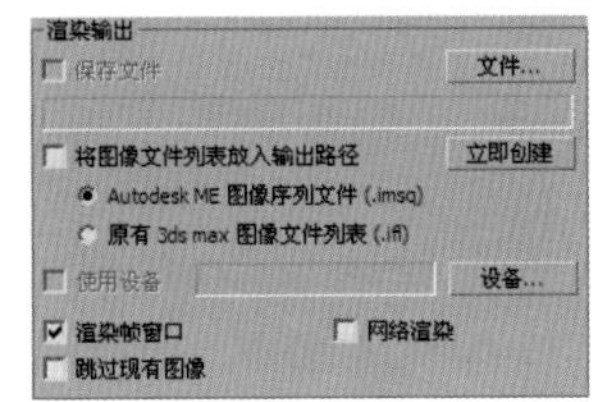

图 3-12

- 保存文件：启用此选项后，进行渲染时 3ds Max 会将渲染后的图像或动画保存到磁盘。
- 文件：打开【渲染输出文件】对话框，指定输出文件名、格式以及路径。
- 将图像文件列表放入输出路径：启用此选项可创建图像序列 (IMSQ) 文件，并将其保存在与渲染相同的目录中。
- 立即创建：首先必须为渲染自身选择一个输出文件，单击以“手动”创建图像序列文件。
- Autodesk ME 图像序列文件 (.imsq)：选中此选项之后（默认值），创建 图像序列 (IMSQ) 文件。
- 原有 3ds Max 图像文件列表 (.ifl)：选中此选项之后，可创建由 3ds Max 的旧版本创建的各种图像文件列表 (IFL) 文件。
- 使用设备：将渲染的输出发送到如录像机这样的设备上。
- 渲染帧窗口：在渲染帧窗口中显示渲染输出。
- 网络渲染：启用网络渲染。如果启用【网络渲染】，在渲染时将看到【网络作业分配】对话框。
- 跳过现有图像：启用此选项且启用【保存文件】后，渲染器将跳过序列中已经渲染到磁盘中的图像。

2. 电子邮件通知

使用此卷展栏可使渲染作业发送电子邮件通知，如同网络渲染。其参数面板，如图 3-13 所示。

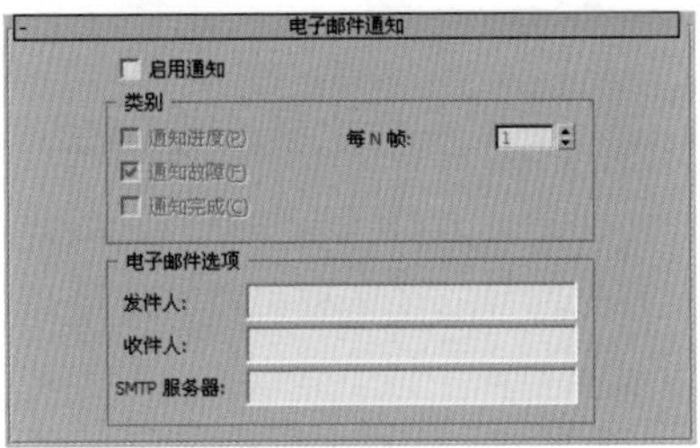

图 3-13

- 启用通知：启用此选项后，渲染器将在某些事件发生时发送电子邮件通知。默认设置为禁用状态。
- 通知进度：发送电子邮件以表明渲染进度。

- 通知故障：只有在出现阻止渲染完成的情况时才发送电子邮件通知。默认设置为启用。
- 通知完成：当渲染作业完成时，发送电子邮件通知。默认设置为禁用状态。
- 发件人：输入启动渲染作业的用户的电子邮件地址。
- 收件人：输入需要了解渲染状态的用户的电子邮件地址。
- SMTP 服务器：输入作为邮件服务器使用的系统 IP 地址。

3. 脚本

使用【脚本】卷展栏可以指定在渲染之前和之后要运行的脚本。其参数面板，如图 3-14 所示。

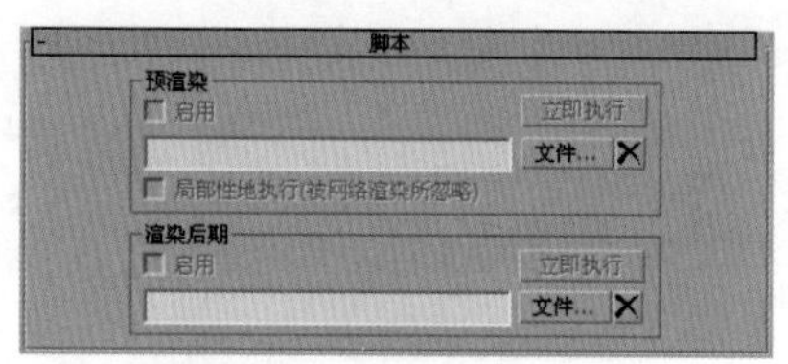

图 3-14

（1）预渲染

- 启用：启用该选项之后，启用脚本。
- 立即执行：单击可“手动”执行脚本。
- 文件名字段：选定脚本之后，该字段显示其路径和名称，可以进行编辑。
- 文件：单击可打开【文件】对话框，并且选择要运行的预渲染脚本。
- ☒删除文件：单击可删除脚本。
- 本地执行（被网络渲染忽略）：启用之后，必须本地运行脚本。如果使用网络渲染，则忽略脚本。

（2）渲染后期

- 启用：启用该选项之后，启用脚本。
- 立即执行：单击可“手动”执行脚本。
- 文件名字段：选定脚本之后，该字段显示其路径和名称，可以进行编辑。
- 文件：单击可打开【文件】对话框，并且选择要运行的后期渲染脚本。
- ☒删除文件：单击可删除脚本。

4. 指定渲染器

对于每个渲染类别，该卷展栏显示当前指定的渲染器名称，并且可以进行更改。其参数面板，如图 3-15 所示。

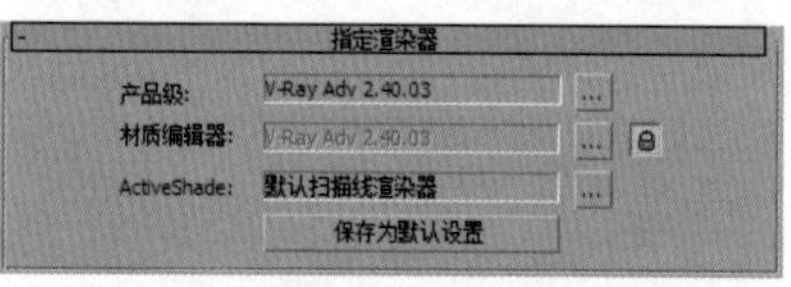

图 3-15

- 选择渲染器按钮…：单击带有省略号的按钮可更改渲染器指定。
- 产品级：用于渲染图形输出的渲染器。
- 材质编辑器：用于渲染【材质编辑器】中示例的渲染器。
- 锁定按钮：默认情况下，示例窗渲染器被锁定为与产品级渲染器相同的渲染器。
- ActiveShade：用于预览场景中照明和材质更改效果的 ActiveShade 渲染器。
- 保存为默认设置：单击该选项可将当前渲染器指定保存为默认设置，以便下次重新启动 3ds Max 时它们处于活动状态。

3.2.2　V–Ray

1. 授权

【V-Ray:: 授权】卷展栏下主要呈现的是 VRay 的注册信息，注册文件一般都放置在 C:\Program Files\Common Files\ChaosGroup\vrlclient.xml 中，如图 3-16 所示。

图 3-16

2. 关于 VR

在【关于 VRay】展卷栏下，可以看到 VRay 的官方网站地址、渲染器版本等信息，如图 3-17 所示。

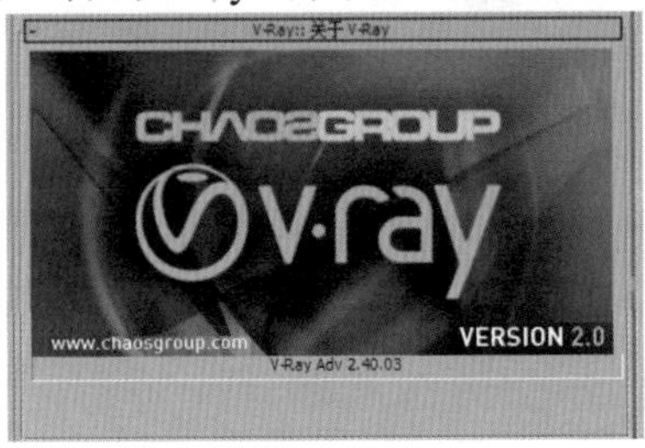

图 3-17

3. 帧缓冲区

【帧缓冲区】卷展栏下的参数可以代替 3ds Max 自身的帧缓冲窗口。这里可以设置渲染图像的大小，以及保存渲染图像等，其参数设置面板，如图 3-18 所示。

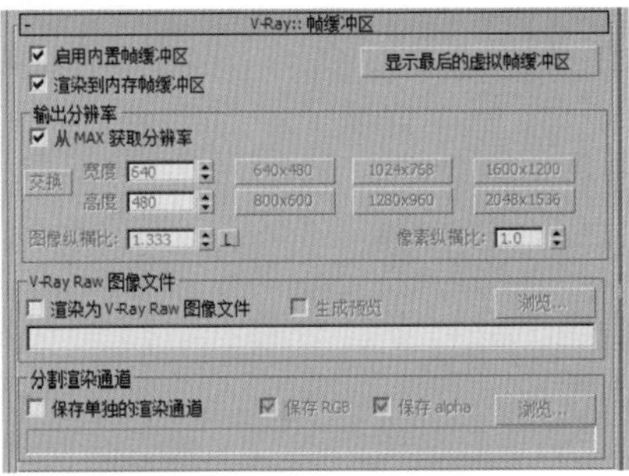

图 3-18

- 启用内置帧缓冲区：当勾选该选项时，可以使用 VRay 自身的渲染窗口。需要注意，应该关闭 3ds Max 默认的渲染窗口，这样可以节约一些内存资源，如图 3-19 所示。

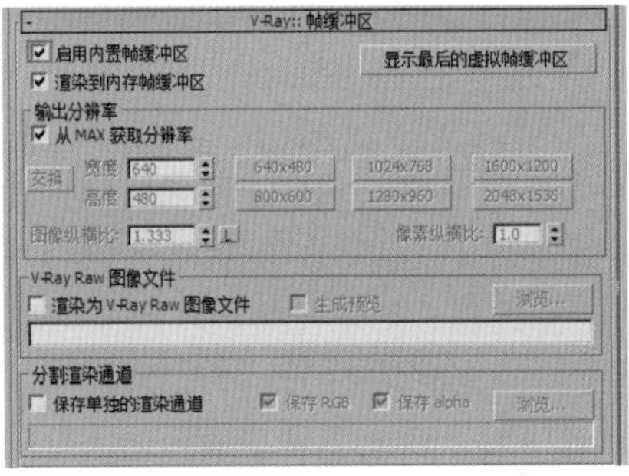

图 3-19

- 渲染到内存帧缓冲区：当勾选该选项时，可以将图像渲染到内存，再由帧缓冲区窗口显示出来，可以方便用户观察渲染过程。
- 从 Max 获取分辨率：当勾选该选项时，将从 3ds Max 的【渲染设置】对话框的【公用】选项卡下【输出大小】选项组中获取渲染尺寸；当关闭该选项时，将从 VRay 渲染器的【输出分辨率】选项组中获取渲染尺寸。
- 像素高宽比：控制渲染图像的高宽比。
- 宽度：设置像素的宽度。
- 高度：设置像素的高度。
- 渲染为 V-Ray Raw 图像文件：控制是否将渲染后的文件保存到所指定的路径中。
- 保存单独的渲染通道：控制是否单独保存渲染通道。
- 保存 RGB：控制是否保存 RGB 色彩。
- 保存 Alpha：控制是否保存 Alpha 通道。
- 浏览... 按钮：单击该按钮可以保存 RGB 和 Alpha 文件。

4. 全局开关

【全局开关】展卷栏下的参数主要用来对场景中的灯光、材质、置换等进行全局设置，比如是否使用默认灯光、是否开启阴影、是否开启模糊等，其参数面板，如图 3-20 所示。

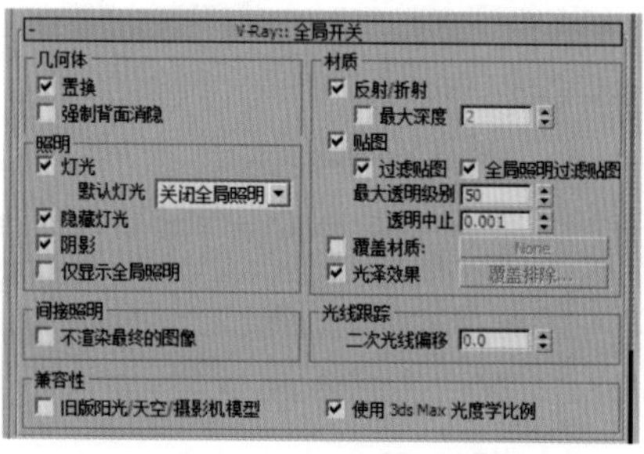

图 3-20

（1）几何体

- 置换：控制是否开启场景中的置换效果。在 VRay 的置换系统中，一共有两种置换方式，材质的贴图通道中的【置换】和模型的【VR_置换】修改器，如图 3-21 所示。当关闭该选项时，场景中的两种置换都将失去作用。

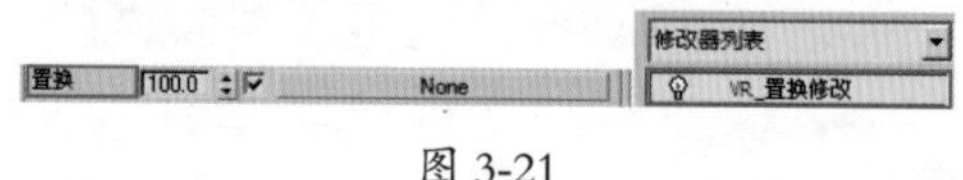

图 3-21

- 强制背面消隐：【强制背面消隐】与【创建对象时背面消隐】选项相似，但【创建对象时背面消隐】只用于视图，对渲染没有影响，而【背面强制消隐】针对渲染而言，勾选该选项后反法线的物体将不可见。

（2）照明

- 灯光：控制是否开启场景中的光照效果。当关闭该选项时，场景中放置的灯光将不起作用。
- 默认灯光：控制场景是否使用 3ds Max 系统中的默认光照，一般情况下不勾选。
- 隐藏灯光：控制场景是否让隐藏的灯光产生光照。这个选项对于调节场景中的光照非常方便。
- 阴影：控制场景是否产生阴影。
- 仅显示全局照明：当勾选该选项时，场景渲染结果仅显示全局照明的光照效果。虽然如此，渲染过程中也计算了直接光照。

（3）间接照明

- 不渲染最终的图像：控制是否渲染最终图像。如果勾选该选项，VRay 将在计算完光子以后，不再渲染最终图像，这种方法非常适合于渲染光子图，并使用光子图渲染大尺寸图。

（4）材质

- 反射 / 折射：控制是否开启场景中材质的反射和折射效果。
- 最大深度：控制整个场景中反射和折射的最大深度，后面的输入框数值表示反射和折射的次数。
- 贴图：控制是否让场景中物体的程序贴图和纹理贴图渲染出来。如果关闭该选项，那么渲染出来的图像就不会显示贴图，取而代之的是漫反射通道里的颜色。
- 过滤贴图：该选项用来控制 VRay 渲染时是否使用贴图纹理过滤。如果勾选该选项，VRay 将用自身的【抗锯齿过滤器】来对贴图纹理进行过滤，如图 3-22 所示；如果关闭该选项，将以原始图像进行渲染。
- 全局照明过滤贴图：控制是否在全局照明中过滤贴图。

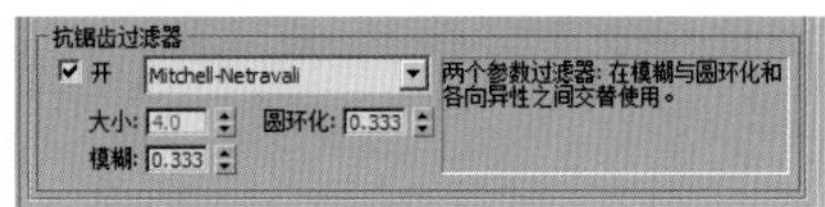

图 3-22

- 最大透明级别：控制透明材质被光线追踪的最大深度。值越高，被光线追踪的深度越深，效果越好，但渲染速度会变慢。
- 透明中止：控制 VRay 渲染器对透明材质的追踪终止值。当光线透明度的累计比当前设定的阀值低时，将停止光线透明追踪。
- 覆盖材质：当在后面的通道中设置了一个材质后，那么场景中所有的物体都将使用该材质进行渲染，这在测试阳光的方向时非常有用。
- 光泽效果：是否开启反射或折射模糊效果。当关闭该选项时，场景中带模糊的材质将不会渲染出反射或折射模糊效果。

（5）光线跟踪

- 二次光线偏移：设置光线发生二次反弹时的偏移距离，主要用于检查建模时有无重面，并且纠正其反射出现的错误，在默认的情况下将产生黑斑，一般设为 0.001。

（6）兼容性

- 旧版阳光 / 天空 / 摄影机模型：由于 3ds Max 存在版本问题，因此该选项可以选择是否启用旧版阳光 / 天空 / 摄影机模型。
- 使用 3ds Max 光度学比例：默认情况下已勾选该选项，也就是默认使用 3ds Max 光度学比例。

5. 图像采样器（反锯齿）

反锯齿在渲染设置中是一个必须调整的参数，其数值的大小决定了图像的渲染精度和渲染时间，但反锯齿与全局照明精度的高低没有关系，只作用于场景物体的图像和物体的边缘精度，其参数设置面板，如图 3-23 所示。

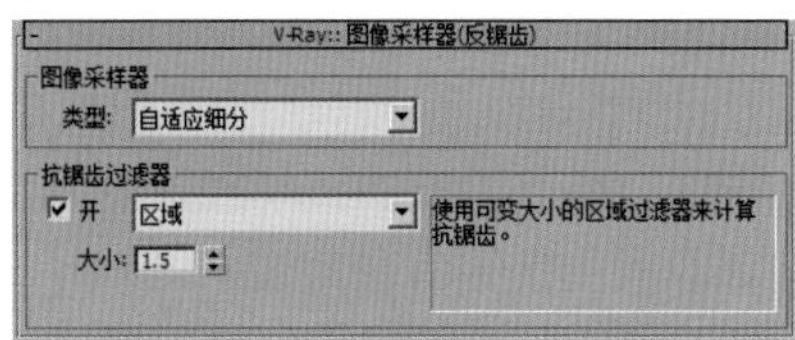

图 3-23

▸类型：用来设置【图像采样器】的类型，包括【固定】、【自适应 DMC】和【自适应细分】3 种类型。

•固定：对每个像素使用一个固定的细分值。该采样方式适合拥有大量的模糊效果（比如运动模糊、景深模糊、反射模糊、折射模糊等）或者具有高细节纹理贴图的场景，渲染速度比较快。其参数面板如图 3-24 所示，【细分】值越高，采样品质越高，渲染时间也越长。

图 3-24

•自适应 DMC：这种采样方式可以根据每个像素以及与它相邻像素的明暗差异，来使不同像素使用不同的样本数量。在角落部分使用较高的样本数量，在平坦部分使用较低的样本数量。该采样方式适合拥有少量的模糊效果或者具有高细节的纹理贴图或者具有大量几何体面的场景，其参数面板如图 3-25 所示。

图 3-25

•自适应细分：这个采样器适用在没有或者有少量的模糊效果的场景中，这种情况下，它的渲染速度最快。但在具有大量细节和模糊效果的场景中，它的渲染速度会非常慢，渲染质量也不高，这是因为它需要去优化模糊和大量的细节，这样就需要对模糊和大量细节进行预计算，从而把渲染速度降低。同时该采样方式是 3 种采样类型中最占内存资源的一种，而【固定】采样器占的内存资源最少，其参数面板如图 3-26 所示。

图 3-26

▸开：当关闭抗锯齿过滤器时，常用于测试渲染，渲染速度非常快，质量较差。

▸抗锯齿过滤器：设置渲染场景的抗锯齿过滤器。当勾选【开】选项以后，可以从后面的下拉列表中选择一个抗锯齿方式来对场景进行抗锯齿处理；如果不勾选【开】选项，那么渲染时将使用纹理抗锯齿过滤型。

•区域：用区域大小来计算抗锯齿。

•清晰四方形：使用 Neslon Max 算法的清晰 9 像素重组过滤器。

•Catmull-Rom：一种具有边缘增强的过滤器，可以产生较清晰的图像效果。

•图版匹配 /MAX R2：使用 3ds Max R2 方法将摄影机、场景、【无光 / 投影】与未过滤的背景图像匹配。

•四方形：和【清晰四方形】相似，能产生一定的模糊效果。

•立方体：基于立方体的 25 像素过滤器，能产生一定的模糊效果。

•视频：用于制作视频动画的一种抗锯齿过滤器。

•柔化：用于程度模糊效果的一种抗锯齿过滤器。

•Cook 变量：一种通用过滤器，较小的数值可以得到清晰的图像效果。

•混合：一种用混合值来确定图像清晰或模糊的抗锯齿过滤器。

•Blackman：一种没有边缘增强效果的抗锯齿过滤器。

•Mitchell-Netravali：一种常用的过滤器，能产生微量模糊的图像效果。

•VRayLanczos/VRaySincFilter：可以很好地平衡渲染速度和渲染质量。

•VRayBox/VRayTriangleFilter：以【盒子】和【三角形】的方式进行抗锯齿。

‣ 大小：设置过滤器的大小。

6. 自适应 DMC 图像采样器

【自适应DMC图像采样器】是一种高级抗锯齿采样器。在【图像采样器】选项组下设置【类型】为【自适应DMC】，此时系统会增加一个自适应DMC图像采样器卷展栏，如图3-27所示。

图 3-27

‣ 最小细分：定义每个像素使用样本的最小数量。

‣ 最大细分：定义每个像素使用样本的最大数量。

‣ 颜色阈值：色彩的最小判断值，当色彩的判断达到这个值以后，就停止对色彩的判断。这里的色彩应该理解为色彩的灰度。具体一点就是分辨哪些是平坦区域，哪些是角落区域。

‣ 使用确定性蒙特卡洛采样器阈值：若勾选该选项，【颜色阈值】将不起作用，而是采用【DMC采样器】里的阈值。

‣ 显示采样：勾选该选项后，可以看到【自适应 DMC】的样本分布情况。

当我们设置【图像采样器】类型为【自适应细分】时，对应的会出现【自适应细分图像采样器】的卷展栏。如图 3-28 所示。

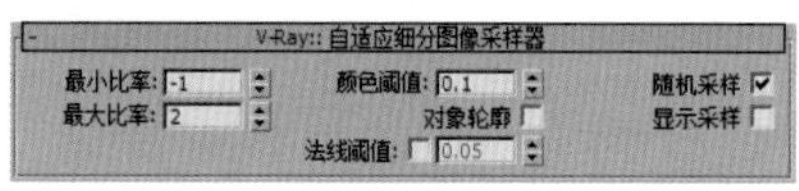

图 3-28

‣ 对象轮廓：勾选将使采样器强制在物体的边进行超级采样而不管它是否需要进行超级采样。

‣ 法线阈值：勾选将使超级采样沿法线方向急剧变化。

‣ 随机采样：该选项默认为勾选，可以控制随机的采样。

7. 环境

【环境】卷展栏分为【全局照明环境（天光）覆盖】、【反射 / 折射环境覆盖】和【折射环境覆盖】3 个选项组，如图 3-29 所示。

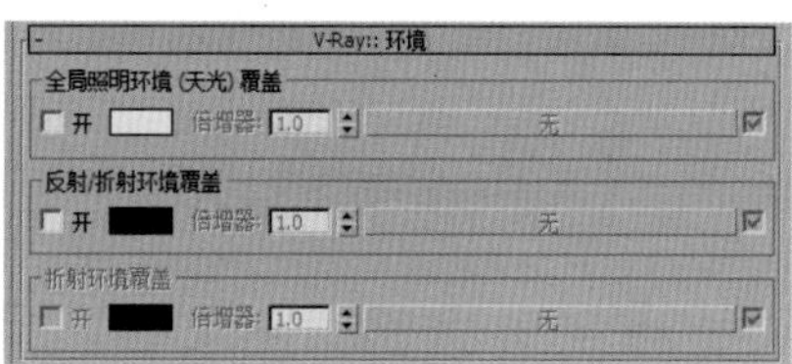

图 3-29

（1）全局照明环境（天光）覆盖

‣ 开：控制是否开启 VRay 的天光。

‣ 颜色：设置天光的颜色。

‣ 倍增器：设置天光亮度的倍增。值越高，天光的亮度越高。

‣ None（无）按钮：选择贴图来作为天光的光照。

（2）反射 / 折射环境覆盖

‣ 开：当勾选该选项后，当前场景中的反射环境将由它来控制。

- 颜色：设置反射环境的颜色。
- 倍增器：设置反射环境亮度的倍增。值越高，反射环境的亮度越高。
- None（无）按钮：选择贴图来作为反射环境。可以在通道上加载 HDRI 贴图以制作出真实的环境反射效果，如图 3-30 所示。

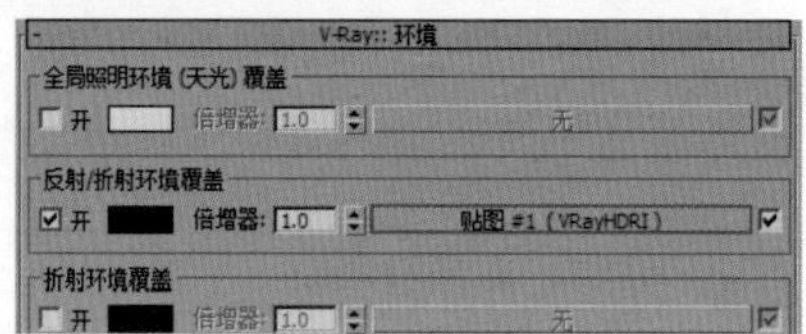

图 3-30

图 3-31 所示为未添加和添加 HDRI 贴图的效果对比。

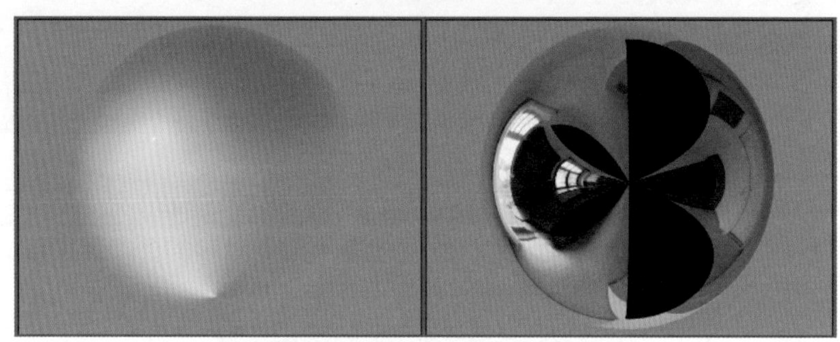

图 3-31

（3）折射环境覆盖

- 开：当勾选该选项后，当前场景中的折射环境由它来控制。
- 颜色：设置折射环境的颜色。
- 倍增器：设置反射环境亮度的倍增。值越高，折射环境的亮度越高。
- None（无）按钮：选择贴图来作为折射环境。

8. 颜色映射

【颜色贴图】卷展栏下的参数用来控制整个场景的色彩和曝光方式，其参数设置面板，如图 3-32 所示。

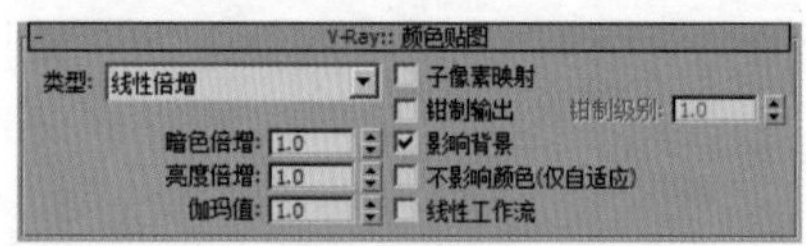

图 3-32

- 类型：提供不同的曝光模式，包括【线性倍增】、【指数】、【HSV 指数】、【强度指数】、【伽玛校正】、【强度伽玛】和【莱因哈德】7 种模式。
  - 线性倍增：这种模式将基于最终色彩亮度来进行线性的倍增，容易产生曝光效果，不建议使用，如图 3-33 所示。
  - 指数：这种曝光是采用指数模式，它可以降低靠近光源处表面的曝光效果，产生柔和效果，建议使用，如图 3-34 所示。
  - HSV 指数：与【指数】曝光相似，不同在于可保持场景的饱和度，但是这种方式会取消高光的计算，如图 3-35 所示。

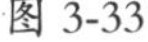
图 3-33

图 3-34

图 3-35

- 强度指数：这种方式是对上面两种指数曝光的结合，既抑制曝光效果，又保持物体的饱和度，如图 3-36 所示。
- 伽玛校正：采用伽玛来修正场景中的灯光衰减和贴图色彩，其效果和【线性倍增】曝光模式类似，如图 3-37 所示。
- 强度伽玛：这种曝光模式不仅拥有【伽玛校正】的优点，同时还可以修正场景灯光的亮度，如图 3-38 所示。
- 莱因哈德：这种曝光方式可以把【线性倍增】和【指数】曝光混合起来，如图 3-39 所示。

图 3-36

图 3-37

图 3-38

图 3-39

- 子像素映射：在实际渲染时，物体的高光区与非高光区的界限处会有明显的黑边，该选项可解决这个问题。
- 钳制输出：勾选该选项后，在渲染图中有些无法表现出来的色彩会通过限制来自动纠正。
- 影响背景：控制是否让曝光模式影响背景。当关闭该选项时，背景不受曝光模式的影响。
- 不影响颜色（仅自适应）：在使用【HDRI】和【VR 灯光材质】时，若不开启该选项，【颜色映射】卷展栏下的参数将对这些具有发光功能的材质或贴图产生影响。
- 线性工作流：该选项是一种通过调整图像的灰度值来使得图像得到线性化显示的技术流程。

9. 摄像机

【摄像机】是 VRay 系统里的一个摄像机特效功能。可以制作景深和运动模糊等效果，如图 3-40 所示。

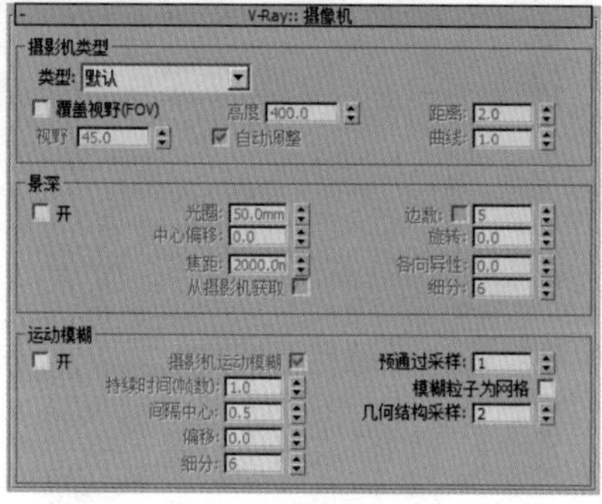

图 3-40

（1）摄影机类型

【摄影机类型】选项组主要用来定义三维场景投射到平面的不同方式，其具体参数如图 3-41 所示。

图 3-41

- 类型：VRay 支持 7 种摄影机类型，分别是【默认】、【球形】、【圆柱（点）】、【圆柱（正交）】、【盒】、【鱼眼】、【变形球（旧式）】。
- 覆盖视野（FOV）：替代 3ds Max 默认摄影机的视角，默认摄影机的最大视角为 180°，而这里的视角可为 360°。
- 视野：这个值可以替换 3ds Max 默认的视角值，最大值为 360°。
- 高度：当仅使用【圆柱（正交）】摄影机时，该选项才可用，用于设定摄影机高度。
- 自动调整：当使用【鱼眼】和【变形球（旧式）】摄影机时，该选项才可用。
- 距离：当使用【鱼眼】摄影机时，该选项才可用。在关闭【自适应】选项的情况下，【距离】选项用来控制摄影机到反射球之间的距离，值越大，表示摄影机到反射球之间的距离越大。
- 曲线：当使用【鱼眼】摄影机时，该选项才可用，主要用来控制渲染图形的扭曲程度。值越小，扭曲程度越大。

（2）景深

【景深】选项组主要用来模拟摄影中的景深效果，其参数面板如图 3-42 所示。

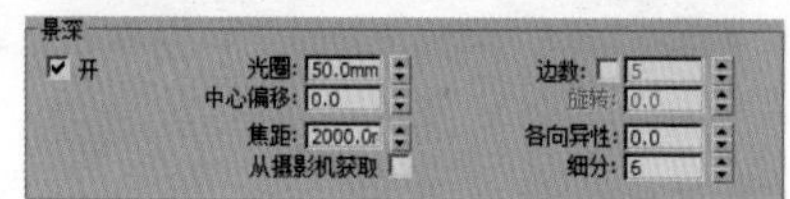

图 3-42

- 开：控制是否开启景深。
- 光圈：光圈越小，景深越大；光圈越大，景深越小，模糊程度越高。
- 中心偏移：这个参数主要用来控制模糊效果的中心位置，值为 0 表示以物体边缘均匀向两边模糊；正值表示模糊中心向物体内部偏移；负值则表示模糊中心向物体外部偏移。
- 焦距：摄影机到焦点的距离，焦点处的物体最清晰。
- 从摄影机获取：当勾选该选项时，焦点由摄影机的目标点确定。
- 边数：这个选项用来模拟物理世界中的摄影机光圈的多边形形状。比如 5 就代表五边形。
- 旋转：光圈多边形形状的旋转。
- 各向异性：控制多边形形状的各向异性，值越大，形状越扁。
- 细分：用于控制景深效果的品质。

（3）运动模糊

【运动模糊】选项组中的参数用来模拟真实摄影机拍摄运动物体所产生的模糊效果，它仅对运动的物体有效，其参数面板如图 3-43 所示。

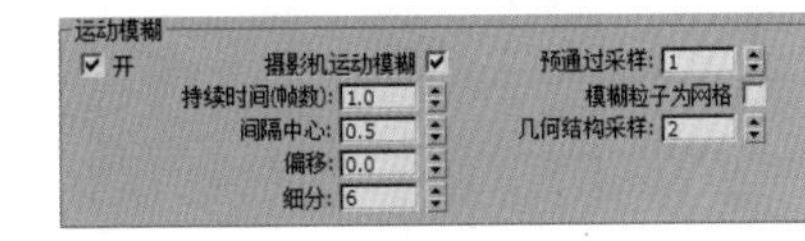

图 3-43

- 开：勾选该选项后，可以开启运动模糊特效。
- 持续时间（帧数）：控制运动模糊每一帧的持续时间，值越大，模糊程度越强。

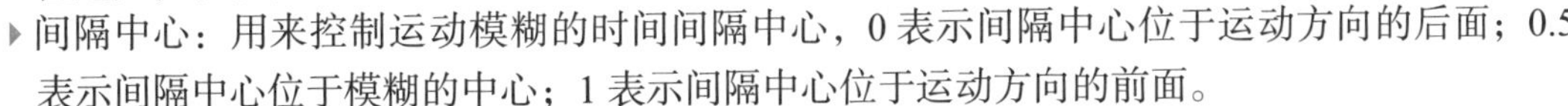

- 间隔中心：用来控制运动模糊的时间间隔中心，0 表示间隔中心位于运动方向的后面；0.5 表示间隔中心位于模糊的中心；1 表示间隔中心位于运动方向的前面。

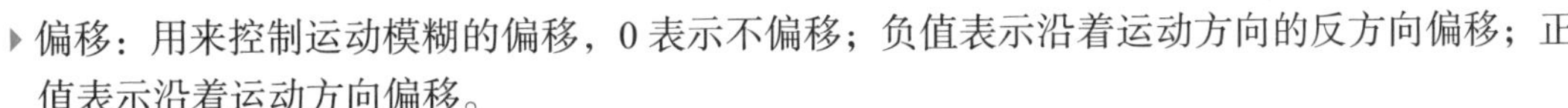

- 偏移：用来控制运动模糊的偏移，0 表示不偏移；负值表示沿着运动方向的反方向偏移；正值表示沿着运动方向偏移。
- 细分：控制模糊的细分，较小的值容易产生杂点，较大的值模糊效果的品质较高。
- 预通过采样：控制在不同时间段上的模糊样本数量。
- 模糊粒子为网格：当勾选该选项后，系统会把模糊粒子转换为网格物体来计算。
- 几何结构采样：这个值常用在制作物体的旋转动画上。如果使用默认值 2 时，那么模糊的边将是一条直线，如果取值为 8，那么模糊的边将是一个 8 段细分的弧形，通常为了得到比较精确的效果，需要把这个值设定在 5 以上。

3.2.3　间接照明

【间接照明】可以通俗地理解为间接的照明，也就是说比如一束光线从窗户照进来，照射到地面上，然后光线减弱并反弹到屋顶，然后继续减弱并反弹到地面，继续反弹到其他位置，反复下去。因此间接照明效果符合真实效果，比较真实。间接照明的原理图，如图 3-44 所示。

图 3-44

1. 间接照明（GI）

在修改 VRay 渲染器时，首先要开启【间接照明】，这样才能出现真实的渲染效果。开启 VRay 间接照明后，光线会在物体与物体间互相反弹，因此光线计算会更准确，图像也更加真实，如图 3-45 所示。

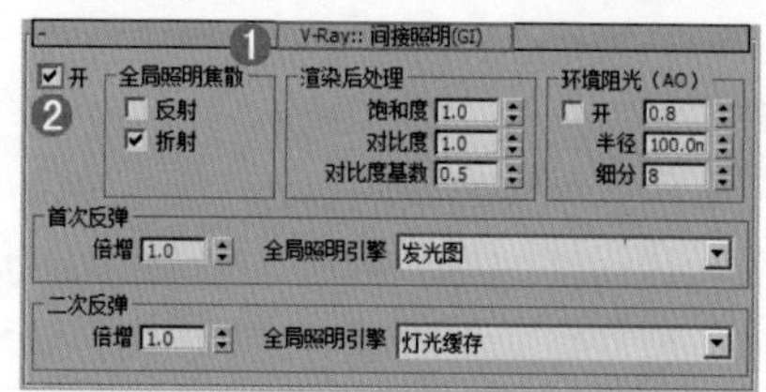

图 3-45

- 开：勾选该选项后，将开启间接照明效果。一般来说，为了模拟真实的效果，需要勾选【开】，图 3-46 所示为未勾选【开】和勾选【开】的效果对比。

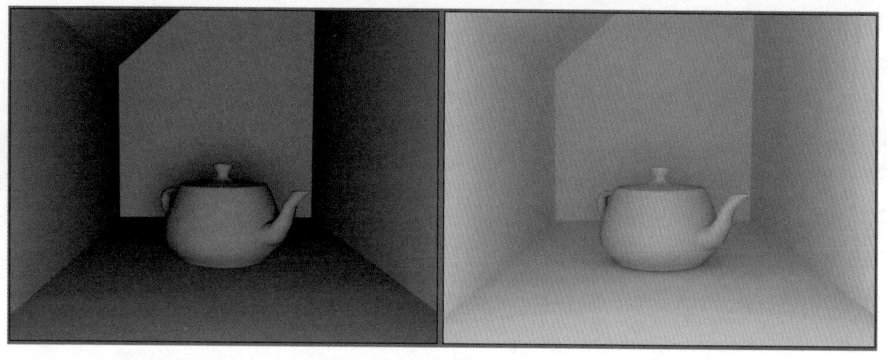

图 3-46

- 全局照明焦散：只有在【焦散】卷展栏下勾选【开】选项后该功能才可用。
  - 反射：控制是否开启反射焦散效果。
  - 折射：控制是否开启折射焦散效果。
- 渲染后处理：控制场景中的饱和度和对比度。
- 饱和度：可以用来控制色溢，降低该数值可以降低色溢效果。比如红色场景中茶壶是纯白色，图 3-47 所示为设置【饱和度】为 1 和 0 的效果对比。

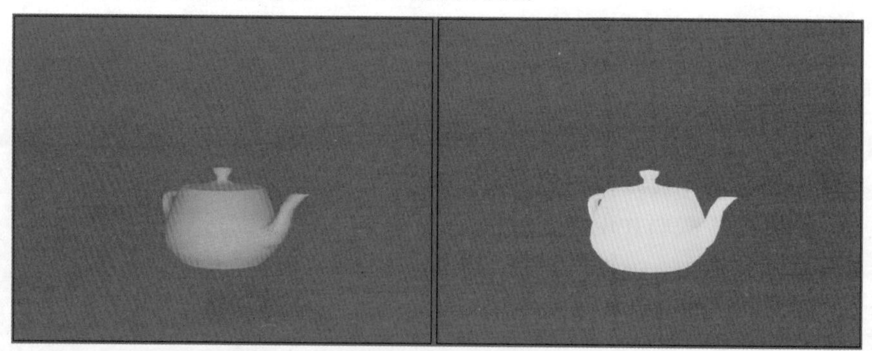

图 3-47

  - 对比度：控制色彩的对比度。数值越高，色彩对比越强；数值越低，色彩对比越弱。
  - 对比度基数：控制【饱和度】和【对比度】的基数。数值越高，【饱和度】和【对比度】效果越明显。
- 环境阻光（AO）：该选项可以控制环境阻光贴图的效果。
  - 开：控制是否开启环境阻光。
  - 半径：控制环境阻光的半径。
  - 细分：环境阻光的细分。

- 首次反弹/二次反弹：VRay计算光的方法是真实的，光线发射出来然后进行反弹，再进行反弹。
  - •倍增：控制【首次反弹】和【二次反弹】的光的倍增值。值越高，【首次反弹】和【二次反弹】的光的能量越强，渲染场景越亮，默认情况下为 1。
  - •全局照明引擎：设置【首次反弹】和【二次反弹】的全局照明引擎。一般最常用的搭配是设置【首次反弹】为【发光图】，设置【二次反弹】为【灯光缓存】。

2. 发光图

在 VRay 渲染器中，【发光图】是计算场景中物体漫反射表面发光的时候会采取的一种有效方法。因此在计算间接照明的时候，并不是场景的每一部分都需要同样的细节表现，它会自动在重要的部分进行更加准确的计算，而在不重要的部分进行粗略的计算。【发光图】是计算 3D 空间点的集合的间接照明光。

【发光图】是一种常用的全局照明引擎，它只存在于【首次反弹】引擎中，其参数设置面板，如图 3-48 所示。

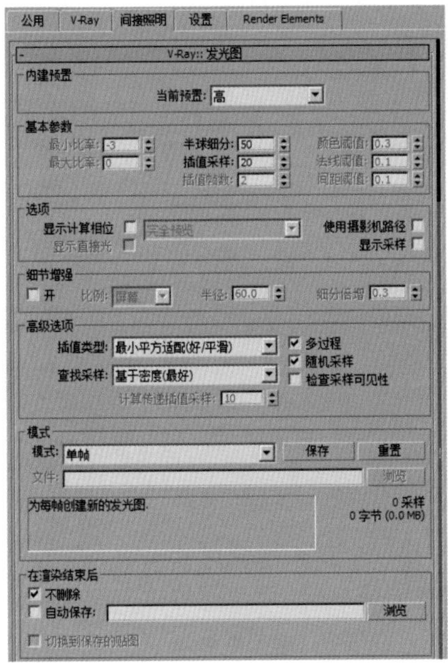

图 3-48

（1）内建预置

【内建预置】选项组下，主要用来选择当前预置的类型，其具体参数如图 3-49 所示。

图 3-49

- 当前预置：设置发光图的预设类型，共有以下 8 种，如图 3-50 所示。

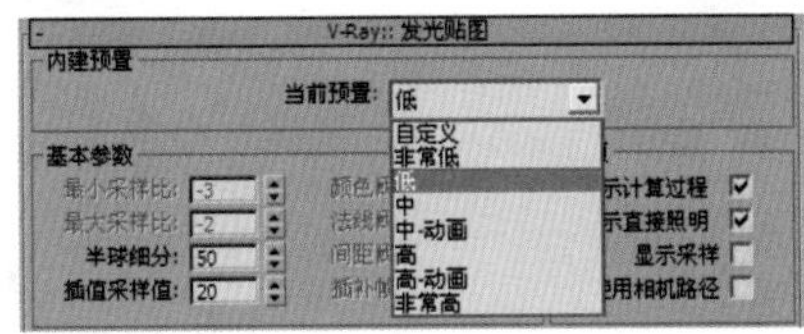

图 3-50

- •自定义：选择该模式时，可以手动调节参数。
- •非常低：一种非常低的精度模式，主要用于测试阶段。

•低：一种比较低的精度模式。

•中：一种中级品质的预设模式。

•中 - 动画：用于渲染动画效果，可以解决动画闪烁的问题。

•高：一种高精度模式，一般用在光子贴图中。

•高 - 动画：一种比中等品质效果更好的动画渲染预设模式。

•非常高：一种精度最高的预设模式，可以用来渲染高品质的效果图。

图 3-51 所示为设置【当前预置】为【非常低】和【高】的效果对比。发现设置为【非常低】时，渲染速度快，但是质量差；设置为【高】时，渲染速度慢，但是质量高。

图 3-51

（2）基本参数

【基本参数】选项组下的参数主要用来控制样本的数量、采样的分布以及物体边缘的查找精度，如图 3-52 所示。

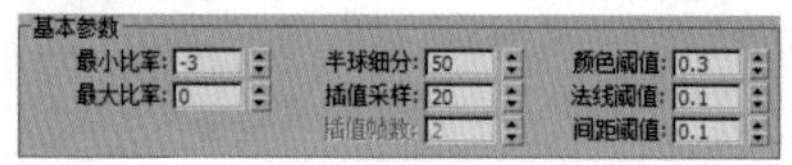

图 3-52

- 最小比率：主要控制场景中比较平坦，面积比较大的面的质量。【最小比率】比较小时，样本在平坦区域的数量也比较小，当然渲染时间也比较少；当【最小比率】比较大时，样本在平坦区域的样本数量比较多，同时渲染时间会增加。
- 最大比率：主要控制场景中细节比较多，弯曲较大的物体表面或物体交汇处的质量。【最大比率】越大，转折部分的样本数量越多，渲染时间越长；【最大比率】越小，转折部分的样本数量越少，渲染时间越快。
- 半球细分：采用几何光学，它可以模拟光线的条数。半球细分数值越高，表现光线越多，精度也就越高，渲染的品质也越好，同时渲染时间也会增加。图 3-53 所示为设置【半球细分】为 2 和 50 时的效果对比。

图 3-53

▸ 插值采样：这个参数是对样本进行模糊处理，数值越大渲染越精细。图 3-54 所示为设置【插值采样】为 2 和 20 时的效果对比。

图 3-54

▸ 插值帧数：该数值用于控制插补的帧数。默认数值为 2。

▸ 颜色阈值：这个值主要是让渲染器分辨哪些是平坦区域，哪些不是平坦区域，它按照颜色的灰度来进行区分。值越小，对灰度的敏感度越高，区分能力越强。

▸ 法线阈值：这个值主要是让渲染器分辨哪些是交叉区域，哪些不是交叉区域，它按照法线的方向来进行区分。值越小，对法线方向的敏感度越高，区分能力越强。

▸ 间距阈值：这个值主要是让渲染器分辨哪些是弯曲表面区域，哪些不是弯曲表面区域，它按照表面距离和表面弧度的比较来进行区分。值越高，表示弯曲表面的样本越多，区分能力越强。

（3）选项

【选项】选项组下的参数主要用来控制渲染过程的显示方式和样本是否可见，其参数面板如图 3-55 所示。

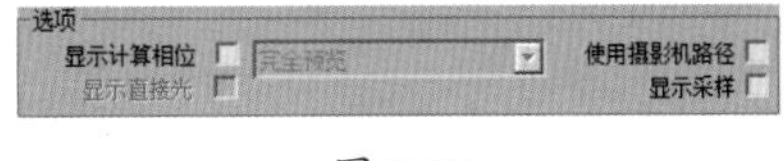

图 3-55

▸ 显示计算相位：勾选该选项后，可以看到渲染帧里的 GI 预计算过程，同时会占用一定的内存资源，建议勾选。

▸ 显示直接光：在预计算的时候显示直接光，以方便用户观察直接光照的位置。

▸ 使用摄影机路径：勾选该选项将会使用摄影机的路径。

▸ 显示采样：显示采样的分布以及分布的密度，帮助用户分析 GI 的精度够不够。

（4）细节增强

【细节增强】使用【高蒙特卡洛积分计算方式】来单独计算场景物体的边线、角落等细节地方，这样就可以在平坦区域不需要很高的 GI，总体上来说节约了渲染时间，并且提高了图像的品质，其参数面板如图 3-56 所示。

图 3-56

▸ 开：是否开启【细节增强】功能，勾选后细节非常精细，但是渲染速度非常慢。图 3-57 所示为开启和关闭该选项的对比效果。

▸ 比例：细分半径的单位依据，有【屏幕】和【世界】两个单位选项。【屏幕】是指用渲染图的最后尺寸来作为单位；【世界】是用 3ds Max 系统中的单位来进行定义。

图 3-57

- 半径：【半径】值越大，使用【细节增强】功能的区域也就越大，渲染时间也越慢。
- 细分倍增：控制细节的细分，但是这个值和【发光图】里的【半球细分】有关系。值越低，细节就会产生杂点，渲染速度比较快；值越高，细节就可以避免产生杂点，同时渲染速度会变慢。

（5）高级选项

【高级选项】选项组下的参数主要是对样本的相似点进行插值、查找，其参数面板如图 3-58 所示。

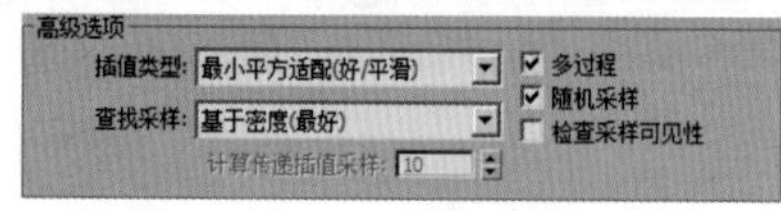

图 3-58

- 插值类型：VRay 提供了 4 种样本插补方式，为【发光图】样本的相似点进行插补。
- 查找采样：主要控制哪些位置的采样点适合用来作为基础插补的采样点。VRay 内部提供了 4 种样本查找方式。
- 计算传递差值采样：用在计算【发光图】过程中，主要计算已经被查找后的插补样本的使用数量。较低的数值可以加速计算过程，但是渲染质量较低；较高的数值计算速度会减慢，渲染质量较好。推荐使用 10~25 之间的数值。
- 多过程：当勾选该选项时，VRay 会根据【最大比率】和【最小比率】进行多次计算。
- 随机采样：控制【发光图】的样本是否随机分配。
- 检查采样可见性：在灯光通过比较薄的物体时，很有可能会产生漏光现象，勾选该选项可以解决这个问题。

（6）模式

【模式】选项组下的参数主要提供【发光图】的使用模式，其参数面板如图 3-59 所示。

图 3-59

- 模式：一共有以下 8 种模式，如图 3-60 所示。

图 3-60

•单帧：一般用来渲染静帧图像。在渲染完图像后，可以单击 保存 按钮，将光子进行保存，如图 3-61 所示。

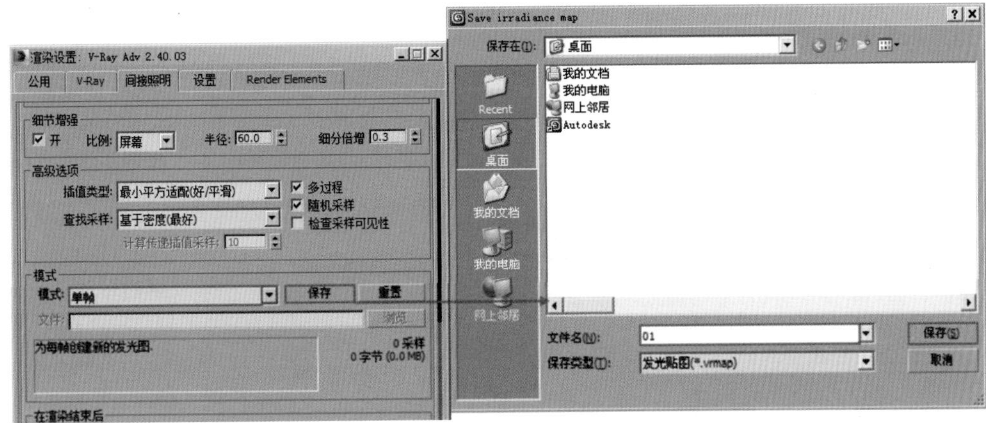

图 3-61

•多帧增量：用于渲染仅有摄影机移动的动画。当 VRay 计算完第 1 帧的光子后，后面的帧根据第 1 帧里没有的光子信息进行计算，节约了渲染时间。

•从文件：当渲染完光子以后，可以将其保存起来，这个选项就是调用保存的光子图进行动画计算。将【模式】切换到【从文件】，然后单击 浏览 按钮，就可以从硬盘中调用需要的光子图进行渲染，如图 3-62 所示。这种方法非常适合渲染大尺寸图像。

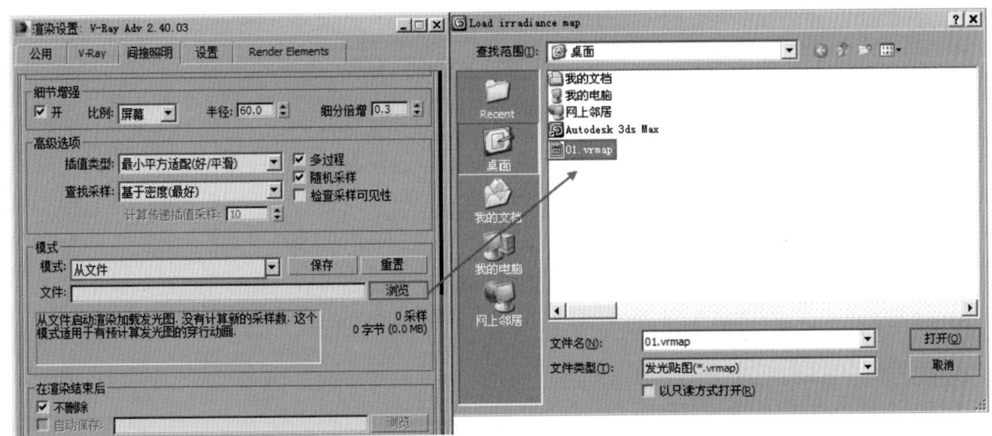

图 3-62

•添加到当前贴图：当渲染完一个角度的时候，可以把摄影机转一个角度再全新计算新角度的光子，最后把这两次的光子叠加起来，这样的光子信息更丰富、更准确，同时也可以进行多次叠加。

•增量添加到当前贴图：这个模式和【添加到当前贴图】相似，只不过它不是全新计算新角度的光子，而是只对没有计算过的区域进行新的计算。

•块模式：把整个图分成块来计算，渲染完一个块再进行下一个块的计算，但是在低 GI 的情况下，渲染出来的块会出现错位的情况。它主要用于网络渲染，速度比其他方式快。

•动画（预通过）：适合动画预览，使用这种模式要预先保存好光子贴图。

•动画（渲染）：适合最终动画渲染，这种模式要预先保存好光子贴图。

- 保存按钮：将光子图保存到硬盘。
- 重置按钮：将光子图从内存中清除。
- 文件：设置光子图所保存的路径。
- 浏览按钮：从硬盘中调用需要的光子图进行渲染。

（7）在渲染结束后

【在渲染结束后】选项组下的参数主要用来控制光子图在渲染完以后如何处理，其参数面板如图 3-63 所示。

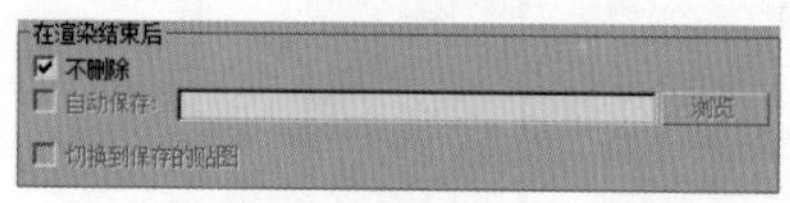

图 3-63

- 不删除：当光子渲染完以后，不把光子从内存中删掉。
- 自动保存：当光子渲染完以后，自动保存在硬盘中，单击浏览按钮就可以选择保存位置。
- 切换到保存的贴图：当勾选了【自动保存】选项后，在渲染结束时会自动进入【从文件】模式并调用光子贴图。

3.BF 强算全局光

【BF 强算全局光】计算方式是由蒙特卡洛积分方式演变过来的，它和蒙特卡洛不同的是多了细分和反弹控制，并且内部计算方式采用了一些优化方式。虽然这样，它的计算精度还是相当精确的，但是渲染速度比较慢，在【细分】比较小时，会有杂点产生，其参数面板如图 3-64 所示。

图 3-64

- 细分：定义【BF 强算全局光】的样本数量，值越大，效果越好，速度越慢；值越小，效果越差，渲染速度相对快一些。
- 二次反弹：当【二次反弹】也选择【BF 强算全局光】以后，这个选项才被激活，它控制【二次反弹】的次数，值越小，【二次反弹】越不充分，场景越暗。通常在值达到 8 以后，更高值的渲染效果区别不是很大，同时值越高，渲染速度越慢。

4. 灯光缓存

【灯光缓存】与【发光图】比较相似，都是将最后的光发散到摄影机后得到最终图像，只是【灯光缓存】与【发光图】的光线路径是相反的，【发光图】的光线追踪方向是从光源发射到场景的模型中，最后再反弹到摄影机，而【灯光缓存】是从摄影机开始追踪光线到光源，摄影机追踪光线的数量就是【灯光缓存】的最后精度。其参数设置面板，如图 3-65 所示。

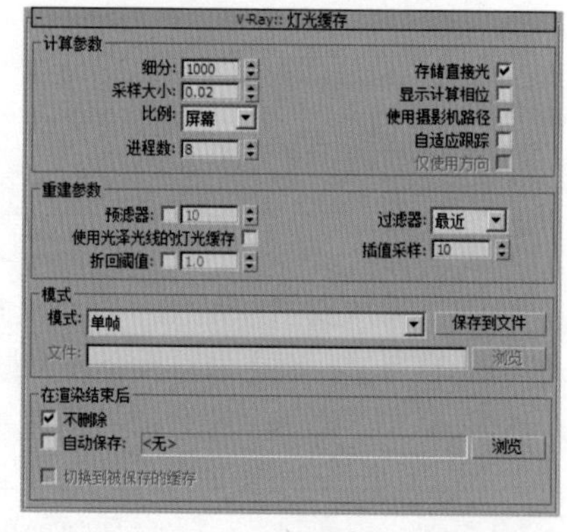

图 3-65

（1）计算参数

【计算参数】选项组用来设置【灯光缓存】的基本参数，比如细分、采样大小、单位依据等，其参数面板如图 3-66 所示。

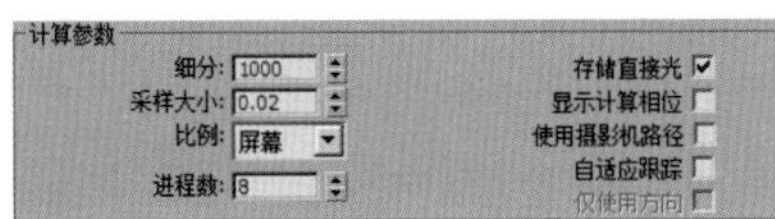

图 3-66

- 细分：用来决定【灯光缓存】的样本数量。值越高，样本总量越多，渲染效果越好，渲染时间越慢，图 3-67 所示为设置【细分】为 150 和 1500 的效果对比。

图 3-67

- 采样大小：控制【灯光缓存】的样本大小，小的样本可以得到更多的细节，但是需要更多的样本。
- 比例：在效果图中使用【屏幕】选项，在动画中使用【世界】选项。
- 进程数：这个参数由 CPU 的个数来确定，若是单核单线程，就可以设定为 1；若是双核，可以设定为 2。数值太大渲染的图像会有点模糊。
- 储存直接光：勾选该选项以后，【灯光缓存】将储存直接光照信息。当场景中有很多灯光时，使用这个选项会提高渲染速度。因为它已经把直接光照信息保存到【灯光缓存】里，在渲染出图的时候，不需要对直接光照再进行采样计算。
- 显示计算相位：勾选该选项以后，可以显示【灯光缓存】的计算过程，方便观察，如图 3-68 所示。

图 3-68

- 自适应跟踪：记录场景中的灯光位置，并在光的位置上采用更多的样本，同时模糊特效也会处理得更快，但是会占用更多的内存资源。
- 仅使用方向：勾选【自适应跟踪】后，该选项被激活。作用在于只记录直接光照信息，不考虑间接照明，加快渲染速度。

（2）重建参数

【重建参数】选项组主要是对【灯光缓存】的样本以不同的方式进行模糊处理，其参数面板如图 3-69 所示。

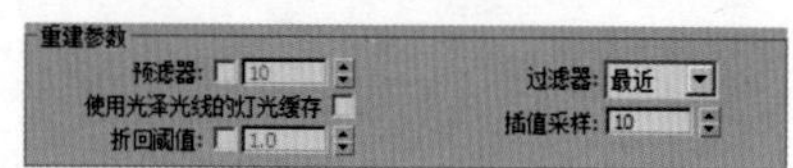

图 3-69

- 预滤器：当勾选该选项以后，可以对【灯光缓存】样本进行提前过滤，它主要是查找样本边界，然后对其进行模糊处理。后面的值越高，对样本进行模糊处理的程度越深。
- 使用光泽光线的灯光缓存：是否使用平滑的灯光缓存，开启该功能后会使渲染效果更加平滑，但会影响到细节效果。
- 折回阈值：控制折回的阈值数值。
- 过滤器：该选项是在渲染最后成图时，对样本进行过滤，其下拉列表中共有以下 3 个选项。
  - 无：对样本不进行过滤。
  - 最近：当使用这个过滤方式时，过滤器会对样本的边界进行查找，然后对色彩进行均化处理，从而得到一个模糊效果。
  - 固定：这个方式和【最近】方式的不同点在于，它采用距离判断来对样本进行模糊处理。
- 插值采样：这个参数是对样本进行模糊处理，较大的值可以得到比较模糊的效果，较小的值可以得到比较锐利的效果。

（3）模式

该参数与发光图中的光子图使用模式基本一致，其参数面板如图 3-70 所示。

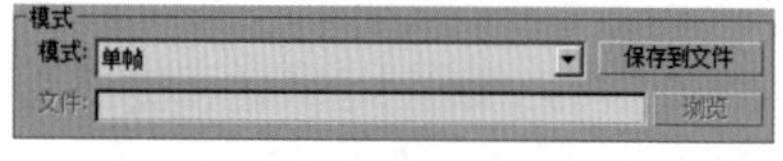

图 3-70

- 模式：设置光子图的使用模式，共有以下 4 种。
  - 单帧：一般用来渲染静帧图像。
  - 穿行：这个模式用在动画方面，它把第 1 帧到最后 1 帧的所有样本都融合在一起。
  - 从文件：使用这种模式，VRay 要导入一个预先渲染好的光子贴图，该功能只渲染光影追踪。
  - 渐进路径跟踪：这个模式就是常说的 PPT，它是一种新的计算方式，和【自适应 DMC】一样是一个精确的计算方式。不同的是，它不停地去计算样本，不对任何样本进行优化，直到样本计算完毕为止。
- 保存到文件 按钮：将保存在内存中的光子贴图再次进行保存。
- 浏览 按钮：从硬盘中浏览保存好的光子图。

（4）在渲染结束后

【在渲染结束后】主要用来控制光子图在渲染完以后如何处理，其参数面板如图 3-71 所示。

图 3-71

- 不删除：当光子渲染完以后，不把光子从内存中删掉。
- 自动保存：当光子渲染完以后，自动保存在硬盘中，单击浏览按钮可以选择保存位置。
- 切换到被保存的缓存：当勾选该选项以后，系统会自动使用最新渲染的光子图来进行大图渲染。

3.2.4　设置

1.DMC 采样器

【DMC 采样器】卷展栏下的参数可以用来控制整体的渲染质量和速度，其参数设置面板，如图 3-72 所示。

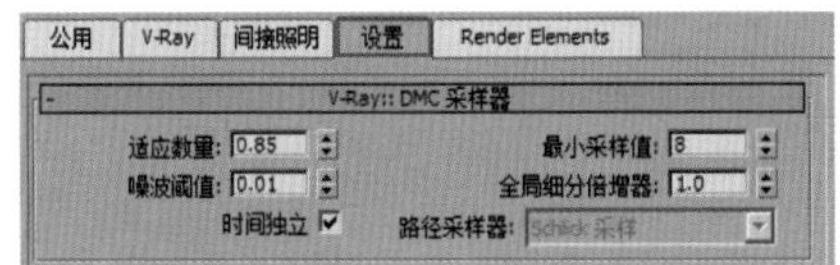

图 3-72

- 适应数量：主要用来控制自适应的百分比。
- 噪波阈值：控制渲染中所有产生噪点的极限值，包括灯光细分、抗锯齿等。数值越小，渲染品质越高，渲染速度就越慢。
- 时间独立：控制是否在渲染动画时对每一帧都使用相同的【DMC 采样器】参数设置。
- 最小采样值：设置样本及样本插补中使用的最小样本数量。数值越小，渲染品质越低，速度就越快。
- 全局细分倍增器：VRay 渲染器有很多【细分】选项，该选项是用来控制所有细分的百分比。
- 路径采样器：设置样本路径的选择方式，每种方式都会影响渲染速度和品质，在一般情况下选择默认方式即可。

2. 默认置换

【默认置换】卷展栏下的参数是用灰度贴图来实现物体表面的凸凹效果，它对材质中的置换起作用，而不作用于物体表面，其参数设置面板，如图 3-73 所示。

图 3-73

- 覆盖 Max 设置：控制是否用【默认置换】卷展栏下的参数来替代 3ds Max 中的置换参数。
- 边长：设置 3D 置换中产生最小的三角面长度。数值越小，精度越高，渲染速度越慢。
- 依赖于视图：控制是否将渲染图像中的像素长度设置为【边长度】的单位。
- 最大细分：设置物体表面置换后可产生的最大细分值。
- 数量：设置置换的强度总量。数值越大，置换效果越明显。
- 相对于边界框：控制是否在置换时关联边界。若不开启该选项，在物体的转角处可能会产生裂面现象。
- 紧密边界：控制是否对置换进行预先计算。

3. 系统

【系统】卷展栏下的参数不仅对渲染速度有影响，而且还会影响渲染的显示和提示功能，同时还可以完成联机渲染，其参数设置面板，如图 3-74 所示。

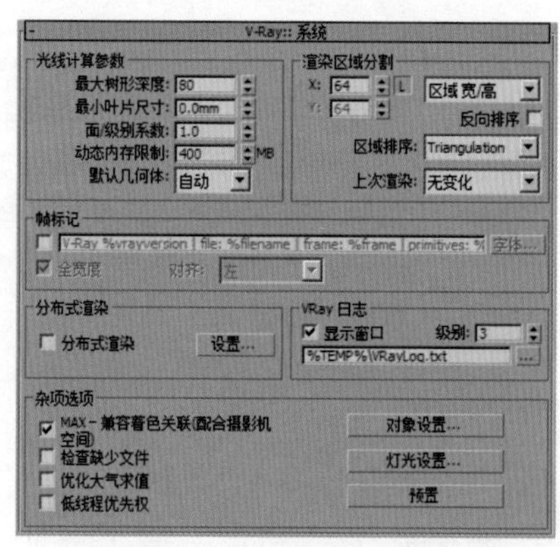

图 3-74

（1）光线计算参数

▸ 最大树形深度：控制根节点的最大分支数量。较高的值会加快渲染速度，同时会占用较多的内存。

▸ 最小叶片尺寸：控制叶节点的最小尺寸，当达到叶节点尺寸以后，系统停止计算场景。

▸ 面 / 级别系数：控制一个节点中的最大三角面数量，当未超过临近点时渲染速度快；当超过临近点后，渲染速度减慢。

▸ 动态内存极限：控制动态内存的总量。注意，这里的动态内存被分配给每个线程，如果是双线程，那么每个线程各占一半的动态内存。如果这个值较小，那么系统经常在内存中加载并释放一些信息，这样就减慢了渲染速度。用户应该根据自己的内存情况来确定该值。

▸ 默认几何体：控制内存的使用方式，共有以下 3 种方式。

•自动：VRay 会根据使用内存的情况自动调整使用静态或动态的方式。

•静态：在渲染过程中采用静态内存会加快渲染速度，同时在复杂场景中，由于需要的内存资源较多，经常会出现 3ds Max 跳出的情况。

•动态：使用内存资源交换技术，当渲染完一个块后就会释放占用的内存资源，同时开始下个块的计算。这样就有效地扩展了内存的使用。动态内存的渲染速度比静态内存慢。

（2）渲染区域分割

▸ X/Y：当在后面的选择框里选择【区域宽 / 高】时，它表示渲染块的像素宽度；当后面的选择框里选择【区域数量】时，它表示水平 / 垂直方向一共有多少个渲染块。

▸ L（锁）按钮：当单击该按钮使其凹陷后，将强制 x 和 y 的值相同。

▸ 反向排序：当勾选该选项以后，渲染顺序将和设定的顺序相反。

▸ 区域排序：控制渲染块的渲染顺序（不会影响渲染速度），共有以下 6 种方式：

•上 –> 下：渲染块将按照从上到下的渲染顺序渲染。

•左 –> 右：渲染块将按照从左到右的渲染顺序渲染。

•棋盘格：渲染块将按照棋格方式的渲染顺序渲染。

•螺旋：渲染块将按照从里到外的渲染顺序渲染。

•三角剖分：这是 VRay 默认的渲染方式，它将图形分为两个三角形依次进行渲染。

•希耳伯特曲线：渲染块将按照【希耳伯特曲线】方式的渲染顺序渲染。

▸ 上次渲染：这个参数确定在渲染开始时，在 3ds Max 默认的帧缓存框中以什么样的方式处理渲染图像。这些参数的设置不会影响最终渲染效果，系统提供了以下 5 种方式：

•不改变：与前一次渲染的图像保持一致。

•交叉：每隔两个像素图像被设置为黑色。

•区域：每隔一条线设置为黑色。

•暗色：图像的颜色设置为黑色。

•蓝色：图像的颜色设置为蓝色。

（3）帧标记

▸ V-Ray %vrayversion | 文件: %filename | 帧: %frame | 基面数: %pri ：当勾选该选项后，就可以显示水印。

▸ 字体 按钮：修改水印里的字体属性。

▸ 全宽度：水印的最大宽度。当勾选该选项后，它的宽度和渲染图像的宽度相当。

▸ 对齐：控制水印里的字体排列位置，有【左】、【中】、【右】3 个选项。

（4）分布式渲染

▸ 分布式渲染：当勾选该选项后，可以开启【分布式渲染】功能。

▸ 设置... 按钮：控制网络中计算机的添加、删除等。

（5）VRay 日志

▸ 显示窗口：勾选该选项后，可以显示【VRay 日志】的窗口。

▸ 级别：控制【VRay 日志】的显示内容，一共分为 4 个级别。1 表示仅显示错误信息；2 表示显示错误和警告信息；3 表示显示错误、警告和情报信息；4 表示显示错误、警告、情报和调试信息。

▸ c:\VRayLog.txt ... ：可以选择保存【VRay 日志】文件的位置。

（6）杂项选项

▸ MAX- 兼容着色关联（配合摄影机空间）：有些 3ds Max 插件针对默认的扫描线渲染器而开发，采用摄影机空间来进行计算。

▸ 检查缺少文件：当勾选该选项时，VRay 会自己寻找场景中丢失的文件，然后保存到 C:\VRayLog.txt 中。

▸ 优化大气求值：当场景中拥有大气效果，并且大气比较稀薄的时候，勾选这个选项可以得到比较优秀的大气效果。

▸ 低线程优先权：当勾选该选项时，VRay 将使用低线程进行渲染。

▸ 对象设置... 按钮：单击该按钮会弹出该对话框，在该对话框中可以设置场景物体的局部参数。

▸ 灯光设置... 按钮：单击该按钮会弹出该对话框，在该对话框中可以设置场景灯光的一些参数。

▸ 预设 按钮：单击该按钮会打开该对话框，在对话框中可以保持当前 VRay 渲染参数的属性，方便以后使用。

3.2.5　Render Elements（渲染元素）

通过添加【渲染元素】，可以针对某一级别单独进行渲染，并在后期进行调节、合成、处理，非常方便，如图 3-75 所示。

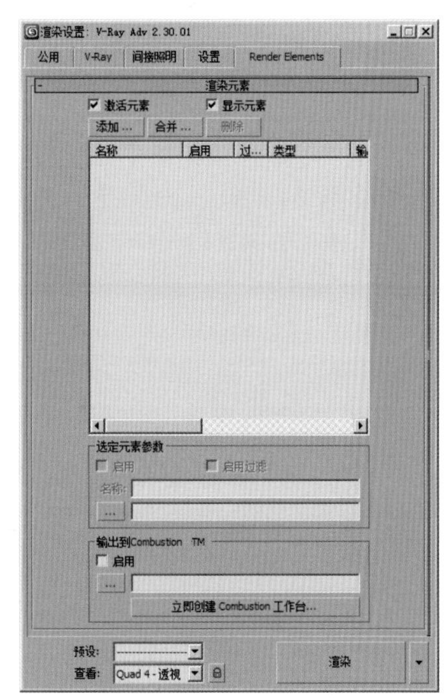

图 3-75

▸ 激活元素：启用该选项后，单击【渲染】可分别对元素进行渲染。默认设置为启用。

▸ 显示元素：启用此选项后，每个渲染元素会显示在各自的窗口中，并且其中的每个窗口都是渲染帧窗口的精简版。

- 添加：单击可将新元素添加到列表中。此按钮会显示【渲染元素】对话框。
- 合并：单击可合并来自其他 3ds Max Design 场景中的渲染元素。【合并】会显示一个【文件】对话框，可以从中选择要获取元素的场景文件。选定文件中的渲染元素列表将添加到当前的列表中。
- 删除：单击可从列表中删除选定对象。
- 元素渲染列表：这个可滚动的列表显示要单独进行渲染的元素，以及它们的状态。要重新调整列表中列的大小，可拖动两列之间的边框。
- 选定元素参数：这些控制用来编辑列表中选定的元素。
- 【输出到 Combustion】：启用该选项后，会生成包含正进行渲染元素的 Combustion 工作区（CWS）文件。

求生秘籍——技巧提示：复位 VRay 渲染器

有些时候渲染出的效果非常奇怪，但是由于渲染器参数比较多，所以很难找到哪个参数有问题，因此不妨试一下复位 VRay 渲染器。单击【选择渲染器】按钮，并选择【默认扫描线渲染器】，如图 3-76 所示。

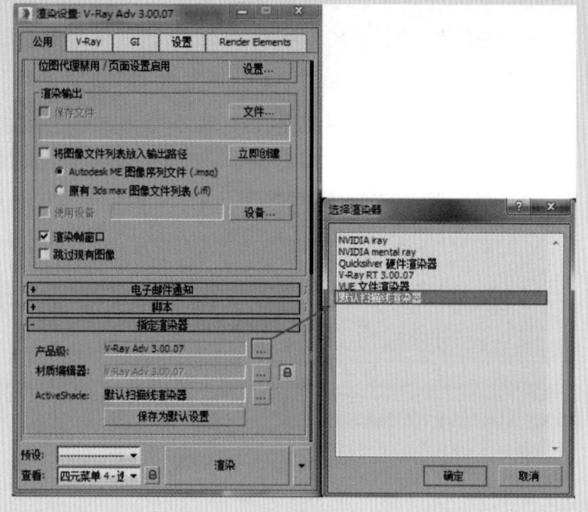

图 3-76

设置为默认扫描线渲染器后，然后再次单击【选择渲染器】按钮，并选择【V-Ray Adv 3.00.07】，并且需要再次详细地设置好 VRay 渲染器的参数即可，如图 3-77 所示。

图 3-77

3.3 测试渲染的参数设置方案

（1）按 <F10> 键，在打开的【渲染设置】对话框中，选择【公用】选项卡，设置输出的尺寸小一些，如图 3-78 所示。

（2）选择【V-Ray】选项卡，展开【图像采样器（反锯齿）】卷展栏，设置【类型】为【固定】，接着设置【抗锯齿过滤器】类型为【区域】。展开【颜色贴图】卷展栏，设置【类型】为【指数】，勾选【子像素贴图】和【钳制输出】，如图 3-79 所示。

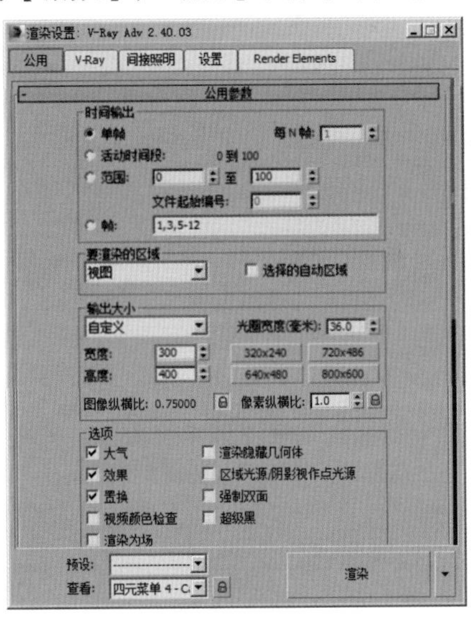

图 3-78

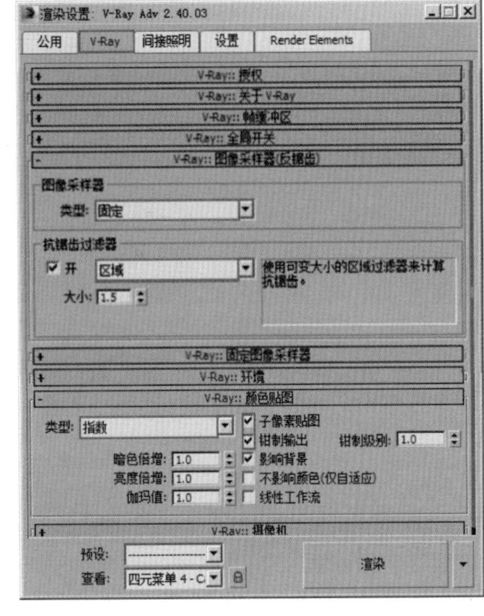

图 3-79

（3）选择【间接照明】选项卡，设置【首次反弹】为【发光图】，设置【二次反弹】为【灯光缓存】。展开【发光图】卷展栏，设置【当前预置】为【非常低】，设置【半球细分】为 30，【插值采样】为 20，勾选【显示计算相位】和【显示直接光】。展开【灯光缓存】卷展栏，设置【细分】为 300，勾选【储存直接光】和【显示计算相位】，如图 3-80 所示。

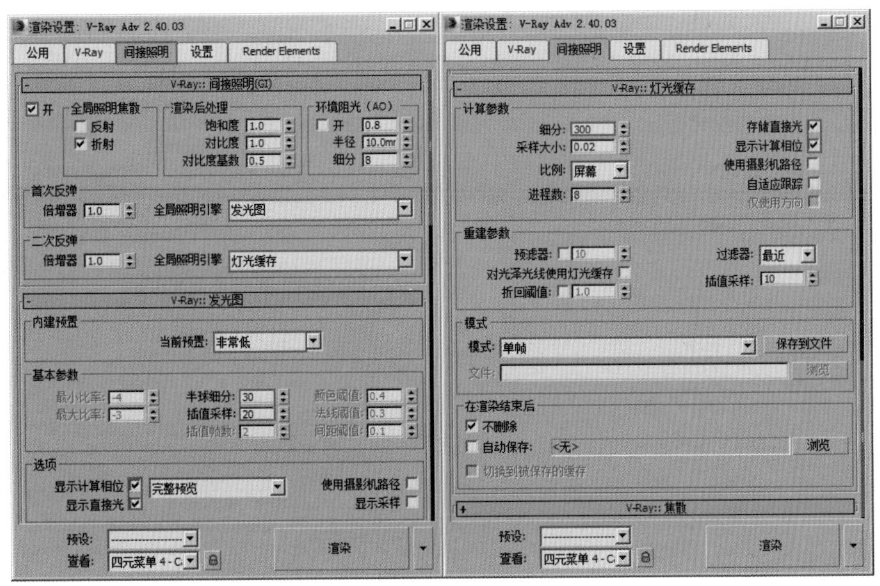

图 3-80

（4）选择【设置】选项卡，展开【DMC 采样器】卷展栏，设置【适应数量】为 0.98，【噪波阈值】为 0.05，最后取消勾选【显示窗口】，如图 3-81 所示。

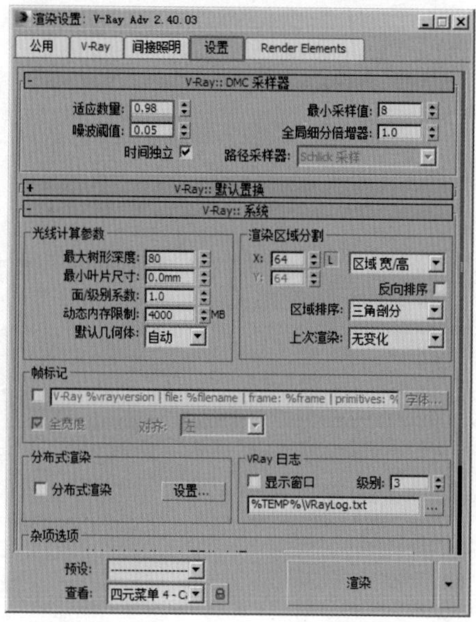

图 3-81

3.4 最终渲染的参数设置方案

（1）单击【公用】选项卡，设置输出的尺寸大一些，如图 3-82 所示。

（2）选择【V-Ray】选项卡，展开【图像采样器（反锯齿）】卷展栏，设置【类型】为【自适应确定性蒙特卡洛】，接着在【抗锯齿过滤器】选项组下勾选【开】，并选择【Catmull-Rom】。然后展开【颜色贴图】卷展栏，设置【类型】为【指数】，勾选【子像素贴图】和【钳制输出】，如图 3-83 所示。

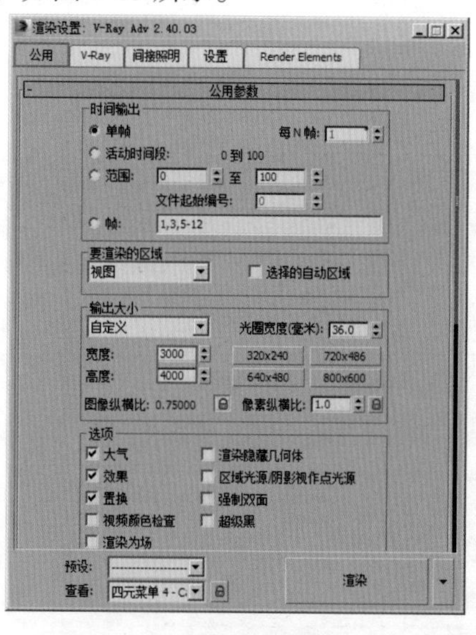

图 3-82

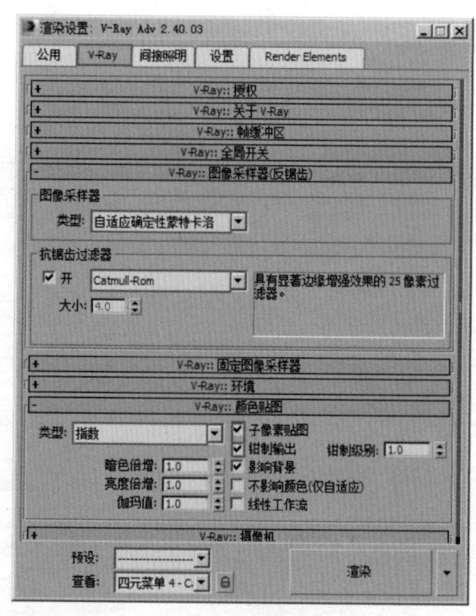

图 3-83

（3）选择【间接照明】选项卡，设置【首次反弹】为【发光图】，设置【二次反弹】为【灯光缓存】。展开【发光图】卷展栏，设置【当前预置】为【中】，设置【半球细分】为 60，【插值采样】为 30，勾选【显示计算相位】和【显示直接光】。展开【灯光缓存】卷展栏，设置【细分】为 1500，勾选【储存直接光】和【显示计算相位】，如图 3-84 所示。

（4）选择【设置】选项卡，设置【适应数量】为 0.8，【噪波阈值】为 0.005，最后取消勾选【显示窗口】，如图 3-85 所示。

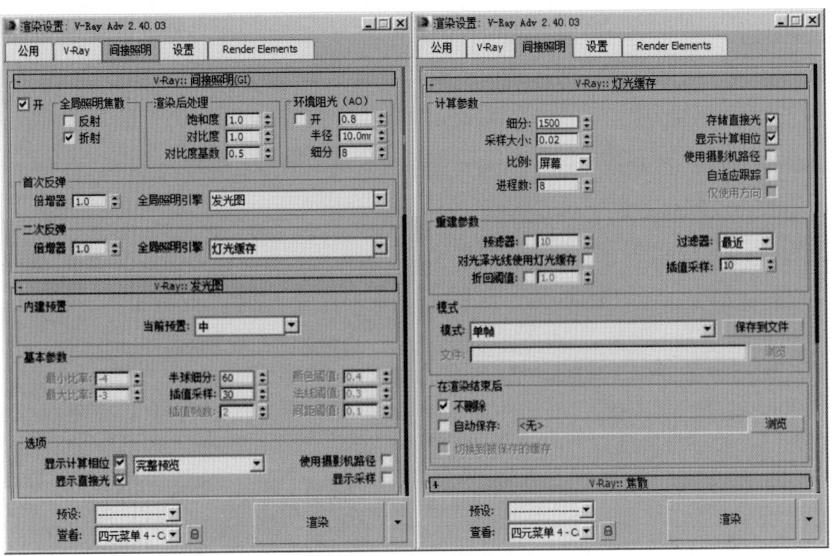

图 3-84

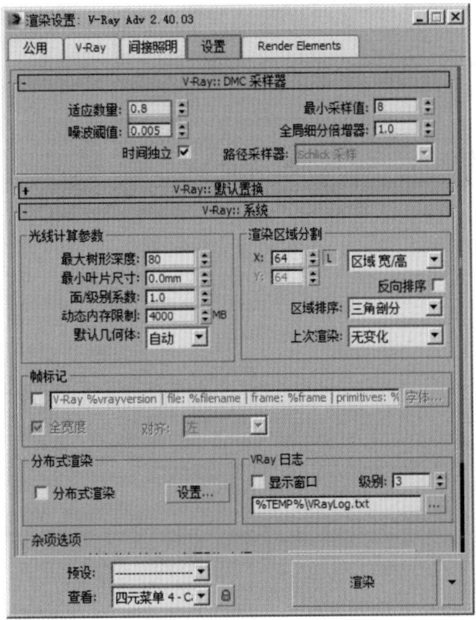

图 3-85

第 4 章
灯光技术

本章学习要点：

目标灯光的参数及使用方法
标准灯光的参数及使用方法
VRay 灯光的参数及使用方法

4.1 认识灯光

光在建筑设计中起到了重要的作用，合理的灯光布置可以传递出建筑设计的材料质感、构造结构、设计情绪等，如图 4-1 所示。

图 4-1

4.1.1 灯光的概念

什么是灯光？顾名思义是灯发出的光，当然这并不是完全正确的，因此自然环境中除了灯以外，比如太阳、天空、月亮、火焰、闪电都会对我们的环境产生光的影响。在 3ds Max 中制作灯光也是如此，很多读者对于创建场景的灯光无从下手，不知道什么时候使用什么灯光。其实很简单，只要把 3ds Max 的场景想象为现实中的场景就行了，比如带有窗户的场景，那么现实中肯定有室外的光线从窗外照向窗内，那么我们就需要在窗口外创建一盏向内照射的灯光，以此类推即可，如图 4-2 所示。

图 4-2

4.1.2 3ds Max 中灯光的属性

1. 强度

初始点的灯光强度影响灯光照亮对象的亮度，如图 4-3 所示。

图 4-3

2. 入射角

曲面与光源倾斜得越多，曲面接收到的光越少并且看上去越暗。曲面法线相对于光源的角度称为入射角。

当入射角为 0 度（也就是说，光源与曲面垂直）时，曲面由光源的全部强度照亮。随着入射角的增加，照明的强度减小，如图 4-4 所示。

图 4-4

3. 衰减

在现实世界中，灯光的强度将随着距离的加长而减弱。远离光源的对象看起来更暗，距离光源较近的对象看起来更亮，这种效果称为衰减。实际上，灯光以平方反比速率衰减，即其强度的减小与到光源距离的平方成比例。当光线由大气驱散时，通常衰减幅度更大，特别是当大气中有灰尘粒子如雾或云时，如图 4-5 所示。

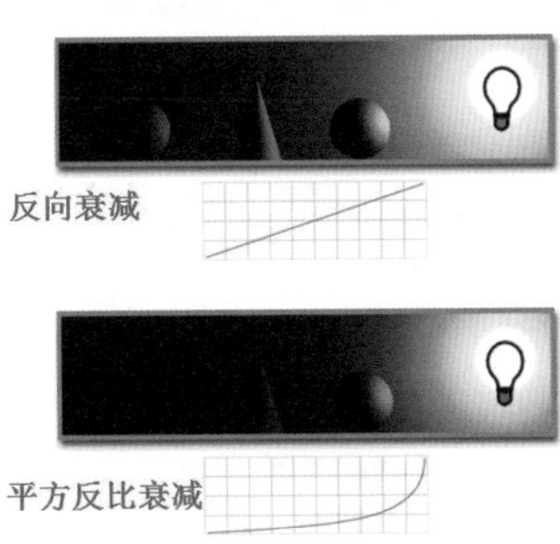

图 4-5

4. 反射光和环境光

对象反射光可以照亮其他对象。曲面反射光越多，用于照明其环境中其他对象的光也越多。反射光创建环境光，环境光具有均匀的强度，并且属于均质漫反射，它不具有可辨别的光源和方向，如图 4-6 所示。

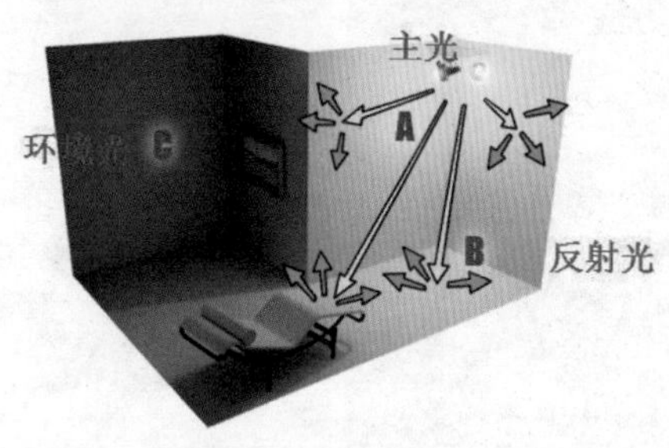

图 4-6

5. 颜色和灯光

灯光的颜色部分依赖于生成该灯光的过程。例如，钨灯投影橘黄色的灯光，水银蒸汽灯投影冷色的浅蓝色灯光，太阳光为浅黄色。

加色混合：

在对已知光源色研究过程中，发现色光的三原色与颜料色的三原色有所不同，色光的三原色为红(略带橙色)、绿、蓝(略带紫色)。而色光三原色混合后的间色(红紫、黄、绿青)相当于颜料色的三原色，色光在混合中会使混合后的色光明度增加，使色彩明度增加的混合方法称为加法混合，又称色光混合，如图 4-7 所示。例如：

(1) 红光 + 绿光 = 黄光

(2) 红光 + 蓝光 = 品红光

(3) 蓝光 + 绿光 = 青光

(4) 红光 + 绿光 + 蓝光 = 白光

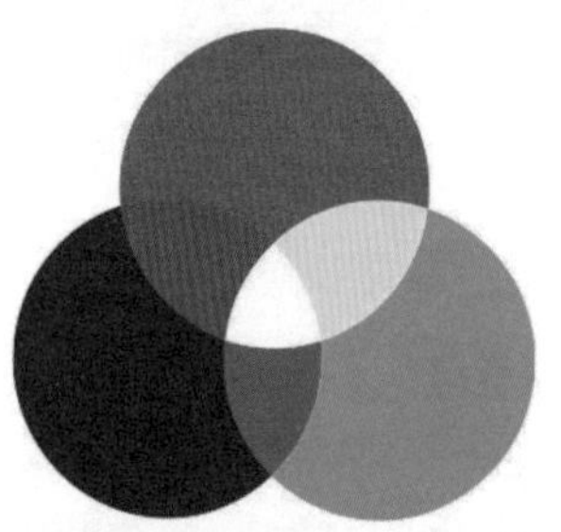

图 4-7

减色混合：

当色料混合一起时，呈现另一种颜色效果，就是减色混合法。色料的三原色分别是品红色、青色和黄色，因为一般三原色色料的颜色本身就不够纯正，所以混合以后的色彩也不是标准的红色、绿色和蓝色，如图 4-8 所示。三原色色料的混合有着下列规律：

(1) 青色 + 品红色 = 蓝色

(2) 青色 + 黄色 = 绿色

(3) 品红色 + 黄色 = 红色

(4) 品红色 + 黄色 + 青色 = 黑色

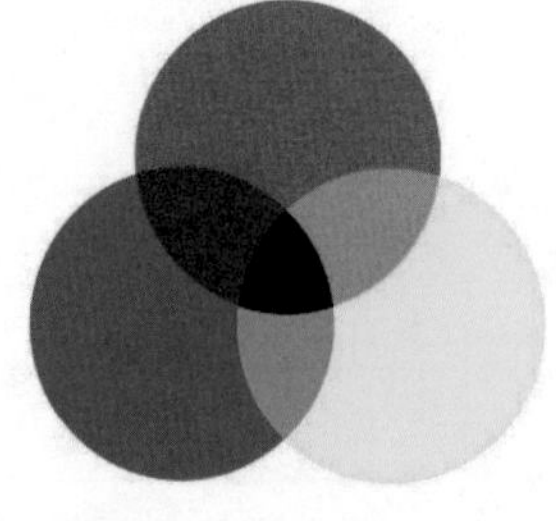

图 4-8

6. 颜色温度

颜色温度，建成为色温。通常表示光源光色的尺度，单位为 K(开尔文)。色温是按绝对黑体来定义的，当绝对黑体的辐射和光源在可见区的辐射完全相同时，黑体的温度就是光源的色温。低色温的光源，红辐射相对来说要多些，称为“暖光”；色温提高后，蓝辐射的比例增加，称为“冷光”，如图 4-9 所示。

光源	颜色温度	色调
阴天的日光	6000 K	130
中午的太阳光	5000 K	58
白色荧光	4000 K	27
钨/卤素灯	3300 K	20
白炽灯（100～200 W）	2900 K	16
白炽灯 (25 W)	2500 K	12
日落或日出时的太阳光	2000 K	7
蜡烛火焰	1750 K	5

图 4-9

4.2 光度学灯光

【光度学】灯光是系统默认的灯光，有 3 种类型，分别是【目标灯光】、【自由灯光】和【mr 天空入口】，如图 4-10 所示。本节重点讲述前两种。

图 4-10

4.2.1　目标灯光

【目标灯光】是可以用于指向灯光的目标子对象。图 4-11 为【目标灯光】制作的作品。

图 4-11

单击 目标灯光 按钮，在视图中创建一盏【目标灯光】，其参数设置面板如图 4-12 所示。

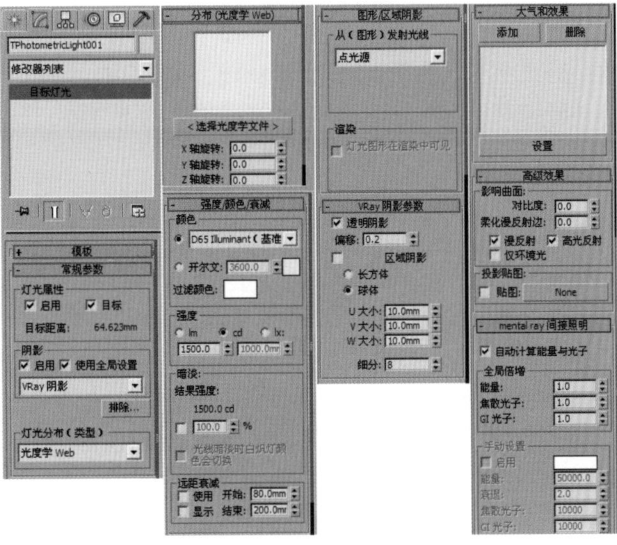

图 4-12

求生秘籍——技巧提示：光域网知识

光域网是一种关于光源亮度分布的三维表现形式，存储于 IES 文件当中。这种文件通常可以从灯光的制造厂商那里获得，格式主要有 IES、LTLI 或 CIBSE。

在三维软件里，如果给灯光指定一个特殊的文件，就可以产生与现实生活相同的发散效果，这种特殊的文件，标准格式是 IES，很多地方都有下载。光域网分布 (WebDistribution) 方式通过指定光域网文件来描述灯光亮度的分布状况。光域网是室内灯光设计的专业名词，表示光线在一定的空间范围内所形成的特殊效果。光域网类型有模仿灯带、筒灯、射灯、壁灯、台灯等。最常用的是模仿筒灯、壁灯、台灯的光域网，模仿灯带不常用。每种光域网的形状都不太一样，根据情况选择调用，如图 4–13 所示。

图 4-13

1. 常规参数

展开【常规参数】卷展栏，如图 4-14 所示。

（1）灯光属性

- 启用：控制是否开启灯光。
- 目标：启用该选项后，目标灯光才有目标点。如果禁用该选项，目标灯光将变成自由灯光。
- 目标距离：用来显示目标的距离。

（2）阴影

- 启用：控制是否开启灯光的阴影效果。
- 使用全局设置：如果启用该选项后，该灯光投射的阴影将影响整个场景的阴影效果；如果关闭该选项，则必须选择渲染器使用哪种方式来生成特定的灯光阴影。
- 阴影类型：设置渲染器渲染场景时使用的阴影类型，包括【mental ray 阴影贴图】、【高级光线跟踪】、【区域阴影】、【阴影贴图】、【光线跟踪阴影】、【VRay 阴影】和【VRay 阴影贴图】，如图 4-15 所示。
- 排除... 按钮：将选定的对象排除于灯光效果之外。

（3）灯光分布（类型）

- 灯光分布（类型）：设置灯光的分布类型，包含【光度学 Web】、【聚光灯】、【统一漫反射】和【统一球形】4 种类型。

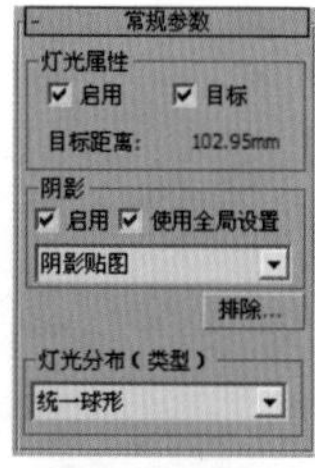

图 4-14

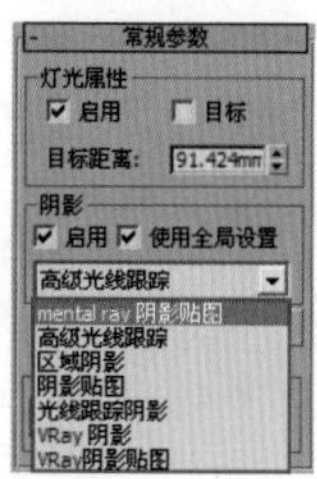

图 4-15

FAQ 常见问题解答：目标灯光最容易忽略的地方在哪里？

一般使用目标灯光的目的都是为了模拟射灯的效果，那么就需要将【灯光分布（类型）】设置为【光度学 Web】的方式，然后单击 < 选择光度学文件 > 按钮，并添加一个 .ies 的文件即可，如图 4-16 所示。

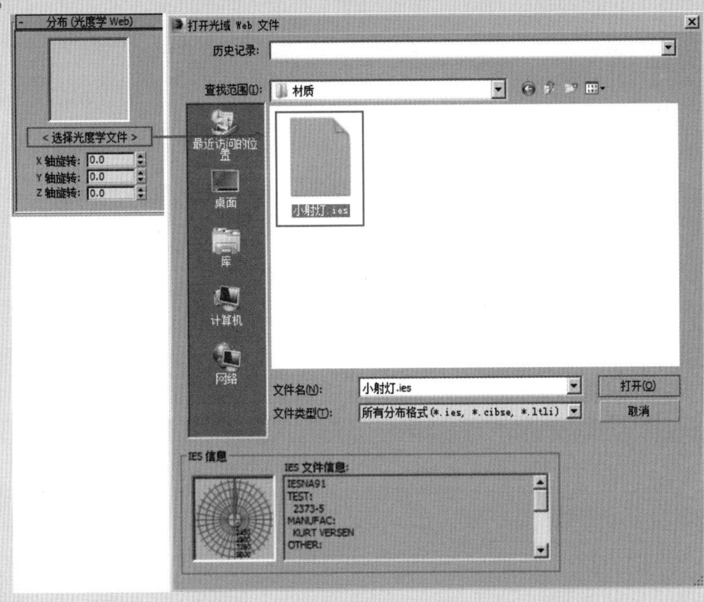

图 4-16

2. 强度 / 颜色 / 衰减

展开【强度 / 颜色 / 衰减】卷展栏，如图 4-17 所示。

- 灯光：挑选公用灯光，以近似灯光的光谱特征。图 4-18 所示为 D50 Illuminant（基准白色）、荧光（冷色调白色）、HID 高压钠灯的效果对比。
- 开尔文：通过调整色温微调器来设置灯光的颜色。
- 过滤颜色：使用颜色过滤器来模拟置于光源上的过滤色效果。图 4-19 所示为设置过滤颜色为绿色的效果。
- 强度：控制灯光的强弱程度。
- 结果强度：用于显示暗淡所产生的强度。
- 暗淡百分比：启用该选项后，该值会指定用于降低灯光强度的【倍增】。图 4-20 所示为【暗淡百分比】设置为 100 和 10 的效果对比。

图 4-17

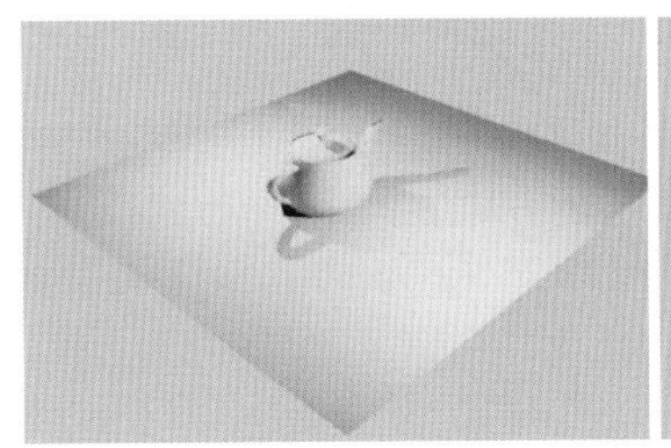
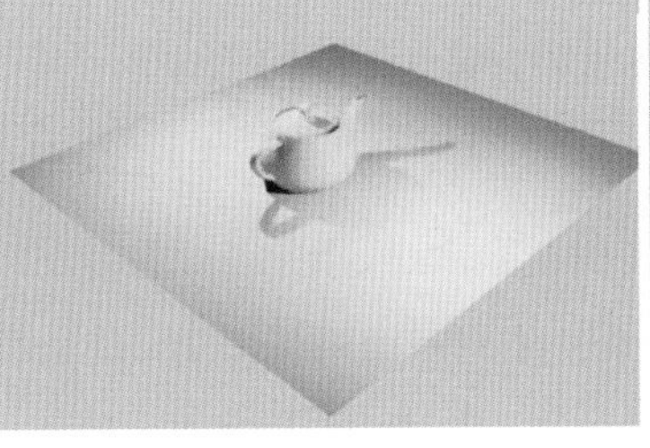
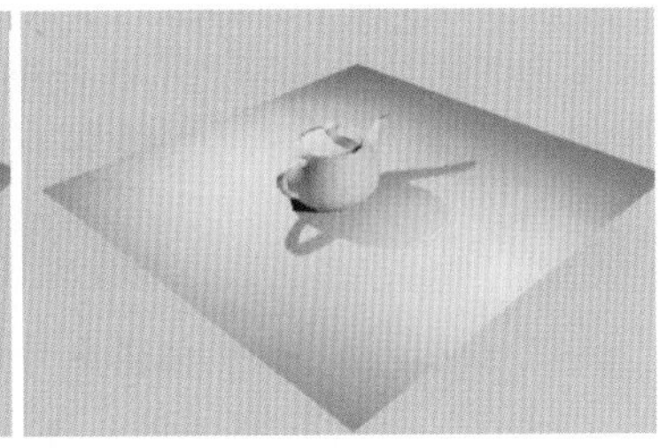

图 4-18

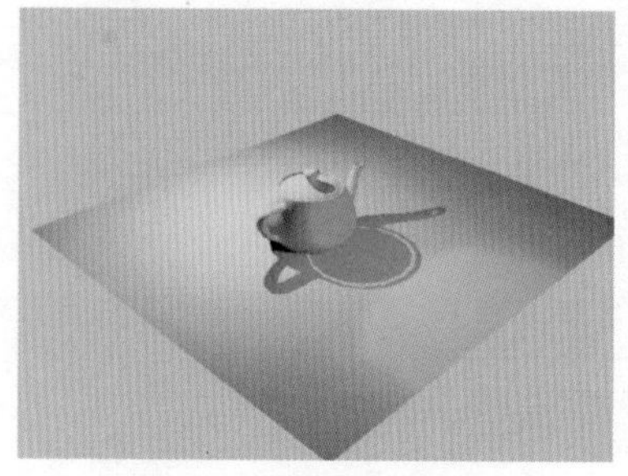

图 4-19

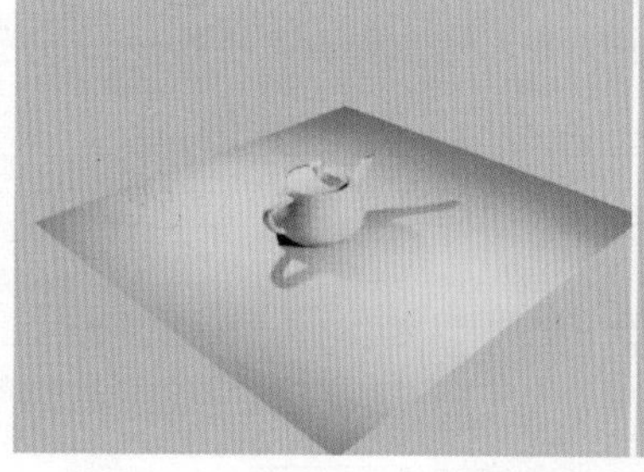

图 4-20

- 光线暗淡时白炽灯颜色会切换：启用该选项之后，灯光可以在暗淡时通过产生更多的黄色来模拟白炽灯。
- 使用：启用灯光的远距衰减。
- 显示：在视口中显示远距衰减的范围设置。
- 开始：设置灯光开始淡出的距离。
- 结束：设置灯光减为 0 时的距离。

3. 图形 / 区域阴影

展开【图形 / 区域阴影】卷展栏，如图 4-21 所示。

- 从（图形）发射光线：选择阴影生成的图形类型，包括【点光源】、【线】、【矩形】、【圆形】、【球体】和【圆柱体】6 种类型。
- 灯光图形在渲染中可见：启用该选项后，如果灯光对象位于视野之内，那么灯光图形在渲染中会显示为自供照明（发光）的图形。

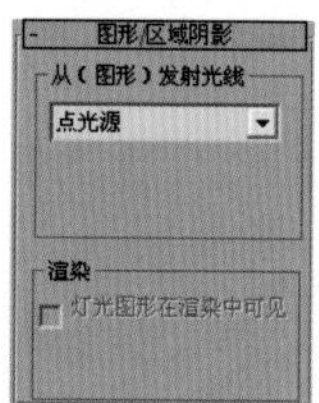

图 4-21

4. 阴影贴图参数

展开【阴影贴图参数】卷展栏，如图 4-22 所示。

- 偏移：将阴影移向或移离投射阴影的对象。
- 大小：设置用于计算灯光的阴影贴图的大小。
- 采样范围：决定阴影内平均有多少个区域。
- 绝对贴图偏移：启用该选项后，阴影贴图的偏移不标准化，但是该偏移在固定比例的基础上会以 3ds Max 为单位来表示。
- 双面阴影：启用该选项后，计算阴影时物体的背面也将产生阴影。

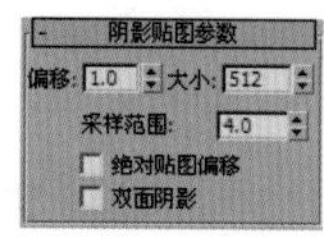

图 4-22

5.VRay 阴影参数

展开【VRay 阴影参数】卷展栏，如图 4-23 所示。

- 透明阴影：控制透明物体的阴影，必须使用 VRay 材质并选择材质中的【影响阴影】才能产生效果。
- 偏移：控制阴影与物体的偏移距离，一般可保持默认值。
- 区域阴影：控制物体阴影效果，使用时会降低渲染速度，有长方体和球体两种模式。图 4-24 所示为取消和勾选该选项的效果对比。

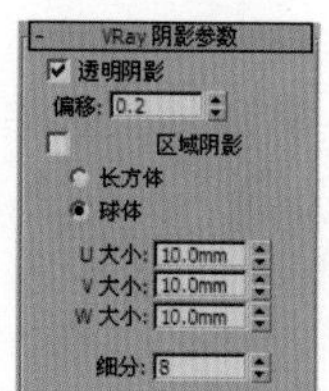

图 4-23

图 4-24

- 长方体 / 球体：用来控制阴影的方式，一般默认设置为球体即可。
- U/V/W 大小：值越大阴影越模糊，并且还会产生杂点，降低渲染速度。图 4-25 所示为设置 U/V/W 大小为 10 和 30 的效果对比。

图 4-25

- 细分：该数值越大，阴影越细腻，噪点越少，渲染速度越慢。

FAQ 常见问题解答：每类灯光都有多种阴影类型，我该选择哪种更合适？

一般在制作室内外效果图时，大部分用户需要安装 VRay 渲染器，因为可以快速地得到非常真实的渲染效果，所以推荐使用【VRay 阴影】。特别注意的是【VRay 阴影】与【VRay 阴影贴图】是两种不同的类型，不要混淆。并且在设置这些参数之前，首先需要勾选【阴影】下的【启用】，才可以发挥阴影的作用，如图 4-26 所示。并且在为【阴影】选择一种类型后，在下面的阴影参数中会自动变为与【阴影】类型相对应的卷展栏，如图 4-27 所示。

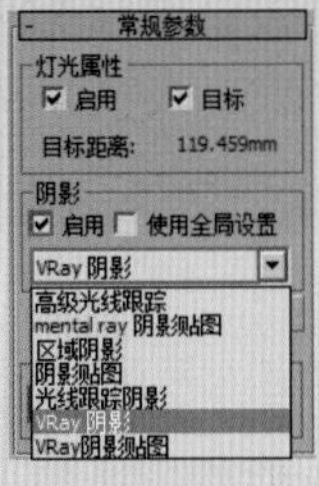

图 4-26

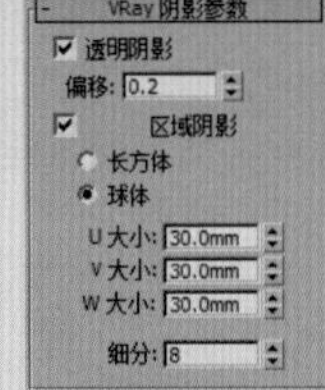

图 4-27

进阶案例——射灯

场景文件	01.max
案例文件	进阶案例——射灯 .max
视频教学	多媒体教学 /Chapter 04/ 进阶案例——射灯 .flv
难易指数	★★☆☆☆
技术掌握	目标灯光

本案例模拟室外墙体的射灯效果，最终渲染效果如图 4-28 所示。

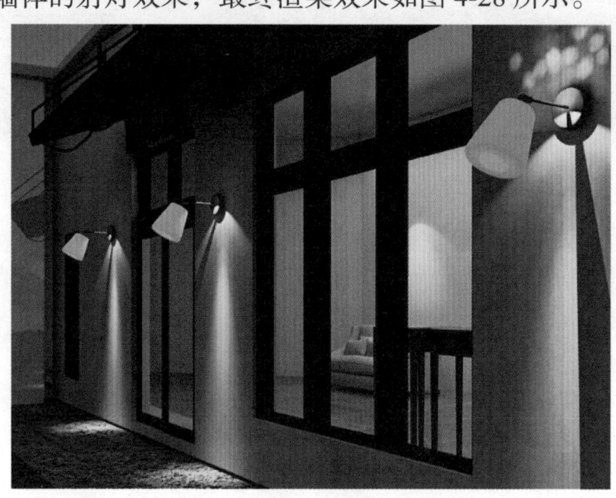

图 4-28

（1）打开本书配套资源中的【场景文件 /Chapter 04/01.max】文件，如图 4-29 所示。

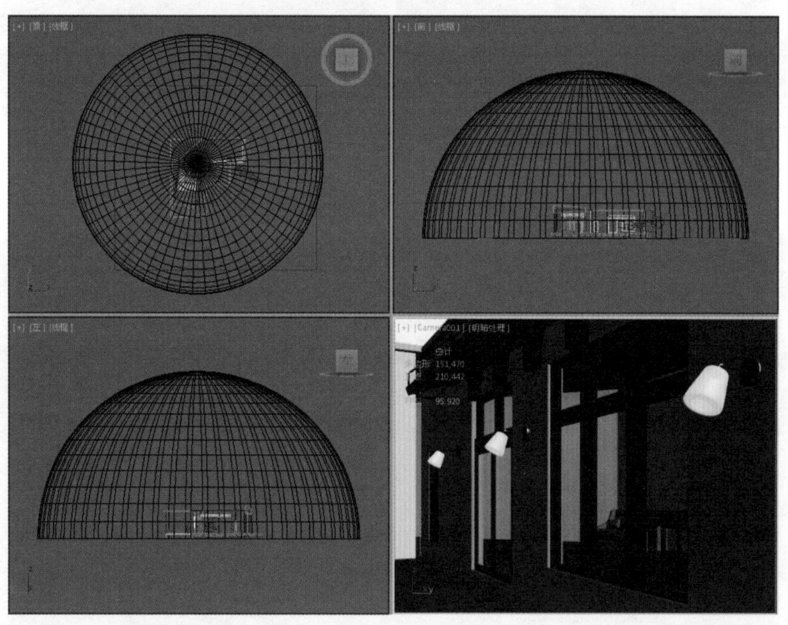

图 4-29

（2）单击 （创建）| （灯光）| VRay | VR灯光 按钮，在【顶】视图中单击并拖动鼠标，创建一盏 VR 灯光，在各视图中调整具体位置，如图 4-30 所示。

（3）在【参数】卷展栏中设置【类型】为【平面】，设置【倍增】为 3，设置【颜色】为浅黄色（红 =242、绿 =215、蓝 =194），勾选【不可见】，其他参数设置如图 4-31 所示。

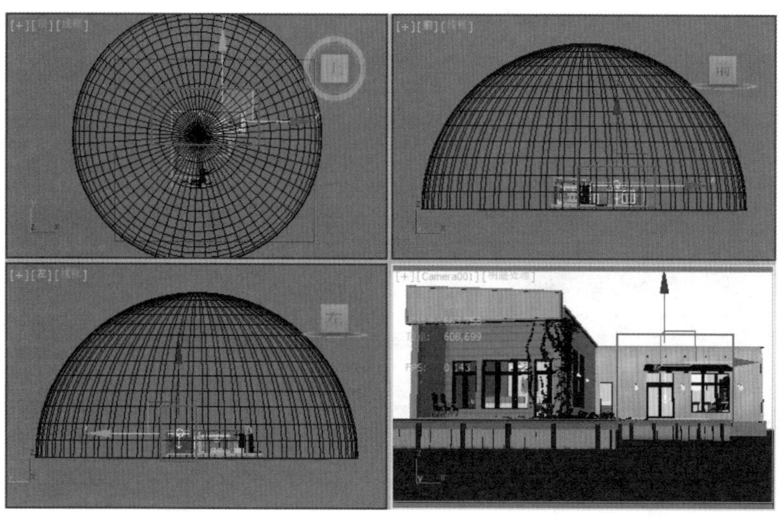

图 4-30

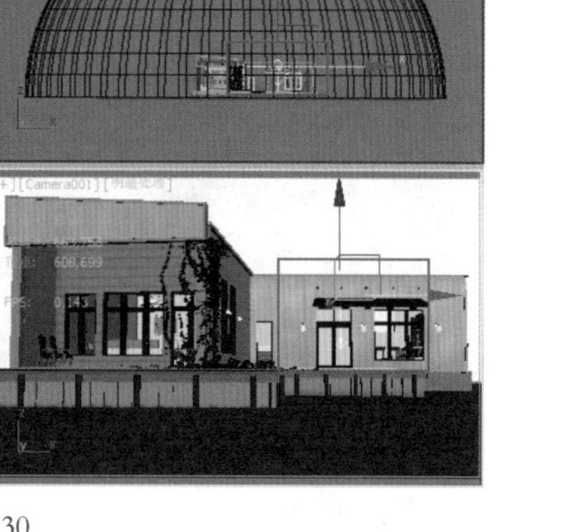

图 4-31

（4）单击（创建）|（灯光）|光度学 | 目标灯光按钮，在【前】视图中单击并拖动鼠标，创建 3 盏目标灯光，在各视图中调整具体位置如图 4-32 所示。

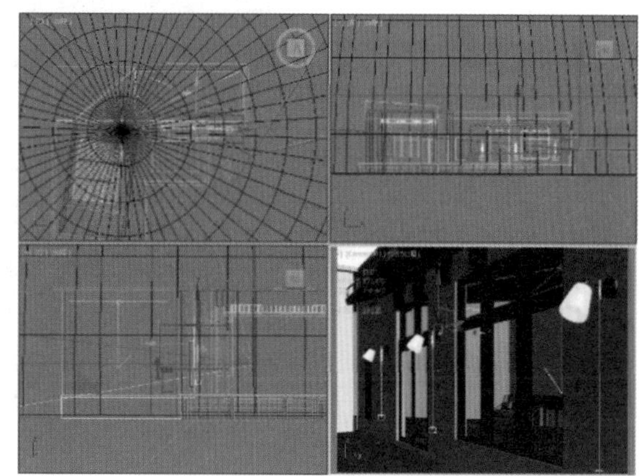

图 4-32

（5）为创建的 3 盏目标灯光设置相同参数。在【常规参数】卷展栏下的【阴影】选项组中勾选【启用】，设置阴影类型为【VR- 阴影】，设置【灯光分布（类型）】为【光度学 Web】。然后展开【分布（光度学 Web）】卷展栏，在通道上加载“SD-017.ies”光域网文件。最后展开【强度 / 颜色 / 衰减】卷展栏，设置【过滤颜色】为浅黄色（红 =245、绿 =218、蓝 =184），设置【强度】为 50000，如图 4-33 所示。

（6）再次使用目标灯光工具在【前】视图中单击并拖动鼠标，创建 5 盏目标灯光，在各视图中调整具体位置如图 4-34 所示。

（7）为创建的 5 盏目标灯光设置相同参数。在【常规参数】卷展栏下的【阴影】选项组中勾选【启用】，设置阴影类型为【VRay 阴影】，设置【灯光分布（类型）】为【光度学 Web】。然后展开【分布（光度学 Web）】卷展栏，在通道上加载“SD-020.ies”光域网文件。接着展开【强度 / 颜色 / 衰减】卷展栏，设置【过滤颜色】为橙色（红 =227、绿 =153、蓝 =57），设置【强度】为 12000。最后展开【VRay 阴影参数】卷展栏，设置【U/V/W 大小】均为 10.0mm，如图 4-35 所示。

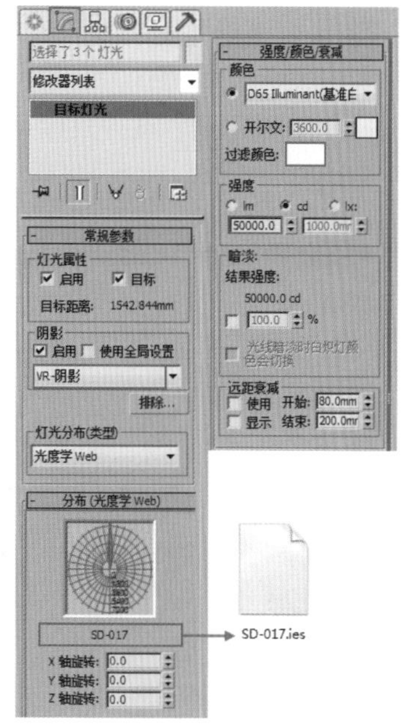

图 4-33

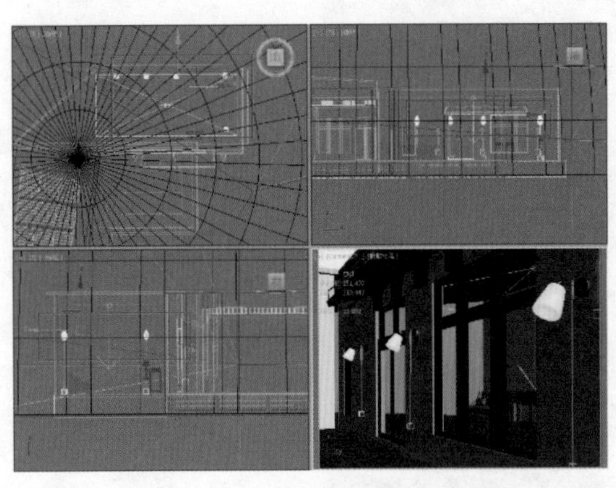

图 4-34

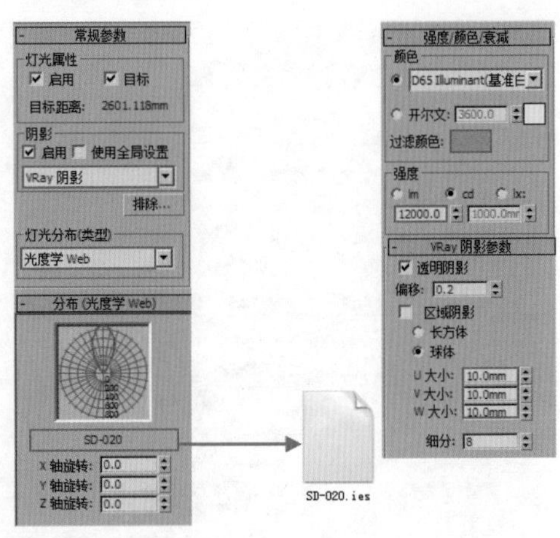

图 4-35

（8）最终渲染效果，如图 4-36 所示。

图 4-36

4.2.2 自由灯光

【自由灯光】没有目标点，可以与【目标灯光】快速转化，具体参数如图 4-37 所示。

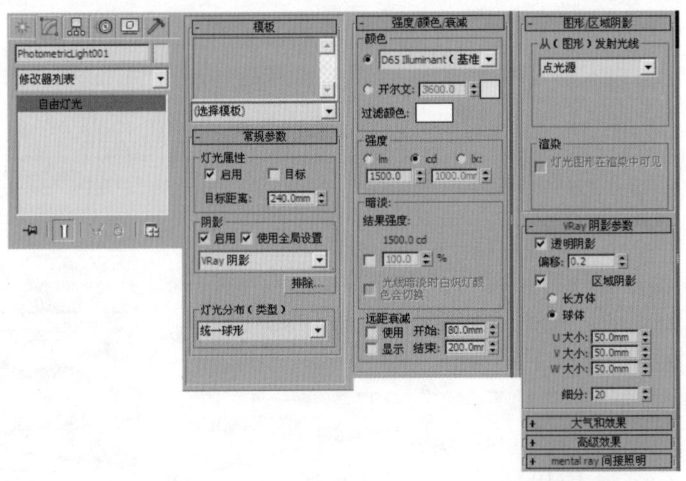

图 4-37

FAQ 常见问题解答：怎么显示或不显示视图中的光影效果？

在 3ds Max 2015 中，创建灯光后就可以在视图中实时地预览光影的效果，当然这种效果比较假，如图 4-38 所示。

图 4-38

在视图左上角[真实]处单击鼠标右键，然后取消【照明和阴影】下的【阴影】选项，如图 4-39 所示。此时显示效果如图 4-40 所示。

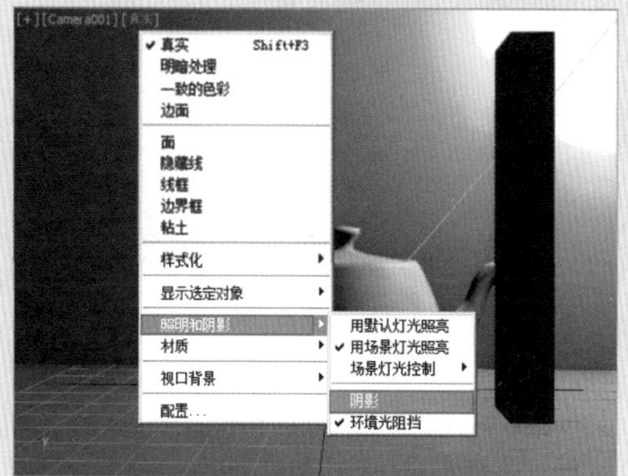

图 4-39

图 4-40

再次在视图左上角[真实]处单击鼠标右键，然后取消【照明和阴影】下的【环境光阻挡】选项，如图 4-41 所示。此时显示效果如图 4-42 所示。

图 4-41

图 4-42

4.3 标准灯光

【标准】灯光是 3ds Max 中最基本的灯光类型。总共 8 种类型，分别是【目标聚光灯】、【自由聚光灯】、【目标平行光】、【自由平行光】、【泛光】、【天光】、【mr Area Omni（区域泛光灯）】和【mr Area Spot（区域聚光灯）】，如图 4-43 所示。本节重点讲述前 6 种。

图 4-43

4.3.1 目标聚光灯

【目标聚光灯】像闪光灯一样投影聚焦的光束，这是在剧院中或桅灯下的聚光区。目标聚光灯使用目标对象指向摄影机。图 4-44 所示为【目标聚光灯】制作的作品。

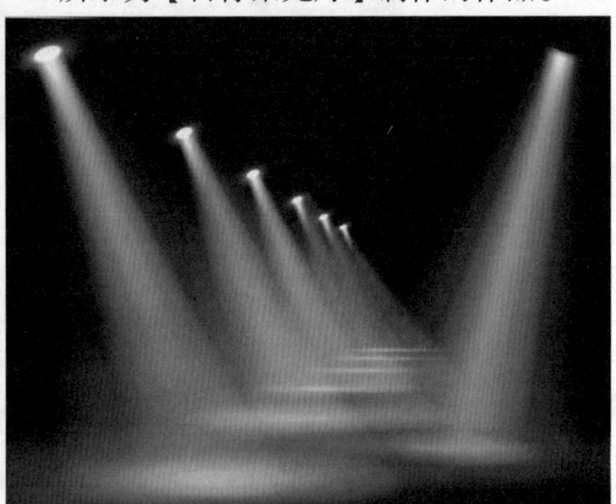

图 4-44

【目标聚光灯】参数主要包括【常规参数】、【强度 / 颜色 / 衰减】、【聚光灯参数】、【高级效果】、【阴影参数】、【光线跟踪阴影参数】、【大气和效果】、【mental ray 间接照明】。具体参数，如图 4-45 所示。

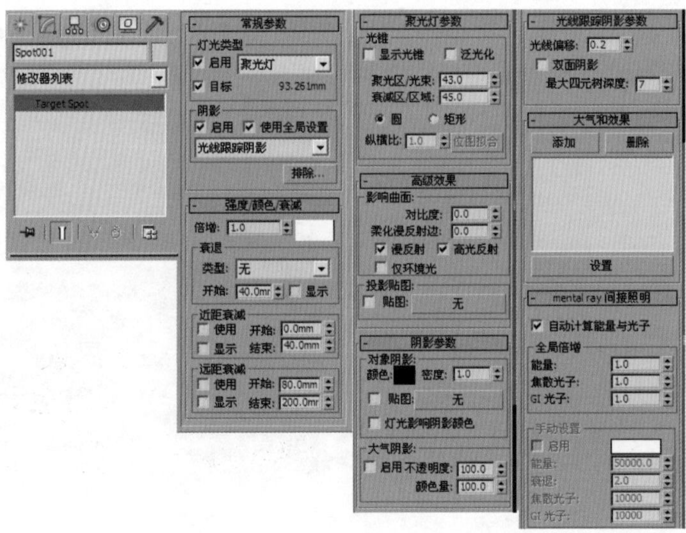

图 4-45

1. 常规参数

【常规参数】卷展栏，具体参数如图 4-46 所示。

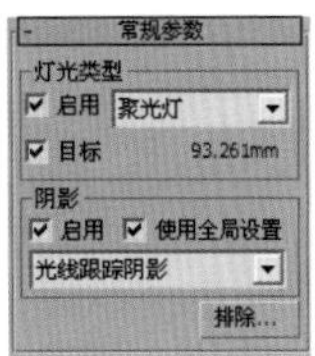

图 4-46

- 灯光类型：共有 3 种类型可供选择，分别是【聚光灯】、【平行光】和【泛光灯】。
  - 启用：控制是否开启灯光。
  - 目标：如果启用该选项后，灯光将成为目标。
- 阴影：控制是否开启灯光阴影。
  - 使用全局设置：如果启用该选项后，该灯光投射的阴影将影响整个场景的阴影效果。如果关闭该选项，则必须选择渲染器使用哪种方式来生成特定的灯光阴影。
  - 阴影类型：切换阴影的类型得到不同的阴影效果。
  - 排除按钮：将选定的对象排除于灯光效果之外。

2. 强度 / 颜色 / 衰减

【强度 / 颜色 / 衰减】卷展栏，具体参数如图 4-47 所示。

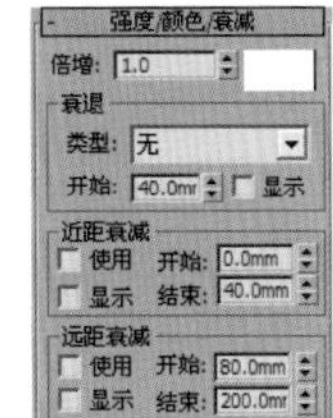

图 4-47

- 倍增：控制灯光的强弱程度。
- 颜色：用来设置灯光的颜色。
- 衰退：该选项组中的参数用来设置灯光衰退的类型和起始距离。
  - 类型：指定灯光的衰退方式。【无】为不衰退；【倒数】为反向衰退；【平方反比】是以平方反比的方式进行衰退。
  - 开始：设置灯光开始衰退的距离。
  - 显示：在视口中显示灯光衰退的效果。
- 近距衰减 / 远距衰减：该选项组用来设置灯光近距衰减 / 远距衰减的参数。
  - 使用：启用灯光近距衰减 / 远距衰减。
  - 显示：在视口中显示近距衰减 / 远距衰减的范围。
  - 开始：设置灯光开始淡出的距离。
  - 结束：设置灯光达到衰减最远处的距离。

3. 聚光灯参数

【聚光灯参数】卷展栏，具体参数如图 4-48 所示。

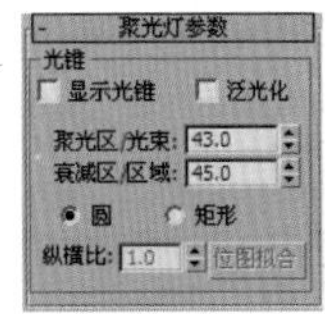

图 4-48

- 显示光锥：控制是否开启圆锥体显示效果。
- 泛光化：开启该选项时，灯光将在各个方向投射光线。
- 聚光区 / 光束：用来调整灯光圆锥体的角度。
- 衰减区 / 区域：设置灯光衰减区的角度。
- 圆 / 矩形：指定聚光区和衰减区的形状。
- 纵横比：设置矩形光束的纵横比。
- 位图拟合按钮：若灯光的【光锥】设置为【矩形】，可以用该按钮来设置光锥的【纵横比】，以匹配特定的位图。

4. 高级效果

展开【高级效果】卷展栏，具体参数如图 4-49 所示。

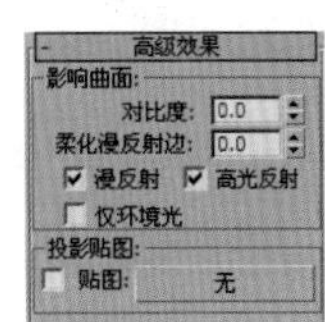

图 4-49

- 对比度：调整曲面的漫反射区域和环境光区域之间的对比度。
- 柔化漫反射边：增加【柔化漫反射边】的值可以柔化曲面的漫反射部分与环境光部分之间的边缘。

- 漫反射：启用此选项后，灯光将影响对象曲面的漫反射属性。
- 高光反射：启用此选项后，灯光将影响对象曲面的高光属性。
- 仅环境光：启用此选项后，灯光仅影响照明的环境光组件。
- 贴图：为阴影加载贴图。

5. 阴影参数

展开【阴影参数】卷展栏，具体参数如图 4-50 所示。

- 颜色：设置阴影的颜色，默认为黑色。
- 密度：设置阴影的密度。
- 贴图：为阴影指定贴图。
- 灯光影响阴影颜色：开启该选项后，灯光颜色将与阴影颜色混合在一起。
- 启用：启用该选项后，大气可以穿过灯光投射阴影。
- 不透明度：调节阴影的不透明度。
- 颜色量：调整颜色和阴影颜色的混合量。

图 4-50

6. 光线跟踪阴影参数

【光线跟踪阴影参数】卷展栏，具体参数如图 4-51 所示。

- 光线偏移：将阴影移向或移离投射阴影的对象。
- 双面阴影：启用该选项后，计算阴影时背面将不被忽略。
- 最大四元树深度：使用光线跟踪器调整四元树的深度。

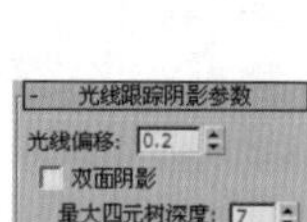

图 4-51

4.3.2 自由聚光灯

【自由聚光灯】和【目标聚光灯】的关系与【目标灯光】和【自由灯光】的关系类似，都可以快速转化，【自由聚光灯】的参数和【目标聚光灯】的参数基本一致，因此不重复进行讲解。【自由聚光灯】没有目标点，因此只能通过旋转来调节灯光的角度，如图 4-52 所示。

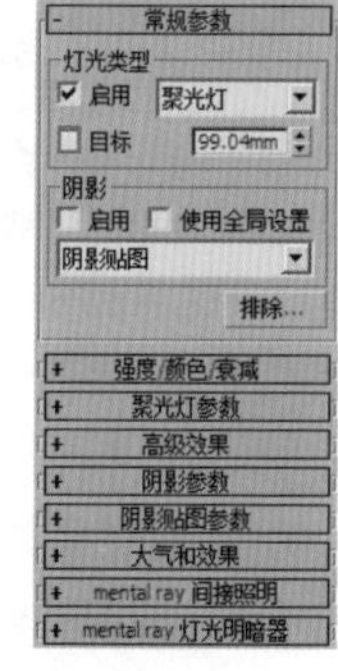

图 4-52

4.3.3 目标平行光

【目标平行光】可以产生一个照射区域，主要用来模拟自然光线的照射效果，一般常用来制作日光等效果，如图 4-53 所示。

图 4-53

【目标平行光】的参数和【目标聚光灯】的参数基本一致，因此不重复进行讲解。【目标平行光】具体参数如图 4-54 所示。

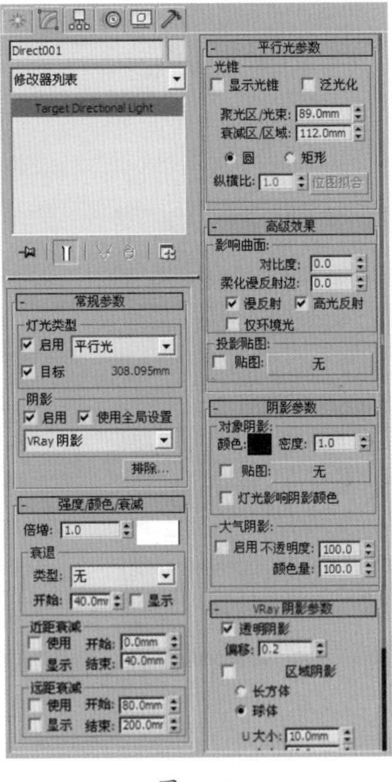

图 4-54

进阶案例——夜晚灯光

场景文件	02.max
案例文件	进阶案例——夜晚灯光 .max
视频教学	多媒体教学 /Chapter 04/ 进阶案例——夜晚灯光 .flv
难易指数	★★★☆☆
技术掌握	目标平行光、VR- 灯光

本案例模拟夜晚的灯光效果，最终渲染效果如图 4-55 所示。

（1）打开本书配套资源中的【场景文件 /Chapter 04/02.max】文件，如图 4-56 所示。

图 4-55

图 4-56

（2）在视图中创建 1 盏目标平行光，位置如图 4-57 所示。

（3）单击【修改面板】，并勾选【阴影】选项组下的【启用】，设置方式为【VR- 阴影】，设置颜色为蓝色，设置【聚光区 / 光束】为 2000mm，【衰减区 / 区域】为 10000mm，勾选【区域阴影】，设置【U/V/W 大小】为 254mm，【细分】为 15，如图 4-58 所示。

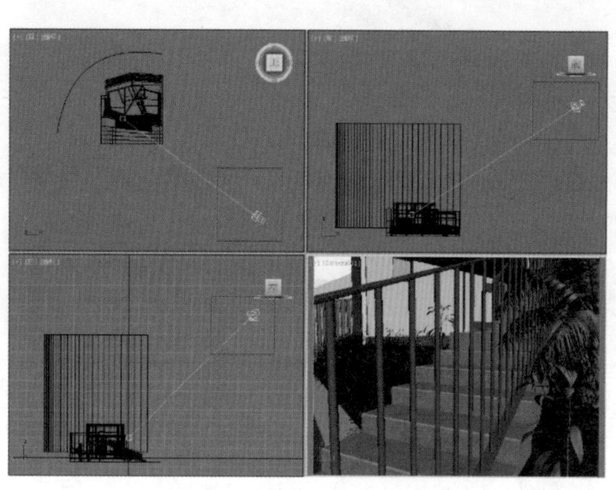

图 4-57

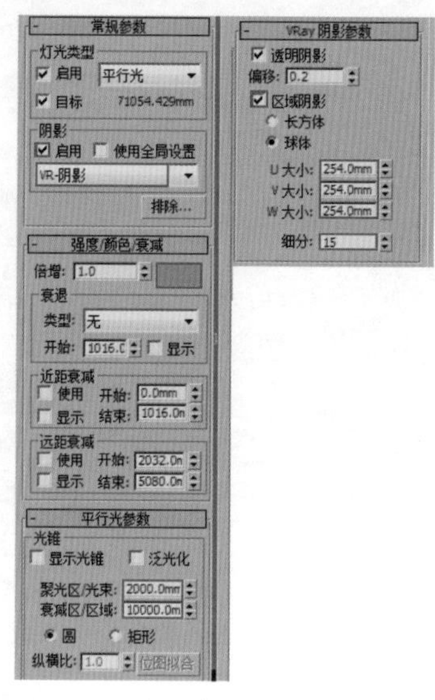

图 4-58

（4）创建 1 盏 VR- 灯光，位置如图 4-59 所示。

（5）单击【修改面板】，设置【倍增】为 6，【颜色】为黄色，【1/2 长】为 1600mm，【1/2 宽】为 1000mm，勾选【不可见】，设置【细分】为 15，如图 4-60 所示。

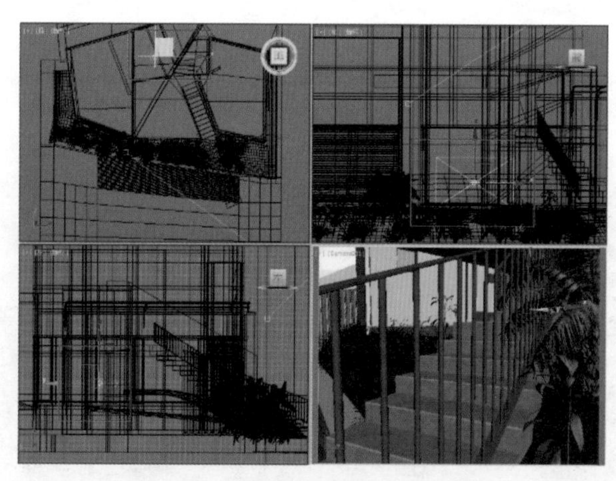

图 4-59

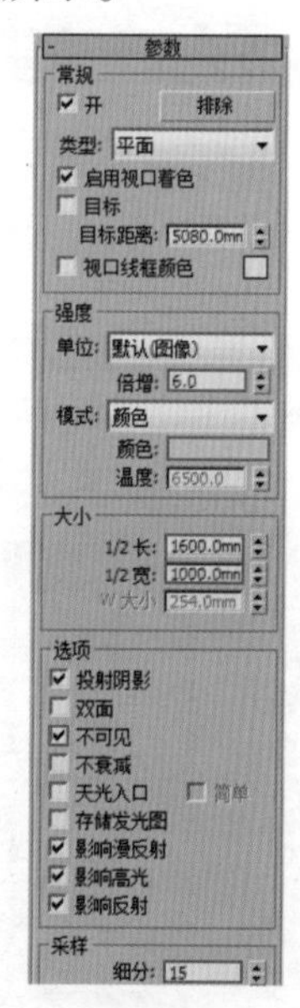

图 4-60

（6）继续创建 1 盏 VR- 灯光，位置如图 4-61 所示。

（7）单击【修改面板】，设置【类型】为【平面】，【倍增】为 6，【颜色】为黄色，【1/2 长】为 1600mm，【1/2 宽】为 1000mm，勾选【不可见】，设置【细分】为 15，如图 4-62 所示。

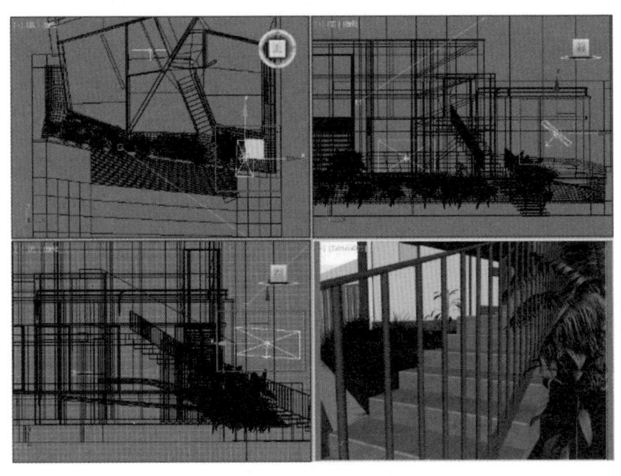

图 4-61

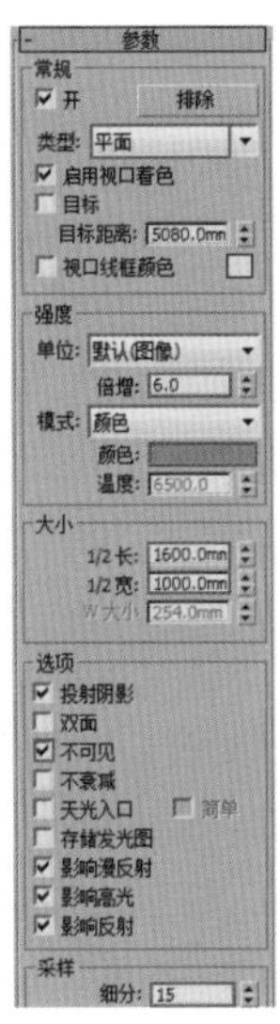

图 4-62

（8）继续创建 1 盏 VR- 灯光，位置如图 4-63 所示。

（9）单击【修改面板】，设置【类型】为【平面】，【倍增】为 5，【颜色】为黄色，【1/2 长】为 500mm，【1/2 宽】为 1500mm，勾选【不可见】，设置【细分】为 15，如图 4-64 所示。

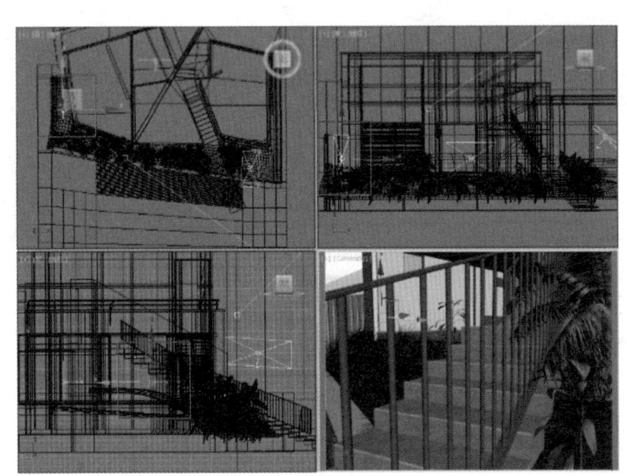

图 4-63

图 4-64

（10）最终渲染效果，如图 4-65 所示。

图 4-65

4.3.4 自由平行光

【自由平行光】能产生一个平行的照射区域，具体参数如图 4-66 所示。

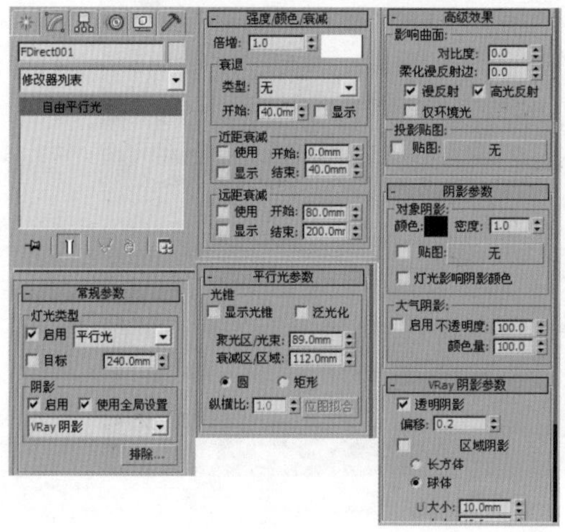

图 4-66

4.3.5 泛光

【泛光】从单个光源向各个方向投影光线。泛光用于模拟点光源、辅助光源，如图 4-67 所示。

图 4-67

【泛光】具体参数如图 4-68 所示。

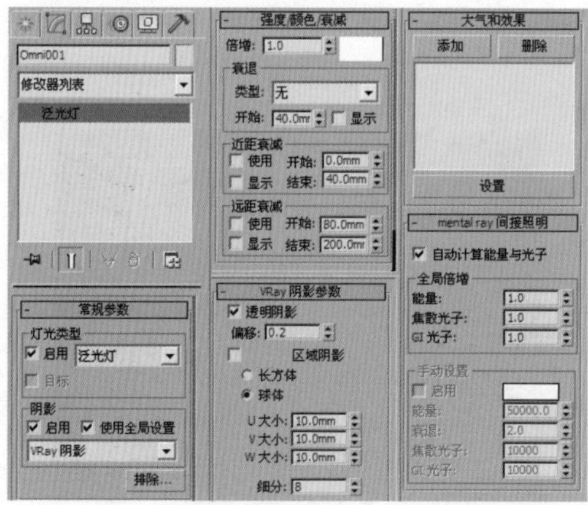

图 4-68

FAQ 常见问题解答：为什么目标聚光灯、自由聚光灯、目标平行光、自由平行光、泛光参数很类似？

在 3ds Max 的标准灯光中，目标聚光灯、自由聚光灯、目标平行光、自由平行光、泛光都可以互相转换，只需要修改其中某些参数即可。比如创建了目标聚光灯，如图 4-69 所示。并且此时【灯光类型】为【聚光灯】，如图 4-70 所示。

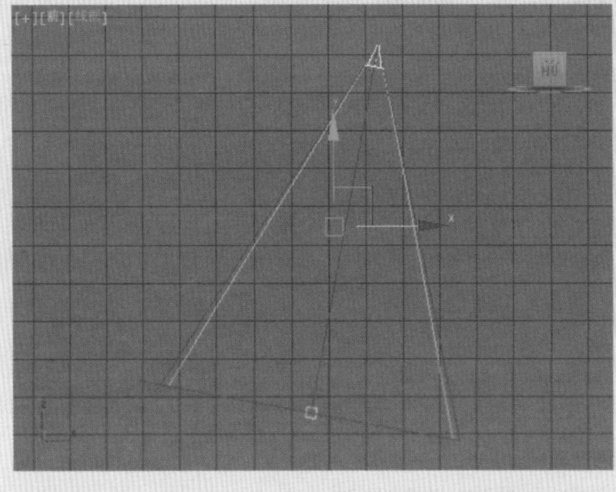

图 4-69

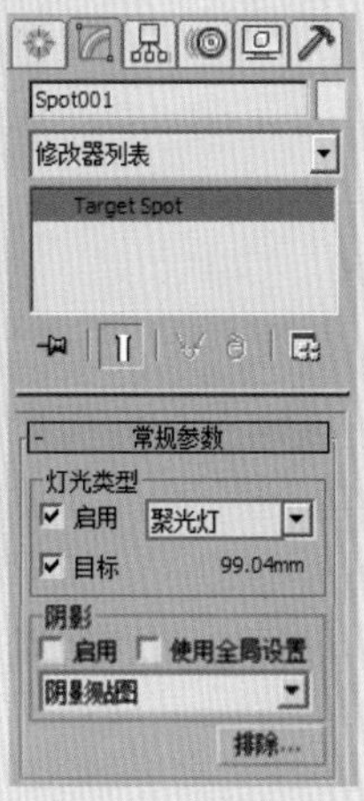

图 4-70

而将【灯光类型】更改为【泛光】后，如图 4-71 所示。发现灯光也变成了泛光，如图 4-72 所示。因此这类灯光之间可以相互转换。

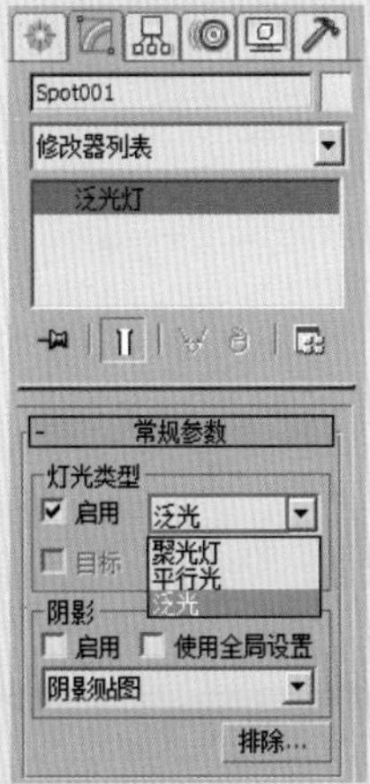

图 4-71

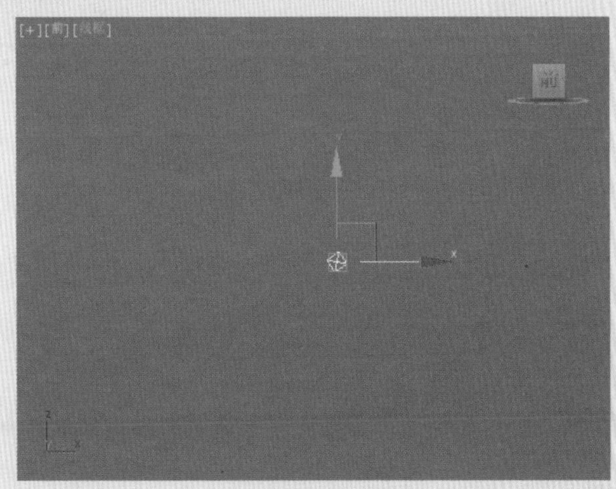

图 4-72

第 4 章

4.3.6 天光

【天光】用于模拟天空光，可以整体增亮场景。当使用默认扫描线渲染器进行渲染时，天光与高级照明、光跟踪器或光能传递结合使用效果会更佳。图 4-73 所示为天光的效果。

图 4-73

【天光】的具体参数，如图 4-74 所示。

图 4-74

- 启用：控制是否开启天光。
- 倍增：控制天光的强弱程度。
- 使用场景环境：使用【环境与特效】对话框中设置的灯光颜色。
- 天空颜色：设置天光的颜色。
- 贴图：指定贴图来影响天光颜色。
- 投影阴影：控制天光是否投影阴影。
- 每采样光线数：用于计算落在场景中指定点上的天光光线数。
- 光线偏移：对象可以在场景中指定点上投射阴影的最短距离。

4.4 VRay 灯光

安装好 VRay 渲染器后，在【创建】面板中就可以选择 VR 灯光。VR 灯光包含 4 种类型，分别是【VR 灯光】、【VRayIES】、【VR 环境灯光】和【VR 太阳】，如图 4-75 所示。本节重点讲述【VR 灯光】和【VR 太阳】。

图 4-75

- VR 灯光：模拟室内光源，如灯带、灯罩灯光。
- VRayIES：V 型的射线光源插件，可以用来加载 IES 灯光，能使现实中的灯光分布更加逼真。

- VR 环境灯光：模拟环境的灯光。
- VR 太阳：模拟真实的室外太阳光。

4.4.1　VR 灯光

【VR 灯光】是室内外效果图制作使用最多的灯光类型，可以模拟真实的柔和光照效果。常用来模拟窗口处灯光、顶棚灯带、灯罩灯光等，具体参数如图 4-76 所示。图 4-77 所示为使用 VR 灯光制作的效果。

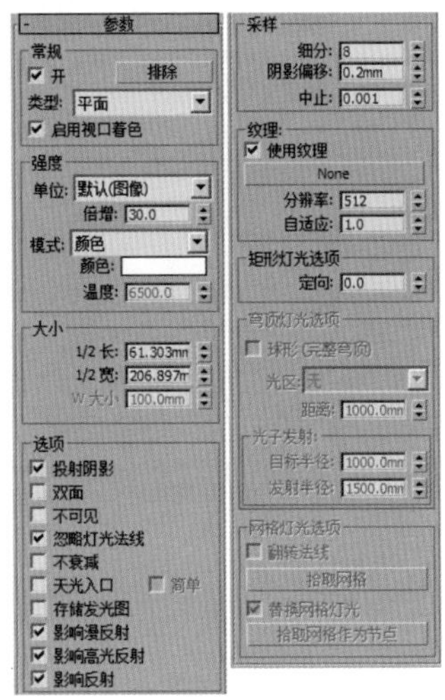

图 4-76

图 4-77

1. 常规

- 开：控制是否开启 VR 灯光。
- 排除 按钮：用来排除灯光对物体的影响。
- 类型：指定 VR 灯光的类型，共有【平面】、【穹顶】、【球体】和【网格】4 种类型，如图 4-78 所示。

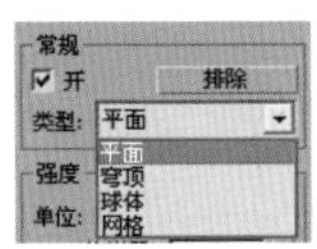

图 4-78

- 平面：将 VR 灯光设置成平面形状。
- 穹顶：将 VR 灯光设置成穹顶状，类似于 3ds Max 的天光物体，光线来自于位于光源 z 轴的半球体状圆顶。
- 球体：将 VR 灯光设置成球体形状。
- 网格：一种以网格为基础的灯光。

2. 强度

- 单位：指定 VR 灯光的发光单位，共 5 种，如图 4-79 所示。

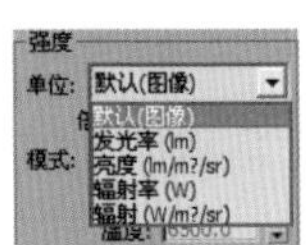

图 4-79

•默认（图像）：VRay 默认单位，依靠灯光的颜色和亮度来控制灯光的最后强弱，如果忽略曝光类型的因素，灯光色彩将是物体表面受光的最终色彩。
•发光率（lm）：当选择这个单位时，灯光的亮度将和灯光的大小无关。
•亮度（$lm/m^2/sr$）：当选择这个单位时，灯光的亮度和灯光的大小有关系。
•辐射功率（W）：当选择这个单位时，灯光的亮度和灯光的大小无关。
•辐射（$W/m^2/sr$）：当选择这个单位时，灯光的亮度和灯光的大小有关系。

- 颜色：指定灯光的颜色。
- 倍增：设置灯光的强度。

3. 大小

- 1/2 长：设置灯光的长度。
- 1/2 宽：设置灯光的宽度。
- U/V/W 向尺寸：当前这个参数还没有被激活。

4. 选项

- 投射阴影：控制是否对物体的光照产生阴影。
- 双面：用来控制灯光的双面都产生照明效果。
- 不可见：用来控制最终渲染时是否显示 VR 灯光的形状。
- 忽略灯光法线：控制灯光的发射是否按照光源的法线进行发射。
- 不衰减：在物理世界中，所有的光线都是有衰减的。如果勾选这个选项，VRay 将不计算灯光的衰减效果。
- 天光入口：把 VRay 灯光转换为天光，这时的 VR 灯光就变成了【间接照明（GI）】，失去了直接照明。
- 存储发光图：勾选这个选项，同时【间接照明（GI）】里的【首次反弹】引擎选择【发光贴图】时，VR 灯光的光照信息将保存在【发光贴图】中。
- 影响漫反射：该选项决定灯光是否影响物体材质属性的漫反射。
- 影响高光反射：该选项决定灯光是否影响物体材质属性的高光。
- 影响反射：勾选该选项时，灯光将对物体的反射区进行光照，物体可以将光源进行反射。

5. 采样

- 细分：该参数控制 VR 灯光的采样细分。数值越小，渲染杂点越多，渲染速度越快。
- 阴影偏移：用来控制物体与阴影的偏移距离，较高的值会使阴影向灯光的方向偏移。
- 中止：控制灯光中止的数值，一般情况下不用修改该参数。

6. 纹理

- 使用纹理：控制是否用纹理贴图作为半球光源。
- None（无）：选择贴图通道。
- 分辨率：设置纹理贴图的分辨率。
- 自适应：控制纹理的自适应数值，一般情况下数值默认即可。

进阶案例——灯带效果

场景文件	03.max
案例文件	进阶案例——灯带效果 .max
视频教学	多媒体教学 /Chapter 04/ 进阶案例——灯带效果 .flv
难易指数	★★★☆☆
技术掌握	VR- 灯光、目标平行光

本案例模拟灯带的效果，最终渲染效果如图 4-80 所示。

图 4-80

（1）打开本书配套资源中的【场景文件 /Chapter 04/03.max】文件，如图 4-81 所示。

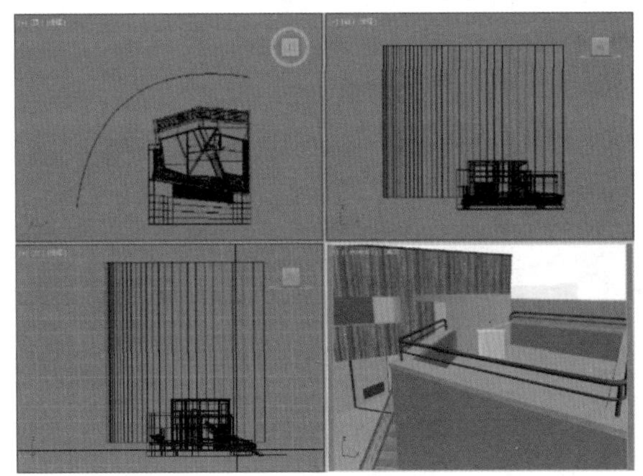

图 4-81

（2）在视图中创建 1 盏目标平行光，位置如图 4-82 所示。

（3）单击【修改面板】，并勾选【阴影】选项组下的【启用】，设置方式为【VR- 阴影】，设置颜色为蓝色，设置【聚光区 / 光束】为 2000mm，【衰减区 / 区域】为 10000mm，勾选【区域阴影】，设置【U/V/W 大小】为 254mm，【细分】为 15，如图 4-83 所示。

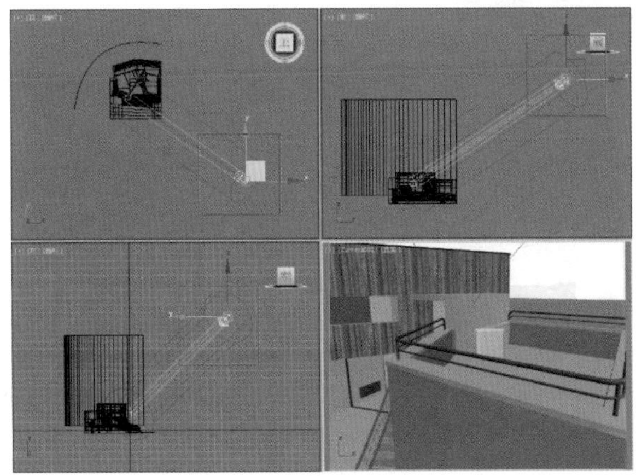

图 4-82

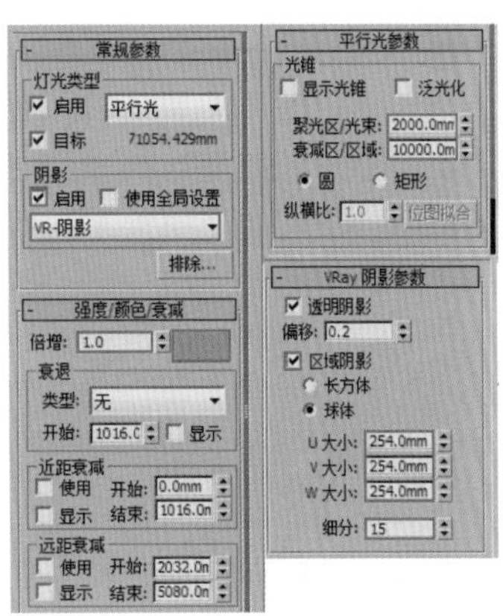

图 4-83

（4）创建 1 盏 VR- 灯光，位置如图 4-84 所示。

（5）单击【修改面板】，设置【倍增】为 6，【颜色】为蓝色，【1/2 长】为 1600mm，【1/2 宽】为 1000mm，勾选【不可见】，设置【细分】为 30，如图 4-85 所示。

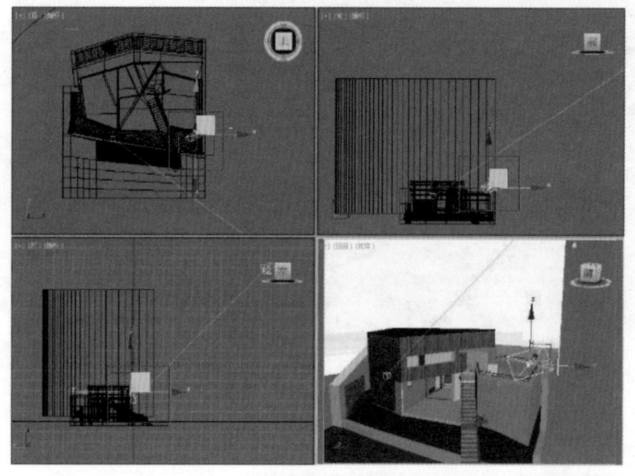

图 4-84

图 4-85

（6）创建 1 盏 VR- 灯光，位置如图 4-86 所示。

（7）单击【修改面板】，设置【倍增】为 6，【颜色】为黄色，【1/2 长】为 1600mm，【1/2 宽】为 1000mm，勾选【不可见】，设置【细分】为 15，如图 4-87 所示。

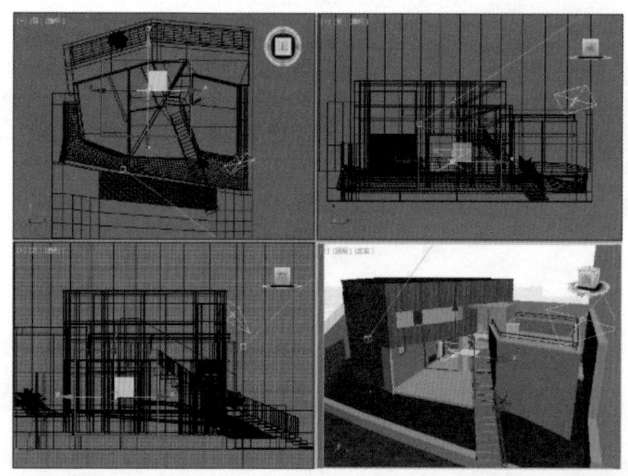

图 4-86

图 4-87

（8）创建 1 盏 VR- 灯光，位置如图 4-88 所示。

（9）单击【修改面板】，设置【类型】为【网格】，【倍增】为 20，【颜色】为黄色，勾选【不可见】，取消勾选【影响反射】，设置【细分】为 30，然后单击【拾取网格】按钮，接着单击拾取楼梯侧面的模型，如图 4-89 所示。

（10）继续创建 1 盏 VR- 灯光，位置如图 4-90 所示。

（11）单击【修改面板】，设置【类型】为【网格】，【倍增】为 6，【颜色】为黄色，勾选【不可见】，取消勾选【影响反射】，设置【细分】为 30，然后单击【拾取网格】按钮，接着单击拾取天台顶部的模型，如图 4-91 所示。

（12）最终渲染效果，如图 4-92 所示。

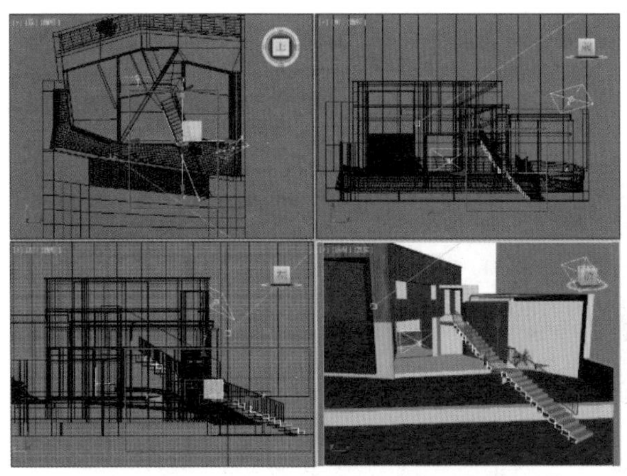

图 4-88

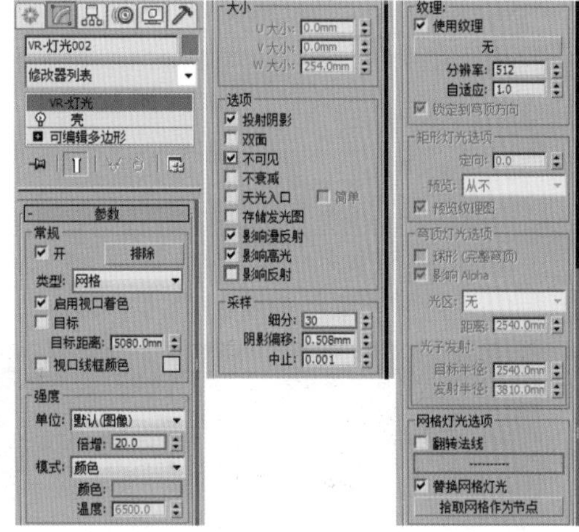

图 4-89

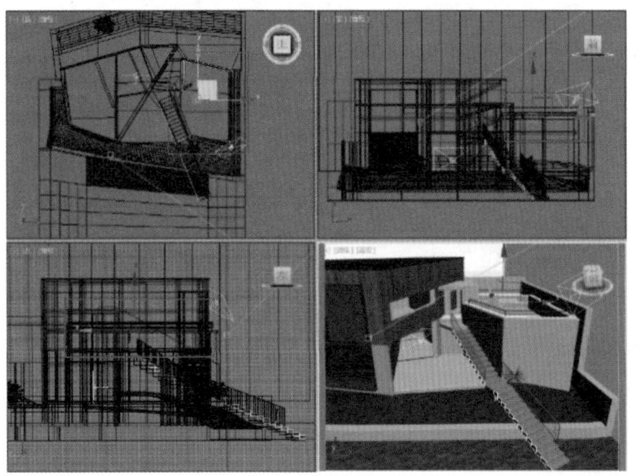

图 4-90

图 4-91

图 4-92

进阶案例——水面灯光

场景文件	04.max
案例文件	进阶案例——水面灯光 .max
视频教学	多媒体教学 /Chapter 04/ 进阶案例——水面灯光 .flv
难易指数	★★★☆☆
技术掌握	目标灯光、VR- 灯光

本案例模拟水面的灯光效果，最终渲染效果如图 4-93 所示。

（1）打开本书配套资源中的【场景文件 /Chapter 04/04.max】文件，如图 4-94 所示。

图 4-93　　图 4-94

（2）创建 1 盏 VR- 灯光，位置如图 4-95 所示。

（3）单击【修改面板】，设置【倍增】为 4，【颜色】为蓝色，【1/2 长】为 341mm，【1/2 宽】为 146mm，勾选【不可见】，设置【细分】为 20，如图 4-96 所示。

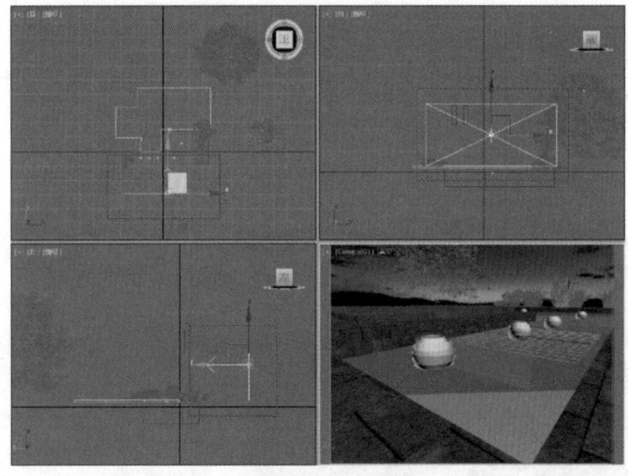

图 4-95

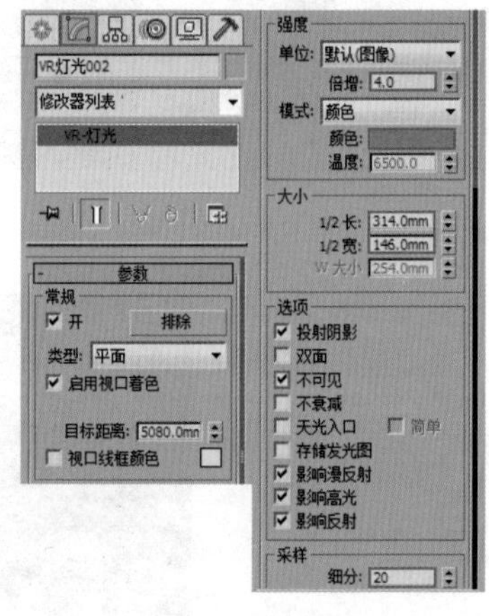

图 4-96

（4）创建 1 盏 VR- 灯光，位置如图 4-97 所示。

（5）单击【修改面板】，设置【倍增】为 2，【颜色】为浅黄色，【1/2 长】为 140mm，【1/2 宽】为 60mm，勾选【不可见】，如图 4-98 所示。

（6）在【前】视图中单击并拖动鼠标，创建 4 盏目标灯光，如图 4-99 所示。

（7）单击【修改面板】，勾选【启用】，设置阴影类型为【VR- 阴影】，设置【灯光分布（类型）】为【光度学 Web】，在通道上加载“射灯 .ies”光域网文件，设置【过滤颜色】为浅黄色，设置【强度】为 340，勾选【区域阴影】，设置【U/V/W 大小】为 10mm，【细分】为 20，如图 4-100 所示。

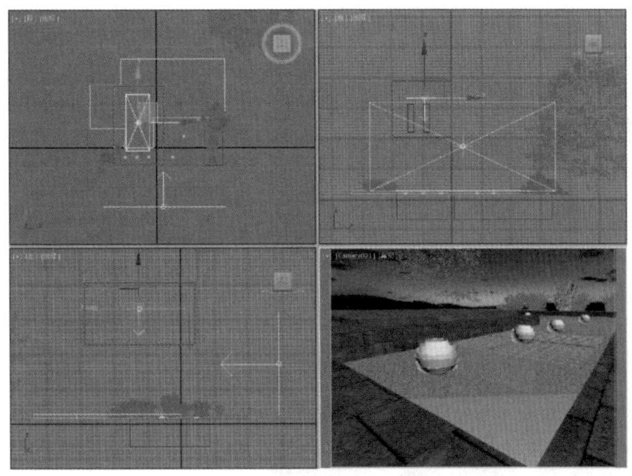

图 4-97

图 4-98

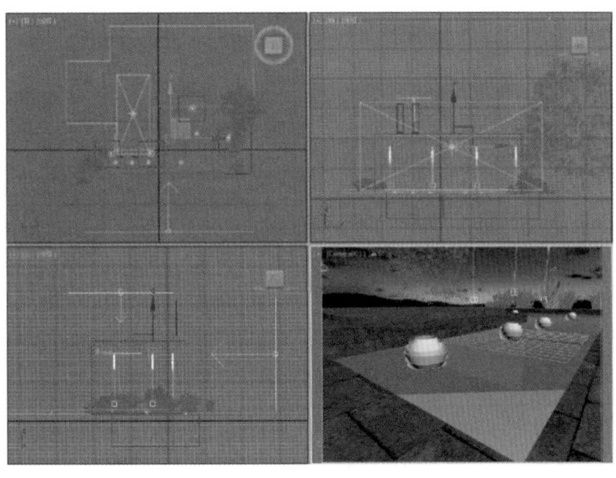

图 4-99

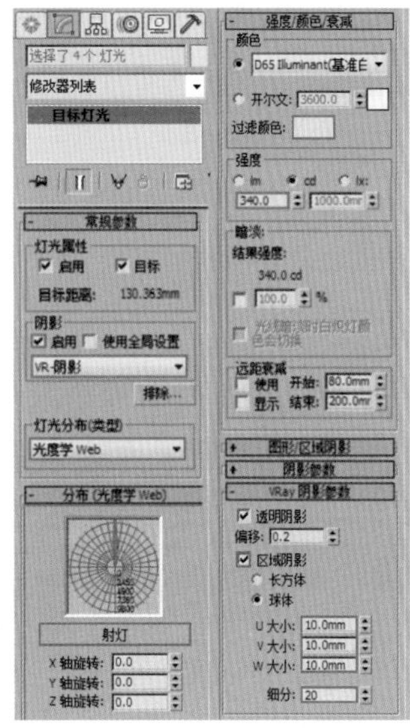

图 4-100

（8）在【顶】视图中单击并拖动鼠标，创建 5 盏 VR- 灯光（球体），如图 4-101 所示。

（9）单击【修改面板】，设置【类型】为【球体】，【倍增】为 200，【颜色】为黄色，【半径】为 1.571mm，勾选【不可见】，设置【细分】为 15，如图 4-102 所示。

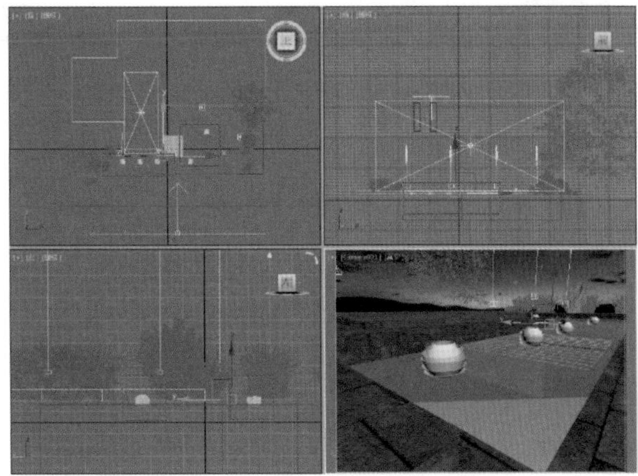

图 4-101

图 4-102

（10）最终渲染效果，如图 4-103 所示。

图 4-103

进阶案例——夜晚楼体灯光

场景文件	05.max
案例文件	进阶案例——夜晚楼体灯光 .max
视频教学	多媒体教学 /Chapter 04/ 进阶案例——夜晚楼体灯光 .flv
难易指数	★★★☆☆
技术掌握	VR- 灯光

本案例模拟夜晚的楼体灯光效果，最终渲染效果如图 4-104 所示。

（1）打开本书配套资源中的【场景文件 /Chapter 04/05.max】文件，如图 4-105 所示。

图 4-104

图 4-105

（2）创建 1 盏 VR- 灯光，位置如图 4-106 所示。

（3）单击【修改面板】，设置【倍增】为 1，【颜色】为蓝色，【1/2 长】为 1000mm，【1/2 宽】为 500mm，勾选【不可见】，设置【细分】为 20，如图 4-107 所示。

（4）创建 1 盏 VR- 灯光（球体），位置如图 4-108 所示。

（5）单击【修改面板】，设置【类型】为【球体】，【倍增】为 100，【颜色】为黄色，【半径】为 10mm，勾选【不可见】，取消勾选【影响反射】，如图 4-109 所示。

（6）最终渲染效果，如图 4-110 所示。

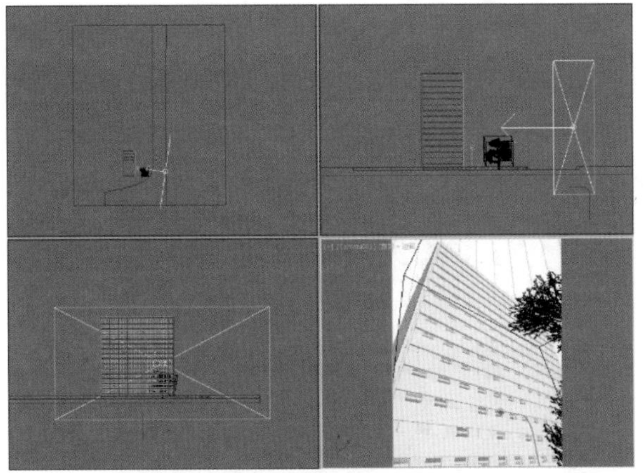

图 4-106

图 4-107

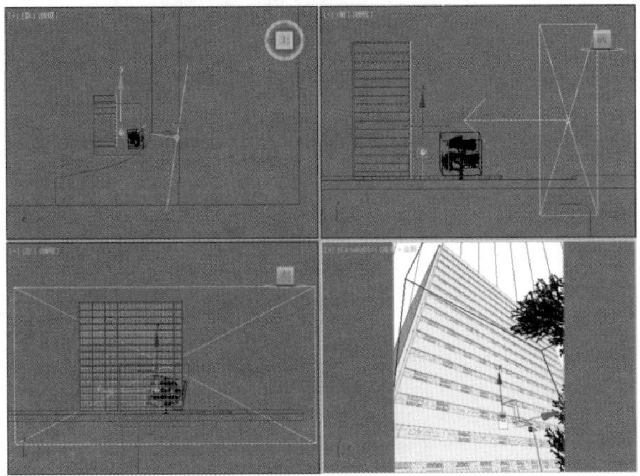

图 4-108

图 4-109

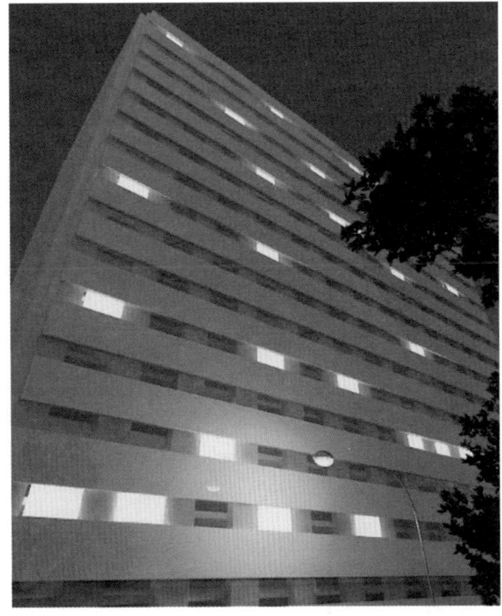

图 4-110

4.4.2 VR 太阳

【VR 阳光】是制作正午阳光最为方便、快捷的灯光，参数比较简单，并且可以快速地模拟出真实的阳光效果以及真实的背景天空，如图 4-111 所示。

图 4-111

单击【VR 太阳】按钮，如图 4-112 所示。此时会弹出【VR 太阳】对话框，单击【是】按钮即可，如图 4-113 所示。

【VR 太阳】具体参数如图 4-114 所示。

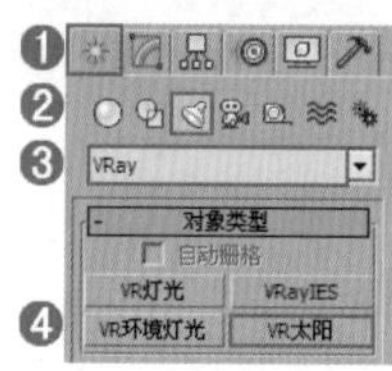

图 4-112

图 4-113

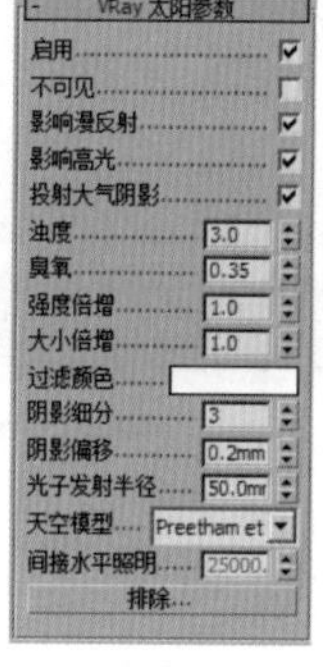

图 4-114

- 启用：控制灯光是否开启。
- 不可见：控制灯光是否可见。
- 影响漫反射：控制是否影响漫反射。
- 影响高光：控制是否影响高光。
- 投射大气阴影：控制是否投射大气阴影效果。
- 浊度：控制空气中的清洁度，数值越大阳光就越暖。
- 臭氧：控制大气臭氧层的厚度，数值越大颜色越浅，数值越小颜色越深。
- 强度倍增：控制灯光的强度，数值越大灯光越亮，数值越小灯光越暗。
- 大小倍增：控制太阳的大小，数值越大太阳就越大，就会产生越虚的阴影效果。
- 过滤颜色：控制灯光的颜色。
- 阴影细分：控制阴影的细腻程度，数值越大阴影噪点越少，数值越小阴影噪点越多。
- 阴影偏移：控制阴影的偏移位置。
- 光子发射半径：控制光子发射的半径大小。
- 天空模型：控制天空模型的方式，包括 Preetham et al.、CIE 清晰、CIE 阴天三种方式。
- 间接水平照明：该选项只有在天空模型方式选择为 CIE 清晰、CIE 阴天时才可以使用。

FAQ 常见问题解答：【VR 天空】贴图是怎么应用的？

在【VR 太阳】中一定会涉及【VR 天空】贴图。这是因为在创建【VR 太阳】时，会弹出【VRay 太阳】窗口，提示是否选择为场景添加一张 VR 天空环境贴图，如图 4-115 所示。

图 4-115

当单击【是】按钮后，在改变【VR 太阳】的参数时，【VR 天空】的参数会自动跟随发生变化。此时单击数字键 <8> 可以打开【环境和效果】控制面板，然后单击【VR 天空】贴图并拖动到一个空白材质球上，然后选择【实例】，最后单击【确定】按钮，如图 4-116 所示。

图 4-116

此时我们可以勾选【手动太阳节点】按钮，并设置相应的参数，此时可以单独控制【VR 天空】的效果，如图 4-117 所示。

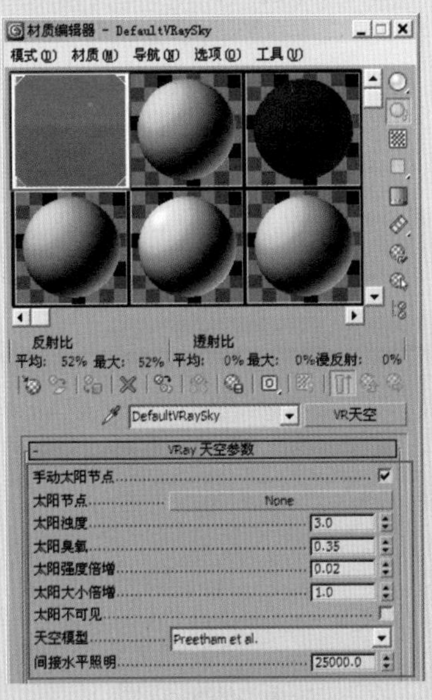

图 4-117

进阶案例——VR 太阳制作日光

场景文件	06.max
案例文件	进阶案例——VR 太阳制作日光 .max
视频教学	多媒体教学 /Chapter 04/ 进阶案例——VR 太阳制作日光 .flv
难易指数	★★☆☆☆
技术掌握	VR 太阳

在这个场景中，主要使用 VR 太阳制作日光的效果，场景的最终渲染效果如图 4-118 所示。

（1）打开本书配套资源中的【场景文件 /Chapter 04/06.max】文件，如图 4-119 所示。

图 4-118

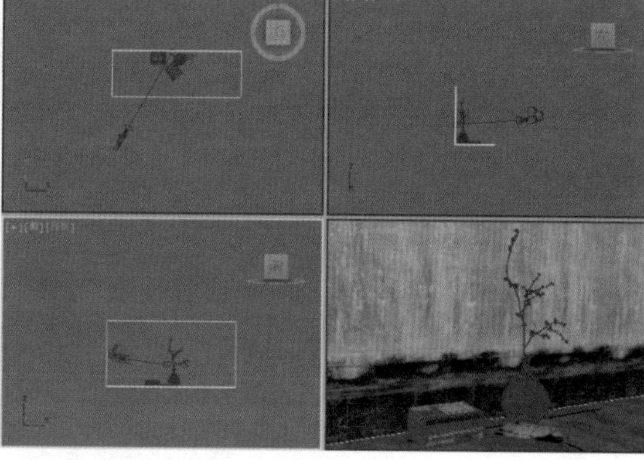

图 4-119

（2）单击 【创建】/ 【灯光】按钮，设置【灯光类型】为【VRay】，最后单击 VR太阳 按钮，如图 4-120 所示。

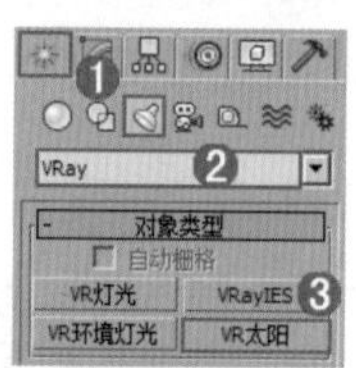

图 4-120

（3）在前视图中拖动并创建 1 盏 VR 太阳，如图 4-121 所示，并在弹出的【VRay 太阳】对话框中单击【是】按钮，如图 4-122 所示。

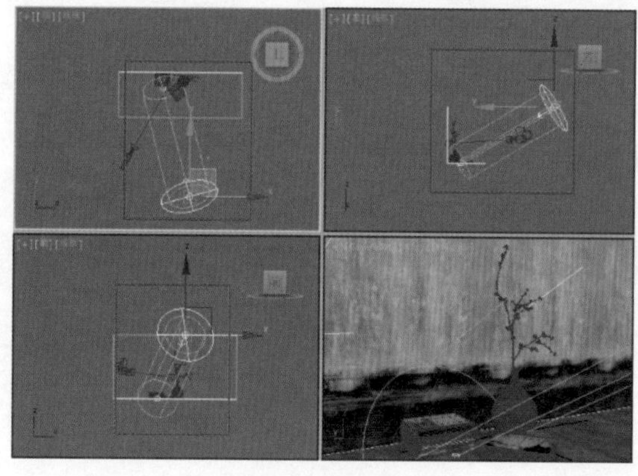

图 4-121

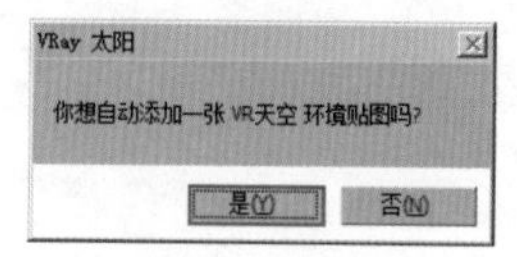

图 4-122

（4）展开【VRay 太阳参数】卷展栏，设置【强度倍增】为 0.05，【大小倍增】为 5，【阴影细分】为 20，如图 4-123 所示。

（5）最终的渲染效果，如图 4-124 所示。

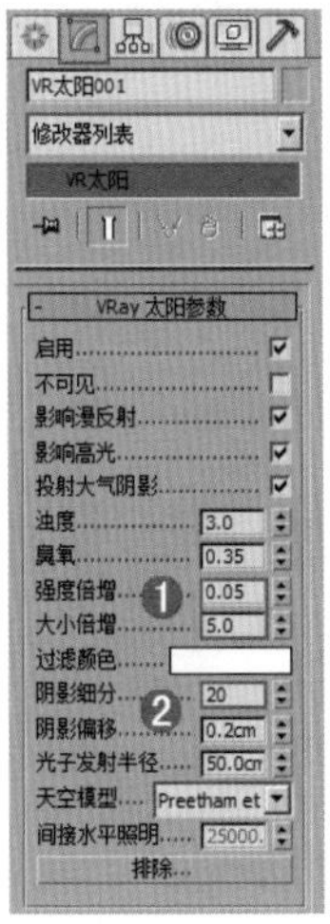

图 4-123

图 4-124

进阶案例——正午阳光

场景文件	07.max
案例文件	进阶案例——正午阳光 .max
视频教学	多媒体教学 /Chapter 04/ 进阶案例——正午阳光 .flv
难易指数	★★☆☆☆
技术掌握	VR- 太阳

本案例模拟正午的阳光效果，最终渲染效果如图 4-125 所示。

（1）打开本书配套资源中的【场景文件 /Chapter 04/07.max】文件，如图 4-126 所示。

图 4-125

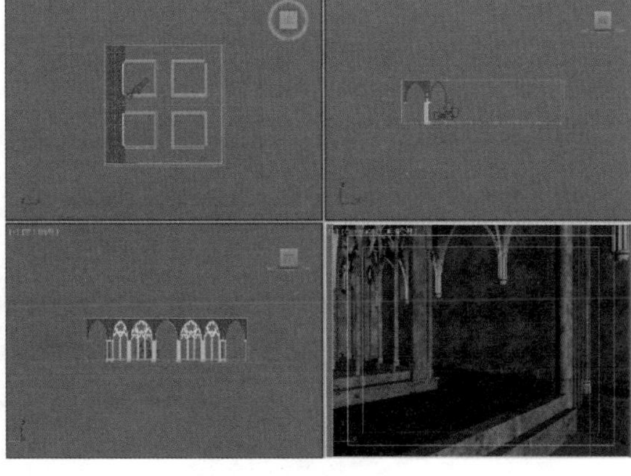

图 4-126

（2）创建 1 盏 VR- 太阳，位置如图 4-127 所示。

（3）单击【修改面板】，设置【强度倍增】为 0.05，【大小倍增】为 4，【阴影细分】为 8，如图 4-128 所示。

（4）最终渲染效果，如图 4-129 所示。

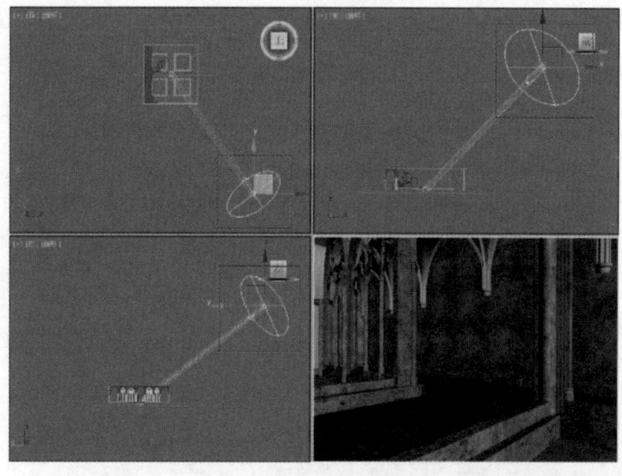

图 4-127

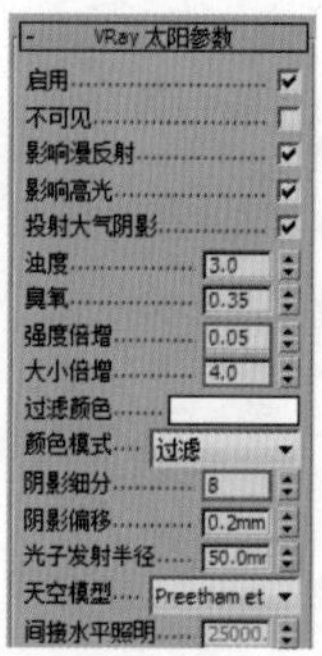

图 4-128

图 4-129

进阶案例——黄昏效果

场景文件	08.max
案例文件	进阶案例——黄昏效果 .max
视频教学	多媒体教学 /Chapter 04/ 进阶案例——黄昏效果 .flv
难易指数	★★☆☆☆
技术掌握	VR- 太阳、VR- 灯光

本案例模拟黄昏的效果，最终渲染效果如图 4-130 所示。

（1）打开本书配套资源中的【场景文件 /Chapter 04/08.max】文件，如图 4-131 所示。

图 4-130

图 4-131

（2）创建 1 盏 VR- 太阳，位置如图 4-132 所示。

（3）单击【修改面板】，设置【浊度】为 5，【臭氧】为 1，【强度倍增】为 0.04，【大小倍增】为 10，【过滤颜色】为橙色，【阴影细分】为 20，如图 4-133 所示。

图 4-132

图 4-133

（4）创建 1 盏 VR- 灯光，位置如图 4-134 所示。

（5）单击【修改面板】，设置【倍增】为 1，【颜色】为橙色，【1/2 长】为 1000mm，【1/2 宽】为 500mm，勾选【不可见】，取消勾选【影响反射】，设置【细分】为 20，如图 4-135 所示。

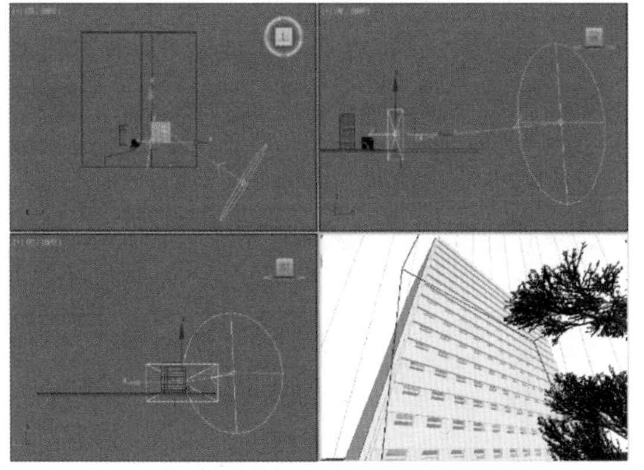

图 4-134

图 4-135

（6）最终渲染效果，如图 4-136 所示。

图 4-136

第 5 章
材质和贴图技术

本章学习要点

★ 各类材质的参数详解
★ 常用材质的设置方法
★ 各类贴图的参数详解
★ 常用贴图的设置方法

5.1 认识材质

5.1.1 材质的概念

材质是指物体的质感、质地，由什么材料制成。折射、反射都是材质的属性。比如窗户是玻璃材质，叉子是金属材质，沙发是皮革材质等。材质的种类很多，正是由于千变万化的材质，我们生活中的物体才能够很好地分辨。在建筑设计中材质非常重要，体现了一个空间的气质，不同的材质会出现不同的质感效果。图 5-1 所示为优秀的材质作品。

图 5-1

5.1.2 试一下：设置一个材质

（1）比如需要设置金属材质，那么首先考虑使用【VRayMtl】材质，如图 5-2 所示。

图 5-2

FAQ 常见问题解答：为什么我的材质类型中没有 VRayMtl 材质？

大部分初学者都会遇到这个问题，为什么别人都有 VRayMtl 材质，而我的 3ds Max 却没有？这个问题主要有两种可能性：

（1）首先要确定是否成功安装了 VRay 渲染器，比如本书我们使用的是 V-Ray Adv 3.00.07 版本。单击【渲染设置】按钮，打开渲染器设置，并单击【产品级】后面的【选择渲染器】按钮...，此时可以看到右侧出现了列表，如果有 V-Ray Adv 3.00.07，那证明已经成功安装了 VRay 渲染器，如图 5-3 所示。

图 5-3

第 5 章

（2）成功安装 VRay 渲染器，不代表已经切换到了 VRay 渲染器。因此要选择【V-Ray Adv 3.00.07】，并单击【确定】按钮。具体的 VRay 渲染器参数可以参照本书的渲染器章节，如图 5-4 所示。

图 5-4

（2）根据金属的属性进行参数设置。例如金属为灰色，有较强的反射，带有一点反射模糊效果，如图 5-5 所示。

（3）此时可以看到材质球的效果，如图 5-6 所示。

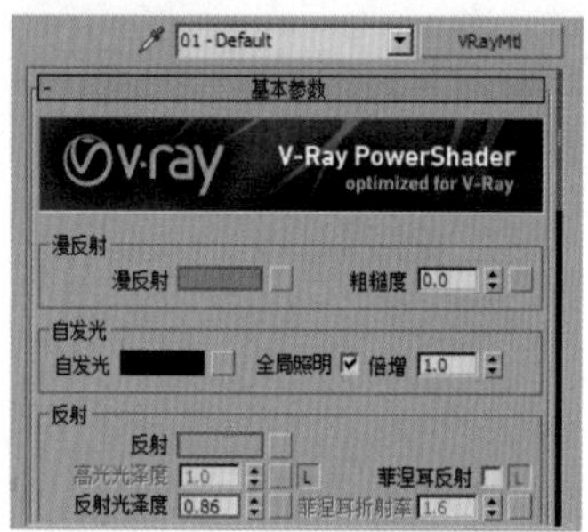

图 5-5

图 5-6

5.2 材质编辑器

3ds Max 中设置材质的过程均在材质编辑器中进行。【材质编辑器】是用于创建、改变和应用场景中材质的对话框。

5.2.1 精简材质编辑器

精简材质编辑器是 3ds Max 最原始的材质编辑器，它在设计和编辑材质时使用层级的方式。

1. 菜单栏

菜单栏可以控制模式、材质、导航、选项、实用程序的相关参数，如图 5-7 所示。

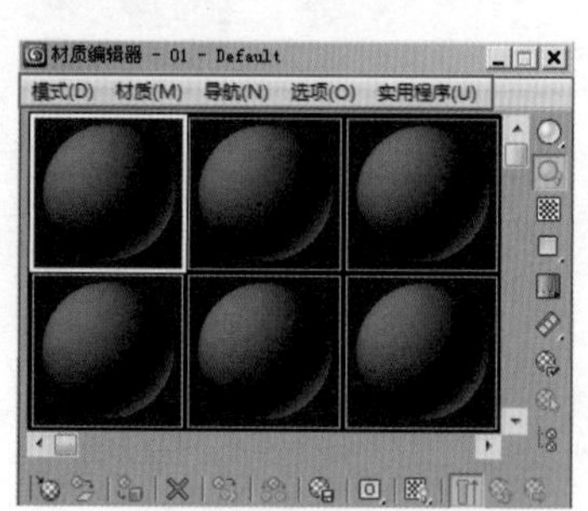

图 5-7

求生秘籍——软件技能：打开材质编辑器的几种方法

（1）按快捷键【M】，可以快速打开【材质编辑器】（这种方法有些时候不可以使用）。

（2）在界面右上方的主工具栏中单击【材质编辑器】按钮。

（3）在菜单栏中执行【渲染】/【材质编辑器】/【精简材质编辑器】，如图 5-8 所示。

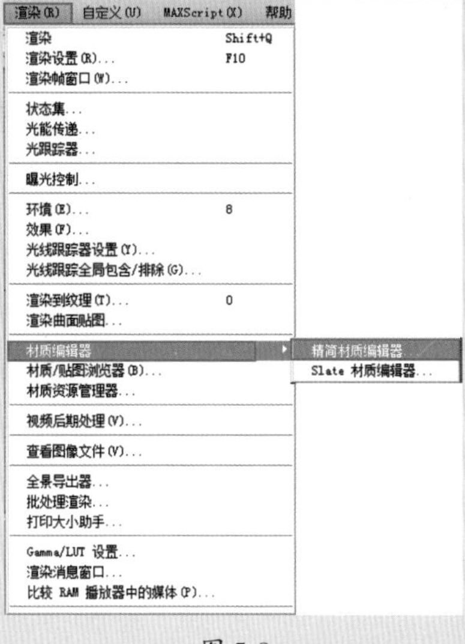

图 5-8

（1）模式

【模式】菜单主要用于切换材质编辑器的方式，包括【精简材质编辑器】和【Slate 材质编辑器】两种，并且可以来回切换，如图 5-9 和图 5-10 所示。

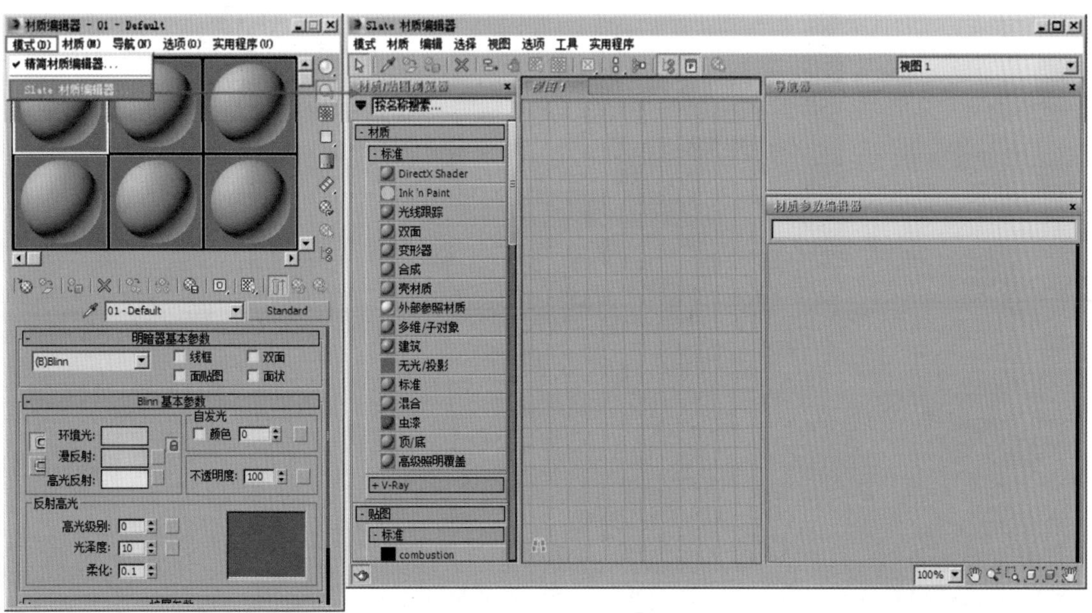

图 5-9

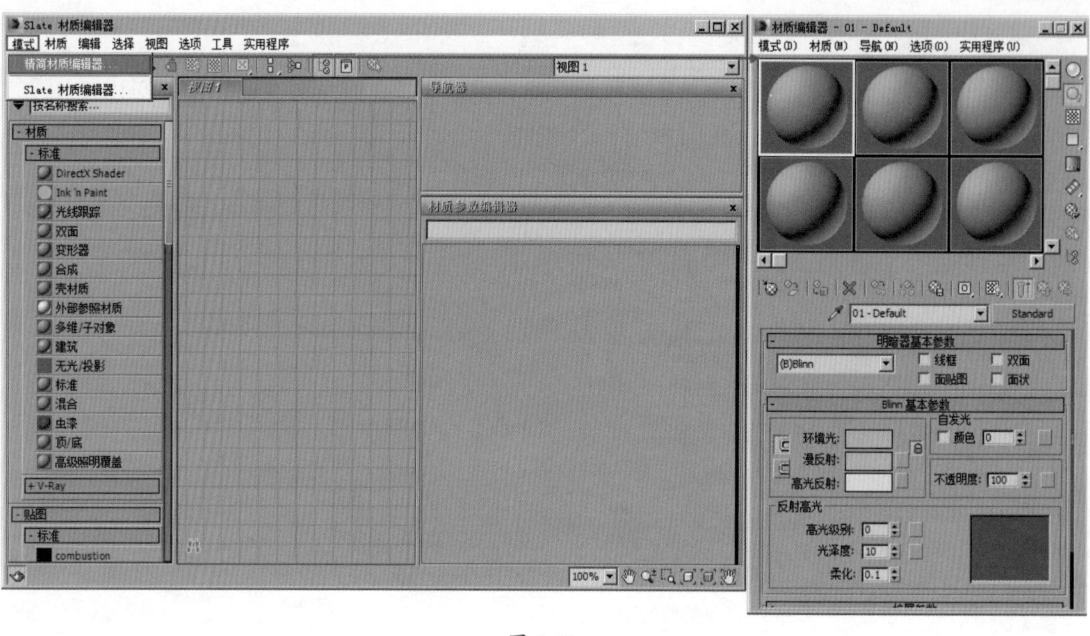

图 5-10

（2）材质

展开【材质】菜单，如图 5-11 所示。

（3）导航

展开【导航】菜单，如图 5-12 所示。

（4）选项

展开【选项】菜单，如图 5-13 所示。

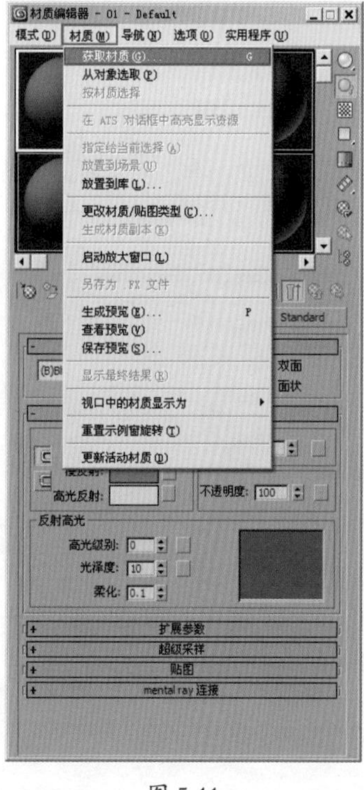

图 5-11

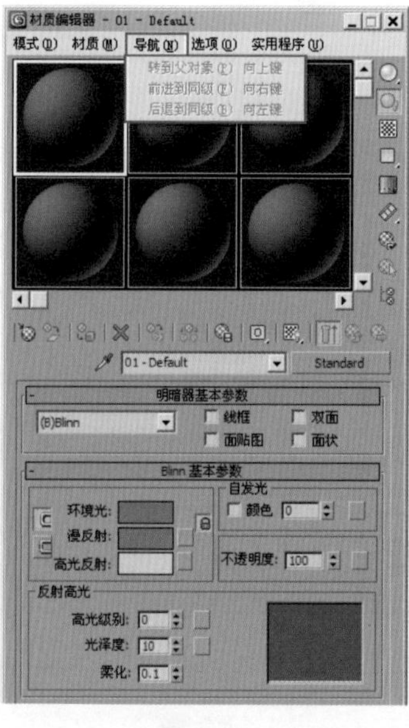
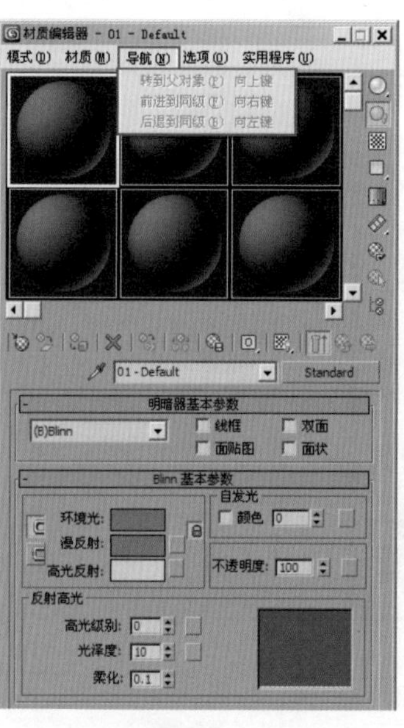

图 5-12

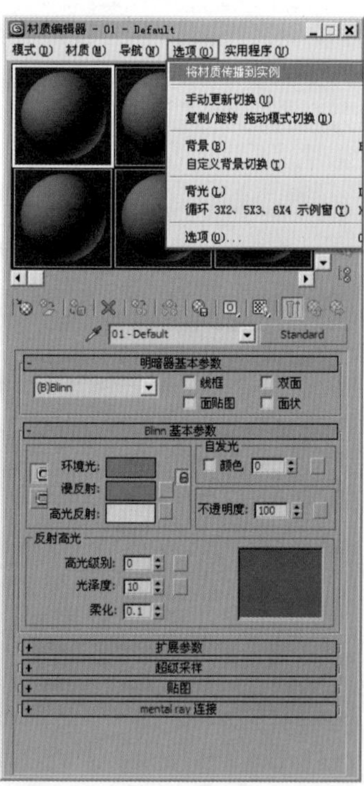

图 5-13

（5）实用程序

展开【实用程序】菜单，如图 5-14 所示。

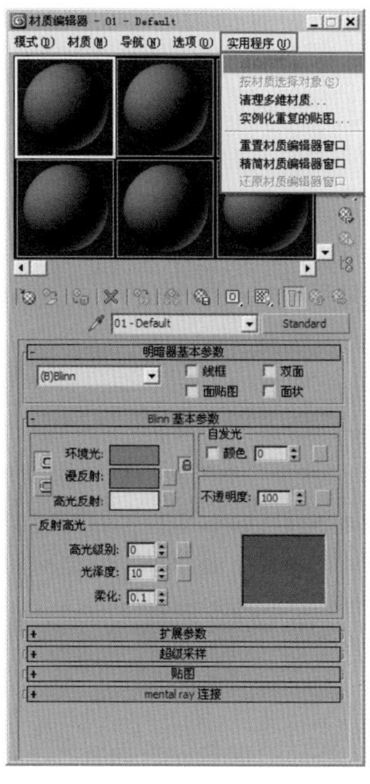

图 5-14

- 渲染贴图：对贴图进行渲染。
- 按材质选择对象：可以基于【材质编辑器】对话框中的活动材质来选择对象。
- 清理多维材质：对【多维 / 子对象】材质进行分析，然后在场景中显示所有包含未分配任何材质 ID 的材质。
- 实例化重复的贴图：在整个场景中查找具有重复【位图】贴图的材质，并提供将它们关联化的选项。
- 重置材质编辑器窗口：用默认的材质类型替换【材质编辑器】对话框中的所有材质。
- 精简材质编辑器窗口：将【材质编辑器】对话框中所有未使用的材质设置为默认类型。
- 还原材质编辑器窗口：利用缓冲区的内容还原编辑器的状态。

2. 材质球示例窗

材质球示例窗用来显示材质效果，它可以很直观地显示出材质的基本属性，如反光、纹理和凹凸等，如图 5-15 所示。

材质球示例窗中一共有 24 个材质球，可以设置三种显示方式，但是无论哪种显示方式，材质球总数都为 24 个。右键单击材质球，可以调节多种参数，如图 5-16 所示。

图 5-15

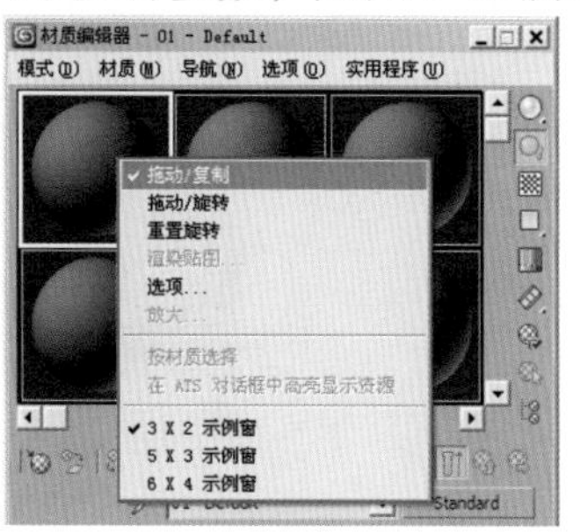

图 5-16

- 拖动 / 复制：将拖动示例窗设置为复制模式。
- 拖动 / 旋转：将拖动示例窗设置为旋转模式。
- 重置旋转：将采样对象重置为默认方向。
- 渲染贴图：渲染当前贴图，创建位图或 AVI 文件（如果位图有动画）。
- 选项：显示【材质编辑器选项】对话框。这相当于单击【选项】按钮。
- 放大：生成当前示例窗的放大视图。
- 按材质选择：根据示例窗中的材质选择对象。
- 在 ATS 对话框中高亮显示资源：如果活动材质使用的是已跟踪资源的贴图，则打开【资源跟踪】对话框，同时资源高亮显示。
- 3×2 示例窗：以 3×2 阵列显示示例窗。
- 5×3 示例窗：以 5×3 阵列显示示例窗。
- 6×4 示例窗：以 6×4 阵列显示示例窗。

求生秘籍——软件技能：材质球示例窗的四个角位置，代表的意义不同

没有三角形：场景中没有使用的材质，如图 5-17 所示。

图 5-17

轮廓为白色三角形：场景中该材质已经赋予某些模型，但是没有赋予当前选择的模型，如图 5-18 所示。

图 5-18

实心白色三角形：场景中该材质已经赋予某些模型，而且赋予当前选择的模型，如图 5-19 所示。

图 5-19

3. 工具按钮栏

下面讲解【材质编辑器】对话框中的两排材质工具按钮，如图 5-20 所示。

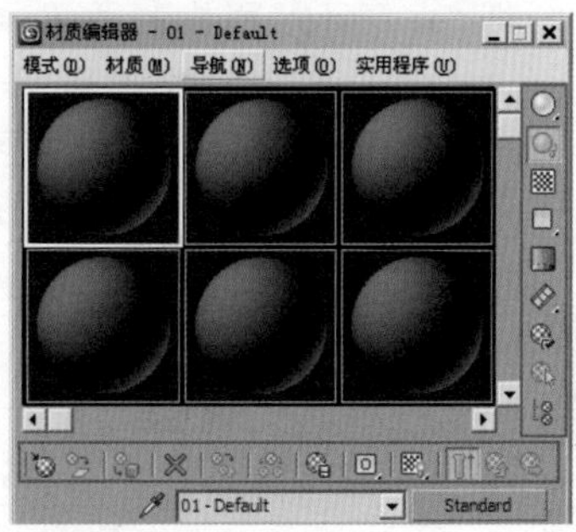

图 5-20

- 【获取材质】按钮：为选定的材质打开【材质 / 贴图浏览器】面板。
- 【将材质放入场景】按钮：编辑好材质后，单击该按钮可更新已应用于对象的材质。
- 【将材质指定给选定对象】按钮：将材质赋予选定的对象。

FAQ 常见问题解答：为什么制作完成材质后，模型看不到发生变化？

很多初学者常会遇到一个问题，明明制作出了正确的材质，并且选择了模型，为什么该模型没有材质的变化呢？其实很简单，选择模型后还需要单击【将材质指定给选定对象】按钮，才会将当前的材质赋予选择的模型。

- 【重置贴图 / 材质为默认设置】按钮：删除修改的所有属性，将材质属性恢复到默认值。
- 【生成材质副本】按钮：在选定的示例图中创建当前材质的副本。
- 【使唯一】按钮：将实例化的材质设置为独立的材质。
- 【放入库】按钮：重新命名材质并将其保存到当前打开的库中。
- 【材质 ID 通道】按钮：为应用后期制作效果设置唯一的通道 ID。
- 【在视口中显示标准贴图】按钮：在视口的对象上显示 2D 材质贴图。
- 【显示最终结果】按钮：在实例图中显示材质以及应用的所有层次。
- 【转到父对象】按钮：将当前材质上移一级。
- 【转到下一个同级项】按钮：选定同一层级的下一贴图或材质。
- 【采样类型】按钮：控制示例窗显示的对象类型，默认为球体类型，还有圆柱体和立方体类型。
- 【背光】按钮：打开或关闭选定示例窗中的背景灯光。
- 【背景】按钮：在材质后面显示方格背景图像，在观察透明材质时非常有用。
- 【采样 UV 平铺】按钮：为示例窗中的贴图设置 UV 平铺显示。
- 【视频颜色检查】按钮：检查当前材质中 NTSC 和 PAL 制式不支持的颜色。
- 【生成预览】按钮：用于产生、浏览和保存材质预览渲染。
- 【选项】按钮：打开【材质编辑器选项】对话框，该对话框中包含启用材质动画、加载自定义背景、定义灯光亮度或颜色以及设置示例窗数目的一些参数。
- 【按材质选择】按钮：选定使用当前材质的所有对象。
- 【材质 / 贴图导航器】按钮：单击该按钮可以打开【材质 / 贴图导航器】对话框，在该对话框会显示当前材质的所有层级。

FAQ 常见问题解答：之前制作的材质，赋予物体后，材质球找不到了，怎么办？

比如场景中有多个物体，这个时候我们需要找到红色茶壶的材质，如图 5-21 所示。

图 5-21

首先需要打开【材质编辑器】，然后单击一个材质球，如图 5-22 所示。

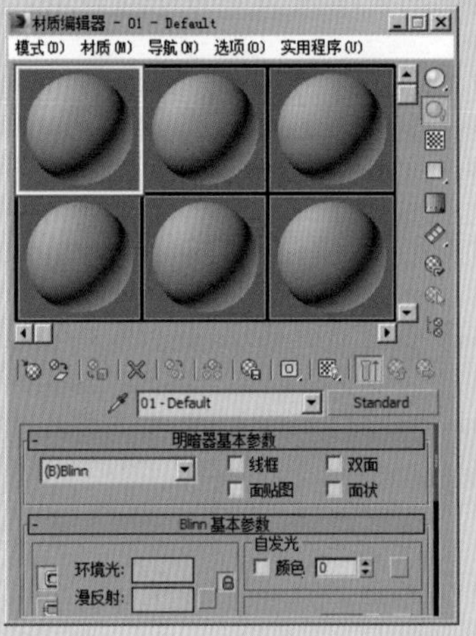

图 5-22

接着单击【从对象拾取材质】工具，并在场景中对着红色茶壶模型单击鼠标左键，可以看到需要的材质球被找到了，如图 5-23 所示。

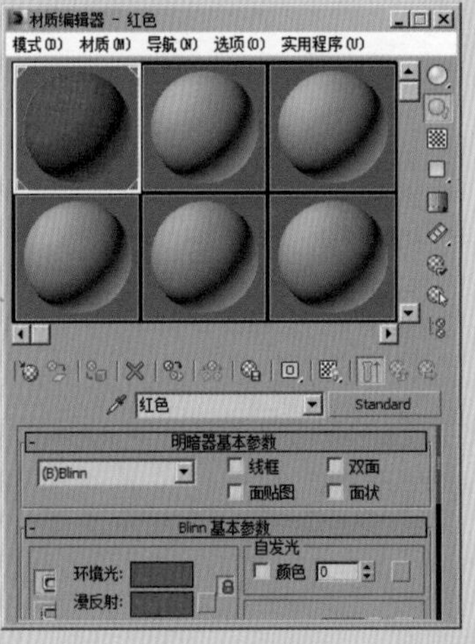

图 5-23

4. 参数控制区

（1）明暗器基本参数

展开【明暗器基本参数】卷展栏，共有 8 种明暗器类型可以选择，还可以设置线框、双面、面贴图和面状等参数，如图 5-24 所示。

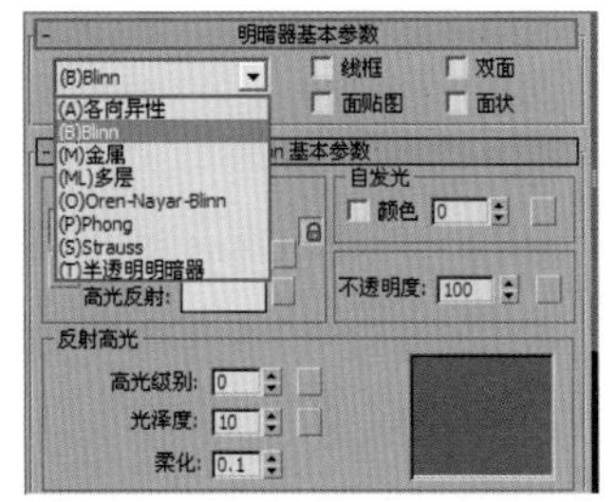

图 5-24

- 明暗器列表：明暗器包含 8 种类型。
  - （A）各向异性：各向异性明暗器使用椭圆，各向异性高光创建表面。
  - （B）Blinn：Blinn 明暗处理是 Phong 明暗处理的细微变化。
  - （M）金属：金属明暗处理提供效果逼真的金属表面以及各种看上去像有机体的材质。
  - （ML）多层：【（ML）多层】明暗器与【（A）各向异性】明暗器很相似，但【（ML）多层】可以控制两个高亮区，

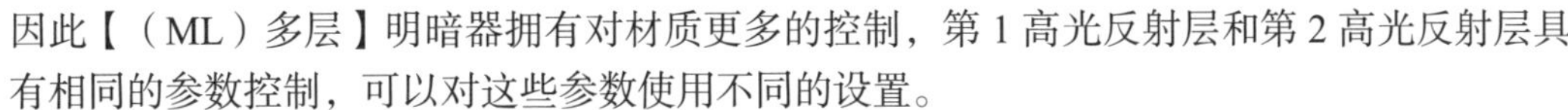

因此【（ML）多层】明暗器拥有对材质更多的控制，第 1 高光反射层和第 2 高光反射层具有相同的参数控制，可以对这些参数使用不同的设置。

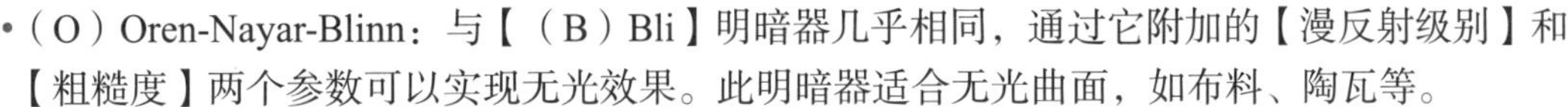

  - （O）Oren-Nayar-Blinn：与【（B）Bli】明暗器几乎相同，通过它附加的【漫反射级别】和【粗糙度】两个参数可以实现无光效果。此明暗器适合无光曲面，如布料、陶瓦等。
  - （P）Phong：Phong 明暗处理可以平滑面之间的边缘，也可以真实地渲染有光泽、规则曲面的高光。
  - （S）Strauss：这种明暗器适用于金属和非金属表面，与【（M）金属】明暗器十分相似。
  - （T）半透明明暗器：这种明暗器与【（B）Blinn】明暗器类似，它与【（B）Blinn】明暗器相比较，最大的区别在于它能够设置半透明效果，使光线能够穿透这些半透明的物体，并且在穿过物体内部时离散。
- 线框：以线框模式渲染材质，用户可以在扩展参数上设置线框的大小。
- 双面：将材质应用到选定的面，使材质成为双面。
- 面贴图：将材质应用到几何体的各个面。
- 面状：使对象产生不光滑的明暗效果，把对象的每个面作为平面来渲染。

（2）Blinn 基本参数

下面以（B）Blinn 明暗器来讲解明暗器的基本参数。展开【Blinn 基本参数】卷展栏，在这里可以设置【环境光】、【漫反射】、【高光反射】、【自发光】、【不透明度】、【高光级别】、【光泽度】和【柔化】等属性，如图 5-25 所示。

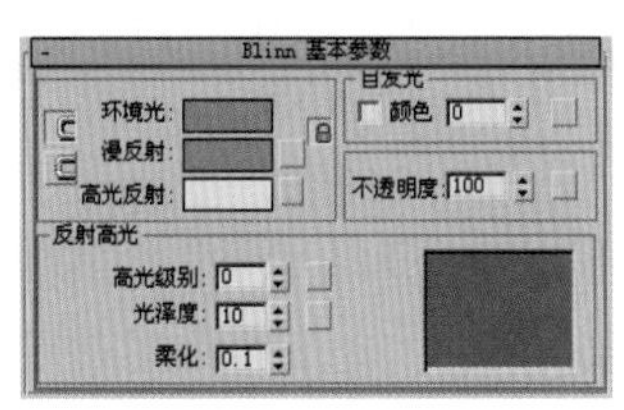

图 5-25

- 环境光：环境光用于模拟间接光，比如室外场景的大气光线，也可以用来模拟光能传递。
- 漫反射：【漫反射】又被称作物体的【固有色】，也就是物体本身的颜色。
- 高光反射：物体发光表面高亮显示部分的颜色。
- 自发光：使用【漫反射】颜色替换曲面上的任何阴影，从而创建出白炽效果。
- 不透明度：控制材质的不透明度。
- 高光级别：控制反射高光的强度。数值越大，反射强度越高。
- 光泽度：控制镜面高亮区域的大小，即反光区域的尺寸。数值越大，反光区域越小。
- 柔化：影响反光区和不反光区衔接的柔和度。

第 5 章

（3）扩展参数

【扩展参数】卷展栏对于【标准】材质的所有明暗处理类型都是相同的。它具有与透明度和反射相关的控件，还有【线框】模式的选项，如图 5-26 所示。

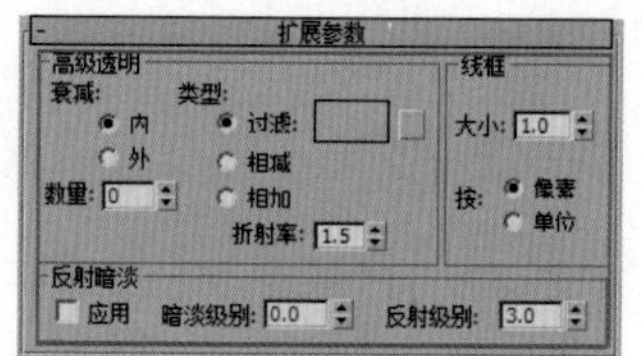

图 5-26

- 内：向着对象的内部增加不透明度，就像在玻璃瓶中一样。
- 外：向着对象的外部增加不透明度，就像在烟雾云中一样。
- 数量：指定最外或最内不透明度的数量。
- 类型：选择如何应用不透明度。
- 折射率：设置折射贴图和光线跟踪所使用的折射率(IOR)。
- 大小：设置线框模式中线框的大小，可以按像素或当前单位进行设置。
- 按：选择度量线框的方式。

（4）超级采样

【超级采样】卷展栏可用于建筑、光线跟踪、标准和 Ink'n Paint 材质。该卷展栏用于选择超级采样方法。超级采样在材质上执行一个附加的抗锯齿过滤，如图 5-27 所示。

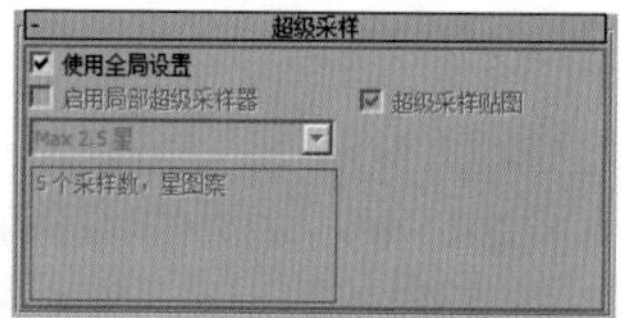

图 5-27

- 使用全局设置：启用此选项后，对材质使用【默认扫描线渲染器】卷展栏中设置的超级采样选项。

（5）贴图

此卷展栏能够将贴图或明暗器指定给许多标准材质参数。【数量】控制该贴图影响材质的数量，用完全强度的百分比表示。例如，100% 的漫反射贴图是完全不透光的，会遮住基础材质。50% 时，它为半透明，将显示基础材质（漫反射、环境光和其他无贴图的材质颜色）。参数面板如图 5-28 所示。

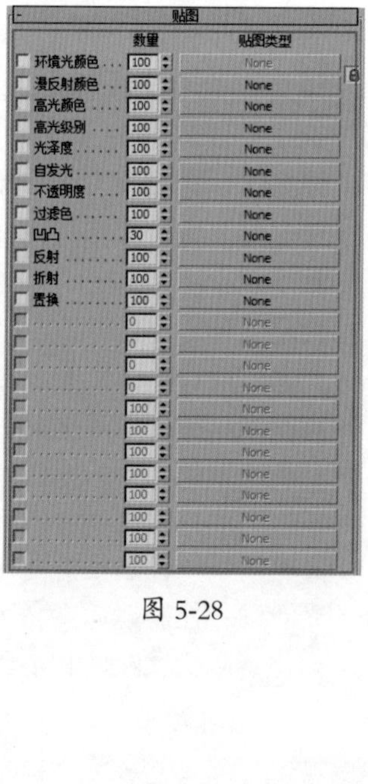

图 5-28

5.2.2 Slate 材质编辑器

Slate 材质编辑器是一个材质编辑器界面，它在设计和编辑材质时使用节点和关联以图形方式显示材质的结构。它是精简材质编辑器的替代项。Slate 材质编辑器最突出的特点包括：【材质 / 贴图浏览器】可以在其中浏览材质、贴图和基础材质和贴图类型；【当前活动视图】可以在其中组合材质和贴图；【参数编辑器】可以在其中更改材质和贴图设置。图 5-29 所示为参数面板。

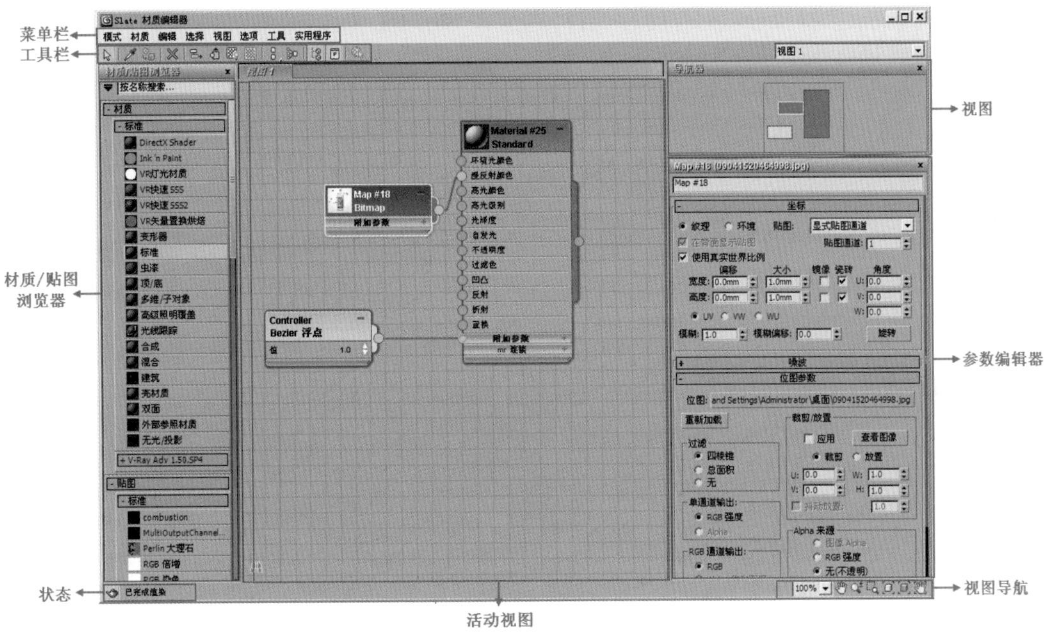

图 5-29

5.3 常用的材质类型

材质的类型非常多，不同的材质有不同的用途，比如 Ink'n Paint 材质只适合制作卡通材质，而不能制作玻璃材质。安装 VRay 渲染器后，材质类型大致可分为 27 种。单击【材质类型】按钮 Arch & Design ，然后在弹出的【材质 / 贴图浏览器】对话框中可以观察到这 27 种材质类型，如图 5-30 所示。

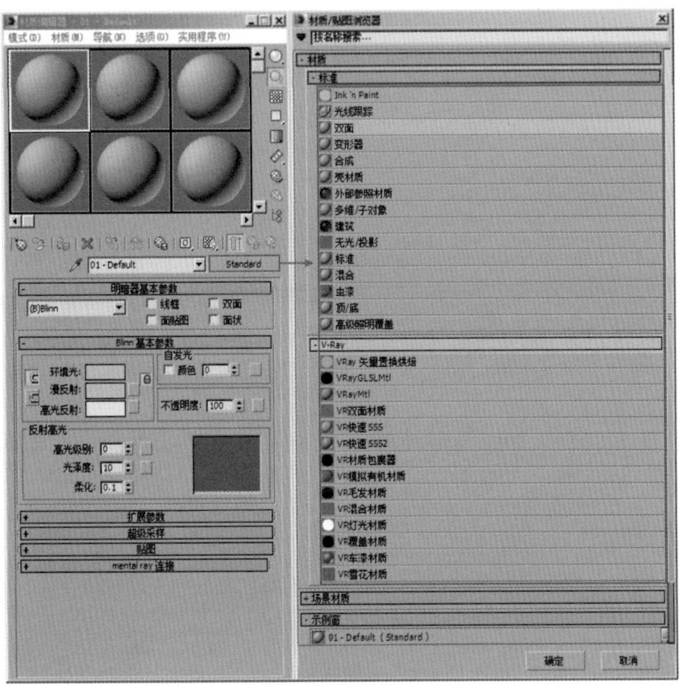

图 5-30

- DirectX Shader：该材质可以保存为fx文件，并且在启用了Directx3D显示驱动程序后才可使用。
- Ink'n Paint：通常用于制作卡通效果。
- VR 灯光材质：可以制作发光物体的材质效果。
- VR 快速 SSS：可以制作半透明的 SSS 物体材质效果，如玉石。
- VR 快速 SSS2：可以制作半透明的 SSS2 物体材质效果，如皮肤。
- VR 矢量置换烘焙：可以制作矢量的材质效果。
- 变形器：配合【变形器】修改器一起使用，能产生材质融合的变形动画效果。
- 标准：系统默认的材质，是最常用的材质。
- 顶/底：为一个物体指定不同的材质，一个在顶端，一个在底端，中间交互处可以产生过渡效果。
- 多维 / 子对象：将多个子材质应用到单个对象的子对象。
- 高级照明覆盖：配合光能传递使用的一种材质，能很好地控制光能传递和物体之间的反射比。
- 光线跟踪：可以创建真实的反射和折射效果，并且支持雾、颜色浓度、半透明和荧光等效果。
- 合成：将多个不同的材质叠加在一起，包括一个基本材质和 10 个附加材质。
- 混合：将两个不同的材质融合在一起，根据融合度的不同来控制两种材质的显示程度。
- 建筑：主要用于表现建筑外观的材质。
- 壳材质：专门配合【渲染到贴图】命令一起使用，其作用是将【渲染到贴图】命令产生的贴图再贴回物体造型中。
- 双面：可以为物体内外或正反表面分别指定两种不同的材质，如纸牌和杯子等。
- 外部参照材质：参考外部对象或参考场景相关的资料。
- 无光 / 投影：主要作用是隐藏场景中的物体，渲染时也观察不到，不会对背景进行遮挡，但可遮挡其他物体，并且能产生自身投影和接受投影的效果。
- VR 模拟有机材质：该材质可以呈现出 V-Ray 程序的 DarkTree 着色器效果。
- VR 材质包裹器：该材质可以有效地避免色溢现象。
- VR 车漆材质：它分为四层：复合材料基地扩散层，基地光泽层，金属薄片层，清漆层。
- VR 覆盖材质：可以让用户更广泛地去控制场景的色彩融合、反射、折射等。
- VR 混合材质：常用来制作两种材质混合在一起的效果，比如带有花纹的玻璃。
- VR 双面材质：可以模拟带有双面属性的材质效果。
- VRayMtl：一种使用范围最广泛的材质，常用于制作室内外效果图。
- VRayGLSLMtl：可以设置 OpenGL 着色语言材质。
- VR 毛发材质：可以设置出毛发效果。
- VR 雪花材质：可以设置出雪花效果。

5.3.1 标准材质

【标准材质】是 3ds Max 最基本的材质，可以完成一些基本的材质效果的制作。单击【材质类型】然后选择 Standard（标准），最后单击【确定】按钮即可，如图 5-31 所示。

图 5-32 所示为使用标准材质制作的乳胶漆材质和木板材质。

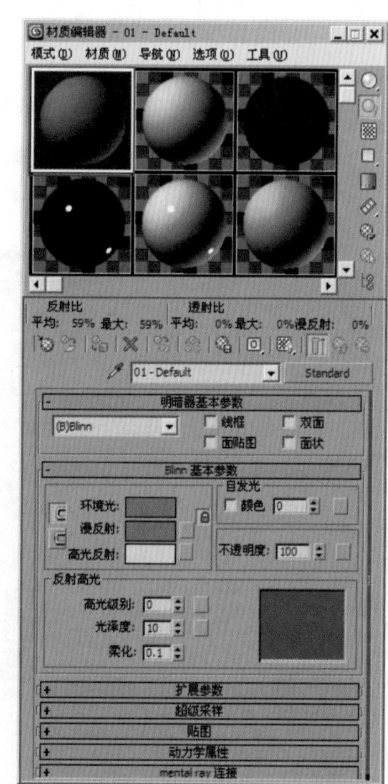

图 5-31

图 5-32

5.3.2　VRayMtl

【VRayMtl】是目前应用最为广泛的材质类型，该材质可以模拟超级真实的反射和折射等效果，因此深受用户喜爱。该材质也是本章最为重要的知识点，需要熟练掌握，如图 5-33 所示。

图 5-33

图 5-34 所示为使用 VRayMtl 材质制作的水材质和木纹材质。

图 5-34

1. **基本参数**

展开【基本参数】卷展栏，如图 5-35 所示。

（1）漫反射

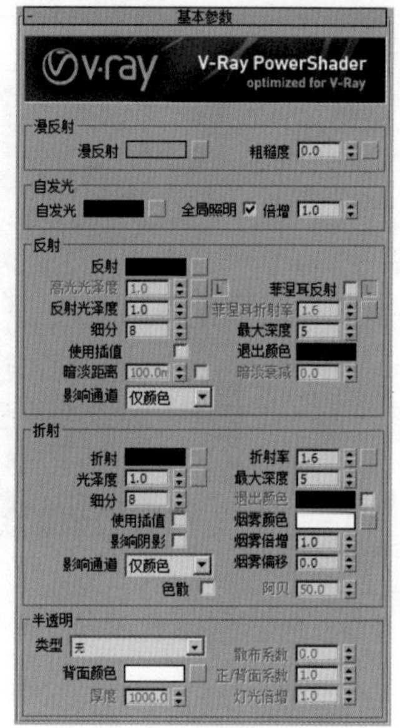

图 5-35

- 漫反射：物体的固有色。单击右边的按钮可以选择不同的贴图类型。
- 粗糙度：数值越大，粗糙效果越明显，可以用该选项来模拟绒布的效果。

（2）自发光

- 自发光：控制自发光的颜色。
- 全局照明：控制是否开启全局照明。
- 倍增：控制自发光的强度。

（3）反射

- 反射：反射颜色控制反射的强度，颜色越深反射越弱，颜色越浅反射越强。
- 高光光泽度：控制材质的高光大小，默认情况下和【反射光泽度】一起关联控制，可以通过单击旁边的【锁】按钮L来解除锁定，从而可以单独调整高光的大小。
- 反射光泽度：该选项可以产生【反射模糊】效果，数值越小反射模糊效果越强烈。
- 细分：用来控制反射的品质，数值越大效果越好。但是渲染速度越慢。
- 使用插值：当勾选该选项时，VRay 能够使用类似于【发光贴图】的缓存方式来加快【反射模糊】的计算。
- 暗淡距离：控制暗淡距离的数值。
- 影响通道：控制是否影响通道。
- 菲涅耳反射：勾选该选项后，反射强度会与物体的入射角度有关系，入射角度越小，反射越强烈。
- 菲涅耳折射率：在【菲涅耳反射】中，菲涅耳现象的强弱衰减率可以用该选项来调节。
- 最大深度：是指反射的次数，数值越高效果越真实，但渲染时间也更长。
- 退出颜色：当物体的反射次数达到最大次数时就会停止计算反射，这时由于反射次数不够造成的反射区域颜色就用退出色来代替。
- 暗淡衰减：控制暗淡衰减的数值。

（4）折射

- 折射：折射颜色控制折射的强度，颜色越深折射越弱，颜色越浅折射越强。
- 光泽度：用来控制物体的折射模糊程度，如制作磨砂玻璃。数值越小，模糊程度越明显。
- 细分：用来控制折射模糊的品质，数值越大效果越好。但是渲染速度越慢。
- 使用插值：当勾选该选项时，VRay 能够使用类似于【发光贴图】的缓存方式来加快【光泽度】的计算。
- 影响阴影：控制透明物体产生的阴影。
- 影响通道：控制是否影响通道效果。
- 色散：控制是否使用色散。
- 折射率：设置物体的折射率。

求生秘籍——技巧提示：常用材质的折射率

真空的折射率是 1，水的折射率是 1.33，玻璃的折射率是 1.5，水晶的折射率是 2，钻石的折射率是 2.4，这些都是制作效果图常用的折射率。

- 最大深度：控制反射的最大深度数值。
- 退出颜色：控制退出的颜色。
- 烟雾颜色：控制折射物体的颜色，可以通过调节该选项的颜色产生出彩色的折射效果。
- 烟雾倍增：可以理解为烟雾的浓度。值越大，雾越浓，光线穿透物体的能力越差。
- 烟雾偏移：控制烟雾的偏移，较低的值会使烟雾向摄影机的方向偏移。

（5）半透明

- 类型：半透明效果的类型有 3 种，分别是【硬（腊）模型】、【软（水）模型】和【混合模型】。
- 背面颜色：控制半透明效果的颜色。
- 厚度：控制光线在物体内部被追踪的深度，也可以理解为光线的最大穿透能力。
- 散射系数：物体内部的散射总量。
- 前 / 后分配比：控制光线在物体内部的散射方向。
- 灯光倍增：设置光线穿透能力的倍增值。值越大，散射效果越强。

2. 双向反射分布函数

展开【双向反射分布函数】卷展栏，如图 5-36 所示。

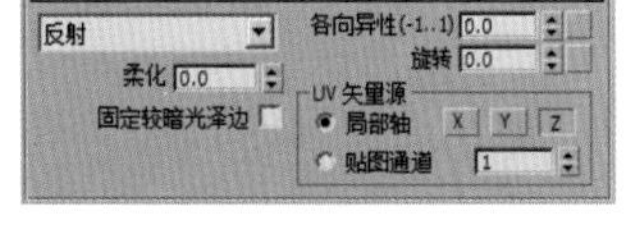

图 5-36

- 明暗器列表：包含 3 种明暗器类型，分别是多面、反射和沃德。
- 各向异性：控制高光区域的形状，可以用该参数来设置拉丝效果。
- 旋转：控制高光区的旋转方向。
- UV 矢量源：控制高光形状的轴向，也可以通过贴图通道来设置。

FAQ 常见问题解答：带有特殊的高光反射形状的材质怎么设置？

在现实中很多材质表面的高光反射并不是一样的，因此设置正确的高光反射形状对于材质质感的把握是非常重要的，如图 5-37 所示。

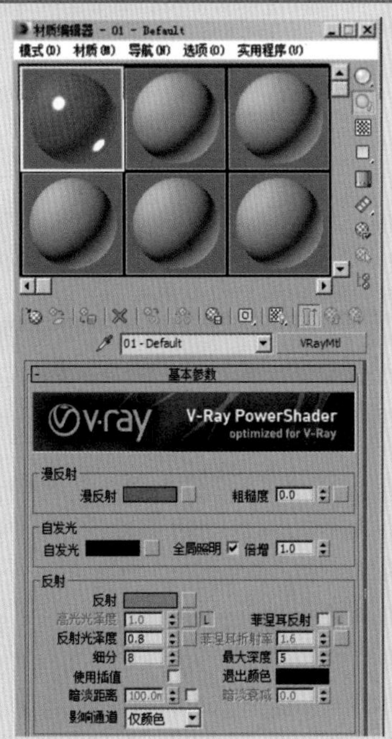

图 5-37

当设置【双向反射分布函数】为【反射】，并设置【各向异性】为0.6时，如图5-38所示。此时的材质球效果，如图5-39所示。

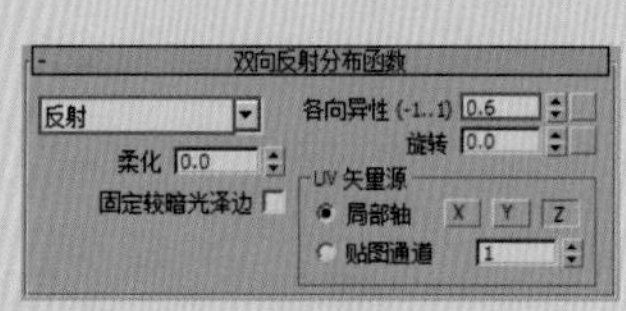
图 5-38

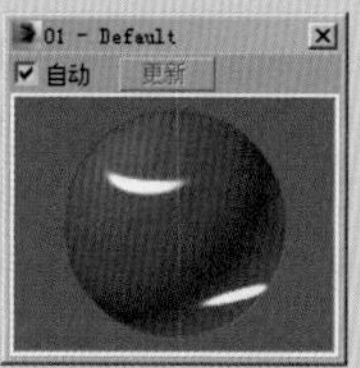
图 5-39

当设置【双向反射分布函数】为【沃德】，并设置【各向异性】为0.6，【旋转】为45时，如图5-40所示。此时的材质球效果，如图5-41所示。

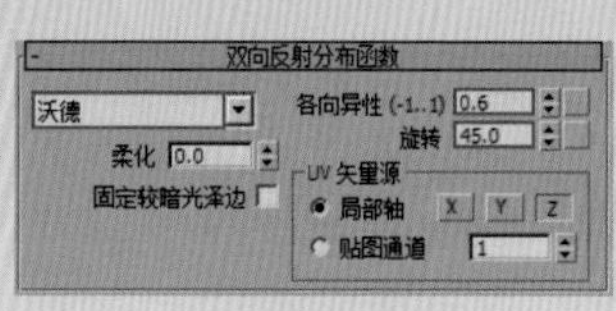
图 5-40

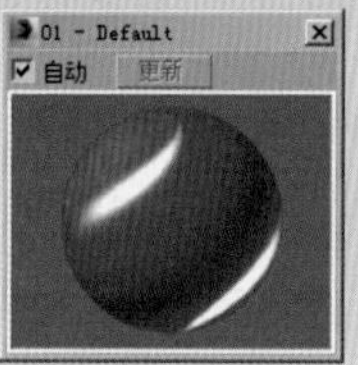
图 5-41

3. 选项

展开【选项】卷展栏，如图5-42所示。

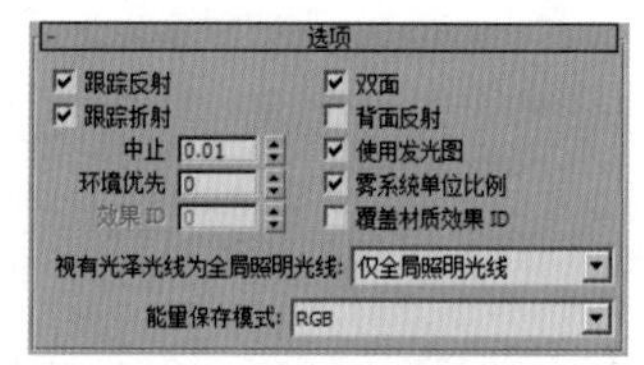
图 5-42

- 跟踪反射：控制光线是否追踪反射。如果不勾选该选项，VRay将不渲染反射效果。
- 跟踪折射：控制光线是否追踪折射。如果不勾选该选项，VRay将不渲染折射效果。
- 中止：中止选定材质反射和折射的最小阈值。
- 环境优先：控制【环境优先】的数值。
- 效果ID：控制设置效果的ID。
- 双面：控制VRay渲染的面是否为双面。
- 背面反射：勾选该选项时，将强制VRay计算反射物体的背面产生反射效果。
- 使用发光图：控制选定的材质是否使用【发光图】。
- 雾系统单位比例：控制是否启用雾系统的单位比例。
- 覆盖材质效果ID：控制是否启用覆盖材质效果的ID。
- 视有光泽光线为全局照明光线：该选项在效果图制作中一般都默认设置为【仅全局光线】。
- 能量保存模式：该选项在效果图制作中一般都默认设置为RGB模型，因为这样可以得到彩色效果。

4. 贴图

展开【贴图】卷展栏，如图5-43所示。

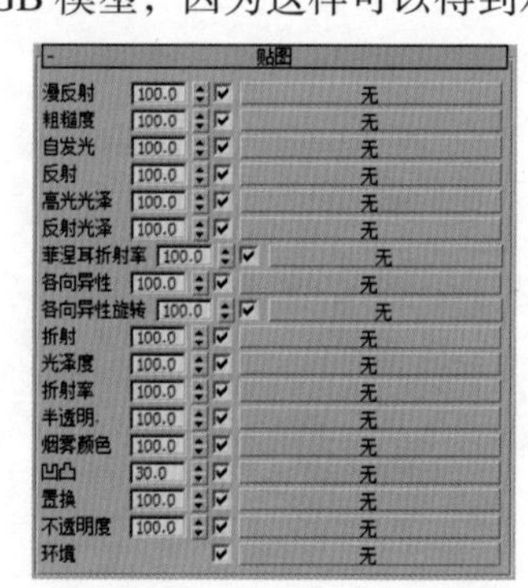
图 5-43

- 凹凸：主要用于制作物体的凹凸效果，在后面的通道中可以加载凹凸贴图。
- 置换：主要用于制作物体的置换效果，在后面的通道中可以加载置换贴图。
- 不透明度：主要用于制作透明物体，例如窗帘、灯罩等。
- 环境：主要是针对上面的一些贴图而设定，比如反射、折射等，只是在其贴图的效果上加入了环境贴图效果。

5. 反射插值和折射插值

展开【反射插值】和【折射插值】卷展栏，如图 5-44 所示。该卷展栏下的参数只有在【基本参数】卷展栏中的【反射】或【折射】选项组下勾选【使用插值】选项时才起作用。

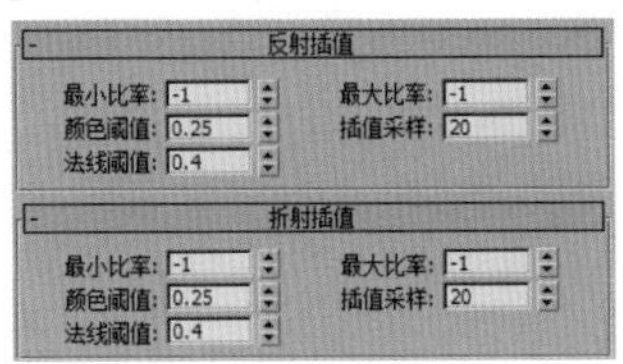

图 5-44

- 最小比率：在反射对象不丰富的区域使用该参数所设置的数值进行插补。
- 最大比率：在反射对象比较丰富的区域使用该参数所设置的数值进行插补。
- 颜色阈值：指的是插值算法的颜色敏感度。值越大，敏感度就越低。
- 法线阈值：指的是物体的交接面或细小的表面的敏感度。值越大，敏感度就越低。
- 插值采样：用于设置反射插值时所用的样本数量。值越大，效果越平滑、模糊。

5.3.3　VR 灯光材质

【VR 灯光材质】可以模拟真实的材质发光效果，常用来制作霓虹灯、火焰等材质。图 5-45 所示为使用 VR 灯光材质制作的天空材质和火焰材质。

图 5-45

当设置渲染器为 VRay 渲染器后，在【材质 / 贴图浏览器】对话框中可以找到【VR 灯光材质】，其参数设置面板如图 5-46 所示。

图 5-46

- 颜色：设置对象自发光的颜色，后面的输入框用来设置自发光的【强度】。
- 不透明度：可以在后面的通道中加载贴图。

- 背面发光：开启该选项后，物体会双面发光。
- 补偿摄影机曝光：控制摄影机曝光补偿的数值。
- 倍增颜色的不透明度：勾选后，颜色的不透明度倍增。

5.3.4 VR 覆盖材质

【VR 覆盖材质】可以让用户更广泛地去控制场景的色彩融合、反射、折射等。【VR 覆盖材质】主要包括 5 种材质通道，分别是【基本材质】【全局照明材质】【反射材质】【折射材质】和【阴影材质】。其参数面板如图 5-47 所示。

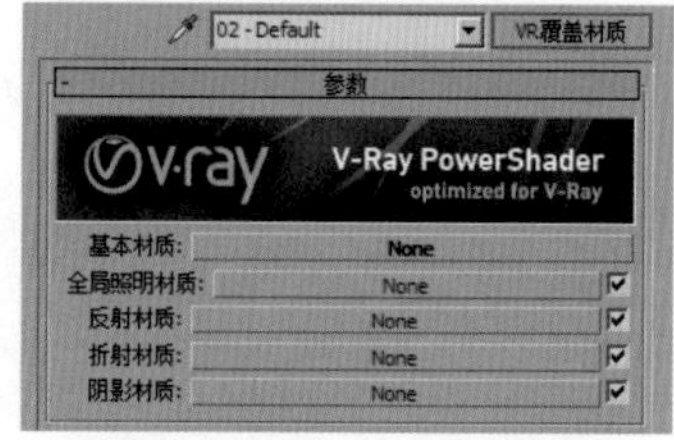

图 5-47

- 基本材质：这个是物体的基础材质。
- 全局照明材质：这个是物体的全局光材质，当使用这个参数的时候，灯光的反弹将依照这个材质的灰度来进行控制，而不是基本材质。
- 反射材质：即在反射里看到的物体的材质。
- 折射材质：即在折射里看到的物体的材质。
- 阴影材质：基本材质的阴影将用该参数中的材质来进行控制，而基本材质的阴影将无效。

5.3.5 VR 混合材质

【VR 混合材质】可以在模型的单个面上将两种材质通过一定的百分比进行混合。【VR 混合材质】的材质参数设置面板如图 5-48 所示。

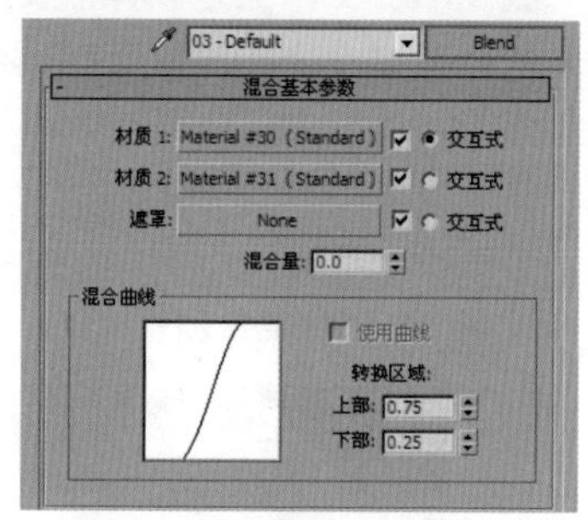

图 5-48

图 5-49 所示为使用 VR 混合材质制作的混合墙壁材质。

图 5-49

- 材质 1/ 材质 2：可在其后面的材质通道中对两种材质分别进行设置。
- 遮罩：可以选择一张贴图作为遮罩。利用贴图的灰度值可以决定【材质 1】和【材质 2】的混合情况。
- 混合量：控制两种材质混合百分比。如果使用遮罩，则【混合量】选项将不起作用。
- 交互式：用来选择哪种材质在视图中以实体着色方式显示在物体的表面。
- 混合曲线：对遮罩贴图中的黑白色过渡区进行调节。
- 使用曲线：控制是否使用【混合曲线】来调节混合效果。
- 上部 / 下部：用于调节【混合曲线】的上部 / 下部。

5.3.6 顶 / 底材质

【顶 / 底材质】可以模拟物体顶部或底部分别是不同效果的材质，比如模拟雪山效果。【顶 / 底材质】的参数设置面板，如图 5-50 所示。

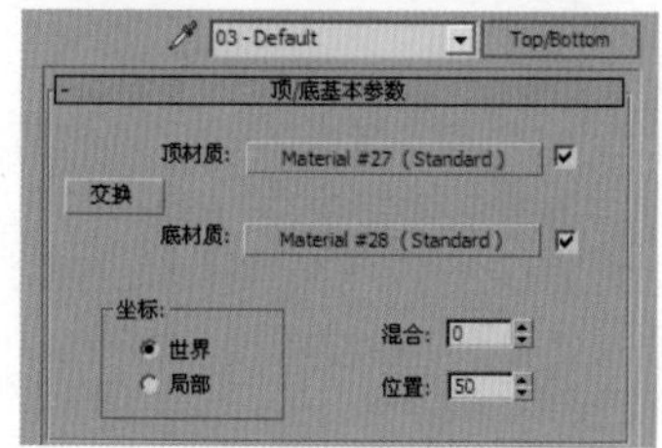

图 5-50

- 顶 / 底材质：设置顶部与底部材质。
- 交换：交换【顶材质】与【底材质】的位置。
- 世界 / 局部：按照场景的世界 / 局部坐标让各个面朝上或朝下。
- 混合：混合顶部子材质和底部子材质之间的边缘。
- 位置：设置两种材质在对象上划分的位置。

5.3.7　VR 材质包裹器

【VR 材质包裹器】主要用来控制材质的全局光照、焦散和物体的不可见等特殊属性。通过材质包裹器的设定，我们就可以控制该材质物体的全局光照、焦散和不可见等属性。【VR 材质包裹器】其参数面板，如图 5-51 所示。

图 5-52 所示为使用 VR 材质包裹器材质制作的木纹材质和地毯材质。

- 基本材质：用来设置【VR 材质包裹器】中使用的基本材质参数，此材质必须是 VRay 渲染器支持的材质类型。
- 附加曲面属性：这里的参数主要用来控制赋有材质包裹器物体的接受、产生 GI 属性以及接受、产生焦散属性。
- 无光属性：目前 VRay 还没有独立的【不可见 / 阴影】材质，但【VR 材质包裹器】里的这个不可见选项可以模拟【不可见 / 阴影】材质效果。
- 杂项：用来设置全局照明曲面 ID 的参数。

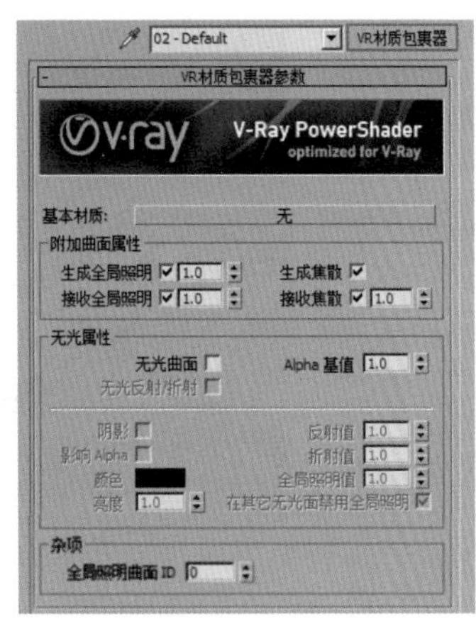

图 5-51

图 5-52

5.3.8　多维 / 子对象材质

【多维 / 子对象材质】可以采用几何体的子对象级别分配不同的材质。【多维 / 子对象材质】的参数面板，如图 5-53 所示。

图 5-54 所示为使用多维 / 子对象材质制作的复杂地面材质和建筑墙面材质。

图 5-53

图 5-54

5.4 认识贴图

5.4.1 贴图的概念

贴图和材质是不同的概念，这是很重要的一点，一定不要混淆。在 3ds Max 中需要先确定并设置好材质类型，然后再去设置贴图类型。因此简单地说，在级别上，贴图 < 材质。贴图指的是物体表面的纹理，如图 5-55 所示。

图 5-55

5.4.2　试一下：添加一张贴图

（1）添加贴图之前首先需要确定材质的类型，比如需要使用 VRayMtl 材质，如图 5-56 所示。

图 5-56

（2）比如我们需要为【漫反射】添加贴图，那么就单击【漫反射】后面的通道按钮▇，然后添加【位图】，如图 5-57 所示。

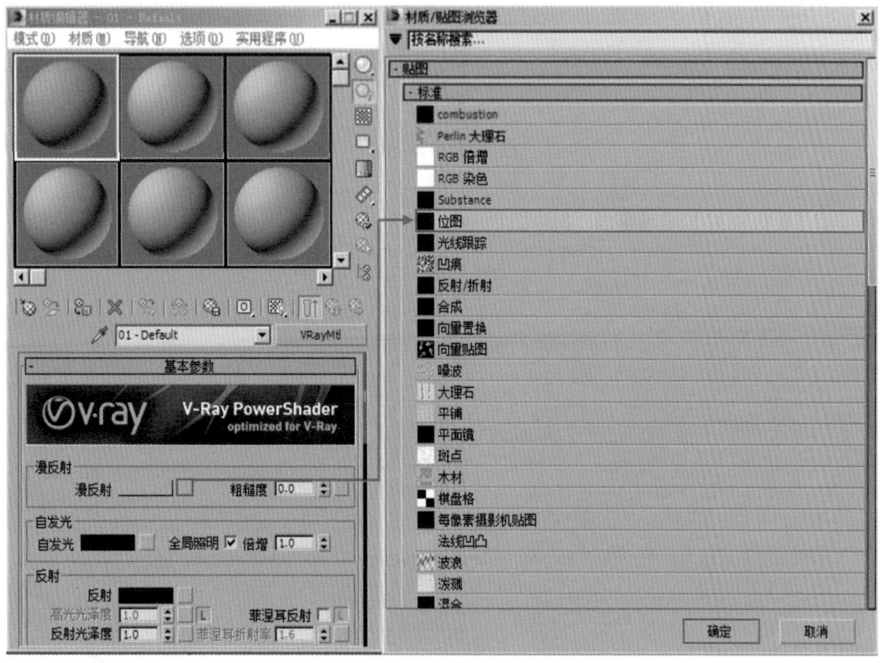

图 5-57

（3）此时可以添加我们需要的贴图，如图 5-58 所示。

（4）使用这个方法，可以在我们需要的通道上添加合适的位图、程序贴图等。

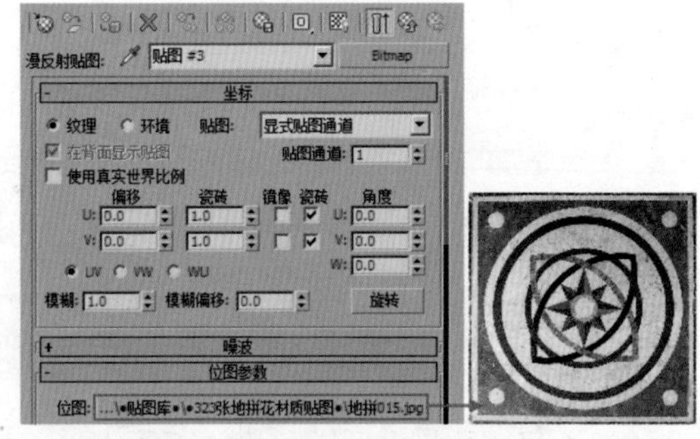

图 5-58

5.5 常用贴图类型

展开【贴图】卷展栏，这里有很多贴图通道，在这些通道中可以添加贴图来表现物体的属性，如图 5-59 所示。

图 5-59

单击任意一个通道，在弹出的【材质 / 贴图浏览器】面板中可以观察到很多贴图类型，主要包括【2D 贴图】【3D 贴图】【合成器贴图】【颜色修改器贴图】【反射和折射贴图】以及【VRay 贴图】，【材质 / 贴图浏览器】面板如图 5-60 所示。

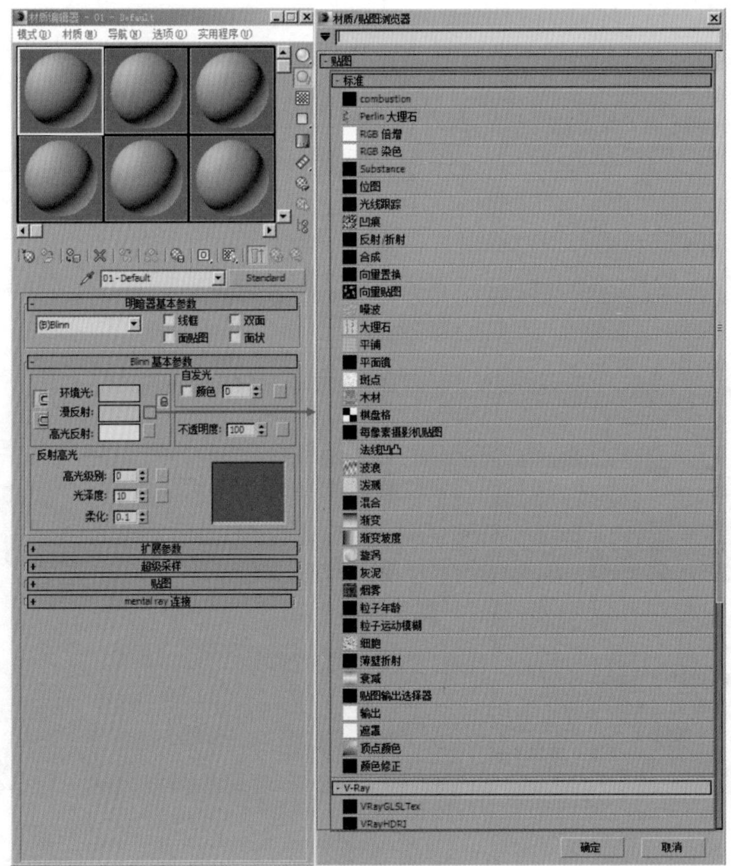

图 5-60

1.2D 贴图

- 位图：通常在这里加载位图贴图，这是最为重要的贴图。
- 每像素摄影机贴图：将渲染后的图像作为物体的纹理贴图，以当前摄影机的方向贴在物体上，可以进行快速渲染。
- 棋盘格：产生黑白交错的棋盘格图案。
- 渐变：使用 3 种颜色创建渐变图像。
- 渐变坡度：可以产生多色渐变效果。
- 法线凹凸：可以改变曲面上的细节和外观。
- Substance 贴图
- 漩涡：可以创建两种颜色的漩涡形图形。
- 平铺
- 矢量置换
- 矢量贴图

2.3D 贴图

- 细胞：可以模拟细胞形状的图案。
- 凹痕：可以作为凹凸贴图，产生一种风化和腐蚀的效果。
- 衰减：产生两色过渡效果。
- 大理石：产生岩石断层效果。
- 噪波：通过两种颜色或贴图的随机混合，产生一种无序的杂点效果。
- 粒子年龄：专用于粒子系统，通常用来制作彩色粒子流动的效果。
- 粒子运动模糊：根据粒子速度产生模糊效果。
- Prelim 大理石：通过两种颜色混合，产生类似于珍珠岩纹理的效果。
- 烟雾：产生丝状、雾状或絮状等无序的纹理效果。
- 斑点：产生两色杂斑纹理效果。
- 泼溅：产生类似于油彩飞溅的效果。
- 灰泥：用于制作腐蚀生锈的金属或物体破败的效果。
- 波浪：可创建波状的，类似于水纹的贴图效果。
- 木材：用于制作木头效果。

3. 合成器贴图

- 合成：可以将两个或两个以上的子材质叠加在一起。
- 遮罩：使用一张贴图作为遮罩。
- 混合：将两种贴图混合在一起，通常用来制作一些多个材质渐变融合或覆盖的效果。
- RGB 倍增：主要配合【凹凸】贴图一起使用，允许将两种颜色或贴图的颜色进行相乘处理，从而增加图像的对比度。

4. 颜色修改器贴图

- 颜色修正：可以调节材质的色调、饱和度、亮度和对比度。
- 输出：专门用来弥补某些无输出设置的贴图类型。
- RGB 染色：通过 3 个颜色通道来调整贴图的色调。
- 顶点颜色：根据材质或原始顶点颜色来调整 RGB 或 RGBA 纹理。

5. 反射和折射贴图

- 平面镜：使共平面的表面产生类似于镜面反射的效果。

- 光线跟踪：可模拟真实的完全反射与折射效果。
- 反射 / 折射：可产生反射与折射效果。
- 薄壁折射：配合折射贴图一起使用，能产生透镜变形的折射效果。

6.VRay 贴图

- VRayHDRI：VRayHDRI 可以翻译为高动态范围贴图，主要用来设置场景的环境贴图，即把 HDRI 当作光源来使用。
- VR 边纹理：是一个非常简单的材质，效果和 3ds Max 里的线框材质类似。
- VR 合成纹理：可以通过两个通道里贴图色度、灰度的不同来进行减、乘、除等操作。
- VR 天空：可以调节出环境天空的贴图效果。
- VR 位图过滤器：是一个非常简单的程序贴图，它可以编辑贴图纹理的 x、y 轴向。
- VR 污垢：可以用来模拟真实世界中物体上的污垢效果。
- VR 颜色：可以用来设定任何颜色。
- VR 贴图：因为 VRay 不支持 3ds Max 里的光线追踪贴图类型，所以在使用 3ds Max 标准材质时的反射和折射就用【VR 贴图】来代替。

5.5.1 位图贴图

【位图】是由彩色像素的固定矩阵生成的图像。可以使用一张位图图像来作为贴图，位图贴图支持很多种格式，包括 FLC、AVI、BMP、GIF、JPEG、PNG、PSD 和 TIFF 等主流图像格式，如图 5-61 所示。

图 5-61

【位图】的参数面板如图 5-62 所示。

- 偏移：用来控制贴图的偏移效果。
- 大小：用来控制贴图平铺重复的程度。
- 角度：用来控制贴图的角度旋转效果。
- 模糊：用来控制贴图的模糊程度，数值越大贴图越模糊，渲染速度越快。
- 裁剪 / 放置：在【位图参数】卷展栏下勾选【应用】选项，然后单击后面的 查看图像 按钮，接着在弹出的对话框中可以框选出一个区域，该区域表示贴图只应用框选的这部分区域。

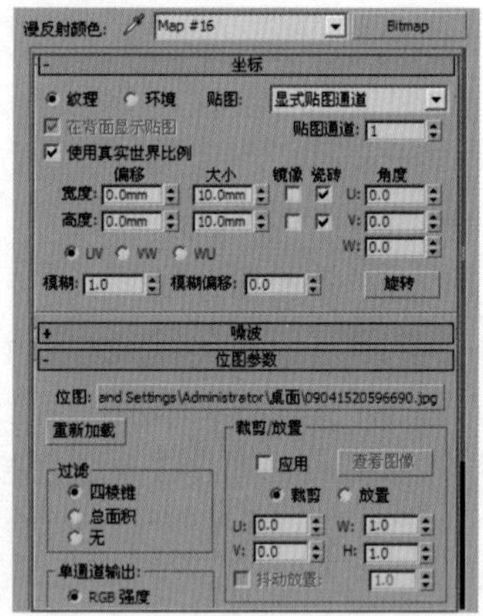

图 5-62

【位图】的输出参数面板，如图 5-63 所示。

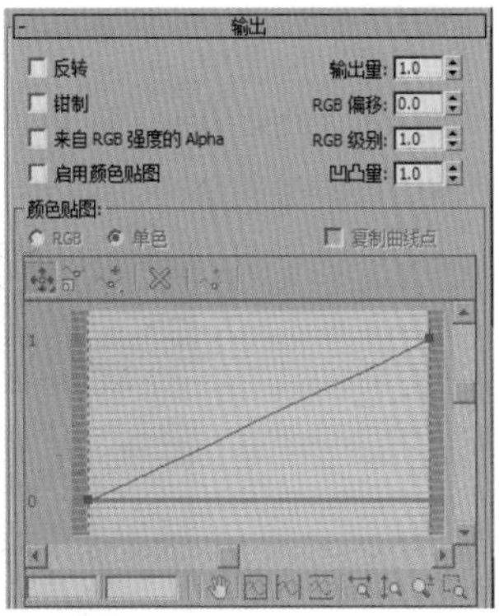

- 反转：反转贴图的色调，使之类似彩色照片的底片。
- 输出量：数值越大，渲染时该贴图越亮。
- 钳制：启用该选项之后，此参数限制比 1.0 小的颜色值。
- RGB 偏移：根据微调器所设置的量增加贴图颜色的 RGB 值，此项对色调的值产生影响。
- 来自 RGB 强度的 Alpha：启用此选项后，会根据在贴图中 RGB 通道的强度生成一个 Alpha 通道。
- RGB 级别：根据微调器所设置的量使贴图颜色的 RGB 值加倍，此项对颜色的饱和度产生影响。
- 启用颜色贴图：启用此选项来使用颜色贴图。
- 凹凸量：调整凹凸量。这个值仅在贴图用于凹凸贴图时产生效果。
- RGB/ 单色：将贴图曲线分别指定给每个 RGB 过滤通道 / 合成通道。
- 复制曲线点：启用此选项后，当切换到 RGB 图时，将复制添加到单色图的点。

图 5-63

5.5.2　试一下：使用不透明度贴图制作树叶

【不透明度】贴图通道主要用于控制材质的透明属性，并根据黑白贴图（黑透白不透原理）来计算具体的透明、半透明、不透明效果。图 5-64 所示为使用不透明度贴图制作的效果。

（1）创建一个平面模型，如图 5-65 所示。

图 5-64

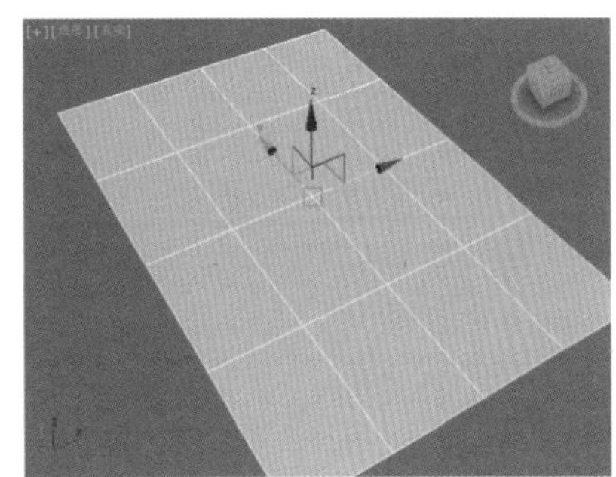

图 5-65

（2）设置一个标准材质，并在【漫反射颜色】通道上添加一张树叶贴图，在【不透明度】通道上添加黑白树叶贴图，如图 5-66 所示。

（3）选择平面模型，并单击（将材质指定给选定对象）按钮，此时材质赋予完成。最后单击（视口中显示明暗处理材质）按钮，此时贴图的效果显示出来，如图 5-67 所示。

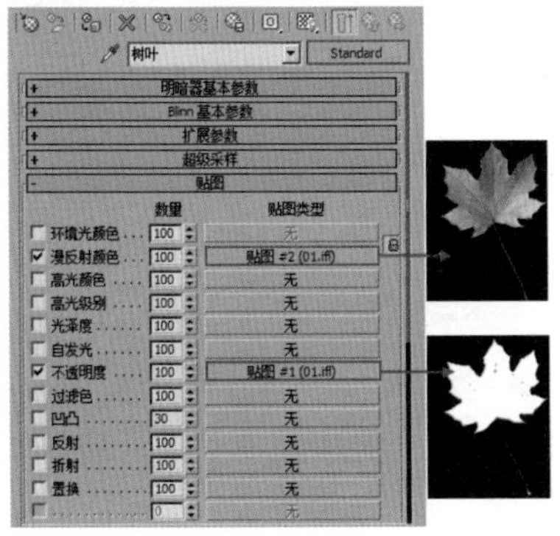

图 5-66

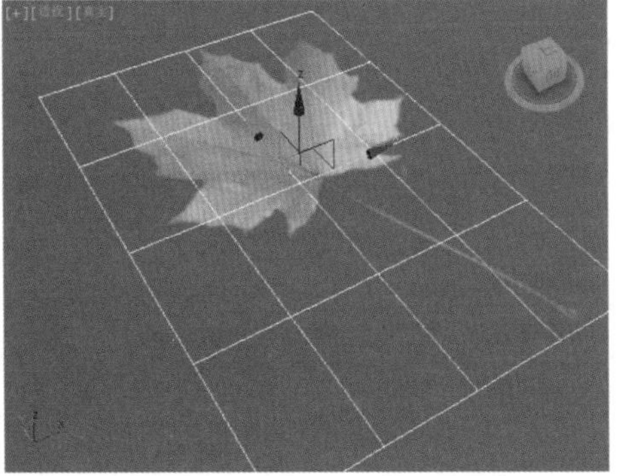

图 5-67

5.5.3 试一下：使用凹凸贴图通道制作凹凸效果

在 3ds Max 中制作凹凸效果，最为常用的方法就是在凹凸通道上添加贴图，使其产生凹凸效果，如图 5-68 所示。

图 5-68

（1）首先需要在【凹凸】通道上添加贴图，比如添加【噪波】程序贴图，如图 5-69 所示。

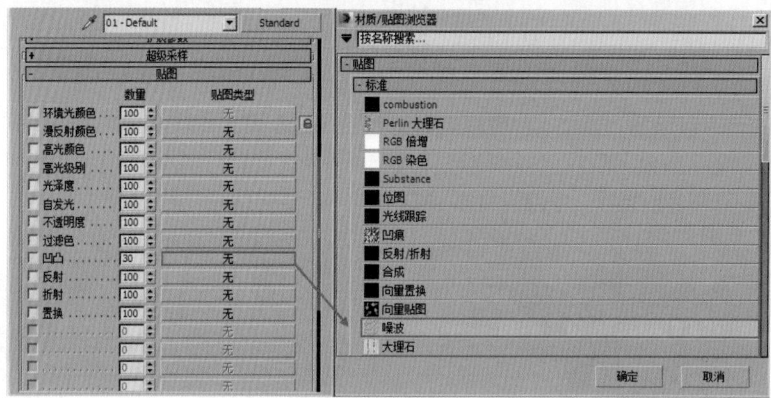

图 5-69

（2）设置【凹凸】的强度，并且设置【噪波】的参数，如图 5-70 所示。

（3）最后可以看到材质球已经出现了噪波凹凸的效果，如图 5-71 所示。

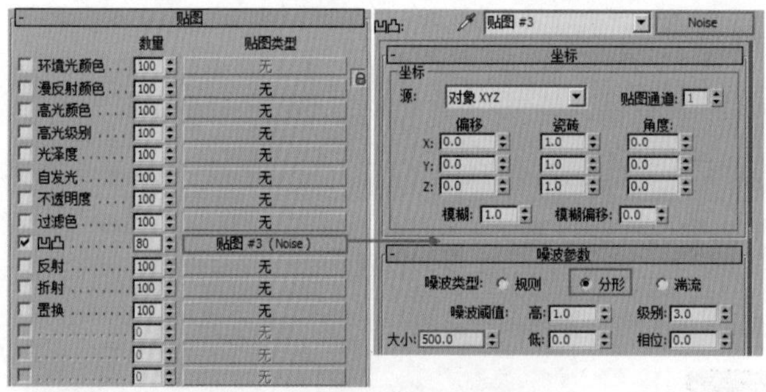

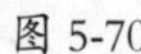

图 5-70

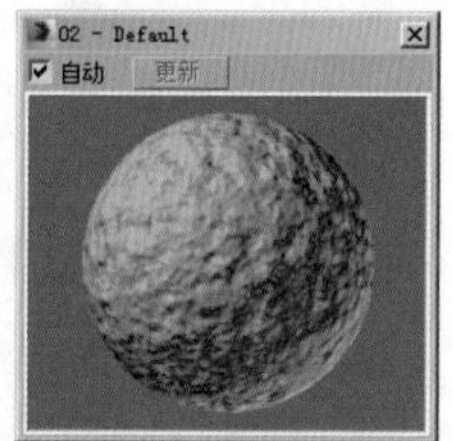

图 5-71

5.5.4 VRayHDRI 贴图

【VRayHDRI】贴图可以翻译为高动态范围贴图，主要用来设置场景的环境贴图，即把 HDRI 当作光源来使用，其参数面板如图 5-72 所示。

图 5-73 所示为使用 VRayHDRI 贴图模拟的真实反射、折射的环境效果。

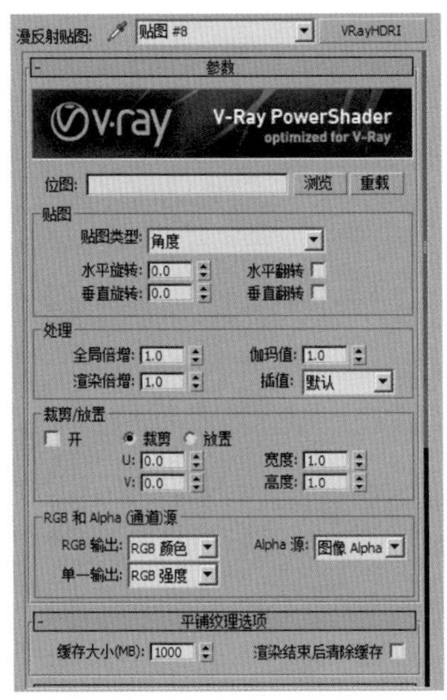

图 5-72

图 5-73

- 位图：单击后面的 浏览 按钮可以指定一张 HDRI 贴图。
- 贴图类型：控制 HDRI 的贴图方式，主要分为以下 5 类：
  - 角度贴图：主要用于使用对角拉伸坐标方式的 HDRI。
  - 立方环境贴图：主要用于使用立方体坐标方式的 HDRI。
  - 球状环境贴图：主要用于使用球形坐标方式的 HDRI。
  - 球体反射：主要用于使用镜像球形坐标方式的 HDRI。
  - 直接贴图通道：主要用于对单个物体指定环境贴图。
- 水平旋转：控制 HDRI 在水平方向的旋转角度。
- 水平翻转：让 HDRI 在水平方向上反转。
- 垂直旋转：控制 HDRI 在垂直方向的旋转角度。
- 垂直翻转：让 HDRI 在垂直方向上反转。
- 全局倍增：用来控制 HDRI 的亮度。
- 渲染倍增：设置渲染时光强度倍增。
- 伽马值：设置贴图的伽马值。
- 插值：可以选择插值的方式，包括双线性、双立体、四次幂、默认。

5.5.5　VR 边纹理贴图

【VR 边纹理】贴图是一种非常简单的材质，效果和 3ds Max 里的线框材质类似。其参数面板如图 5-74 所示。

- 颜色：设置边线的颜色。
- 隐藏边：当勾选该选项时，物体背面的边线也将被渲染出来。
- 厚度：决定边线的厚度，主要分为以下两个单位：
  - 世界单位：厚度单位为场景尺寸单位。
  - 像素：厚度单位为像素。

图 5-74

5.5.6 VR 天空贴图

【VR 天空】贴图用来控制场景背景的天空贴图效果，用来模拟真实的天空效果，其参数面板如图 5-75 所示。

- 指定太阳节点：当不勾选该选项时，【VR 天空】的参数将从场景中的【VR 太阳】的参数里自动匹配；当勾选该选项时，用户就可以从场景中选择不同的光源，在这种情况下，【VR 太阳】将不再控制【VR 天空】的效果，【VR 天空】将用它自身的参数来改变天空的效果。
- 太阳光：单击后面的按钮可以选择太阳光源，这里除了可以选择【VR 太阳】之外，还可以选择其他的光源。

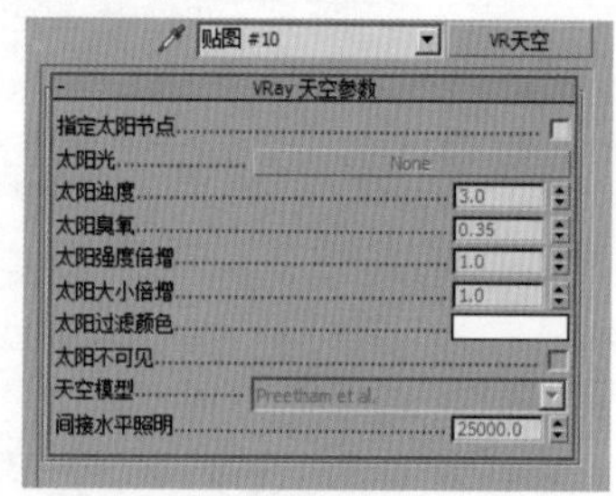

图 5-75

5.5.7 衰减贴图

【衰减】贴图基于几何体曲面上面法线的角度衰减来生成从白到黑的值，其参数设置面板如图 5-76 所示。

图 5-77 所示为使用衰减贴图制作的抱枕和沙发材质效果。

- 前：侧：用来设置【衰减】贴图的【前】和【侧】通道参数。
- 衰减类型：设置衰减的方式，共有以下 5 个选项：
  - •垂直 / 平行：在与衰减方向相垂直的面法线和与衰减方向相平行的法线之间设置角度衰减的范围。
  - •朝向 / 背离：在面向衰减方向的面法线和背离衰减方向的法线之间设置角度衰减的范围。

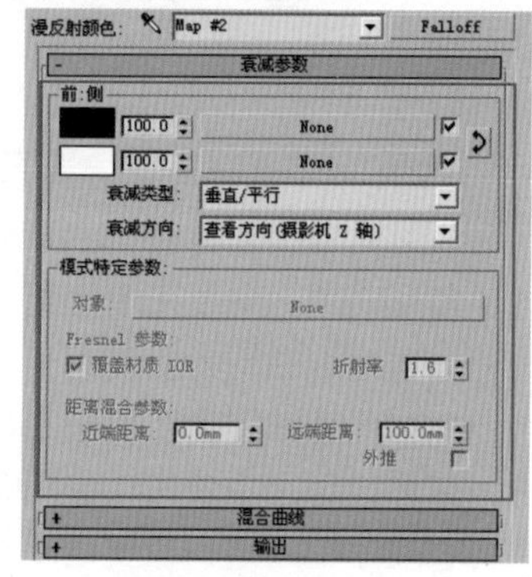

图 5-76

图 5-77

  - •Fresnel：基于【折射率】在面向视图的曲面上产生暗淡反射，而在有角的面上产生较明亮的反射。
  - •阴影 / 灯光：基于落在对象上的灯光，在两个子纹理之间进行调节。
  - •距离混合：基于【近端距离】值和【远端距离】值，在两个子纹理之间进行调节。
- 衰减方向：设置衰减的方向。
- 对象：从场景中拾取对象并将其名称放到按钮上。
- 覆盖材质 IOR：允许更改为材质所设置的【折射率】。
- 折射率：设置一个新的【折射率】。只有在启用【覆盖材质 IOR】后该选项才可用。

- 近端距离：设置混合效果开始的距离。
- 远端距离：设置混合效果结束的距离。
- 外推：启用此选项之后，效果继续超出【近端距离】和【远端距离】。

5.5.8　混合贴图

【混合】贴图可以用来制作材质之间的混合效果，其参数设置面板如图 5-78 所示。

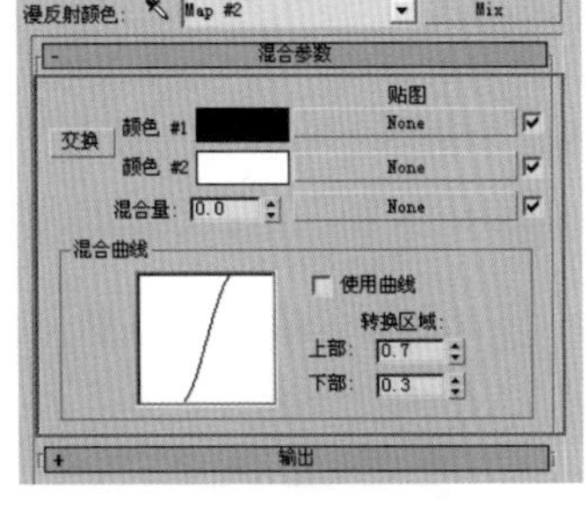

图 5-78

- 交换：交换两个颜色或贴图的位置。
- 颜色 #1/ 颜色 #2：设置混合的两种颜色。
- 混合量：设置混合的比例。
- 混合曲线：调整曲线可以控制混合的效果。
- 转换区域：调整【上部】和【下部】的级别。

5.5.9　渐变贴图

使用【渐变】贴图可以设置 3 种颜色的渐变效果，其参数设置面板如图 5-79 所示。渐变颜色可以任意修改，修改后物体的材质颜色也会随之而发生改变，如图 5-80 所示。

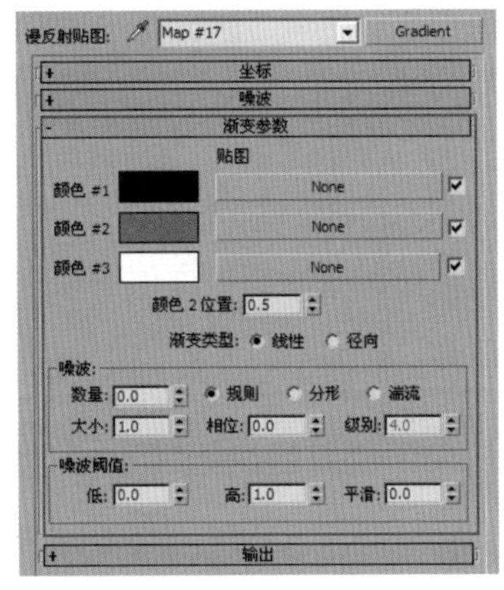

图 5-79

图 5-80

- 颜色 #1 ～ 3：设置渐变在中间进行插值的三个颜色。
- 贴图：显示贴图而不是颜色。贴图采用混合渐变颜色相同的方式来混合到渐变中。
- 颜色 2 位置：控制中间颜色的中心点。
- 渐变类型（线性）：线性基于垂直位置（V 坐标）插补颜色。
- 渐变类型（径向）：径向基于垂直位置（V 坐标）插补颜色。

5.5.10　渐变坡度贴图

【渐变坡度】贴图是与【渐变】贴图相似的 2D 贴图。它从一种颜色到另一种颜色进行着色。在这个贴图中，可以为渐变指定任何数量的颜色或贴图。其参数面板设置，如图 5-81 所示。

图 5-82 所示为渐变坡度贴图的材质球效果。

图 5-81

- 渐变栏：展示正被创建的渐变的可编辑表示。渐变的效果从左（始点）移到右（终点）。
- 渐变类型：选择渐变的类型。以下【渐变】类型可用。

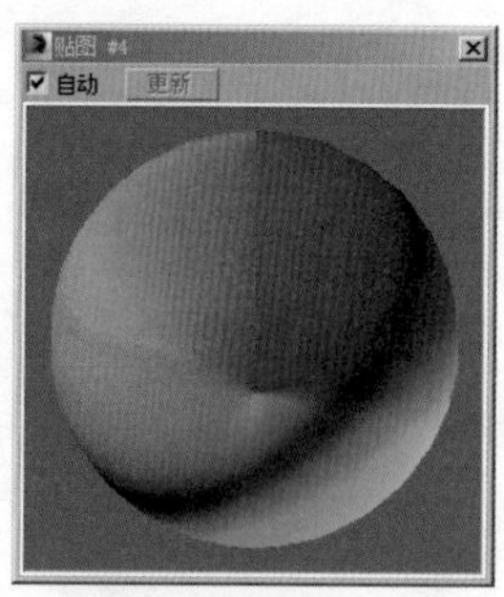

图 5-82

这些类型影响整个渐变。图 5-83 ～图 4-85 所示为 Pong、法线、格子类型的效果。

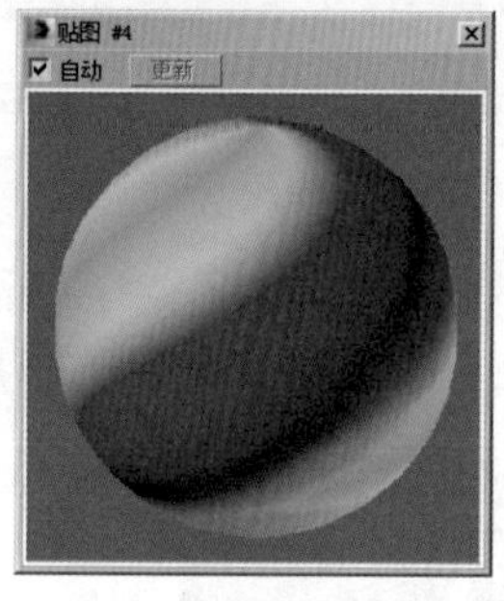

图 5-83

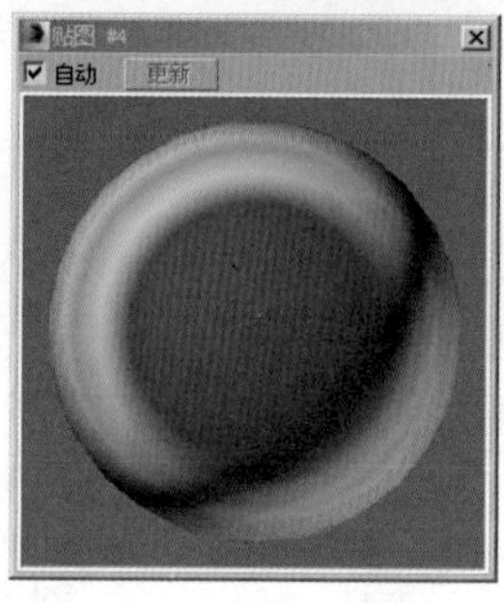

图 5-84

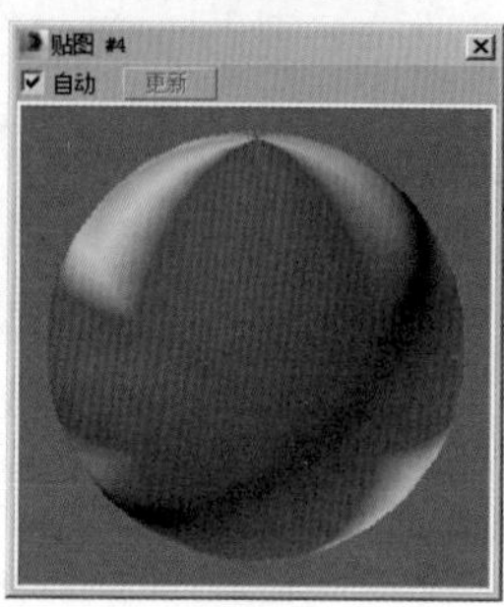

图 5-85

- 插值：选择插值的类型。
- 数量：当为非零时，将基于渐变坡度颜色的交互，将随机噪波效果应用于渐变。该数值越大，效果越明显。
- 规则：生成普通噪波。基本上与禁用级别的分形噪波相同。
- 分形：使用分形算法生成噪波。【层级】选项设置分形噪波的迭代数。
- 湍流：生成应用绝对值函数来制作故障线条的分形噪波。
- 大小：设置噪波功能的比例。此值越小，噪波碎片也就越小。
- 相位：控制噪波函数的动画速度。对噪波使用 3D 噪波函数，第一个和第二个参数分别是 U 和 V，而第三个参数是相位。
- 级别：设置湍流的分形迭代次数。
- 低：设置低阈值。
- 高：设置高阈值。
- 平滑：用以生成从阈值到噪波值较为平滑的变换。

5.5.11 平铺贴图

使用【平铺】贴图，可以创建砖、彩色瓷砖或材质贴图。通常，有很多定义的建筑砖块图案可以使用，但也可以设计一些自定义的图案。其参数面板设置，如图 5-86 所示。

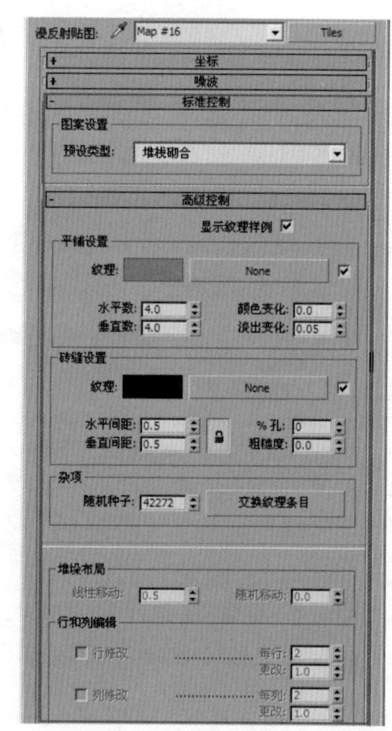

图 5-86

图 5-87 所示为使用平铺贴图制作的瓷砖效果。

图 5-87

1.【标准控制】卷展栏

- 预设类型：列出定义的建筑瓷砖砌合、图案、自定义图案，这样可以通过选择【高级控制】和【堆垛布局】卷展栏中的选项来设计自定义的图案。以下插图列出了几种不同的砌合，如图 5-88 所示。

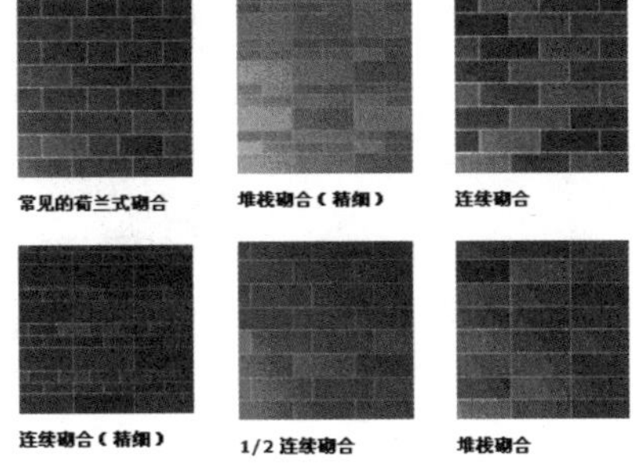

图 5-88

2.【高级控制】卷展栏

- 显示纹理样例：更新并显示贴图指定给【瓷砖】或【砖缝】的纹理。
- 平铺设置：该选项组控制平铺的参数设置。

•纹理：控制瓷砖当前纹理贴图的显示。

•水平 / 垂直数：控制行 / 列的瓷砖数。

•颜色变化：控制瓷砖的颜色变化。图 5-89 所示为设置颜色变化为 0 和 1 的效果对比。

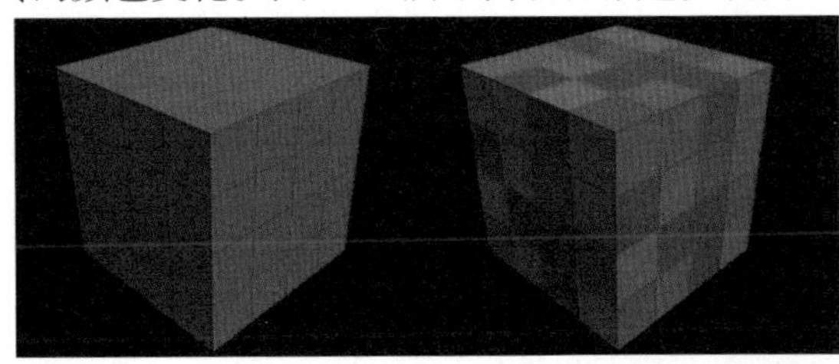

图 5-89

•淡出变化：控制瓷砖的淡出变化。图 5-90 所示为设置淡出变化为 0.05 和 1 的效果对比。

图 5-90

- 砖缝设置：该选项组控制砖缝的参数设置。
  - •纹理：控制砖缝当前纹理贴图的显示。
  - •无：充当一个目标，可以为砖缝拖放贴图。
  - •水平 / 垂直间距：控制瓷砖间的水平 / 垂直砖缝的大小。
  - •粗糙度：控制砖缝边缘的粗糙度。

5.5.12 棋盘格贴图

【棋盘格】贴图将两色的棋盘图案应用于材质。默认棋盘格贴图是黑白方块图案。棋盘格贴图是 2D 程序贴图。组件棋盘格既可以是颜色，也可以是贴图，其参数设置面板如图 5-91 所示。

图 5-92 所示为使用棋盘格贴图制作的马赛克墙面效果。

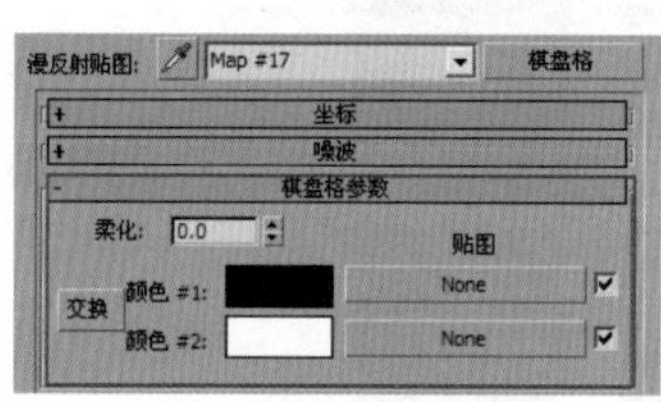

图 5-91

图 5-92

- 柔化：模糊棋盘格之间的边缘。很小的柔化值就能生成很明显的模糊效果。
- 交换：切换两个棋盘格的位置。
- 颜色 #1：设置一个棋盘格的颜色。单击可显示颜色选择器。
- 颜色 #2：设置一个棋盘格的颜色。单击可显示颜色选择器。
- 贴图：选择要在棋盘格颜色区域内使用的贴图。

5.5.13 噪波贴图

【噪波】贴图基于两种颜色或材质的交互创建曲面的随机扰动。常用来制作如海面凹凸、沙发凹凸等。其参数设置面板如图 5-93 所示。

图 5-94 所示为噪波贴图的材质球效果。

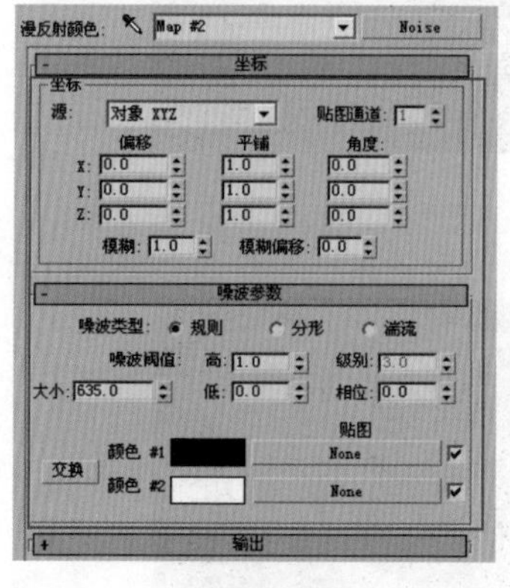

图 5-93

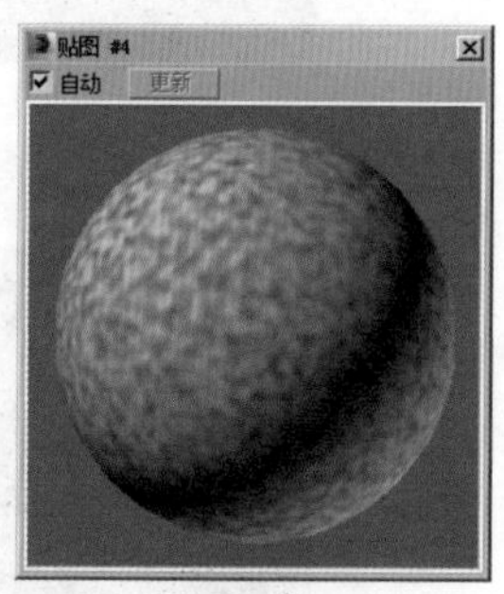

图 5-94

- 噪波类型：共有 3 种类型，分别是【规则】、【分形】和【湍流】。
- 大小：以 3ds Max 为单位设置噪波函数的比例。
- 噪波阈值：控制噪波的效果，取值范围从 0 ~ 1。
- 级别：决定有多少分形能量用于【分形】和【湍流】噪波函数。
- 相位：控制噪波函数的动画速度。
- 交换：交换两个颜色或贴图的位置。
- 颜色 #1/ 颜色 #2：可以从这两个主要噪波颜色中进行选择，并通过所选的两种颜色来生成中间颜色值。

5.5.14 细胞贴图

【细胞】贴图是一种程序贴图，主要用于生成各种视觉效果的细胞图案，包括马赛克、瓷砖、鹅卵石和海洋表面等，其参数设置面板如图 5-95 所示。

图 5-96 所示为细胞贴图的材质球效果。

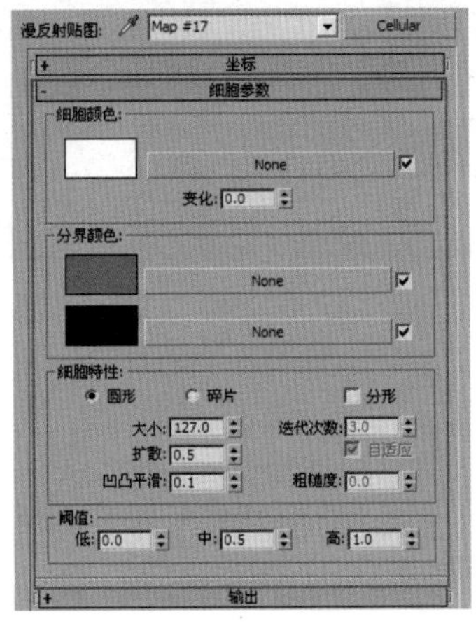

图 5-95

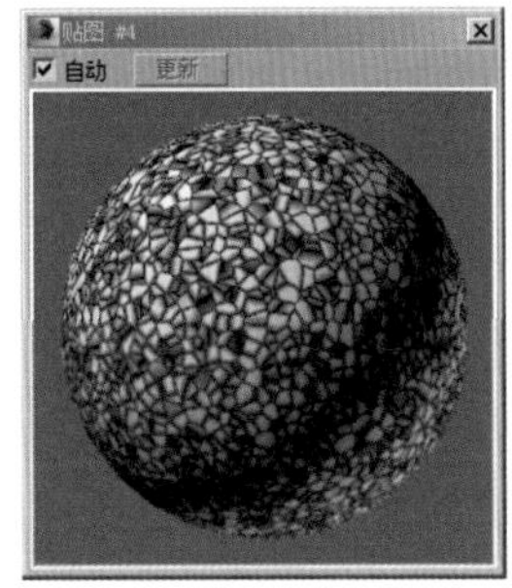

图 5-96

- 细胞颜色：该选项组中的参数主要用来设置细胞的颜色。
  - 颜色：为细胞选择一种颜色。
  - 变化：通过随机改变红、绿、蓝颜色值来更改细胞的颜色。【变化】值越大，随机效果越明显。
- 分界颜色：显示【颜色选择器】对话框，选择一种细胞分界颜色，也可以利用贴图来设置分界的颜色。
- 细胞特性：该选项组中的参数主要用来设置细胞的一些特征属性。
  - 圆形 / 碎片：用于选择细胞边缘的外观。
  - 大小：更改贴图的总体尺寸。
  - 扩散：更改单个细胞的大小。
  - 凹凸平滑：将细胞贴图用作凹凸贴图时，在细胞边界处可能会出现锯齿效果。
  - 分形：将细胞图案定义为不规则的碎片图案。
  - 迭代次数：设置应用分形函数的次数。
  - 自适应：启用该选项后，分形【迭代次数】将自适应地进行设置。
  - 粗糙度：将【细胞】贴图用作凹凸贴图时，该参数用来控制凹凸的粗糙程度。
- 阈值：该选项组中的参数用来限制细胞和分解颜色的大小。
  - 低：调整细胞最低大小。

•中：相对于第 2 分界颜色，调整最初分界颜色的大小。

•高：调整分界的总体大小。

5.5.15 凹痕贴图

【凹痕】贴图是 3D 程序贴图。扫描线渲染过程中，【凹痕】根据分形噪波产生随机图案，图案的效果取决于贴图类型，其参数设置面板如图 5-97 所示。

图 5-98 所示为使用凹痕贴图制作的破旧木头效果。

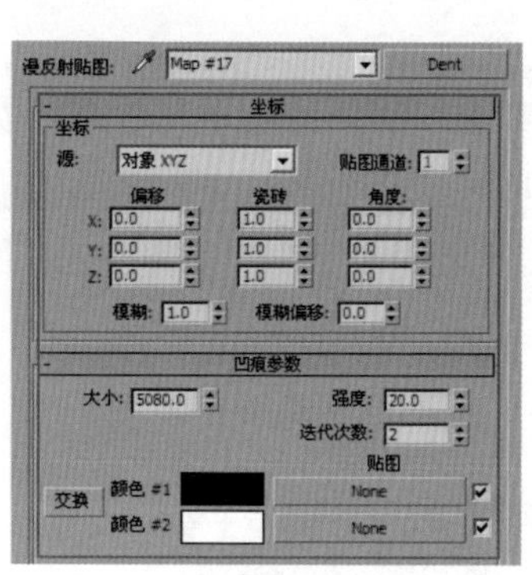

图 5-97

图 5-98

- 大小：设置凹痕的相对大小。随着【大小】的增大，其他设置不变时，凹痕的数量将减少。
- 强度：决定两种颜色的相对覆盖范围。值越大，【颜色 #2】的覆盖范围越大；而值越小，【颜色 #1】的覆盖范围越大。
- 迭代次数：设置用来创建凹痕的计算次数。
- 交换：反转颜色或贴图的位置。
- 颜色：在相应的颜色组件中允许选择两种颜色。
- 贴图：在凹痕图案中用贴图替换颜色。使用复选框可启用或禁用相关贴图。

5.6 常见材质和贴图实例应用

在建筑设计中包括了多种常用的材质和贴图类型，本节将以 11 个典型的案例进行讲解。熟练掌握本节知识，可以为模型制作合适的材质。

进阶案例——凹凸砖墙

场景文件	01.max
案例文件	进阶案例——凹凸砖墙 .max
视频教学	多媒体教学 /Chapter 05/ 进阶案例——凹凸砖墙 .flv
难易指数	★★★☆☆
材质类型	VRayMtl 材质
技术掌握	掌握 VRayMtl 材质的应用

在这个场景中，主要讲解利用 VRayMtl 材质制作凹凸砖墙材质。最终渲染效果，如图 5-99 所示。

（1）打开本书配套资源中的【场景文件 /Chapter 05/01.max】文件，此时场景效果如图 5-100 所示。

图 5-99

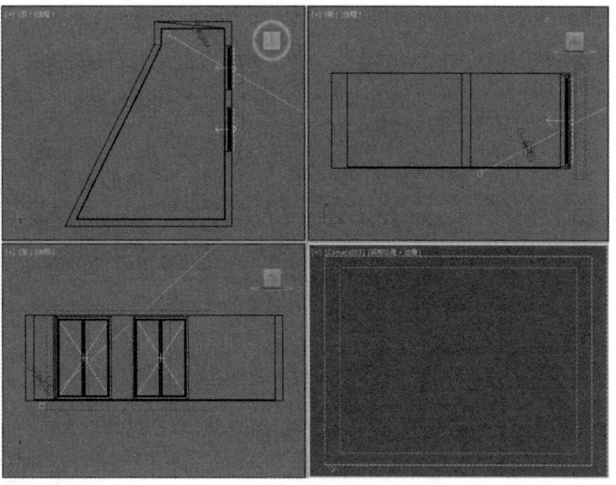

图 5-100

（2）单击一个材质球，材质类型设置为【VRayMtl】，将其命名为【砖墙】。在【漫反射】通道上加载贴图【01.jpg】，并设置【瓷砖 U】为 3，【瓷砖 V】为 5，最后勾选【应用】，并选择红框内的区域，如图 5-101 所示。

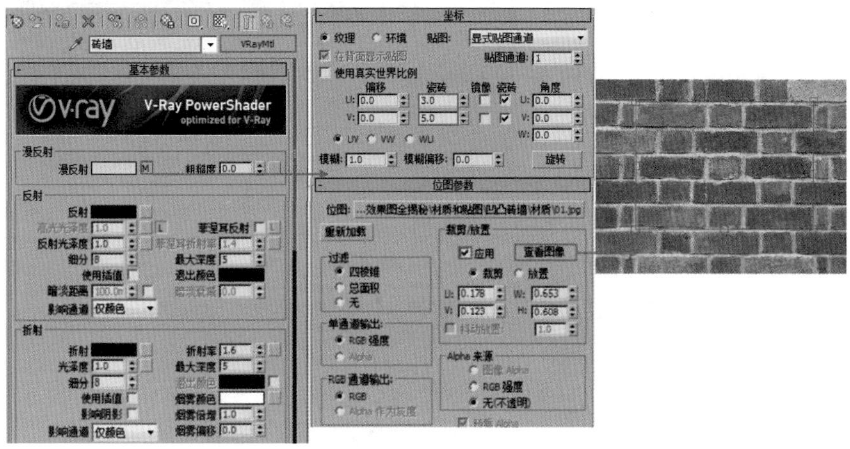

图 5-101

（3）展开【贴图】卷展栏，单击选择【漫反射】后面的通道，并拖动到【凹凸】通道上，设置【凹凸】为 30，如图 5-102 所示。

（4）双击该材质球，查看此时材质效果，如图 5-103 所示。

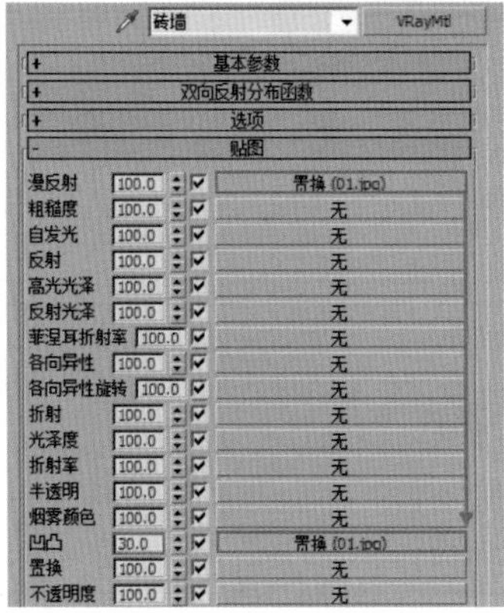

图 5-102

图 5-103

（5）选择墙面模型，并单击【修改器列表】为其添加【VR- 置换模式】修改器，设置【类型】为【3D 贴图】，在【纹理贴图】通道上加载“01.jpg”贴图，并设置【数量】为 3，如图 5-104 所示。

（6）选择墙体模型，并单击【将材质指定给选定对象】按钮，此时材质制作完成，如图 5-105 所示。

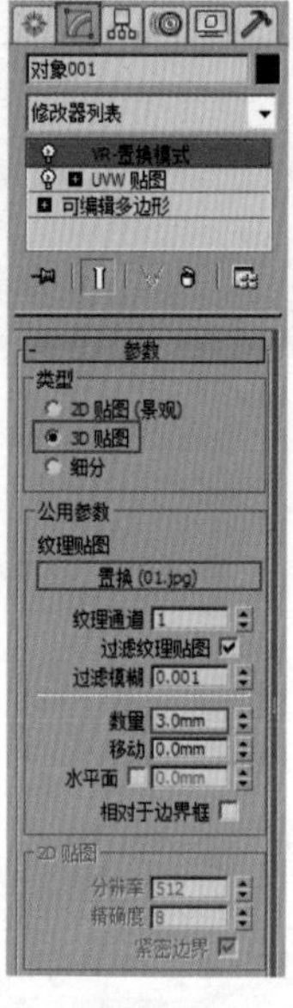

图 5-104

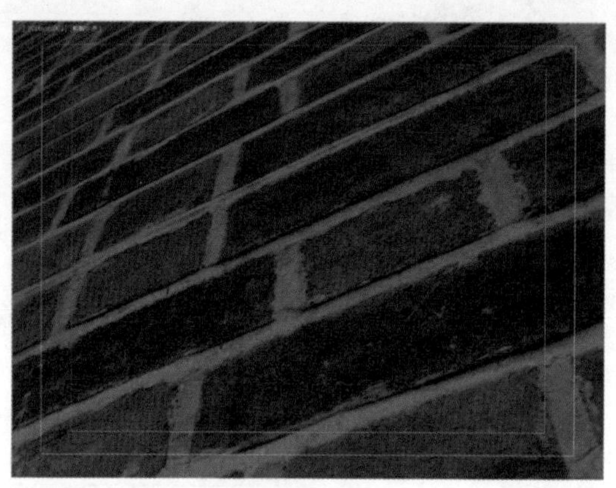

图 5-105

（7）最终渲染效果，如图 5-106 所示。

图 5-106

进阶案例——玻璃

场景文件	02.max
案例文件	进阶案例——玻璃 .max
视频教学	多媒体教学 /Chapter 05/ 进阶案例——玻璃 .flv
难易指数	★★★☆☆
材质类型	VRayMtl 材质
技术掌握	掌握 VRayMtl 材质的应用

在这个场景中，主要讲解利用VRayMtl材质制作玻璃材质。最终渲染效果，如图5-107所示。

（1）打开本书配套资源中的【场景文件 /Chapter 05/02.max】文件，此时场景效果如图 5-108 所示。

图 5-107

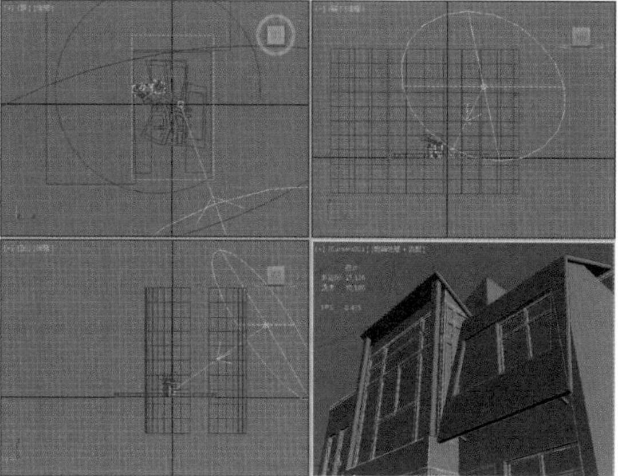

图 5-108

（2）单击一个材质球，材质类型设置为【VRayMtl】，将其命名为【玻璃】。设置【漫反射】为白色，【反射】为深灰色，【细分】为 15，【折射】为白色，【细分】为 15，如图 5-109 所示。

（3）选择玻璃模型，并单击【将材质指定给选定对象】按钮，此时材质制作完成，如图 5-110 所示。

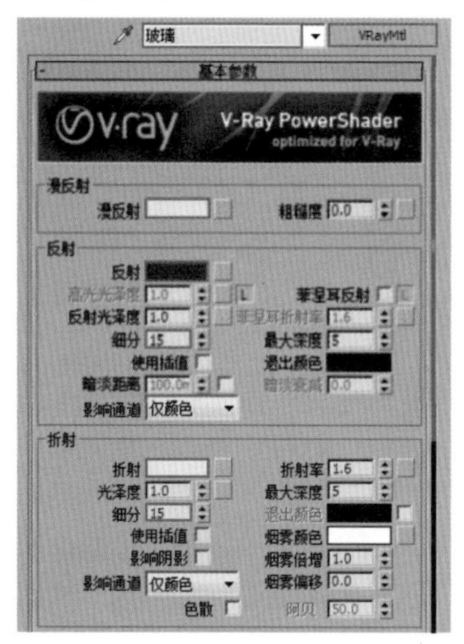

图 5-109

图 5-110

（4）双击该材质球，查看此时材质效果，如图 5-111 所示。

图 5-111

（5）最终渲染效果，如图 5-112 所示。

图 5-112

进阶案例——草地

场景文件	03.max
案例文件	进阶案例——草地 .max
视频教学	多媒体教学 /Chapter 05/ 进阶案例——草地 .flv
难易指数	★★★☆☆
材质类型	标准材质
技术掌握	掌握标准材质、噪波程序贴图的应用

在这个场景中，主要讲解利用 VRayMtl 材质制作草地材质。最终渲染效果，如图 5-113 所示。

图 5-113

（1）打开本书配套资源中的【场景文件 /Chapter 05/03.max】文件，此时场景效果如图 5-114 所示。

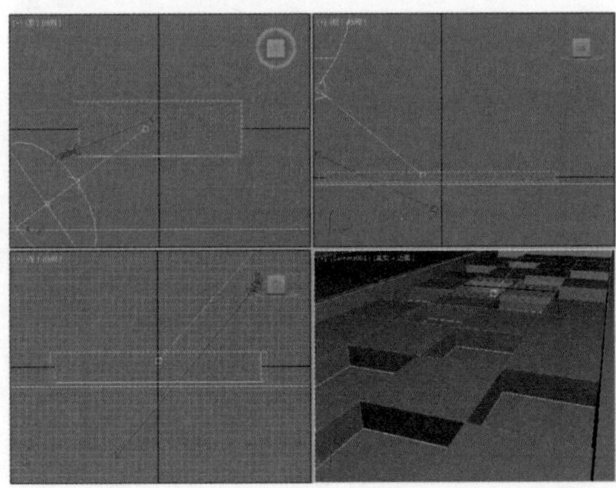

图 5-114

（2）单击一个材质球，材质类型设置为【Standard】，将其命名为【草地】，设置【漫反射】为绿色，如图 5-115 所示。

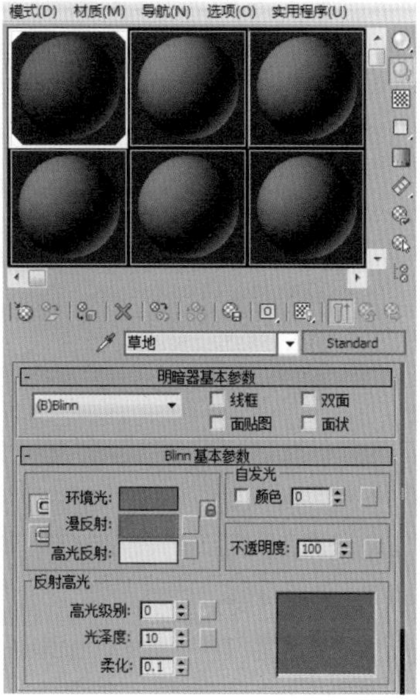

图 5-115

（3）选择草地模型，并单击【将材质指定给选定对象】按钮，此时材质制作完成，如图 5-116 所示。

（4）选择草地模型，并添加【VR- 置换模式】修改器，设置【类型】为【3D 贴图】，【数量】为 1000mm。在【纹理贴图】通道上加载【Noise】（噪波）程序贴图，【噪波类型】为【分形】，【大小】为 0.1，如图 5-117 所示。

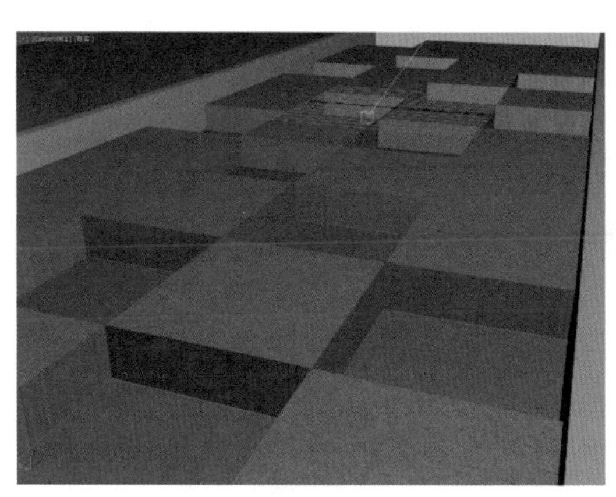

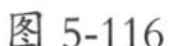
图 5-116

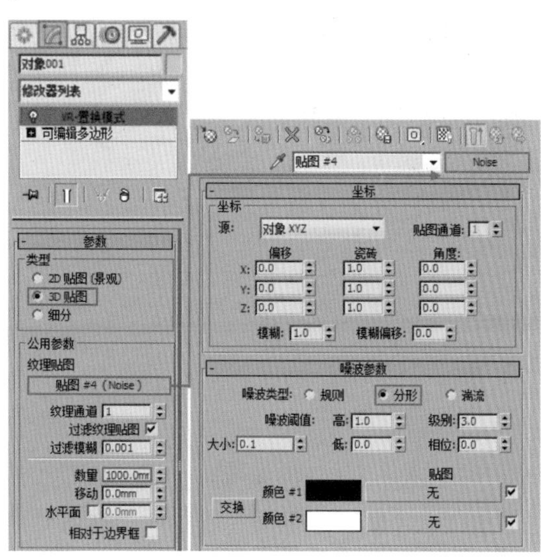

图 5-117

（5）双击该材质球，查看此时材质效果，如图 5-118 所示。

（6）最终渲染效果，如图 5-119 所示。

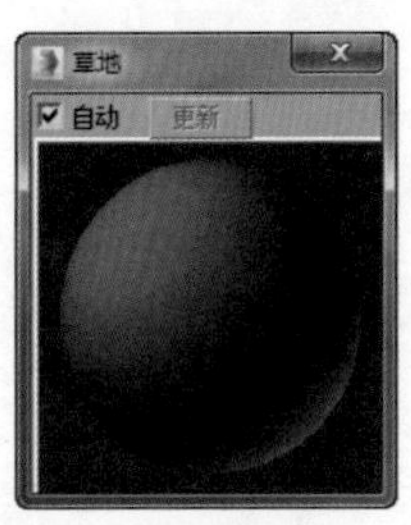

图 5-118

图 5-119

进阶案例——大理石

场景文件	04.max
案例文件	进阶案例——大理石 .max
视频教学	多媒体教学 /Chapter 05/ 进阶案例——大理石 .flv
难易指数	★★★☆☆
材质类型	VRayMtl 材质
技术掌握	掌握 VRayMtl 材质的应用

在这个场景中，主要讲解利用VRayMtl材质制作大理石材质。最终渲染效果，如图5-120所示。

（1）打开本书配套资源中的【场景文件/Chapter 05/04.max】文件，此时场景效果如图5-121所示。

图 5-120

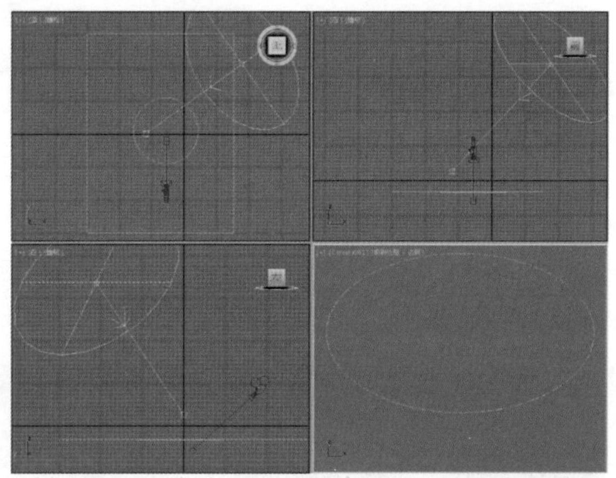

图 5-121

（2）单击一个材质球，材质类型设置为【VRayMtl】，将其命名为【大理石拼花】。在【漫反射】通道上加载【地拼图 .jpg】贴图，并勾选【应用】，选择红框内的区域。在【反射】通道上加载【衰减】贴图，设置两个颜色分别为黑色和浅灰色，【衰减类型】为【Fresnel】，最后设置【细分】为 20，如图 5-122 所示。

（3）双击该材质球，查看此时材质效果，如图 5-123 所示。

（4）选择地面模型，并单击【将材质指定给选定对象】按钮，此时材质制作完成，如图 5-124 所示。

（5）最终渲染效果，如图 5-125 所示。

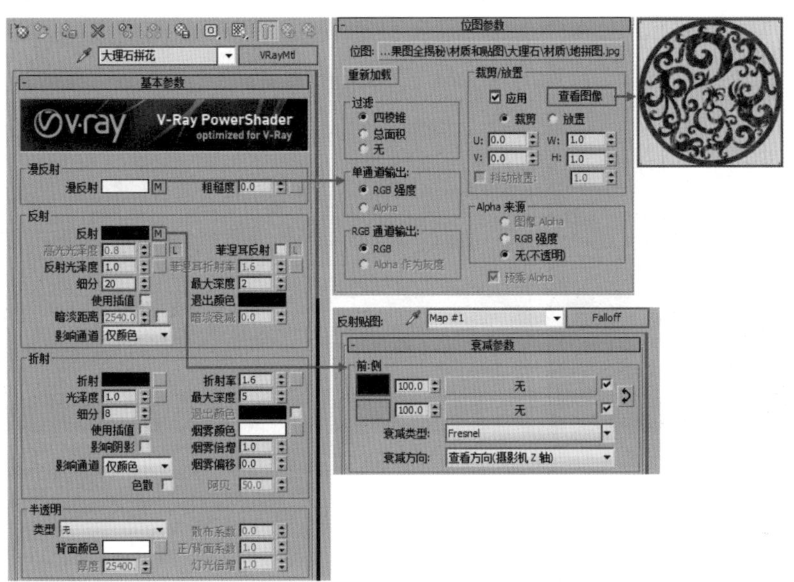

图 5-122

图 5-123

图 5-124

图 5-125

进阶案例——鹅卵石地面

场景文件	05.max
案例文件	进阶案例——鹅卵石地面 .max
视频教学	多媒体教学 /Chapter 05/ 进阶案例——鹅卵石地面 .flv
难易指数	★★★☆☆
材质类型	VRayMtl 材质
技术掌握	掌握 VRayMtl 材质的应用、VR 置换模式修改器

在这个场景中，主要讲解利用 VRayMtl 材质制作鹅卵石地面材质。最终渲染效果，如图 5-126 所示。

（1）打开本书配套资源中的【场景文件 /Chapter 05/05.max】文件，此时场景效果如图 5-127 所示。

（2）单击一个材质球，材质类型设置为【VRayMtl】，将其命名为【鹅卵石地面】。在【漫反射】通道上加载【鹅卵石 .jpg】贴图，并设置【瓷砖】的【U】值和【V】值为 10，设置【反射】为深灰色，【反射光泽度】为 0.9，勾选【菲涅耳反射】，设置【细分】为 15，如图 5-128 所示。

图 5-126

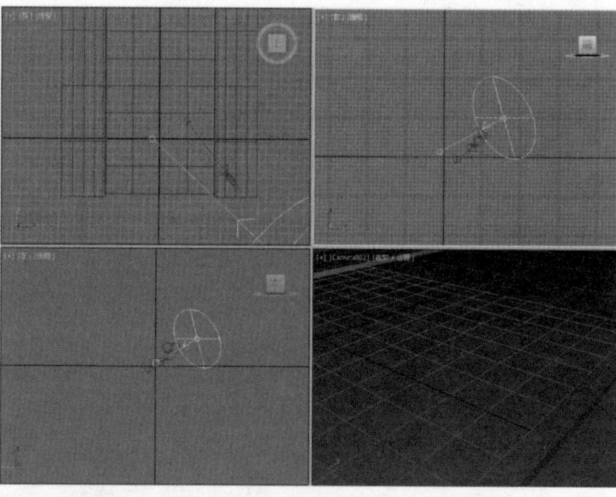

图 5-127

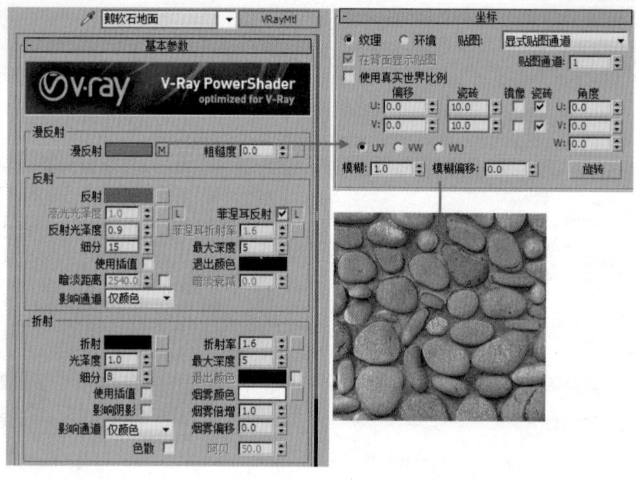

图 5-128

（3）选择地面模型，单击【修改器列表】并为其添加【VR- 置换模式】修改器。设置【类型】为【3D 贴图】，在【纹理贴图】通道上加载【黑白 .jpg】贴图，设置【数量】为 20mm，如图 5-129 所示。

（4）双击该材质球，查看此时材质效果，如图 5-130 所示。

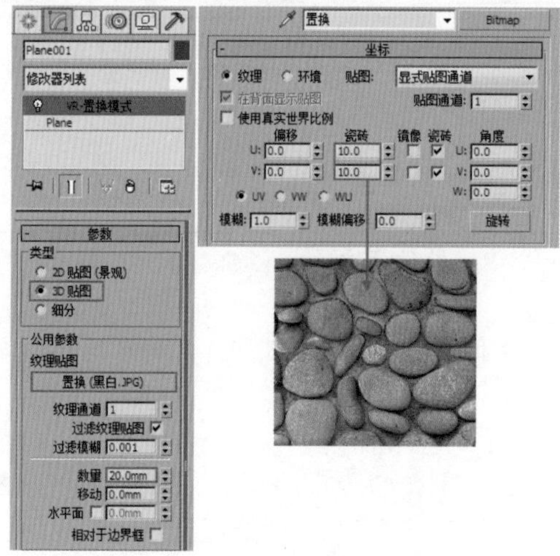

图 5-129

图 5-130

（5）选择地面模型，并单击【将材质指定给选定对象】按钮，此时材质制作完成，如图 5-131 所示。

（6）最终渲染效果，如图 5-132 所示。

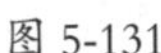
图 5-131

图 5-132

进阶案例——木地板

场景文件	06.max
案例文件	进阶案例——木地板 .max
视频教学	多媒体教学 /Chapter 05/ 进阶案例——木地板 .flv
难易指数	★★★☆☆
技术掌握	掌握 VRayMtl 材质、位图贴图、凹凸的应用

在这个场景中，主要讲解利用 VRayMtl 材质制作木地板材质。最终渲染效果，如图 5-133 所示。

（1）打开本书配套资源中的【场景文件 /Chapter 05/06.max】文件，如图 5-134 所示。

图 5-133

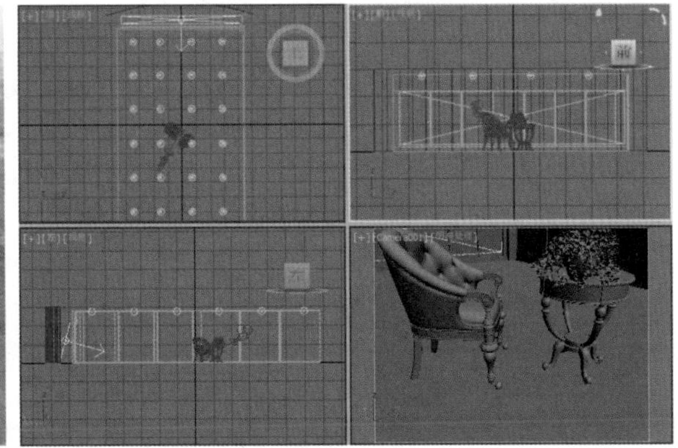

图 5-134

（2）按 <M> 键，打开【材质编辑器】对话框，选择第一个材质球，单击 Standard（标准）按钮，在弹出的【材质 / 贴图浏览器】对话框中选择【VRayMtl】材质，如图 5-135 所示。

（3）将材质命名为【木地板】，展开【贴图】卷展栏，在【漫反射】和【凹凸】后面的通道上分别加载【木地板 .jpg】贴图文件，展开【坐标】卷展栏，设置【瓷砖 U】为 5，【瓷砖 V】为 10，设置【凹凸】为 50，如图 5-136 所示。

（4）展开【基本参数】卷展栏，设置【反射】颜色为灰色（红 =56、绿 =56、蓝 =56），设置【高光光泽度】为 0.8，【反射光泽度】为 0.82，【细分】为 20，如图 5-137 所示。

（5）制作后的材质球如图 5-138 所示。

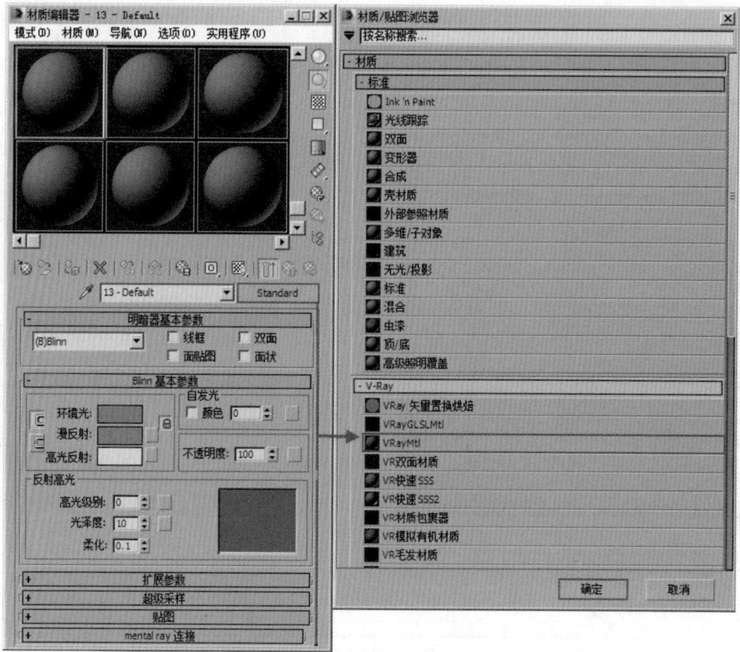

图 5-135

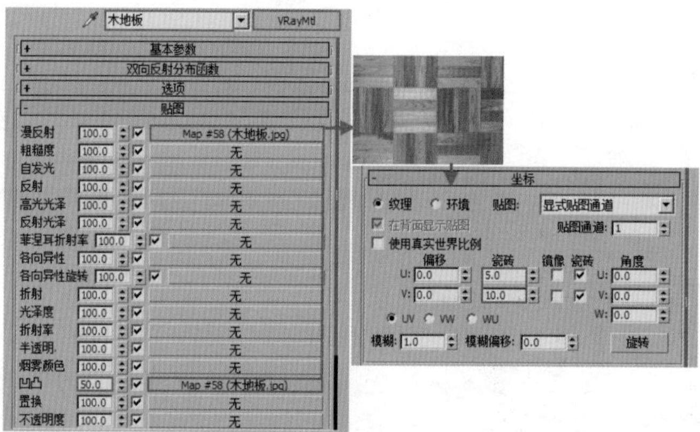

图 5-136

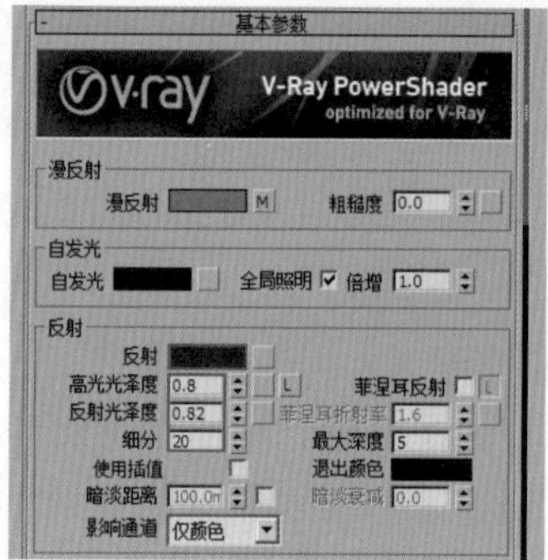

图 5-137

图 5-138

（6）将制作完毕的木地板材质赋给场景中的模型，如图 5-139 所示。

（7）最终渲染效果，如图 5-140 所示。

图 5-139

图 5-140

进阶案例——仿古砖

场景文件	07.max
案例文件	进阶案例——仿古砖 .max
视频教学	多媒体教学 /Chapter 05/ 进阶案例——仿古砖 .flv
难易指数	★★★☆☆
材质类型	VRayMtl 材质
技术掌握	掌握 VRayMtl 材质的应用、VR 置换模式修改器

在这个场景中，主要讲解利用 VRayMtl 材质制作仿古砖材质。最终渲染效果，如图 5-141 所示。

（1）打开本书配套资源中的【场景文件 /Chapter 05/07.max】文件，此时场景效果如图 5-142 所示。

图 5-141

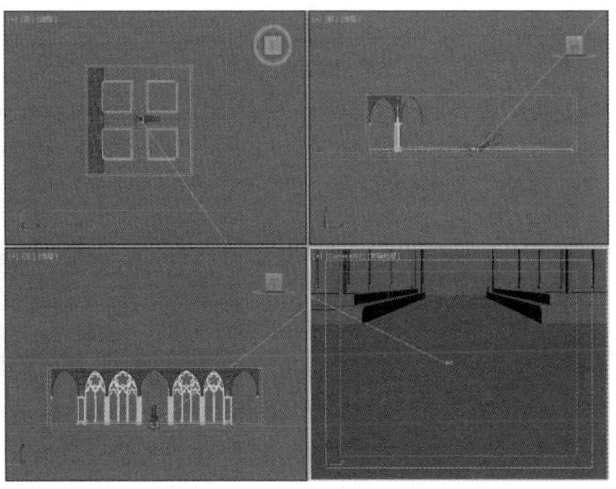

图 5-142

（2）单击一个材质球，材质类型设置为【VR- 混合材质】，将其命名为【仿古砖】。在【基本材质】通道上加载【VRayMtl】材质，并在【漫反射】通道上加载【archinterior9_01_floor_grey.jpg】贴图，设置【瓷砖 U/V】为 0.8。然后在【反射】通道上加载【archinterior9_01_floor_grey_spec.jpg】贴图，设置【瓷砖 U/V】为 0.8，【模糊】为 1.6，最后设置【高光光泽度】为 0.6，【反射光泽度】为 0.9，【细分】为 20，如图 5-143 所示。

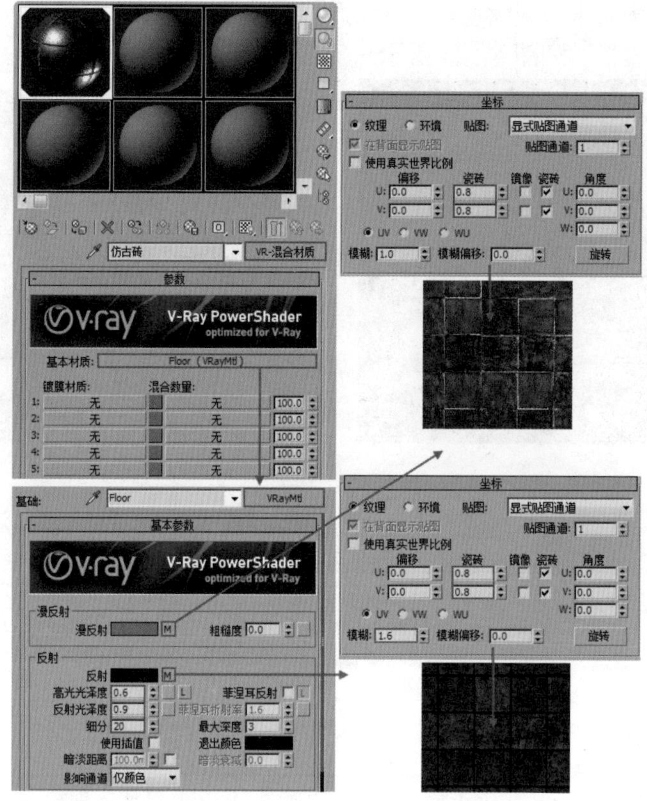

图 5-143

（3）在【镀膜材质】通道上加载【VRayMtl】材质，设置【漫反射】为黑色，然后在【混合数量】通道上加载【VR-污垢】贴图，并设置【半径】为 47.2mm，【细分】为 32，如图 5-144 所示。

（4）双击该材质球，查看此时材质效果，如图 5-145 所示。

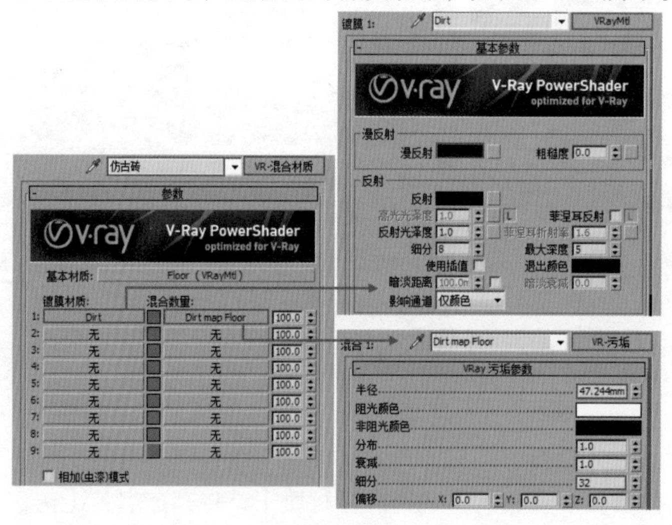

图 5-144

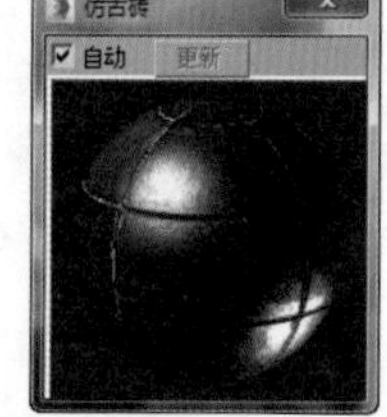

图 5-145

（5）选择地面模型，并单击【将材质指定给选定对象】按钮，此时材质制作完成，如图 5-146 所示。

（6）最终渲染效果，如图 5-147 所示。

图 5-146

图 5-147

进阶案例——金属

场景文件	08.max
案例文件	进阶案例——金属 .max
视频教学	多媒体教学 /Chapter 05/ 进阶案例——金属 .flv
难易指数	★★★☆☆
材质类型	VRayMtl 材质
技术掌握	掌握 VRayMtl 材质的应用

在这个场景中，主要讲解利用 VRayMtl 材质制作金属材质。最终渲染效果，如图 5-148 所示。

（1）打开本书配套资源中的【场景文件 /Chapter 05/08.max】文件，此时场景效果如图 5-149 所示。

图 5-148

图 5-149

（2）单击一个材质球，材质类型设置为【VRayMtl】，将其命名为【金属】。设置【漫反射】颜色为深灰色，【反射】颜色为深灰色，【高光光泽度】为 0.8，【反射光泽度】为 0.95，【细分】为 20，勾选【菲尼尔反射】，设置【菲涅耳折射率】为 20。设置【双向反射分布函数】为【沃德】，【各向异性】为 0.5，【旋转】为 90，如图 5-150 所示。

（3）双击该材质球，查看此时材质效果，如图 5-151 所示。

（4）选择金属楼梯模型，并单击【将材质指定给选定对象】按钮，此时材质制作完成，如图 5-152 所示。

（5）最终渲染效果，如图 5-153 所示。

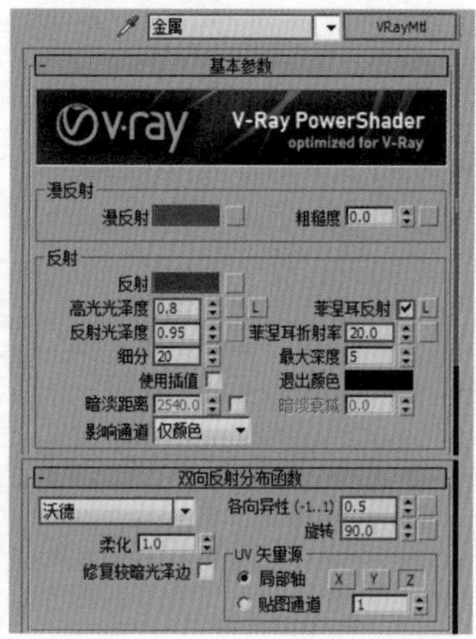

图 5-150

图 5-151

图 5-152

图 5-153

进阶案例——水

场景文件	09.max
案例文件	进阶案例——水 .max
视频教学	多媒体教学 /Chapter 05/ 进阶案例——水 .flv
难易指数	★★★☆☆
材质类型	VRayMtl 材质
技术掌握	掌握 VRayMtl 材质的应用

在这个场景中，主要讲解利用 VRayMtl 材质制作水材质。最终渲染效果，如图 5-154 所示。

图 5-154

（1）打开本书配套资源中的【场景文件 /Chapter 05/09.max】文件，此时场景效果如图 5-155 所示。

（2）单击一个材质球，材质类型设置为【VRayMtl】，将其命名为【水】。设置【漫反射】颜色为浅蓝色，【反射】颜色为深灰色，设置【折射】为白色，【折射率】为 1.33，【细分】为 15，如图 5-156 所示。

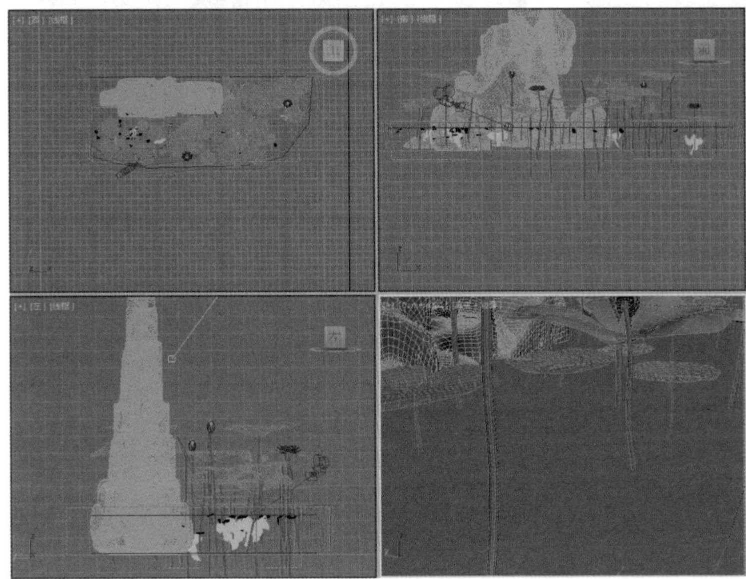

图 5-155

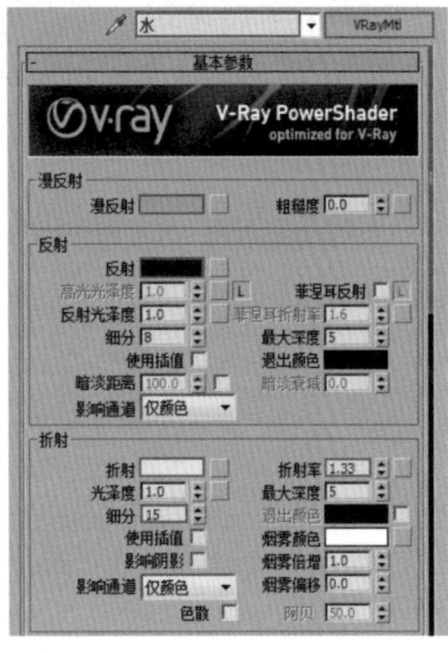

图 5-156

（3）设置【凹凸】为 50，并在通道上加载【Noise】（噪波）程序贴图，并设置【大小】为 60，如图 5-157 所示。

（4）双击该材质球，查看此时材质效果，如图 5-158 所示。

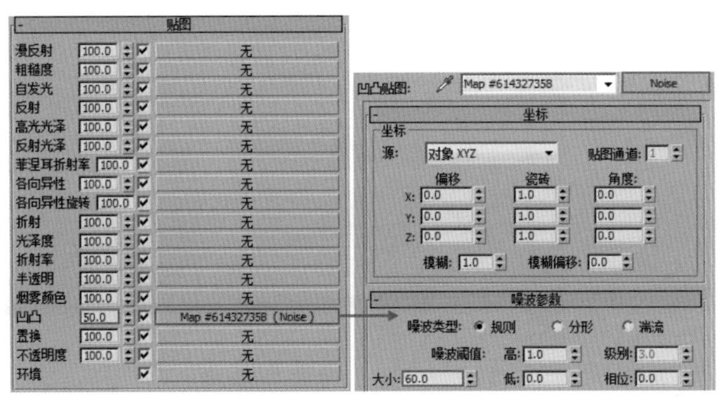

图 5-157

图 5-158

（5）选择水模型，并单击【将材质指定给选定对象】按钮，此时材质制作完成，如图 5-159 所示。

（6）最终渲染效果，如图 5-160 所示。

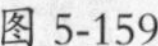

图 5-159

图 5-160

进阶案例——外墙乳胶漆

场景文件	10.max
案例文件	进阶案例——外墙乳胶漆 .max
视频教学	多媒体教学 /Chapter 05/ 进阶案例——外墙乳胶漆 .flv
难易指数	★★★☆☆
材质类型	VRayMtl 材质
技术掌握	掌握 VRayMtl 材质的应用

在这个场景中，主要讲解利用 VRayMtl 材质制作外墙乳胶漆材质。最终渲染效果，如图 5-161 所示。

（1）打开本书配套资源中的【场景文件 /Chapter 05/10.max】文件，此时场景效果如图 5-162 所示。

图 5-161

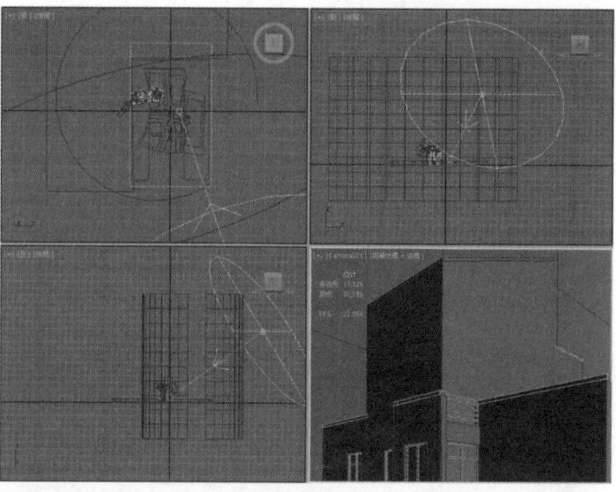

图 5-162

（2）单击一个材质球，材质类型设置为【Standard】，将其命名为【外墙乳胶漆】。设置【漫反射】颜色为黄色，【高光级别】为 15，并在【凹凸】通道上加载【灰色 .jpg】贴图，设置【瓷砖 U】为 0.15，【瓷砖 V】为 0.3，【模糊】为 0.5，设置【凹凸】为 200，如图 5-163 所示。

（3）选择墙面模型，并单击【将材质指定给选定对象】按钮，此时材质制作完成，如图 5-164 所示。

（4）最终渲染效果，如图 5-165 所示。

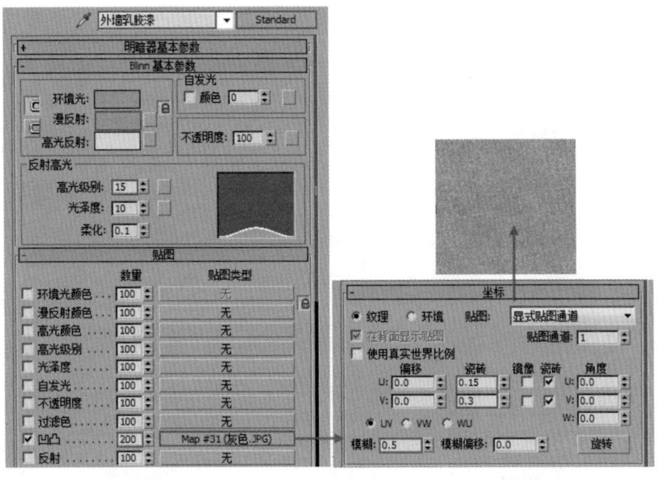

图 5-163

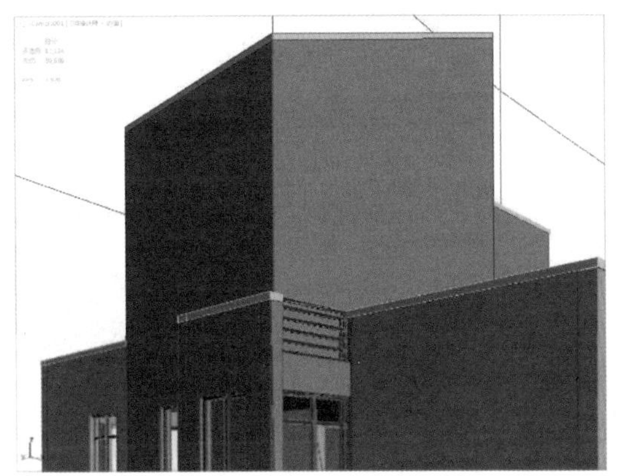

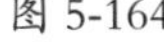

图 5-164

图 5-165

第5章

进阶案例——砖墙

场景文件	11.max
案例文件	进阶案例——砖墙 .max
视频教学	多媒体教学 /Chapter 05/ 进阶案例——砖墙 .flv
难易指数	★★★☆☆
材质类型	VRayMtl 材质、标准材质
技术掌握	掌握 VRayMtl 材质、标准材质的应用

在这个场景中，主要讲解利用 VRayMtl 材质和标准材质制作砖墙材质。最终渲染效果，如图 5-166 所示。

（1）打开本书配套资源中的【场景文件 /Chapter 05/11.max】文件，此时场景效果如图 5-167 所示。

（2）单击一个材质球，材质类型设置为【VRayMtl】，将其命名为【砖墙 - 红】。在【漫反射】通道上加载【砖 .jpg】贴图，设置【反射】为深灰色，【反射光泽度】为 0.7，如图 5-168 所示。

（3）单击选择【漫反射】后面的通道，并拖动到【凹凸】通道上，并设置【凹凸】为 150，如图 5-169 所示。

（4）双击该材质球，查看此时材质效果，如图 5-170 所示。

图 5-166

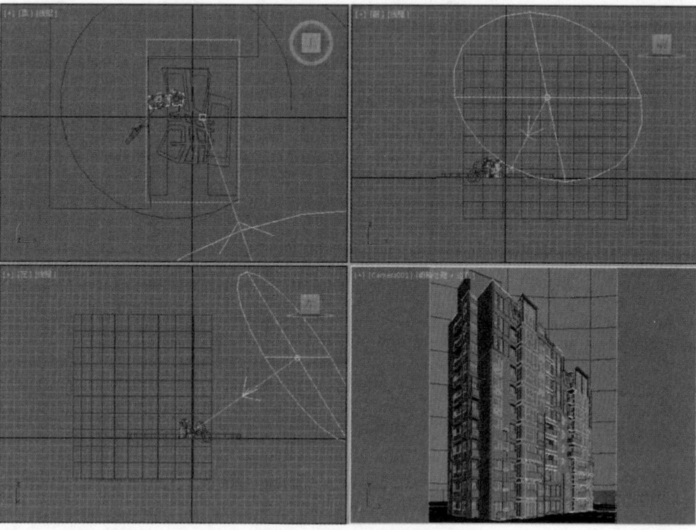

图 5-167

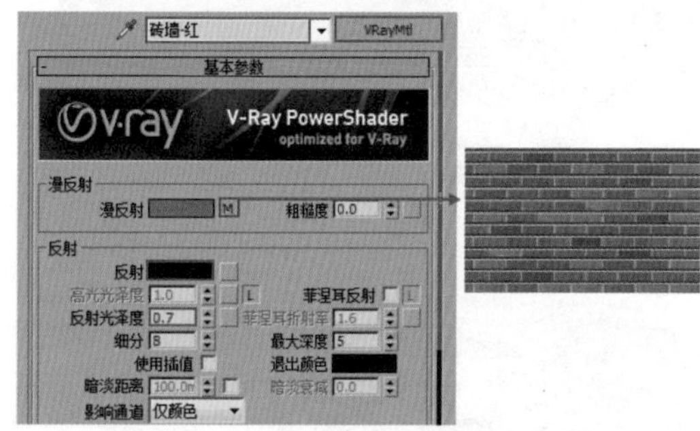

图 5-168

图 5-169

图 5-170

（5）单击一个材质球，材质类型设置为【Standard】，将其命名为【砖墙 - 黑】。在【漫反射】通道上加载【黑色 .jpg】贴图，设置【高光级别】为 26，如图 5-171 所示。

（6）双击该材质球，查看此时材质效果，如图 5-172 所示。

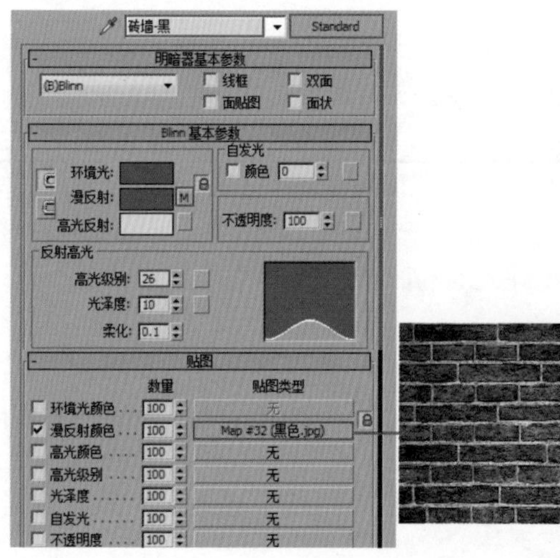

图 5-171

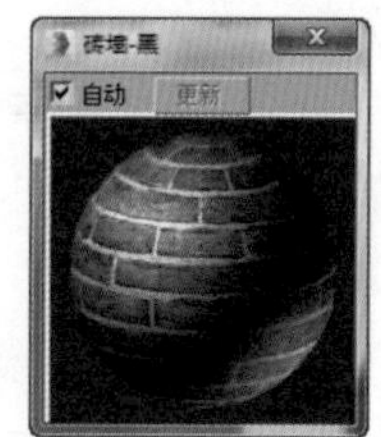

图 5-172

（7）选择墙面模型，并单击（将材质指定给选定对象）按钮，此时材质制作完成，如图 4-173 所示。

（8）最终渲染效果，如图 5-174 所示。

图 5-173

图 5-174

第 6 章
摄影机技术

本章学习要点：

- ★ 目标摄影机的应用
- ★ 自由摄影机的应用
- ★ VR 穹顶摄影机的应用
- ★ VR 物理摄影机的应用

6.1 初识摄影机

6.1.1 摄影机的概念

摄影机是我们日常生活中常用的一种数码产品，其操作方便、功能强大，可以将画面定格一瞬间也可以拍摄连续的视频。

而 3ds Max 中也有摄影机，它的作用有很多，最基本的作用是固定画面角度。其次是可以控制很多种特殊效果，比如强烈的透视感、景深感、运动模糊、校正倾斜的镜头、将画面四角调暗等。很多参数与生活中的摄影机一样，比如焦距、白平衡、快门速度等。图 6-1 所示为 4 种摄影机类型。

图 6-1

图 6-2 所示为使用摄影机制作的优秀作品。

图 6-2

6.1.2 试一下：创建一台目标摄影机

（1）在创建面板下单击【摄影机】按钮，然后单击 目标 按钮，如图 6-3 所示。最后在视图中创建一台目标摄影机，如图 6-4 所示。

图 6-3

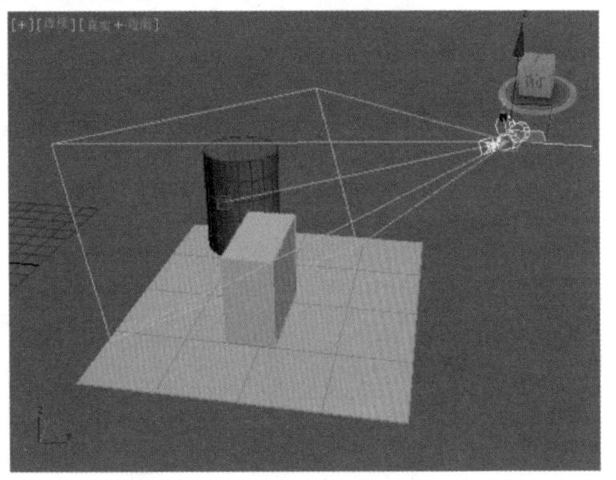

图 6-4

（2）在【摄影机视图】状态下，可以使用 3ds Max 界面右下方的 6 个按钮，进行【推拉摄影机】、【透视】、【侧滚摄影机】、【视野】、【平移摄影机】、【环游摄影机】等调节，如图 6-5 所示。

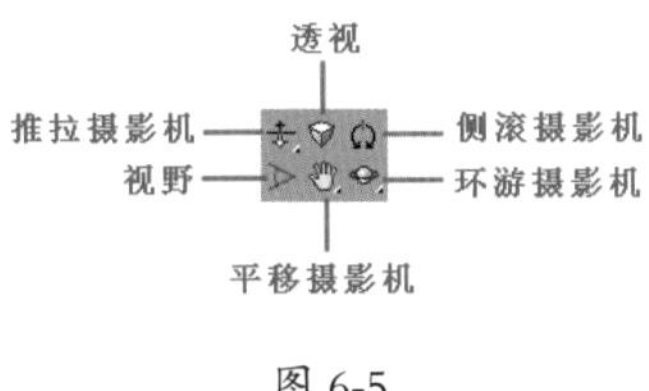

图 6-5

FAQ 常见问题解答：创建目标摄影机还有没有其他更便捷的方法？

在透视图中，调整好角度，如图 6-6 所示。

图 6-6

然后按快捷键 <CTRL+C>，可以快速地在该角度创建一台摄影机，当然此方法只能创建【目标摄影机】，如图 6-7 所示。

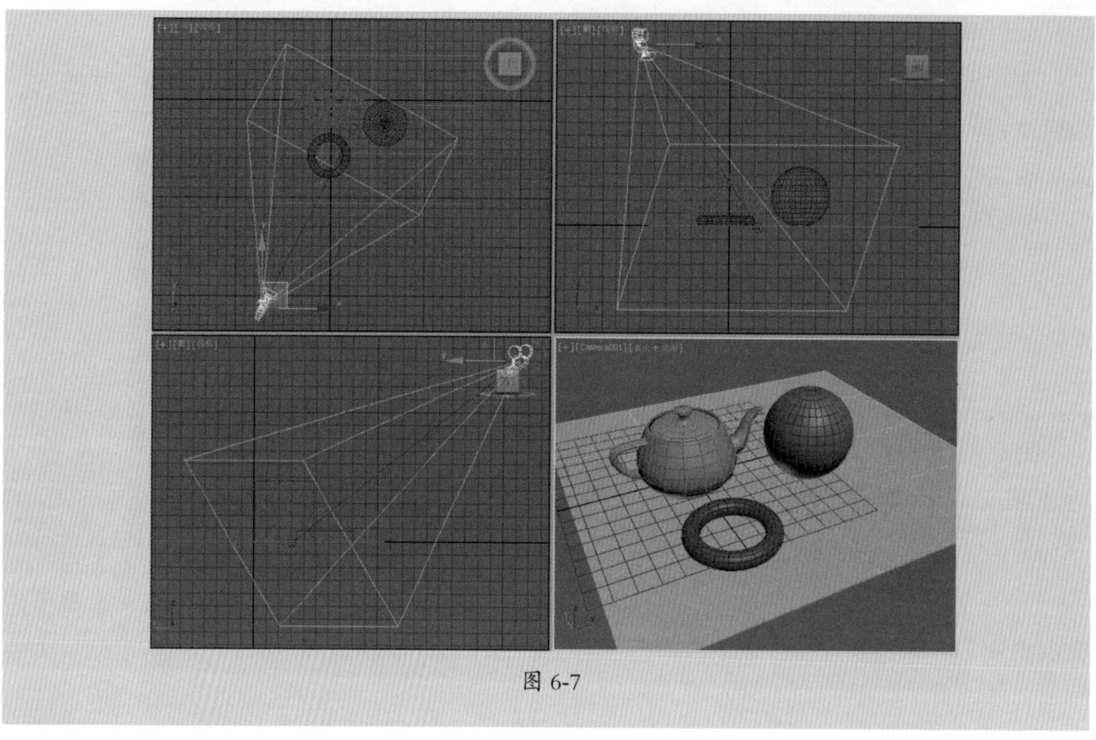

图 6-7

6.2 目标摄影机

目标摄影机是3ds Max中使用频率最高的摄影机类型。单击（创建）|（摄影机）| 标准 | 目标 按钮，如图 6-8 所示。在场景中拖动鼠标指针可以创建一台目标摄影机，可以观察到目标摄影机包含【目标点】和【摄影机】两个部件，如图 6-9 所示。

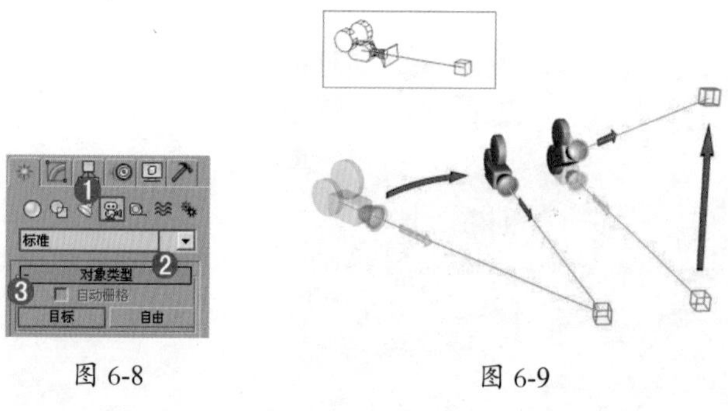

图 6-8　　图 6-9

6.2.1 参数

展开【参数】卷展栏，如图 6-10 所示。

- 镜头：以 mm 为单位来设置摄影机的焦距。
- 视野：设置摄影机查看区域的宽度视野，有【水平】、【垂直】和【对角线】3 种方式。
- 正交投影：启用该选项后，摄影机视图为用户视图；关闭该选项后，摄影机视图为标准的透视图。

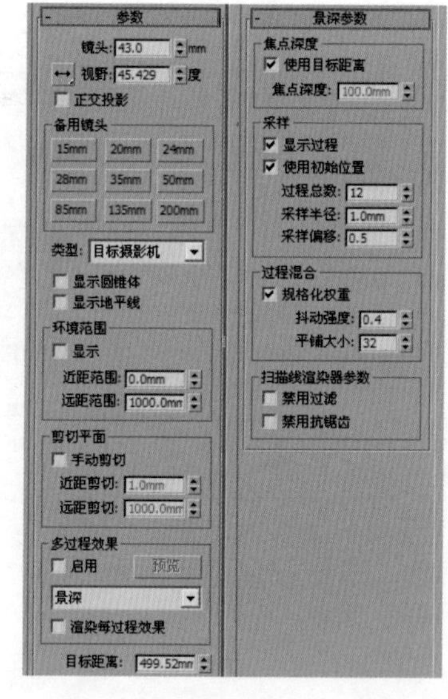

图 6-10

- 备用镜头：系统预置的摄影机镜头包含有 15mm、20mm、24mm、28mm、35mm、50mm、85mm、135mm 和 200mm9 种。
- 类型：切换摄影机的类型，包含【目标摄影机】和【自由摄影机】两种。
- 显示圆锥体：显示摄影机视野定义的锥形光线（实际上是一个四棱锥）。锥形光线出现在其他视口，但是显示在摄影机视口中。
- 显示地平线：在摄影机视图中的地平线上显示一条深灰色的线条，如图 6-11 所示。

图 6-11

- 显示：显示在摄影机锥形光线内的矩形。
- 近距 / 远距范围：设置大气效果的近距范围 / 远距范围。
- 手动剪切：启用该选项可定义剪切的平面。
- 近距 / 远距剪切：设置近距 / 远距平面。
- 多过程效果：该选项组中的参数主要用来设置摄影机的景深和运动模糊效果。
  - 启用：启用该选项后，可以预览渲染效果。
  - 多过程效果类型：共有【景深（mental ray）】、【景深】和【运动模糊】3 个选项，系统默认为【景深】。
  - 渲染每过程效果：启用该选项后，系统会将渲染效果应用于多重过滤效果的每个过程（景深或运动模糊）。
- 目标距离：当使用【目标摄影机】时，该选项用来设置摄影机与其目标之间的距离。

6.2.2　景深参数

景深是为了增加画面的空间感和纵深感，并且可以突出画面的重点。当设置【多过程效果】类型为【景深】方式时，系统会自动显示出【景深参数】卷展栏，如图 6-12 所示。

图 6-13 所示为景深的效果。

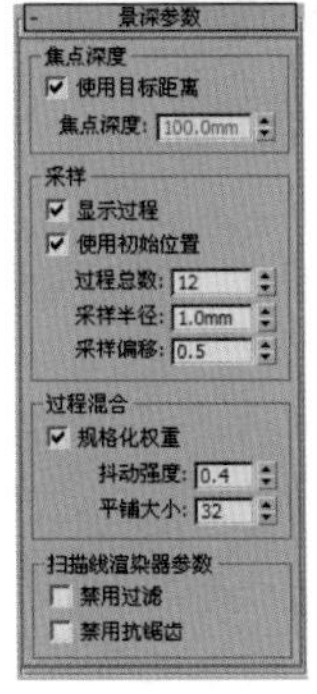

图 6-12

图 6-13

第 6 章

- 使用目标距离：启用该选项后，系统会将摄影机的目标距离用作每个过程偏移摄影机的点。
- 焦点深度：当关闭【使用目标距离】选项时，该选项可以用来设置摄影机的偏移深度
- 显示过程：启用该选项后，【渲染帧窗口】对话框中将显示多个渲染通道。
- 使用初始位置：启用该选项后，第 1 个渲染过程将位于摄影机的初始位置。
- 过程总数：设置生成景深效果的过程数。增大该值可以提高效果的真实度，但是会增加渲染时间。
- 采样半径：设置场景生成的模糊半径。数值越大，模糊效果越明显。
- 采样偏移：设置模糊靠近或远离【采样半径】的权重。
- 规格化权重：启用该选项后，可以将权重规格化，以获得平滑的结果；关闭该选项后，效果会变得更加清晰，但颗粒效果也更明显。
- 抖动强度：设置应用于渲染通道的抖动程度。增大该值会增加抖动量，并且会生成颗粒状效果，尤其在对象的边缘上最为明显。
- 平铺大小：设置图案的大小。0 表示以最小的方式进行平铺；100 表示以最大的方式进行平铺。
- 禁用过滤：启用该选项后，系统将禁用过滤的整个过程。
- 禁用抗锯齿：启用该选项后，可以禁用抗锯齿功能。

6.2.3 运动模糊参数

运动模糊一般运用在动画中，常用于表现运动对象高速运动时产生的模糊效果。当设置【多过程效果】类型为【运动模糊】方式时，系统会自动显示出【运动模糊参数】卷展栏，如图 6-14 所示。

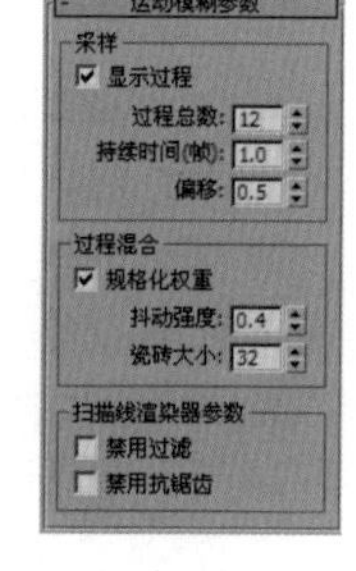

图 6-14

图 6-15 所示为运动模糊效果。

- 显示过程：启用该选项后，【渲染帧窗口】对话框中将显示多个渲染通道。
- 过程总数：设置生成效果的过程数。增大该值可以提高效果的真实度，但是会增加渲染时间。
- 持续时间(帧)：在制作动画时，该选项用来设置应用运动模糊的帧数。
- 偏移：设置模糊的偏移距离。

图 6-15

- 规格化权重：启用该选项后，可以将权重规格化，以获得平滑的结果；关闭该选项后，效果会变得更加清晰，但颗粒效果也更明显。
- 抖动强度：设置应用于渲染通道的抖动程度。增大该值会增加抖动量，并且会生成颗粒状的效果，尤其在对象的边缘上最为明显。
- 瓷砖大小：设置图案的大小。
- 禁用过滤：启用该选项后，系统将禁用过滤的整个过程。

6.2.4　剪切平面参数

使用剪切平面可以控制渲染一定距离内的部分。如果场景中拥有许多复杂几何体，那么剪切平面对于渲染其中所选部分的场景非常有用，还可以帮助创建剖面视图。剪切平面设置是摄影机创建参数的一部分。每个剪切平面的位置是以场景的当前单位，沿着摄影机的视线测量的。剪切平面是摄影机常规参数的一部分，如图 6-16 所示。

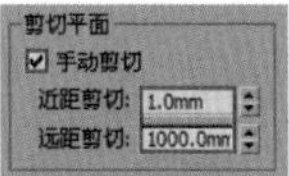

图 6-16

很多时候由于场景设置的空间比较小，摄影机可能会放置在空间以外，那么正常渲染时不会渲染出室内物体，因此可以使用【剪切平面】进行设置，设置合理的【近距剪切】和【远距剪切】数值，这样就可以控制摄影机可以看到的最近距离和最远距离，效果如图 6-17 所示。

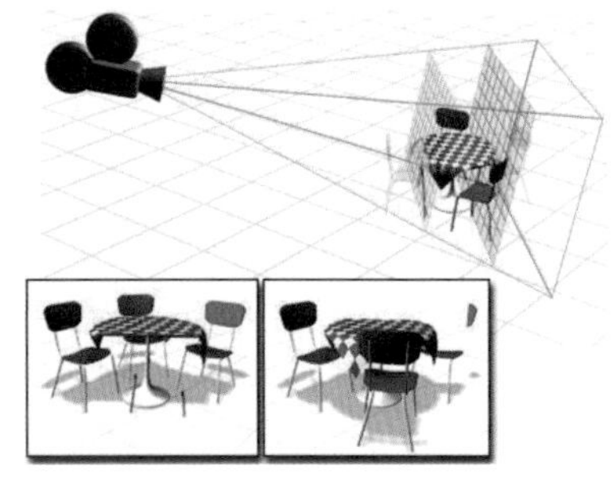

图 6-17

6.2.5　摄影机校正

选择目标摄影机，然后单击鼠标右键并在弹出的菜单中执行【应用摄影机校正修改器】命令，如图 6-18 和图 6-19 所示。

图 6-20 所示为使用【摄影机校正】的效果对比。

- 数量：设置两点透视的校正数量。
- 方向：偏移方向。默认值为 90。大于 90 设置方向向左偏移校正，小于 90 设置方向向右偏移校正。
- 推测：单击以使【摄影机校正】修改器设置第一次推测数量值。

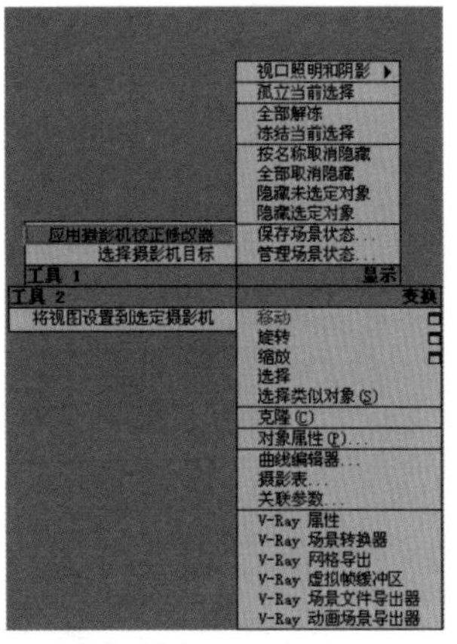

图 6-18

图 6-19

图 6-20

第 6 章

FAQ 常见问题解答：怎么快速隐藏摄影机以及安全框是什么？

1. 快速隐藏摄影机：

很多时候由于场景太复杂，容易误选摄影机，误操作，所以可以暂时把摄影机快速隐藏起来。图 6-21 所示为场景的一个摄影机。

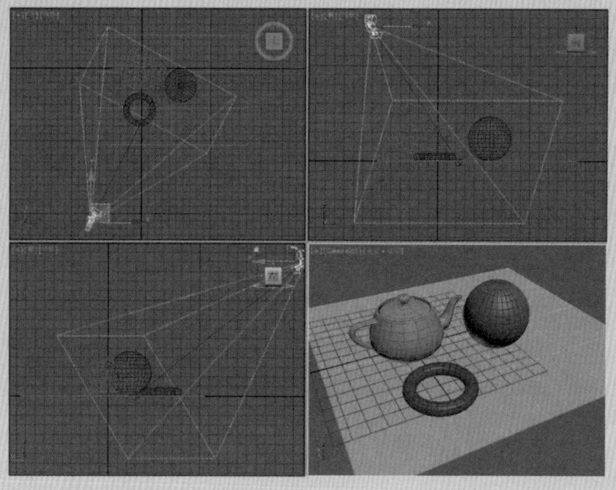

图 6-21

执行快捷键 <Shift+C>，即可对所有的摄影机进行快速地隐藏和显示，如图 6-22 所示。

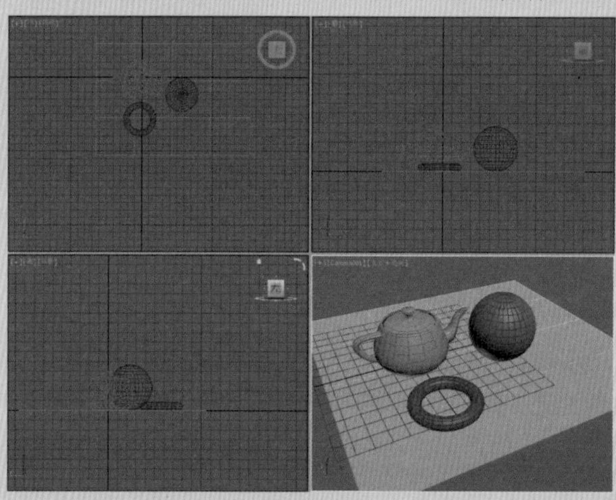

图 6-22

2. 安全框

在摄影机视图中执行快捷键 <Shift+F>，可以打开安全框，也就是说安全框以内的部分是最终渲染的部分，安全框以外的部分在渲染时不会被渲染出来，如图 6-23 所示。

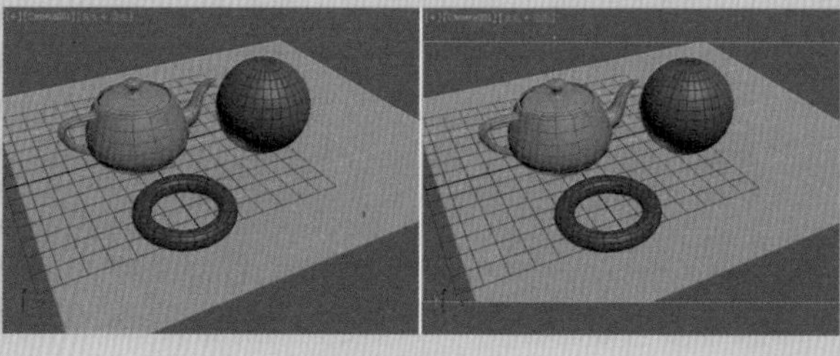

图 6-23

进阶案例——调整目标摄影机角度

场景文件	01.max
案例文件	进阶案例——调整目标摄影机角度 .max
视频教学	多媒体教学 /Chapter06/ 进阶案例——调整目标摄影机角度 .flv
难易指数	★★☆☆☆
技术掌握	掌握目标摄影机的应用

在这个场景中，主要掌握调整目标摄影机角度，最终渲染效果如图 6-24 所示。

图 6-24

（1）打开本书配套资源中的【场景文件 /Chapter06/01.max】文件，如图 6-25 所示。

图 6-25

（2）在创建面板下，单击（摄影机）按钮，并设置【摄影机类型】为【标准】，最后单击 目标 按钮，如图 6-26 所示。

图 6-26

（3）使用【目标摄像机】在顶视图中拖动创建，具体放置位置如图 6-27 所示。

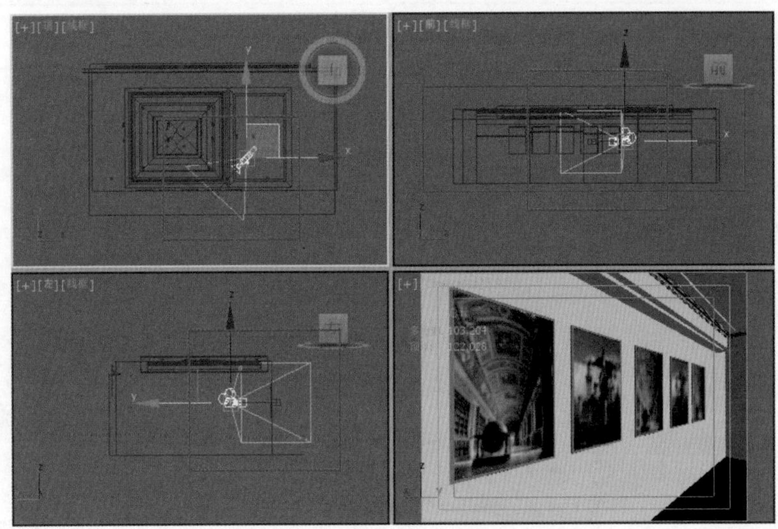

图 6-27

（4）进入【修改面板】，在【参数】卷展栏下设置【镜头】为 22mm，【视野】为 80 度，【目标距离】为 2958mm，如图 6-28 所示。

（5）按快捷键 <C> 切换到摄影机视图，如图 6-29 所示。

（6）进入【修改面板】，在【参数】卷展栏下设置【镜头】为 14mm，【视野】为 105 度，【目标距离】为 1657mm，如图 6-30 所示。

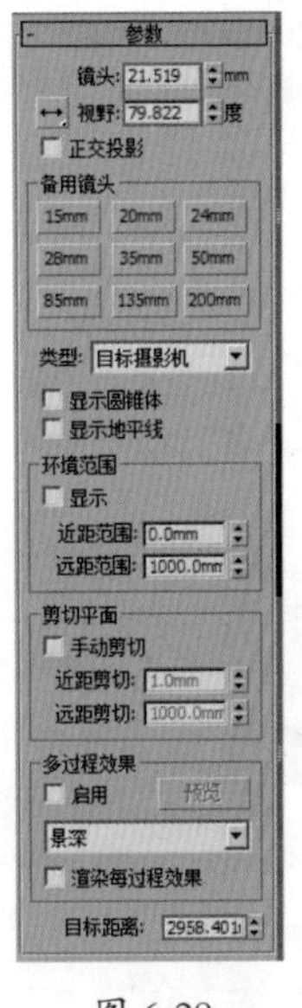

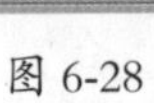

图 6-28

图 6-29

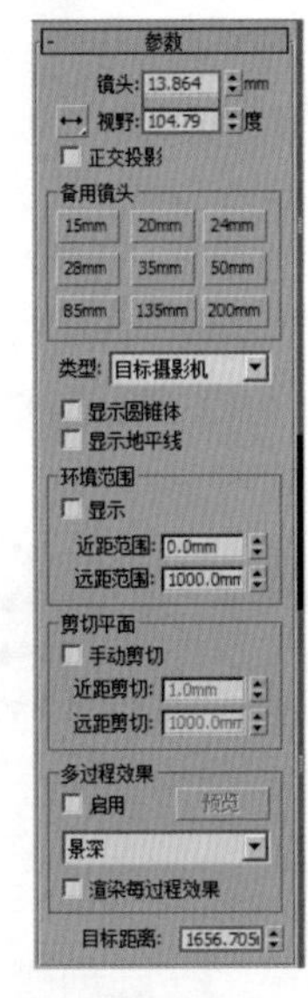

图 6-30

（7）按快捷键 <C> 切换到摄影机视图，如图 6-31 所示。

（8）此时配合使用（推拉摄影机）工具、（视野）工具、（环游摄影机）工具，将摄影机视图进行调整，如图 6-32 所示。

图 6-31

图 6-32

求生秘籍——软件技能：手动调整摄影机的视图

在摄影机视图被激活的情况下，在 3ds Max 右下角可以看到如图 6-33 所示的 6 个工具。

图 6-33

（推拉摄影机）：可以将摄影机视野进行推拉，如图 6-34 所示。

图 6-34

（视野）：可以调整视口中可见的场景数量和透视张角量，如图 6-35 所示。

图 6-35

（透视）：增加了透视张角量，同时保持场景的构图，如图 6-36 所示。

图 6-36

（平移摄影机）：可以沿着平行于视图平面的方向移动摄影机，如图 6-37 所示。

图 6-37

（侧滚摄影机）：围绕其视线旋转目标摄影机，围绕其局部 Z 轴旋转自由摄影机，如图 6-38 所示。

图 6-38

（环游摄影机）：使目标摄影机围绕其目标旋转，如图 6-39 所示。

图 6-39

（9）最终渲染效果，如图 6-40 所示。

图 6-40

6.3 自由摄影机

自由摄影机在摄影机指向的方向查看区域。创建自由摄影机时，看到一个图标，该图标表示摄影机和其视野。摄影机图标与目标摄影机图标看起来相同，但是不存在要设置动画的单独的目标图标。当摄影机的位置沿一个路径被设置动画时，可以使用自由摄影机。

单击（创建）|（摄影机）| 标准 | 自由 按钮，如图 6-41 所示。在场景中拖动鼠标指针可以创建一台自由摄影机，可以观察到自由摄影机只包含【摄影机】一个部件，如图 6-42 所示。

图 6-41

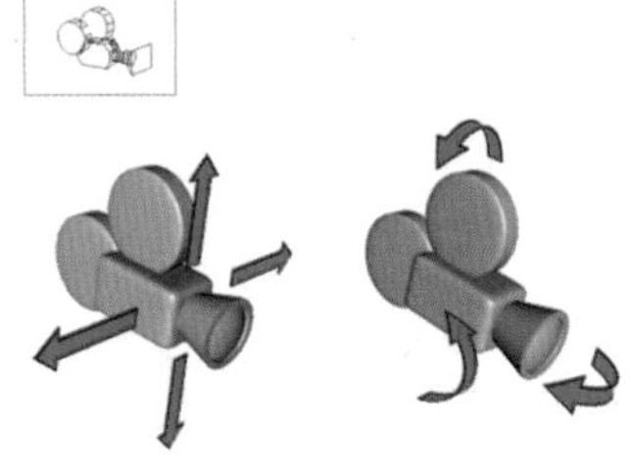

图 6-42

其具体的参数与目标摄影机基本一致，如图 6-43 所示。

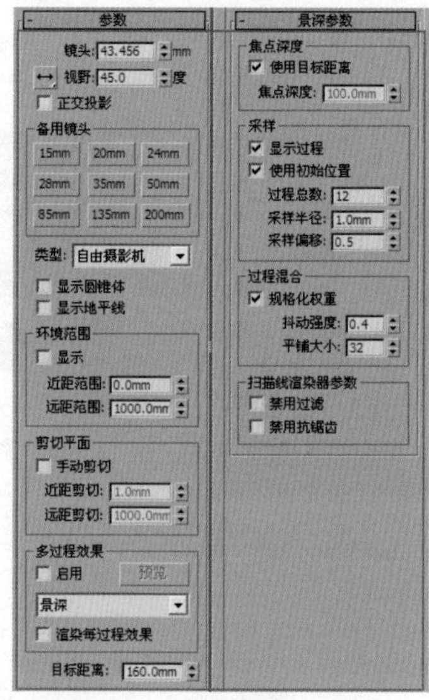

图 6-43

求生秘籍——软件技能：目标摄影机和自由摄影机可以切换

在目标摄影机和自由摄影机的参数中可以在【类型】选项组下选择需要的摄影机类型，如图 6-44 所示。

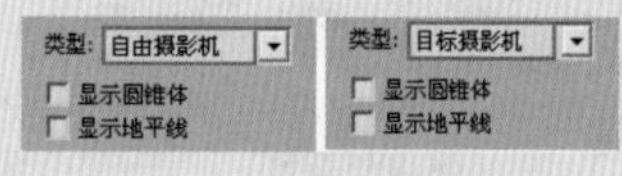

图 6-44

6.4 VR 穹顶摄影机

VR 穹顶摄影机不仅仅可以为场景固定视角，而且可以制作出类似鱼眼的特殊镜头效果。【VR 穹顶摄影机】常用于渲染半球圆顶效果，其参数面板如图 6-45 所示。

图 6-45

- 翻转 X：让渲染的图像在 x 轴上反转。
- 翻转 Y：让渲染的图像在 y 轴上反转。
- fov：设置视角的大小。

6.5 VR 物理摄影机

VR 物理摄影机是较为常用的摄影机类型之一，比起目标摄影机来说，VR 物理摄影机更为灵活，参数更多、更全，可以控制光圈、快门、曝光、ISO 等。单击（创建）|（摄影机）| VRay | VR物理摄影机 按钮，如图 6-46 所示。用户通过【VR 物理摄影机】能制作出更真实的效果图。其面板包括【基本参数】、【散景特效】、【采样】、【失真】和【其他】，如图 6-47 所示。

图 6-46

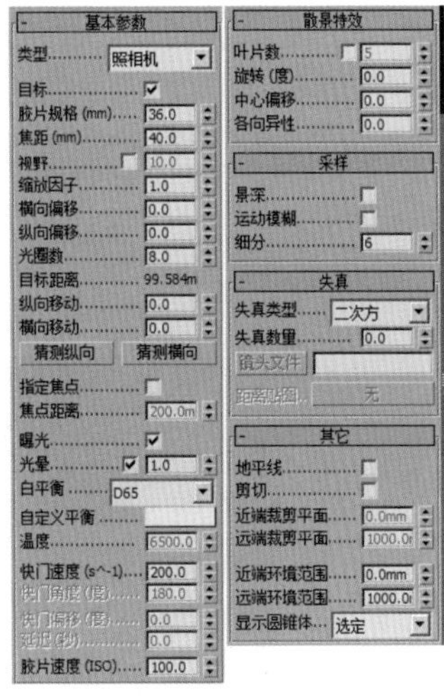

图 6-47

6.5.1 基本参数

- 类型：VR 物理摄影机内置了以下 3 种类型的摄影机：
  - •照相机：用来模拟一台常规快门的静态画面照相机。
  - •摄影机（电影）：用来模拟一台圆形快门的电影摄影机。
  - •摄像机（DV）：用来模拟带 CCD 矩阵的快门摄像机。
- 目标：当勾选该选项时，摄影机的目标点将放在焦平面上；当关闭该选项时，可以通过下面的【目标距离】选项来控制摄影机到目标点的位置。
- 胶片规格（mm）：控制摄影机所看到的景色范围。值越大，看到的景越多。图 6-48 所示为胶片规格大数值和小数值的效果对比。
- 焦距（mm）：控制摄影机的焦长。图 6-49 所示为焦距大数值和小数值的效果对比。
- 视野：该参数控制视野的数值。
- 缩放因子：控制摄影机视图的缩放。值越大，摄影机视图拉得越近。图 6-50 所示为缩放因子大数值和小数值的效果对比。
- 横向 / 纵向偏移：该选项控制摄影机产生横向 / 纵向的偏移效果。
- 光圈数：设置摄影机的光圈大小，主要用来控制最终渲染的亮度。数值越小，图像越亮；数值越大，图像越暗。图 6-51 所示为光圈数大数值和小数值的效果对比。

图 6-48

图 6-49

第 6 章

图 6-50

图 6-51

- 目标距离：摄影机到目标点的距离，默认情况下关闭。当关闭摄影机的【目标】选项时，就可以用【目标距离】来控制摄影机的目标点的距离。
- 纵向 / 横向移动：控制摄影机的扭曲变形系数。
- 指定焦点：开启这个选项后，可以手动控制焦点。
- 焦点距离：控制焦距的大小。
- 曝光：当勾选这个选项后，【利用 VR 物理摄影机】中的【光圈】、【快门速度】和【胶片感光度】设置才会起作用。
- 光晕：模拟真实摄影机里的光晕效果，勾选【光晕】可以模拟图像四周黑色光晕效果。
- 白平衡：和真实摄影机的功能一样，控制图像的色偏。图 6-52 所示为【中性】类型和【日光】类型的效果对比。

图 6-52

- 自定义平衡：该选项控制自定义摄影机的白平衡颜色。
- 温度：该选项只有在设置白平衡为温度方式时才可以使用，控制温度的数值。
- 快门速度（s^{-1}）：控制光的进光时间。值越小，进光时间越长，图像就越亮；值越大，进光时间就越小。图 6-53 所示为快门速度设置小数值和大数值的效果对比。

图 6-53

- 快门角度（度）：当摄影机选择【摄影机（电影）】类型时，该选项才被激活，其作用和上面的【快门速度】的作用一样，主要用来控制图像的亮暗。
- 快门偏移（度）：当摄影机选择【摄影机（电影）】类型时，该选项才被激活，主要用来控制快门角度的偏移。
- 延迟（秒）：当摄影机选择【摄像机（DV）】类型时，该选项才被激活，作用和上面的【快门速度】的作用一样，主要用来控制图像的亮暗，值越大，表示光越充足，图像也越亮。
- 底片感光度（ISO）：控制图像的亮暗，值越大，表示 ISO 的感光系数越强，图像也越亮。
- 胶片速度（ISO）：该选项控制摄影机 ISO 的数值。

6.5.2　散景特效

【散景特效】卷展栏下的参数主要用于控制散景效果，当渲染景深的时候，或多或少都会产生一些散景效果，这主要和散景到摄影机的距离有关，图 6-54 所示是使用真实摄影机拍摄的散景效果。

图 6-54

- 叶片数：控制散景产生的小圆圈的边，默认值为 5 表示散景的小圆圈为正 5 边形。
- 旋转（度）：散景小圆圈的旋转角度。
- 中心偏移：散景偏移源物体的距离。
- 各向异性：控制散景的各向异性，值越大，散景的小圆圈拉得越长，即变成椭圆。

6.5.3 采样

- 景深：控制是否产生景深。如果想要得到景深，就需要开启该选项。
- 运动模糊：控制是否产生动态模糊效果。
- 细分：控制景深和动态模糊的采样细分，值越高，杂点越大，图的品质就越高，但是会减慢渲染时间。

6.5.4 失真

- 失真类型：该选项控制失真的类型，包括二次方、三次方、镜头文件、纹理四种方式。
- 失真数量：该选项可以控制摄影机产生失真的强度。
- 镜头文件：当失真类型切换为镜头文件时，该选项可用。可以在此处添加镜头的文件。
- 距离贴图：当失真类型切换为纹理时，该选项可用。

6.5.5 其他

- 地平线：勾选该选项后，可以使用地平线功能。
- 剪切：勾选该选项后，可以使用摄影机剪切功能，可以解决摄影机由于位置原因而无法正常显示的问题。
- 近端 / 远端裁剪平面：可以设置近端 / 远端裁剪平面的数值，控制近端 / 远端的数值。图 6-55 所示为不设置和正确设置【近端 / 远端裁剪平面】数值的渲染效果对比。

图 6-55

- 近端 / 远端环境范围：可以设置近端 / 远端环境范围的数值，控制近端 / 远端的数值，多用来模拟雾效。
- 显示圆锥体：该选项控制显示圆锥体的方式，包括选定、始终、从不。

进阶案例——使用 VR 物理摄影机的光圈调整亮度

场景文件	02.max
案例文件	进阶案例——使用 VR 物理摄影机的光圈调整亮度 .max
视频教学	多媒体教学 /Chapter06/ 进阶案例——使用 VR 物理摄影机的光圈调整亮度 .flv
难易指数	★★☆☆☆
技术掌握	掌握 VR 物理摄影机的应用

在这个场景中，主要掌握 VR 物理摄影机，最终渲染效果如图 6-56 所示。

（1）打开本书配套资源中的【场景文件 /Chapter06/02.max】文件，如图 6-57 所示。

（2）单击（创建）|（摄影机）| VRay | VR物理摄影机按钮，如图 6-58 所示。

图 6-56

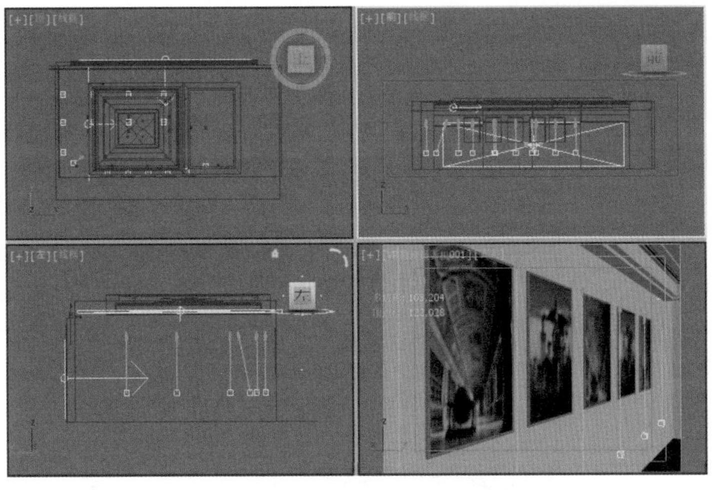

图 6-57

图 6-58

（3）在场景中创建一盏 VR 物理摄影机，位置如图 6-59 所示。

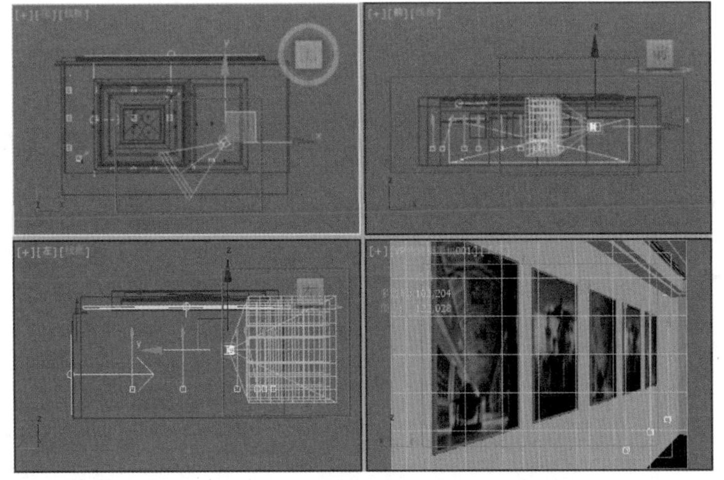

图 6-59

（4）单击进入【修改面板】，设置【光圈数】为 1，【目标距离】为 4010，如图 6-60 所示。

（5）按快捷键 <F9> 进行渲染，此时效果，如图 6-61 所示。

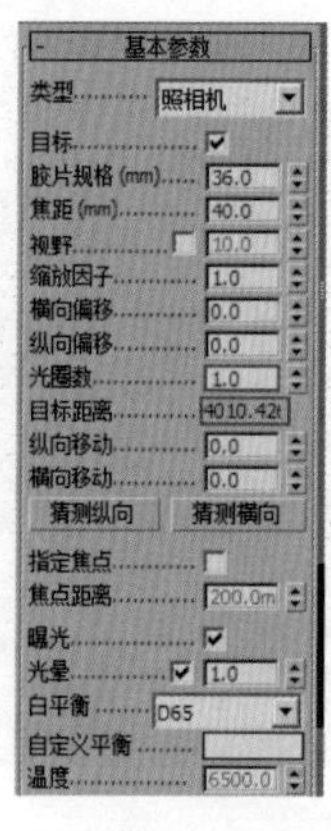

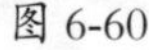
图 6-60

图 6-61

（6）单击进入【修改面板】，设置【光圈数】为 2，【目标距离】为 4010，如图 6-62 所示。

（7）按快捷键 <F9> 进行渲染，此时效果，如图 6-63 所示。由此可见，【光圈数】越大，渲染效果越暗。

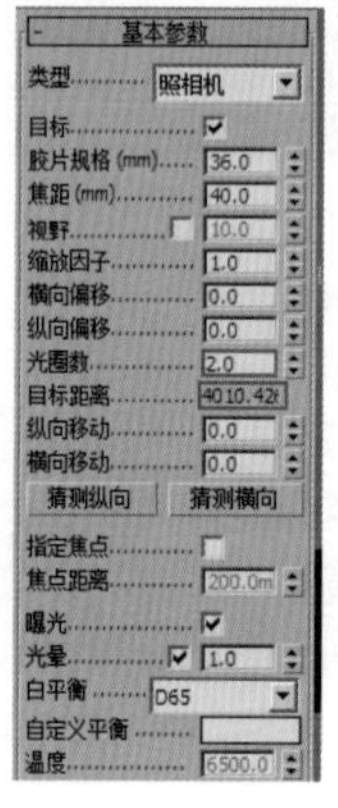

图 6-62

图 6-63

进阶案例——使用 VR 物理摄影机的光晕调整黑边效果

场景文件	03.max
案例文件	进阶案例——使用 VR 物理摄影机的光晕调整黑边效果 .max
视频教学	多媒体教学 /Chapter06/ 进阶案例——使用 VR 物理摄影机的光晕调整黑边效果 .flv
难易指数	★★☆☆☆
技术掌握	掌握 VR 物理摄影机的应用

在这个场景中，主要掌握 VR 物理摄影机调整光晕参数，最终渲染效果如图 6-64 所示。

图 6-64

（1）打开本书配套资源中的【场景文件 /Chapter06/03.max】文件，如图 6-65 所示。

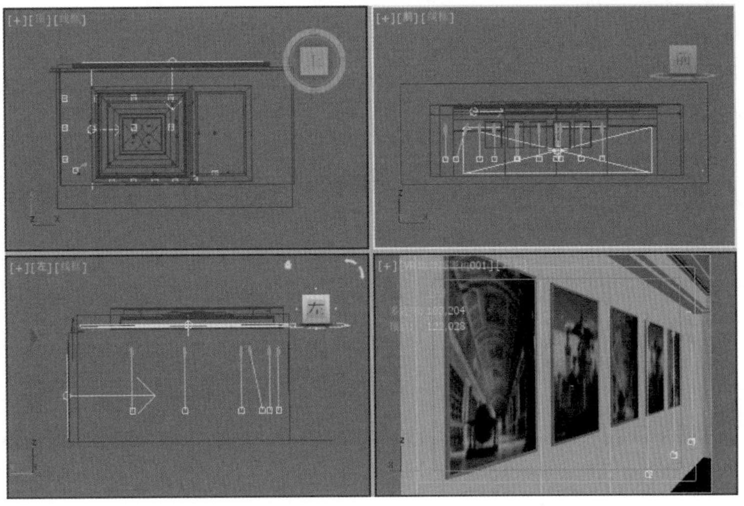

图 6-65

（2）单击（创建）|（摄影机）| VRay | VR物理摄影机按钮，如图 6-66 所示。

图 6-66

（3）在场景中创建一盏 VR 物理摄影机，位置如图 6-67 所示。

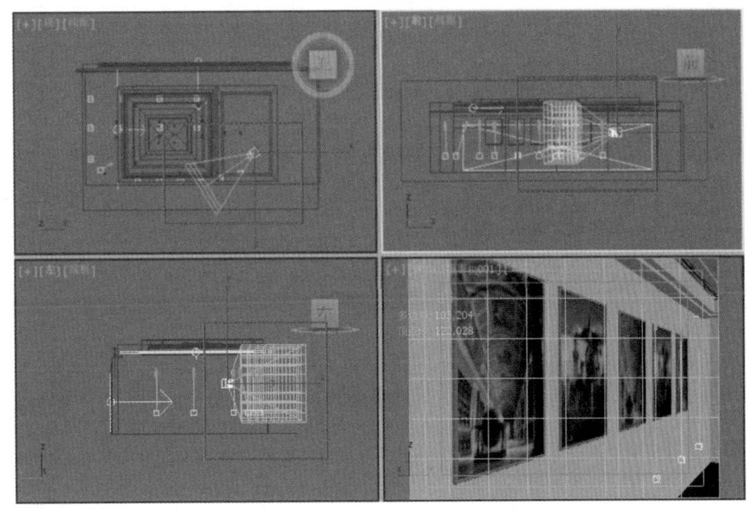

图 6-67

（4）单击进入【修改面板】，设置【目标距离】为 4010，取消勾选【光晕】，如图 6-68 所示。

（5）按快捷键 <F9> 进行渲染，此时效果，如图 6-69 所示。

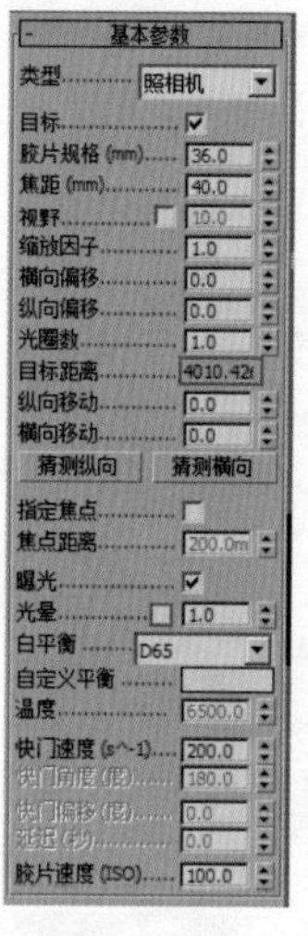

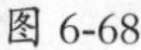

图 6-68

图 6-69

（6）单击进入【修改面板】，设置【目标距离】为 4010，勾选【光晕】，设置【光晕】为 3，如图 6-70 所示。

（7）按快捷键 <F9> 进行渲染，此时效果，如图 6-71 所示。

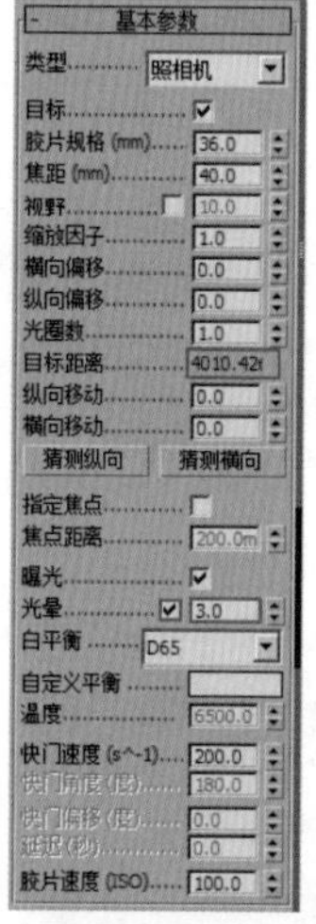

图 6-70

图 6-71